4차 산업혁명시대의 생활과 전기전자

정용욱·최용성·차인수 저

도서출판 GS인터비전

머 리 말

산업의 급속한 발전으로 인하여 전기전자는 우리주변 모든 생필품의 전부라고 할 정도로 그 차지하고 있는 비중이 급증하고 있다. 전기·전자 산업의 중요성이 산업전반에 확산되고 있고, 모든 기계장치의 진보된 기술 가운데 전기·전자 시스템은 장치 전반에 걸쳐 갈수록 다양하게 적용되고 첨예화 되어가고 있다.

이렇게 전기·전자분야는 복잡 다양하기 때문에 선뜻 접하기를 꺼려하고 어렵게만 생각한다. 대부분 일상생활 속의 전기·전자를 처음 접하는 학생들이나 관련분야 종사자들은 전기·전자 분야에 익숙하지 못하여 여러 가지 면에서 고충을 겪고 있다. 따라서 현실에 발맞추어 일상생활 속의 각종 장치의 전기·전자소자에 대한 확실한 지침서를 필요로 하고 있는 실정이다. 이런 상황에 맞추어 본 교재는 다음과 같이 엮었다.

첫째, 일상생활 속의 전기·전자 기초분야에서부터 전문분야에 이르기까지 폭넓은 내용으로 다양하게 구성하였다.

둘째, 체계적인 내용과 더불어 많은 그림을 곁들여 더욱 알기 쉽게 꾸몄다.

이와 같이 만들어진 이 교재는 일반인들뿐만 아니라, 기계공학 분야 혹은 전기·전자업계에 종사하는 공학도들이 전기·전자분야의 기본 지식을 습득하는데 보탬이 되었으면 한다.

본 교재를 개발함에 있어 수차례 내용을 검증하였음에도 불구하고 미비한 점이나 오류가 다수 있으리라 생각되므로 독자 여러분의 계속적인 지도 편달을 바라며, 계속적인 보충 · 보완을 할 것을 약속하는 바이다. 또한 교재의 출판되기까지 많은 보탬을 준 본 대학 학생 여러분과 정성을 들여서 만들어 주신 출판사 여러분께 진심으로 감사를 드린다.

2019년 8월

저자 씀

차 례

1장

전기란 무엇인가?

1.1 전기의 중요성

1.2 전기의 기초

1.3 동전기란 무엇인가?

1.4 전기회로의 중요법칙들

1.5 생활속의 직류와 교류

만약 우리 생활에 전기가 없다면 어떻게 될까? 전기는 일상생활은 물론이고 사회 전반에 걸쳐 광범위하게 사용되고 있다. 이런 전기가 없다면 아마 우리가 하고 있는 대부분의 활동을 중지하게 되지 않을까 싶다. 전기를 이용해 생활의 거의 모든 것이 돌아가고, 회사업무나 집안에서 하는 일도 전기가 없으면 할 수 없는 일이 많다.

그림 1-1 전기

1.1 전기의 중요성

예전에는 사실 전기가 없으면 불편하기는 하지만 생활은 할 수 있을 것이다. 옛 조상들은 전기가 없는 곳에서도 생활하시고 잘 지내셨다. 하지만 전기의 편리함을 이미 알아버린 지금은 전기가 없어진다면 어떤 느낌일까 생각만 해도 아찔한 느낌이 들기도 한다. 얼마 전 직장에서도 중요한 업무를 처리해야할 일이 있었는데 그만 직장의 전기설비문제로 인하여, 일시적으로 직장의 전원은 모두 차단되고 전기를 사용할 수 없는 일이 생겼었다. 컴퓨터를 사용할 수 없게 되어 중요한 업무가 차질을 빚기도 했다. 그래도 정전이 오래 지속되지는 않아 일을 처리할 수 있었지만 생각만 하면 아찔한 순간이기도 했다. 이렇게 없으면 소중함을 느끼는 전기지만 평소에는 잘 느끼지 못하는 경우가 많다. 잘 느끼지 못하고 맘껏 사용하다가 요금폭탄을 맞는 경우도 더러 발생한다.

전기를 사용함에 있어 여러분도 편리함에 고마워하고 효율적으로 사용하도록 노력해보는 것은 어떨까?

늘 우리 곁에 있어 오히려 고마움을 느끼지 못하는 것들이 있다. 공기, 물, 불, 전기 등이다. 이 중에서 발견되고 활용된 역사에 비해 인류의 역사를 가장 극적으로 바꾼 것을 들라면 전기만 한 것이 없을 것이다.

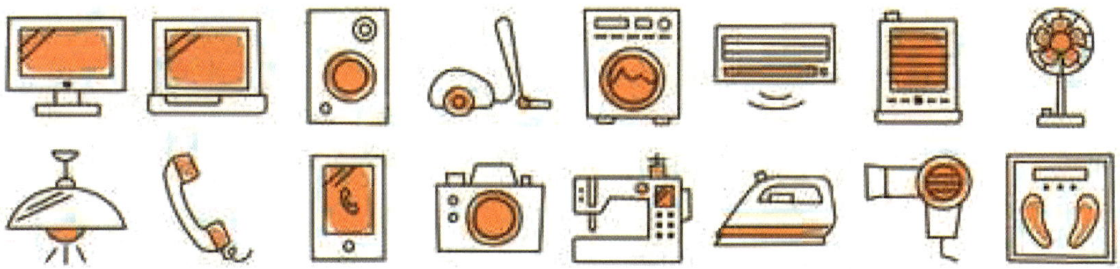

그림 1-2 우리주변의 전기제품

현대 문명은 전기가 없으면 얼마 지나지 않아 붕괴할 정도로 전기는 필수다. 전기가 끊어진 세상을 상상해보라. 컴퓨터, 영화, 인터넷 등의 문화를 즐길 수도 없다. 문화적인 욕구보다 생존이 더 큰 문제다. 어둡고, 춥거나 더운 것을 막을 수도 없고, 음식을 저장할 수도 없다.

'전기'하면 떠오르는 것은 아무래도 전기 그 자체보다는 전기의 힘을 이용한 각종 문명의 이기들일 것이다. 전화, 라디오, 텔레비전, 컴퓨터 등에 이르기까지 문명의 이기들이 전기를 이용하여 만들어진 전기 기구들이다. 전기 기구의 발달은 전기의 성질에 대한 새로운 발견과 그 궤를 같이 한다. 전기가 전선을 통해 흐르는 일종의 물 같은 흐름이라고 생각하던 '전류'의 시절에는 전보와 전화가 만들어졌다. 전류가 '전자'라는 일종의 알갱이들에 의해 이루어진다는 사실을 발견했을 때 '전구'가 만들어졌다. '전기장'과 '자기장'의 실체가 밝혀지자 무선 장비들인 라디오, 레이더, 텔레비전 등이 만들어진 것이다.

터미네이터, 로보캅, 전기자동차, 자율주행자동차, 무인자동차. 이 모든 것들은 현재 우리주위에서 상용화의 단계를 밟고 있거나 혹은 우리가 추구하고 있는 최첨단 기계장치이다. 기존 기계중심의 여러 장치들이 이와 같이 최첨단의 편의장치들로 발돋음할 수 있었든 핵심 기술의 근원은 전기전자장치들이다.

또 양자역학의 결과 오늘날의 컴퓨터가 만들어질 수 있었다. 지금 보기에는 아주 평범한 기구들이 당시로서는 혁명적인 것들로 사람들의 삶을 크게 바꿔 놓았다.

그림 1-3 터미네이터

전기는 더 이상 기계만을 움직일 수 있는 힘이 아니다. 전기는 생물학적인 관점에서 생명체를 움직이고 유지시키는 필수 요소다. 오늘날 우리 지구와 우리 몸 구석구석에서 벌어지는 모든 일상 활동에 전기력은 활발히 관여하고 있다.

우리 몸은 전기의 작용으로 움직인다. 사람의 뇌에는 구석구석 깊숙이까지 비비 꼬인 모양의 살아 있는 전선들이 뻗쳐 있다. 강한 전기장과 자기장은 세포들에 침투하여 영양물질을 공급하기도 하고, 신경전달물질이 미세한 세포막의 장벽을 통과하도록 도와주기도 한다. DNA조차도 전기력의 통제를 받는다.

그림 1-4 산업혁명의 시대별변화

1.2 전기의 기초

1.2.1 전기란 무엇인가?

간단하게 표현 한다면 무형의 에너지이다. 우리 주변에서도 전기를 에너지로써 사용되는 많은 물건들을 볼 수 있다. 라디오 텔레비전 등을 들을 수 있게 하는 것도 전기이며 전기는 현대 생활에 없어서는 안 될 중요한 것임에 틀림없다. 과학 실험에서 전구가 켜지는 것을 보면 쉽게 전기의 존재를 알 수 있다.

전기는 일단 직류와 교류가 있다. 그런데, 전기라는 말은 누구나 잘 알고 있지만 정확히 전기란 무엇인가라고 질문하면 명쾌한 답을 하는 사람은 적은 것 같다. 플러스에서 마이너스로 흐르는 보이지 않는 에너지라고 말하는 사람도 있고 대전을 통해 발생하는 에너지를 전기라고 하는 사람도 있는 것 같고 전기란 모든 원소 중에 포함되는 원자핵 가운데 양자(+)와 이것을 둘러싼 전자(-)가 그 근원이 된다.

전기의 사전적 의미는 다음과 같다. 전기(electricity)란 전하의 존재 및 흐름과 관련된 물리현상들의 총체이다. 즉 (+)전하와 (-)전하의 흐름을 말한다. 전기는 번개, 정전기, 전자기 유도, 전류 등 일상적인 효과들의 원인이다. 또한 전기는 전파 따위의 전자기 복사를 발산하고 또한 수집할 수 있다. 저리거나 무엇에 부딪혔을 때 몸에 짜릿하게 오는 느낌을 비유적으로 이르는 말이다.

그림 1-5 천둥번개

1.2.2 전기의 역사

오랜 기간 인류는 전기라는 것이 자연에 존재한다는 사실을 알고 있었지만, 그것을 마음대로 이용하기 시작한 것은 그리 오래되지 않았다. 기원전에도 알려져 있는 전기이지만, 거의 2000년이 지난 1700년대까지도 전기라는 것은 마찰로 만들어지는 정전기가 있고, 이를 이용해서 빛을 내는 불꽃방전을 일으킬 수 있다는 것외에는 크게 알려지지 못했다. 1746년 네델란드 라이덴대학에서 유리병에 전기를 모아두는 데 성공하였고, 이것이 라이덴병이라고 불리는 세계 최초의 축전지, 즉 전기를 모아두는 장치이다. 정말 오랜 시간이 지난 후에야 겨우 전기를 모으는 방법을 알게 된 것이다. 이렇게 오랜 기간 베일에 싸여있던 전기에 대한 것들이 조금씩 알려진 것은 1791년 이탈리아의 생의학자 루이지 갈바니(Luigi Aloisio Galvani, 1737-1798)로부터 시작되었다고 볼 수 있다. 갈바니는 개구리를 해부하던 중 뒷다리가 해부도구에 닿자 경련을 일으키는 것을 발견했다. 그는 이것이 개구리의 생체 내부에 전기를 일으키는 발생장치가 있다고 생각했다. 우리가 정전기를 만질 때 감전이 되는 것이 외부에서 전기가 들어오는 것이 아니라 일정 조건이 만족되면 생체 내에서 전기가 만들어지는 것이라고 생각한 것이다. 이상하게 들릴 수 있지만, 당시에는 이미 알려진 전기뱀장어 등의 존재와 함께 꽤나 설득력이 있는 설명이라고 받아들여졌다.

하지만, 모든 과학자들이 갈바니의 주장에 동의하는 것은 아니었다. 갈바니의 절친이었던 또 다른 이탈리아의 과학자 알레산드로 볼타(Alessandro Volta, 1745-1827)는 많은 다른 실험들을 통해 전기가 발생되는 데에 있어서 생체조직은 꼭 필요한 부분이 아니라며 갈바니의 생체전기이론에 반기를 들기 시작한다. 이후 많은 실험을 반복한 후 1800년 드디어 '볼타의 전기더미(Voltaic pile)'라는 이름의 세계 최초의 전지(battery)를 만드는데 성공한다. 볼타의 전기더미는 개구리와 같은 생체조직은 사용하지 않고, 원판모양의 은(Ag)과 아연(Zn)판을 전해질을 적신 천 사이에 끼워 여러층으로 쌓은 '더미' 형태를 가지고 있었으며, 이는 마치 건전지 여러 개를 직렬로 연결해 놓은 것과 같은 원리라고 생각하실 수 있다. 볼타 전지의 발견은 전기가 생체가 아니라 금속판들을 연결함으로써 만들어진다는 것을 발견한 것과 함께, 라이덴병에 모아진 전기처럼 가두어진 전기가 아니라 한쪽에서 다른 한쪽으로 흐르는 전기, 즉 전류(current)를 만들어 냈다는 것에 큰 의미가 있다. 재미있는 사실은 볼타가 전지를 처음 만들어냈을 당시에는 전기회로라는 것이 없던 시절이니, 전류의 세기를 재기 위한 측정도구가 있을 리 만무한다. 그렇기 때문에 볼타는 얼마나 센 전류가 흐르는 지를 직접 자신의 몸에 감전을 시켜 보며 측정을 했다고 알려져 있다. 장하석박사의 쓴 '과학, 철학을 만나다'라는 책에 따르면, 볼타가 눈 주변에 전기를 흐르게 한 후, 눈 앞에 불꽃이 튀는 것을 보기도 했다는 식의 설명을 했다고 한다. 지금도 건전지의 전압을 나타내기 위해 사용하는 '볼트(Volt)'라는 단위가 볼타의 이름에서 비롯된 것이다.

그림 1-6 볼타

그림 1-7 에디슨

1.2.3 전기와 물질

모든 물질은 분자로 구성되어 있으며 분자는 원자의 집합체이다. 또한 원자는 다시 양전기를 띤 원자핵과 음전기를 띤 전자로 다시 분류되며, 물질의 분류상태를 보면 다음과 같다.

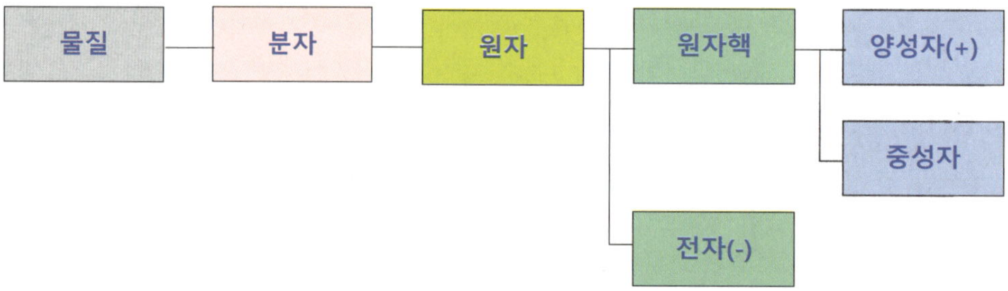

그림 1-8 물질의 분류상태

원자의 구조는 중심에 핵이 있고 그 둘레에 음전기를 가진 전자가 유성이 태양의 궤도를 돌듯이 빙빙 돌고 있다고 가정한다.

원자핵은 (+)의 양성자와 (0)의 중성자로 되어 있는데 원자핵의 질량은 전자 보다 무거워 원자의 중심이 된다. 전자가 돌고 있는 길을 궤도라 하고, (1) 2, (2) 4, (3) 8등의 배열을 갖는다.

전자가 많아질수록 궤도는 증가하고 바깥쪽 궤도의 전자들은 핵에서 멀어져 약한 핵력으로 인해 이탈이 쉬워진다.

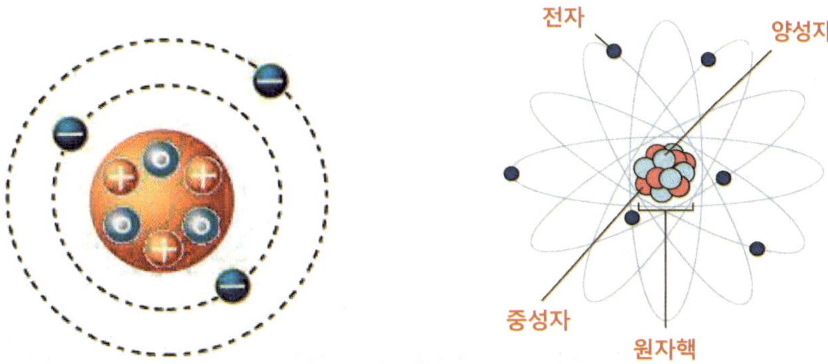

그림 1-9 원자의 구조

물질은 원자핵이 가진 양전기와 전자가 가진 음전기의 양이 같기 때문에 서로 상쇄되어 전기적 성질을 띠지 않는 상태를 중성상태라고 한다.

(1) 자유전자(free electron)

원자의 구조에서 제일 바깥에 돌고 있는 원자로부터 분리되어 자유로이 돌아다닐 수 있는 것도 있으며 외부에서 열이나 빛 마찰을 가하면 궤도를 이탈하여 자유로워지는 전자를 자유전자라고 말한다. 전기의 여러 현상은 자유전자의 움직임에 의한 것이 많으며 어떤 중성물질에서 자유전자가 튀어나오면 물질은 양전기가 우세하여 ⊕전기를 띠게 되며 반대로 전자가 들어오면 ⊖전기를 띠게 된다.

전자가 에너지를 얻어(예로써, 마찰을 통하여), 에너지가 증가하면, 금지대를 벗어나 자유전자가 되고 자유전자는 원자 사이를 이동하게 된다. 이렇게 생긴 전기를 전하라 한다. 이렇게 원자가 전자를 잃거나 얻어서 전기적인 성질이 (0)에서 (+), (-)로 변한 것을 대전되었다고 말하고 대전된 물체를 대전체라 한다.

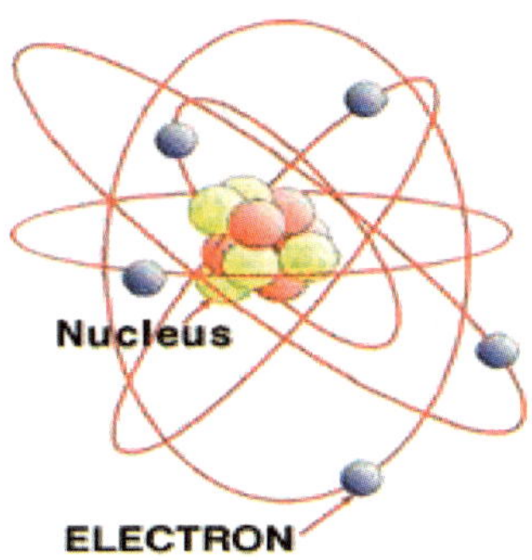

그림 1-10 자유전자

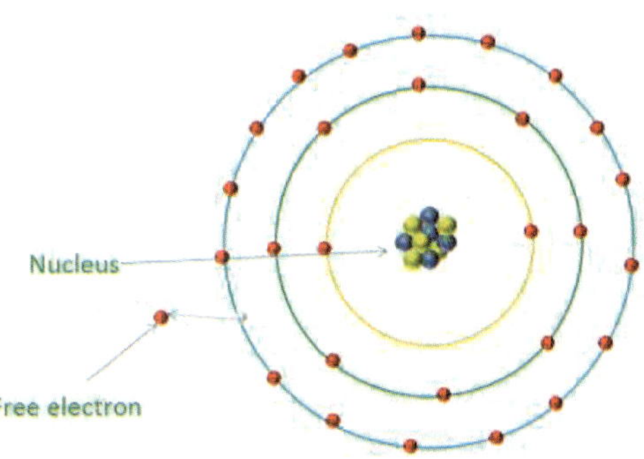

그림 1-11 자유전자

(2) 정전기(static electricity)

전기가 물질에 정지되어 있는 상태를 정전기라 한다. 즉, 정전기(靜電氣)는 말 그대로 '정지된, 또는 움직이지 못하는' 전기이다.

정전기 현상에 대한 가장 오래 된 기록은 고대 그리스의 철학자 탈레스가 양의 가죽으로 호박(송진이 굳어서 된 보석)을 닦을 때 생긴 현상을 적어 놓은 것이다. 이 때문에 영어로 '전기'를 뜻하는 'electric-'이라는 말은 그리스어로 '호박(electron)'에서 유래한 것이다.

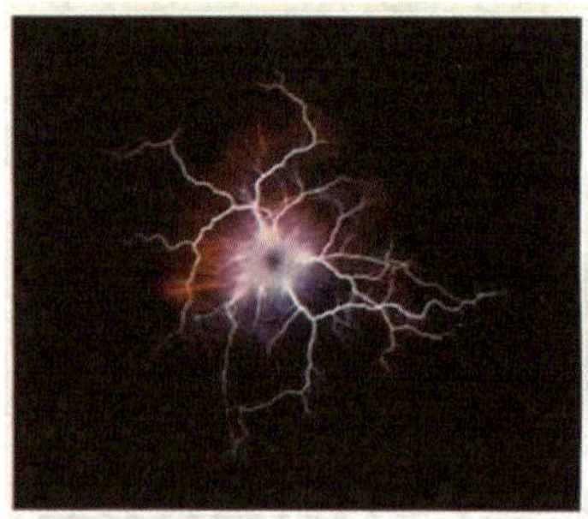

그림 1-12 static electricity

그림 1-13 정전기의 이동

종이나 나무, 금속, 플라스틱 등 모든 물질들을 잘게 쪼개고 또 쪼개면 '원자'라는 아주 작은 알갱이 단계에 이르게 된다. 원자는 전자와 양성자라는 더 작은 알갱이들로 이루어져 있다. 이 알갱이들의 수가 많으냐 적으냐에 따라 물질의 전기적 성질이 좌우된다.

보통 상태에서는 전자와 양성자의 숫자가 서로 균형을 이루어서 전체적으로 는 중성을 띠게 된다. 그러나 물체가 외부와의 마찰이나 다른 특별한 힘을 받게 되면 이것들이 어느 한 곳으로 몰려서 그 물체가 양(+)전하(전자보다 양성자가 많은 경우)나 음(-)전하(양성자보다 전자가 많은 경우)를 띠게 된다.

이 전하들이 전선 같은 도체를 타고 흘러 다니는 것이 우리가 알고 있는 전기이다. 그런데 이 전하들이 흘러 다니지 못하고 한 곳에 고여 있는 것, 그것이 바로 정전기인 것이다.

정전기로 무얼하나

- 한쪽으로 몰려 있던 정전기 전하들이 도체와 접촉하게 되거나 전하들이 쌓이고 쌓여서 더 이상 견딜 수 없는 특별한 상황이 되면, 마주 보고 있던 두 물체 사이의 공기들이 전기성을 띠고 번개처럼 빠르게 한쪽으로 내달리게 된다.

- 이 때 번개처럼 불꽃이 튀는데 이것을 '코로나 방전'이라고 한다. 스웨터를 벗을 때 따끔하면서 불꽃이 반짝이는 것이나 하늘에서 번개가 땅으로 떨어지는 것도 이런 정전기의 방전 현상이다.
- 번개(낙뢰)는 구름 속에 있는 매우 작은 얼음 알갱이와 물방울이 심하게 움직이면서 서로 부딪혀서 만들어진 강력한 정전기가 방전되는 것이다.
- 정전기는 사실 일상생활 속에서는 그저 따끔거리게 하거나 기분 나쁘게 하는 정도로 아무 쓸모가 없다. 가끔은 방전된 불꽃이 화재를 일으키기도 하고, 반도체 생산 공장에서는 정밀한 회로들을 망쳐 놓기도 하며, 정밀 기기의 오작동 등 아주 큰 문제를 일으키는 말썽꾸러기라고 볼 수 있다.
- 반면 정전기를 이용하는 분야도 많다. 가장 대표적인 것이 공기 중의 먼지를 없애는 집진기(먼지 제거기)이다. 가정에서 사용하는 먼지 청소기나, 전자 인쇄, 복사기 등에도 정전기가 활용된다. 최근에는 정전기를 이용하여 발자국 흔적이나 타이어 흔적을 채취하여 사건 현장 감식을 돕는 기계도 만들어 졌다고 한다. 그러니 정전기가 꼭 나쁜 것만은 아니다.

겨울에 정전기가 많은 이유

- 겨울이면 유난히 우리 몸에 정전기가 많이 생기는 이유는 무엇일까?
- 정전기는 우리 몸에 늘 생긴다. 그런데, 습기가 많으면 이것이 전기가 흘러갈 수 있는 도체 구실을 해서 정전기를 수시로 방전한다. 이 때문에 습도가 높은 여름에는 정전기를 덜 느끼게 된다.
- 면으로 만든 옷보다는 털로 만든 옷, 자연 섬유보다는 인공 섬유가 습기를 머금는 성질이 적기 때문에 정전기가 더 많이 발생한다. 겨울철에 옷을 보관할 때 신문지를 옷 사이에 끼워두거나 털옷과 면옷을 교대 교대로 걸어 놓으면 정전기를 조금은 방지할 수 있다.

보통 우리가 알고 있는 전기는 전하가 전깃줄과 같은 도체를 타고 흐르는 것이다. 하지만 정전기는 전하가 흐르지 못하고 한 곳에 머물러 있다.

또한 정전기는 마찰 전기의 일종이다. 마른 머리카락을 빗으면 머리카락은 빗에 달라붙어 따라온다. 머리카락과 빗의 마찰로 인해 전기가 발생했기 때문이다. 이렇듯 물체의 마찰로 발생한 전기를 마찰전기라고 한다. 인체는 의복과 마찰 등으로 늘 전하가 생긴다. 정전기는 특히 겨울에 유난히 많이 발생을 하는데 옷을 입을 때 등의 경우에 정전기가 많이 일어난다. 누구나 한번쯤은 경험해봤으리라 생각이 되어진다. 옷을 입을 때에 정전기를 완전히 방지는 하지 못해도 어느 정도 정전기를 줄이기 위해서 옷과 옷 사이에 신문지를 넣어두면 정전기가 줄어드는 효과가 있다고 한다.

그림 1-14 정전기 발생

남성보다 여성이 더 민감하다. 정전기를 느끼는 정도는 사람마다 크게 다르다. 젊은 사람보다는 피부가 건조한 노인들이 정전기로 고생하는 경우가 많으며, 특히 피부질환을 앓고 있는 사람은 정전기에 각별히 주의를 기울여야 한다. 수만 볼트의 전압으로 인해 피부염증이 악화할 수도 있기 때문이다. 정전기는 남성보다 여성이 더 민감하게 느낀다. 남자는 4,000볼트 이상 돼야 정전기를 느끼는 반면, 여성은 2,500볼트만 돼도 느낄 수 있다. 이 밖에 뚱뚱한 사람보다는 마른 사람이 정전기를 민감하게 느낀다. 반면 몸이 습하거나 땀을 많이 흘리는 사람은 비교적 정전기의 영향을 덜 받는다.

정전기 발생을 근본적으로 해결하는 방법은 없다. 이에 대해 모 대학병원의 의사는 "피부가 건조하지 않도록 해주고 체질적으로 피부가 건조한 사람은 보습제 등을 온몸에 충분히 발라주면 도움이 된다."고 말했다. 실내에 가습기를 틀어 습도를 높여주고 손을 자주 씻는 것도 정전기를 줄이는 한 방법이다. 또한 빨래할 때 정전기를 줄여주는 섬유 유연제, 정전기 방지 스프레이와 정전기 방지 기능을 포함한 구두 등도 도움이 된다. 정전기는 모발 끝이 갈라지거나 끊어지게 만들기도 한다. 따라서 건강한 모발을 유지하기 위해서는 지성모발이라도 겨울에는 샴푸를 한 뒤 반드시 린스를 해서 정전기를 막아야 한다.

물에 살짝 담가 정전기를 예방해야 한다. 차에서 내릴 때에도 차문을 열고 한쪽 손으로 차 문짝을 잡은 상태에서 땅에 발을 내딛으면 정전기를 피할 수 있다. 자동차 문을 열 때에도 동전이나 열쇠 등으로 차체를 툭툭 건드려 정전기를 흘려 보낸 뒤 연다. 열쇠의 뾰족한 부분과 자동차 문은 둘 다 금속이기 때문에 정전기가 쉽게 이동한다. 옷의 소재도 정전기와 밀접한 연관이 있다. 화학섬유 소재보다는 천연섬유나 순면으로 된 것을 입어야 정전기 발생을 줄일 수 있다.

① 마찰전기

서로 다른 어떤 물질로 마찰시켰을 때 물질 상호간에 마찰전기가 발생한다. 즉 건조한 유리막대를 비단으로 마찰시키면 비단은 다같이 종이조각과 같은 가벼운 물체를 끌어당긴다. 이것은 마찰로 인하여 온도가 상승하고 자유전자가 유리막대에서 비단으로 이동되어 유리막대에는 새로운 전자가 필요하며 이러한 것이 종이조각의 전자를 끌어당기는 힘으로 작용한다. 이러한 현상을 정전기가 발생하였다고 하며 모든 물체는 마찰시켰을 때 정전기가 발생한다.

② 정전유도(전기유도)

도체에 대전체를 가까이 하면 대전체 가까운 쪽에 대전체와 다른 전하를 먼 쪽에는 같은 전하가 발생하는 현상을 말한다. 즉, 정전유도에서 같이 중성인 도체 A에 음전하를 가진 대전체를 B를 음전하에 반발되어 B쪽의 먼 쪽에 모이고 B로부터 가까운 쪽에는 양전하를 가지게 된다. 이와 같이 가까운 쪽에는 다른 종류의 전하를 먼 쪽에는 같은 종류의 전하를 발생하게 하는 현상을 정전유도라 한다.

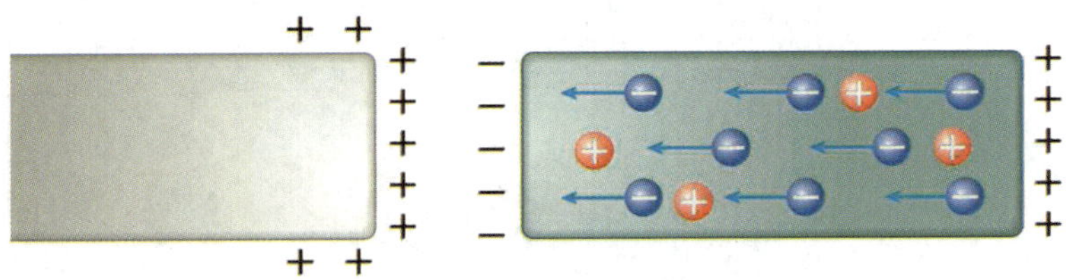

그림 1-15 정전유도

③ 전하의 성질

전하는 서로 같은 전하(⊕와 ⊕)는 반발하는 힘으로 작용하며 서로 다른 전하(⊕와 ⊖)는 끌어당기는 힘으로 작용한다. 이러한 현상이 전하가 도선을 이동하여 전류가 되는 원리가 된다.

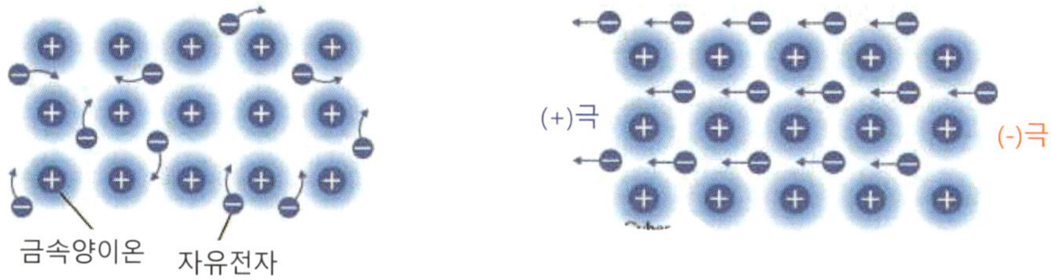

(a) 전류가 흐르기 전 (b) 전류가 흐를 때

그림 1-16 자유전자의 이동방향

자동차에 번개가 치면

- 자동차가 번개를 맞으면 전류는 차체 표면을 따라 흐르다 타이어를 통해 땅으로 흐른다. 그렇다면 고무는 절연체인데 왜 타이어는 번개의 전류를 땅으로 흐르게 할 수 있을까? 여기엔 몇가지 중요한 사실이 있다. 타이어는 완전히 고무가 아니라 그 성분 중에 몇 %의 탄소를 포함하고 있다. 따라서 공기보다는 덜 절연체다. 즉, 공기보다는 타이어가 몇배 전류가 흐르기 쉬운 성질을 띄고 있다

- 아울러 번개의 위력은 고무 정도의 절연체는 그냥 무시할 수 있을 정도가 된다. 자동차 주행 중에 갑자기 비바람과 번개나 천둥을 만나게 되면 차 밖으로 나가기보다는 차를 세우고 차 안에 그대로 있는 것이 안전하다. 차에 번개가 치면 전류는 도체인 차 표면을 따라 흘러 타이어를 통해 지면에 접지된다. 차체가 접지, 어스(earth)역할을 해 낙뢰를 피할 수 있기 때문이다. 이 때 라디오 안테나는 접고 낮은 곳으로 이동하는 것이 좋다.

1.3 동전기란 무엇인가?

전류의 활용은 실생활뿐만 아니라, 의학과 질병 치료에 대양하게 사용되고 있다. 특히, 미세 전류의 활용 빈도가 잦아지고 있다. 미세 전류는 1000 마이크로 암페어(μA) 미만의 미약한 전류를 말한다. 우리 몸에는 약 40~60 μA의 약한 생체 전기가 각 기관 간 신호 전달 작용을 하며 흐르고 있다. 이런 생체 전기는 몸에서 느껴지지 않을 정도로 미약하지만 인체가 정상적인 기능을 하기 위해서는 반드시 필요하다. 최근 이런 생체 전기와 비슷한 세기의 미세 전류를 외부에서 몸 속으로 흘려보내 신체에 전기 자극을 줌으로써 일정한 효과를 얻는 방법들이 광범위하게 연구되고 있다.

신체의 마비를 진단하는 근전도 검사, 또는 세포를 자극해 통증을 제어하고, 조직을 재생 및 활성화시키는 물리치료에 일부 활용되었으며, 손발의 움직임을 재현할 수 있는 로봇 연구를 비롯해 생체전기의 원리를 이용해 피로도를 낮추고, 체중 감소 및 성장 발육에 활용하는 산업화도 시도되고 있다.

그림 1-17 전류의 실체 활용

1.3.1 전류(Ampere)

전류는 전위차에 의해 전자의 이동에 따른 전하의 흐름을 일컫는 말이다. 도체의 단면적을 통하여 자유전자가 이동할 때 전류가 흐른다고 말한다. 즉 전류란 전하의 이동을 말하며, 자유전자의 이동으로 양전하를 가진 물체 A와 음전하를 가진 물체 B를 도선 C로 연결하면 음전하 ⊖가 도선을 통하여 양전하 ⊕쪽으로 도선 C를 통하여 이동하여 결합하고 중화된다. 이렇게 자유전자가 도선을 통하여 흐르는 것을 전류라고 하며, 이러한 전자의 이동은 물체 A에 양전하가 모두 중성이 될 때까지 계속하여 일어난다.

전자는 음전하 ⊖가 양전하 ⊕쪽으로 이동하나 전류는 (+)쪽에서 (-)쪽으로 흐른다고 약속하여 사실과는 반대로 사용하고 있으므로 착오 없도록 주의한다. 즉, 전류는 정공의 흐름과 동일하며, (+)에서 (-)로 흐른다고 약속하였다.

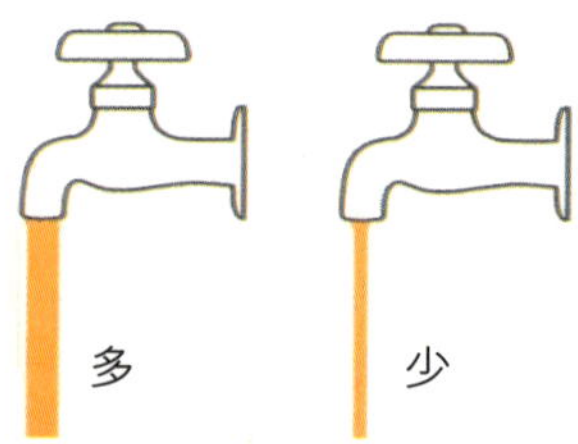

그림 1-18 전류의 예

전류

- 전류를 흐르게 하는 원동력이 되는 전원의 능력을 기전력, 전류가 흐르는 통로를 전기회로, 전류에 의하여 에너지를 공급받는 장치를 부하라 한다. 전류의 세기는 도선의 임의의 단면적을 1 sec 동안 1C(쿨롬)의 정전하가 통과할 때의 값을 단위로 하여 1 A(암페어)라 하며, 정전하의 이동방향을 전류의 양의 방향으로 정한다.

(1) 전류의 단위

전선에 흐르는 전류의 크기는 1초(sec)동안 도선의 단위 단면적을 통과하는 전하의 양을 나타내며 단위는 암페어(Ampere)를 사용한다. 즉, 1[A]는 도체 내의 임의의 한 점을 1 C(Coulomb)의 전하가 통과할 때 1[A]의 전류가 흘렀다고 한다.

I = 전류[A], Q = 전기량[Coulomb], t = 시간[sec]

1[A] = 1,000[mA], 1[mA] = 1,000[μA]

쿨롱의 법칙

- 두 전하 사이에 작용하는 힘은 전하의 크기의 곱에 비례하고 전하 사이의 거리에 곱에 반비례 한다.
- 어떤 물체가 대전되어 전하가 생기면 (전기를 띠면) 공간에 전기의 에너지가 꽃의 향기처럼 내보내진다.
- 전하의 전기력이 작용하게 되는 이 공간을 전기장이라 하고, 그림처럼 에너지가 퍼져나가는 공간은 화살과 같은 점의 연결이 아닌 면적의 공간확장으로 펼쳐진다.
- 따라서 에너지의 세기는 급격히 감소하는데 두개의 전하가 있다면 전하의 크기에는 곱에 비례하지만 전하 사이의 거리에는 제곱에 반비례하게 된다.
- 두 전하 사이에 존재하는 공간의 에너지 전달율을 유전율[ε]이라 한다. 전하는 공간 속을 무한원을 그리며 펴저나간다. 전기장은 양파처럼 점점 넓게 지구의 모양으로 퍼져나가며, 전하가 만들어나가는 선을 전기력선이라 한다.

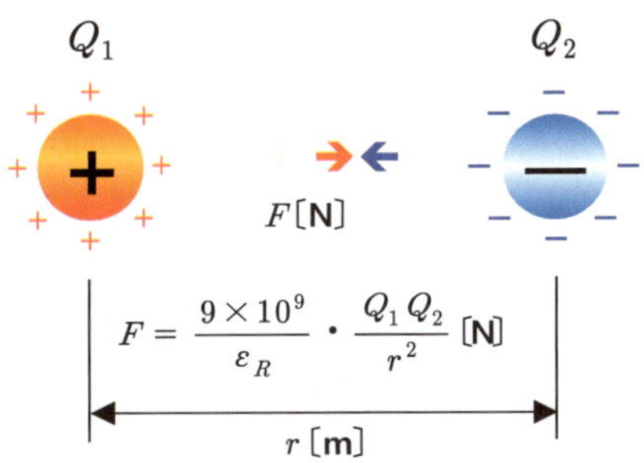

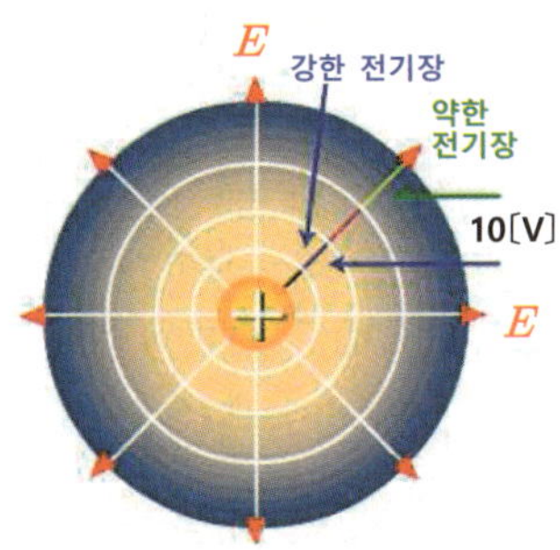

(2) 전류의 3대 작용

정전기는 순간적인 전류의 흐름이므로 에너지원으로는 사용할 수 없지만 전지나 발전기는 항상 전류를 흐르게 하려고 하는 힘을 가지고 있어 연속적으로 전기를 흐르게 할 수 있다.

이 전류의 작용에는 3작용이 있다.

① 발열작용

저항체에 전류가 흐르면 열이 발생한다. 일정 시간동안 발생하는 열량은 저항이 크고 전류가 많이 흐를수록 크다. 또한, 열이 발생하는 부분의 온도가 높아지면 빛이 많이 발생하게 된다. 이러한 열이나 빛을 이용한 것이 전열기나 백열전구이다.

② 화학작용

전기 에너지를 화학 에너지로 변환하는 작용을 이용한 것으로 전기 분해, 축전지, 전기도금 등이 있다.

③ 자기작용

코일에 전류를 흘리면 주위에 자기장이 생기고, 자기장 속에서 도선에 전류를 흘리면 도선은 힘을 받는다. 이 작용을 응용하여 전기 에너지를 동력으로 이용하는 것으로 전동기, 발전기, 변압기 등이 있다.

(3) 전류의 종류

건전지에 저항을 연결해서 회로를 만들면 이 회로를 흐르는 전류는 항상 크기가 일정하며 흐르는 방향도 변화하지 않는다. 이러한 전류나 전압을 직류라고 하는데, 문자기호로는 DC(Direct Current)로 나타낸다.

이에 비해 우리가 가정에서 사용하는 전기는 전류나 전압이 주기적으로 변화한다. 이러한 전류나 전압을 교류라고 하며 문자기호는 AC(Alternating Current)로 나타낸다.

같은 전기인데도 직류와 교류는 본질적으로 어떤 점이 다른가.

전류나 전압의 시간적인 변화를 보는 장치에는 브라운관 오실로 스코프라는 것이 있다. 이것을 사용해서 직류와 교류를 관찰하면 직류는 평탄한 직선이지만, 교류는 일정 시간마다 (+), (-)가 반복되는 등, 주기적인 변화를 일으키며 삼각함수에서 배운 정현파(사인 웨이브)의 그래프가 되고 있다. 이 교류의 파형을 보면, 전류와 전압이 시시각각으로 변화하고 있는 것을 알 수 있다.

각 시각에 있어서의 값을 순시값이라 하고, 파형의 최대값을 진폭, 파가 1진동하는 데 걸리는 시간을 주기라고 한다.

1초간에 진동을 반복하는 회수를 주파수라고 하는데, 옛날에는 사이클(Cycle)이란 단위도 썼으나 지금은 헤르쯔(문자기호로 Hz)로 통일되어 있다. 우리나라에서 사용하고 있는 교류 주파수는 60헤르쯔. 그러나 외국에서는 50헤르쯔를 사용하는 곳도 있다.

우리가 일반가정에서 사용하고 있는 교류파형을 살펴보면 1주기 사이에 플러스와 마이너스가 한번씩 찾아오고 그 사이에 두 번 제로가 되고 있다. 따라서 60헤르쯔의 교류로 전등을 켜면 1초 사이에 120회 점멸하는 것을 알 수 있다. 그 때문에 형광등 밑에서 손을 빨리 흔들면 깜박거려 보이는 것이다. 레코드 플레이어의 스트로보·스코프는 이 원리를 이용한 것이다. 즉, 전등의 규칙적인 점멸을 이용하여 레코드의 회전수를 체크하는 것이다.

가정이나 빌딩에 공급되는 전기는 일본의 경우 주로 AC 100 V 및 200 V이다. 그러나 전기로 동작하는 전자제품 대부분의 전자 회로는 5 V 및 3.3 V의 DC 전압으로 동작하다. 그 중에서는 모터 기기 및 백열전구 등 AC 전압을 그대로 사용하는 제품도 있지만, 최근에는 모터와 스위치만으로 이루어진 단순한 기기는 거의 없으며, 다양한 목적으로 탑재되는 전자 제어 회로는 모두 DC 전압으로 동작한다. 또한, 백열전구도 LED로 대체되고 있는데, 아시다시피 LED는 기본적으로 DC 구동이다. 즉, 송전망을 통해 공급되는 전기는 AC인 반면, 전자제품의 심장부인 전자 회로는 DC 구동이므로, AC 전압을 DC 전압으로 변환하지 않으면, 전자제품이 동작하지 않는다. 그러면 처음부터 DC를 공급하면 되지 않는가? 라고 생각할지 모르겠지만, AC로 공급되는 것에는 역사적인 배경을 바탕으로 한 이유가 있다.

1881년에 에디슨이 백열광 램프의 전등을 발명했다. 사실 당시 미국에서는 DC로 전력 공급하는 것이 표준 방식이어서, 에디슨은 백열전등 보급을 확대하기 위해 DC 110 V의 송전망을 전개하는 사업을 추진하였다. 그러나 DC로 송전할 경우, 큰 전압 강하가 발생하기 때문에 1.5 km의 범위밖에 송전할 수 없어, 거리거리마다 발전소를 세울 필요가 있었다. 지금은 정말 믿기 어려운 이야기이다. 한편, 테슬라는 AC의 발전, 송전, 사용 방법을 고안하여, 에디슨과 경쟁하였던 것이 바로 전류 전쟁이다. 최종적으로는 간단히 변압할 수 있고, 전선이 길고 얇아도 큰 손실 없이 송전 가능한 AC 시스템의 이점을 바탕으로, 테슬라 측이 승리하여 현재에까지 이르게 된 것이다.

① 직류(DC : Direct Current)

항상 크기가 일정하며 흐르는 방향도 변하지 않는 일정한 전류. 이때 자유전자는 계속해서 같은 방향으로 일정한 속도로 이동한다.

라디오 건전지의 극을 반대로 해서 끼우면 소리가 나지 않는다. 이것은 건전지에 의해 발생한 전류는 흐르는 방향이 변하지 않기 때문이다. 이와 같이 한 방향으로 흐르는 전류를 직류라 한다. 직류는 전류의 세기가 고르기 때문에 전기 제품에 손상을 주지 않지만, 직류 발전기의 구조가 복잡하고 전압을 높이기가 쉽지 않아 장거리 송전이 어렵고 교류로 변환이 어려워 현재는 소형 전자제품을 제외하고는 잘 쓰이지 않는다.

② 교류(AC : Alternating Current)

흐르는 방향이 주기적으로 바뀌면서, 세기가 연속적으로 변화하는 전류를 교류(AC)라 한다. 이때 전하는 도체 축에서 같은 거리로 왕복 진동한다. 진동 사이클을 주기하고 하고 1초당 진동수를 주파수(frequency)라 한다.

텔레비전이나 냉장고의 플러그는 꽂는 방향에 관계없이 작동이 된다. 가정에서 사용하는 전기의 전류는 방향이 계속 바뀌기 때문이다. 이와 같이 도선을 따라서 흐르는 전류의 방향이 바뀌는 전류를 교류(AC)라 한다. 1초 동안에 +와 -가 서로 교대되는 횟수를 사이클 또는 헤르쯔(Hz)라고 한다. 교류 전류는 전압이 고르지 않아 전기 회로에 손상을 주기도 하지만 여러 특징 때문에 현재 직류보다 많이 사용된다.

그림 1-19 직류

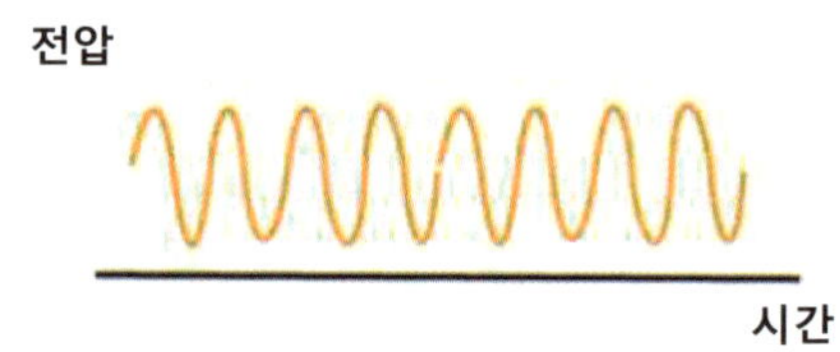

그림 1-20 교류

이제 교류란 주기적으로 진동하는 전기라는 것을 알았다. 교류발전기에 의해 만들어지는 교류 전압은 정현파(사인 웨이브)라고 하는 규칙적으로 변화하는 파형으로 되어 있다. 정현파란 자연계에 존재하는 모든 파형 중 가장 순수한 파형이다. 음차(音叉)를 두드릴 때 생기는 음파도 정현파이며, 맑은 플룻의 음색도 정현파에 가까운 것이다.

반대로 어떤 복잡한 물결도 진동수와 진폭이 다른 정현파의 합성으로 나타낼 수 있다. 이것을 푸리에 분석이라고 하는데, 전자음 등은 이렇게 해서 만들어진 것이다.

앞서 교류의 주파수란 1초간에 진동하는 회수라고 말한 바 있는데, 이 주파수는 아주 정확한 것이다. 교류의 주파수는 발전소의 발전기(교류발전기) 회전수에 비례하기 때문에 발전소에서는 항상 엄격하게 발전기의 회전수를 일정하게 유지하지 않으면 안 된다. 전기에도 질이 있는데, 주파수가 일정하며 전압이 변동하지 않는 전기를 양질의 전기라고 한다.

그러나 교류는 전압과 전류의 크기가 끊임없이 변화한다. 따라서 그 크기를 표시하려면 어떻게 하면 좋을까도 문제이다. 예를 들어 전압이 100 V라고 하면 전압 파형의 어느 지점을 말하는 것일까.

이런 것은 직류가 하는 일과 교류가 하는 일을 비교해서 정하고 있다. 즉 저항이 같은 히터에 직류와 교류의 전압을 걸고 열량이 같아지도록 전압을 조정한다.

그때의 직류전압의 값을 교류전압의 값으로 정한다. 이 값을 교류전압의 실효치라고 한다. 전류에 관해서도 마찬가지. 히터에 직류와 교류의 전류를 흘려서 교류전류의 실효치를 정한다.

이론상의 계산에 의하면, 교류 파형의 가장 큰 곳은 실효치의 약 1.41배($\sqrt{2}$ 배) 정도인 것으로 되어 있다. 따라서 실효치가 100 V라면 최대값은 141볼트가 된다.

또 교류파형의 높이를 평균한 평균값이라는 것도 있다. 평균값은 실효치보다 조금 낮아진다. 교류를 측정하는 데 쓰는 전압계나 전류계는 실효치가 표시되도록 만들어져 있다.

직류 교류의 차이점

- 같은 전기인데도 직류와 교류는 본질적으로 어떤 점이 다른가?
- 전류나 전압의 시간적인 변화를 보는 장치에 브라운관 오실로스코프라는 것이 있다. 이것을 사용해서 직류와 교류를 관찰하면 쉽게 구분이 가능하다. 즉 교류는 평탄한 직선이지만, 교류는 일정 시간마다 주가가 반복되는 등, 주기적인 변화를 일으키며 삼각함수에서 배운 정현파(사인파형)의 그래프가 되고 있다.
- 이 교류의 파형을 보면, 전류와 전압이 시시각각으로 변화하고 있는 것을 알 수 있다. 파형의 최대 값을 진폭, 파가 1 진동하는데 걸리는 시간을 주기(Cycle)라고 한다. 1초간에 진동을 반복하는 회수를 주파수라고 하는데, 옛날에는 사이클(Cycle)이란 단위도 썼으나 지금은 헤르쯔(Hz)로 통일되어 있다.

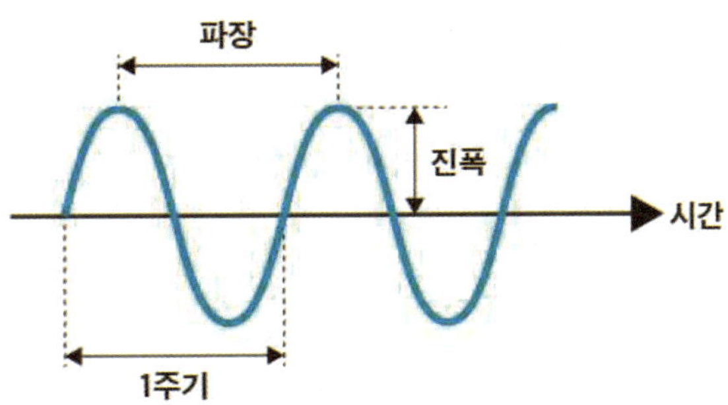

- 우리나라에서 사용하고 있는 교류 주파수는 60헤르쯔, 그러나 외국에서는 50헤르쯔를 사용하는 곳도 있다. 다시 한번 교류파형을 살펴보면 1주기 사이에 (+)와 (-)가 한번씩 찾아오고 그 사이에 두 번 제로가 되고 있다. 따라서 60헤르쯔의 교류로 전등을 켜면 1초 사이에 120회 점멸하는 것을 알 수 있다. 그 때문에 형광등 밑에서 손을 빨리 흔들면 깜박거려 보이는 것이다.

1.3.2 전압(Voltage)

전압은 전기 또는 전자회로에 있는 두 지점간의 전위의 차이로, 전기가 흐르게 하는 원인이 되며, 전하를 미는 세기이다. 도체를 통하는 전류는 마치 물과 같다. 물은 높은 곳에서 낮은 곳으로 흐르며 물의 흐르는 세기는 수위 차에 의한 수압에 의하여 결정된다. 이와 같이 도선에 흐르는 전자(⊖)의 전기적인 압력(전하를 미는 세기)을 전압(Voltage)이라 하며 단위[V], 기호[E]라고 한다.

$$1\,[V] = 1{,}000\,[mV] = 0.001\,[kV]$$

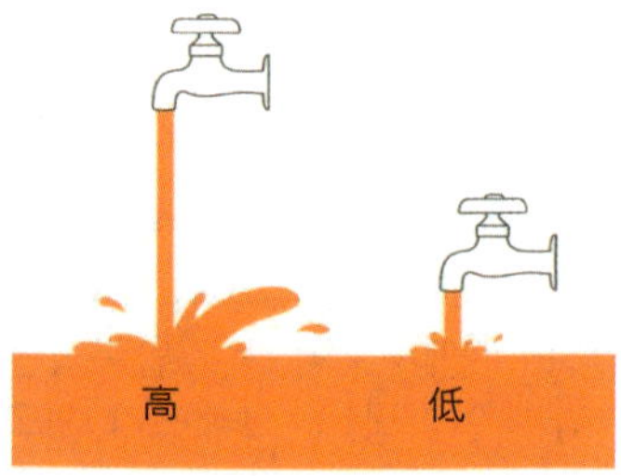

그림 1-21 전압의 예

두개의 서로 다른 전하, 즉 전자과잉 상태의 음 전위와 전자 부족상태의 양 전위를 금속선으로 연결하면 전자가 과잉된 부분(음극)에서 부족한 부분(양극)으로 자유전자가 이동하면서 전기적인 일을 하게 된다. 이때 두개의 전하가 각각 가지는 '일을 할 수 있는 능력, 즉 전하는 미는 세기'를 전위(potential)라고 하고, '두 전하간의 일을 할 수 있는 능력의 차이'를 전위차(electric potential difference) 또는 전압(voltage)이라 한다.

110 V와 220 V의 차이는 무엇일까?

110 V와 220 V는 평소에 많이 들어보았을 것이다. 아마 220 V라는 표현이 더 익숙할 텐데, 우리나라 표준전압이 220 V이기 때문이다. 콘센트에 꽂는 플러그의 모양을 보면 220 V와 110 V는 차이가 있다.

그림 1-22 220 V콘센트

그림 1-23 110 V 콘센트

110 V와 220 V의 차이는 콘센트에 꽂는 플러그의 모양과 전기의 압력 차이이다. 그런데 왜 따로 존재하는 걸까? 우리나라는 표준전압을 110 V로 사용해오다가 220 V로 승압하는 표준전압 승압 사업을 통해 220 V가 표준전압이 됐다. 종종 110 V 콘센트를 볼 수 있는 이유는 110 V에서 220 V로 바뀌는 승압 사업을 거치면서 남겨진 흔적이고, 지금은 사실상 보기가 힘들다. 승압작업은 1973년부터 2005년까지 약 32년에 걸쳐 진행했고, 큰 금액이 해당 사업에 투자됐다. 그러면 왜 110 V에서 220 V로 바꾸는 승압 사업을 진행했을까?

전기는 다양한 발전소를 통해서 만들어진다. 이렇게 만든 전기는 바로 사용할 수 없고, 전기를 필요로 하는 지역의 배전 변전소로 송전해야 한다. 또한, 전압이 너무 높은 상태에서도 사용할 수 없으므로 변압기 등을 거치도록 해서 전압을 낮춰줘야 한다.

근데 110 V는 220 V보다 거치는 단계가 많다. 이에 따라 배전 과정에서 손실되는 전기가 많았고, 110 V를 사용했을 때 여러 가정에서 동시에 사용하면 전압이 약해서 자칫 정전이 생기곤 했다. 그래서 110 V보다 전압이 강한 220 V로 승압하여 전자기기에 전기를 안정적으로 공급해 주고, 전기가 수용지에 오기까지 거치는 단계를 줄여서 전기 손실량을 줄이고자 한 것이다. 즉, 장기적인 관점으로 봤을 때 이용자의 편의를 증진할 수 있고, 전기 손실을 줄일 수 있다.

그렇다면 미국이나 일본 등은 110 V를 표준전압으로 사용하고 있는데, 이유는 무엇일까? 이와 관련해서 안전을 우선시하기 때문이라는 주장이 종종 보인다. 220 V보다 110 V가 전압이 약하므로 안전하다는 논리인데, 이는 사실이 아니고, 초기 도입과 관련 있다. 처음부터 표준전압을 결정하고 사용하지는 않았을 것이다. 다양한 전압과 주파수가 사용되었고 이에 서로 적합한 것을 찾아 사용해야하는 불편을 겪었다. 그래서 불편을 해소하고자 하나로 사용할 국가표준을 정한 것이고, 대체로 많이 사용하는 것을 기준으로 정했다. 그리고 나중에 바꾸려고 했을 때 이미 전체가 사용하고 있으므로 쉽게 바꿀 수가 없었던 것이다. 절약을 위해 바꿨다가 들어갈 돈이 훨씬 많아진 상황이라는 것이다.

110 V 전자기기 플러그를 220 V 콘센트에 꽂으면 어떻게 되는지, 220 V 전자기기 플러그를 110 V 콘센트에 꽂으면 어떻게 되는지 궁금해 하시는 분이 많은 것 같다.

쉽게 생각해보면 1 L 물통에 2 L 물을 부으면 넘칠 것이고, 2 L 물통에 1 L 물을 부면 부족할 것이다. 전압도 마찬가지로 부족하면 기기가 제대로 작동하지 않을 것이고, 과하면 퓨즈가 끊어지거나 퓨즈가 없다면 전원 또는 모터가 탈 수 있다. 물론 모양이 다르므로 꽂을 수도 없다.

(1) 전원의 병렬연결

전기회로에서 전류가 흐르는 길, 즉 도선이 여러 개의 길로 나뉘어서 전지나 전구 등을 지나고 다시 하나의 길로 합해질 때 전지나 전구가 병렬로 연결되었다고 한다. 단순히 전선만 나뉘어져서는 의미가 없고, 전지가 병렬로 연결된 경우와 전구와 같은 저항이 병렬로 연결된 경우가 가장 대표적이다.

우리가 보통 사용하는 전지의 전압은 1.5 V(볼트)이다. 이런 전지를 병렬로 연결하면 전체 전압은 변하지 않는다. 대신 전지 2개를 병렬로 연결하면 전지 1개를 사용할 때보다 2배 더 오랫동안 사용할 수 있다. 병렬로 연결하는 전지의 개수가 늘어날수록 전체 전압은 변하지 않고, 그만큼 오래도록 사용할 수 있는 것이다.

전구와 같은 저항의 연결은 전지의 경우와 조금 다르다. 같은 크기의 저항을 가지는 전구 2개를 병렬로 연결하면 전체의 저항은 전구 1개의 저항의 1/2로 줄어든다. 병렬로 연결하는 전구의 개수가 늘어날수록 그만큼 전체 저항은 작아지는 것이다. 크기가 다른 저항 여러 개를 병렬로 연결하더라도 전체 저항은 병렬로 연결한 저항 중에서 가장 작은 저항보다 더 작아진다.

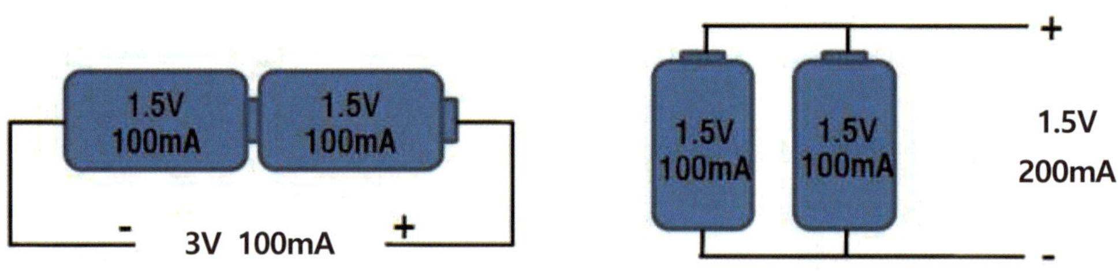

그림 1-24 전지의 직렬연결과 병렬연결

(2) 전원의 직렬연결

전기가 흐르는 길이 나누어지지 않고 하나의 길을 따라 흐르는 것을 직렬이라 하고, 그 가운데 전구나 전동기와 같은 전기 부품이 차례대로 연결된 것을 직렬연결이라고 한다. 전지의

(+)극에서 출발하여 도선을 따라가면 여러 전기 부품을 거치면서 도선이 나누어지지 않고 하나로 연결된 경우가 가장 간단한 직렬연결이고, 도선이 나누어진다고 해도 여러 전기 부품이 한 줄에 차례대로 연결되어 있는 경우에도 직렬로 연결되었다고 한다.

우리가 보통 사용하는 전지의 전압은 1.5 V(볼트)이다. 이런 전지를 직렬로 연결하면 연결한 전지의 개수만큼 전체 전압은 높아진다. 높은 전압을 얻을 수 있지만 전지를 사용하는 시간은 전지 한 개를 사용할 때와 같다. 또한 저항을 직렬로 연결하여 사용하면 전체 저항은 각 저항의 합과 같다. 그러므로 큰 저항을 한 개 사용하는 경우와 작은 저항 여러 개를 직렬로 연결하여 사용하는 경우 전체 저항은 같다. 직렬연결은 접속이 쉽기 때문에 마우스나 키보드를 컴퓨터에 연결하는 방식으로 많이 사용된다.

[표 1-1 직렬연결과 병렬연결의 특징]

구분	장점	단점
직렬연결	전구의 밝기가 밝다.	오래 쓰지 못한다.
병렬연결	오래 쓸 수 있다.	전구가 밝지 않다.

1.3.3 저항(Resistance)

전자가 물질 속을 이동할 때에 물질 내의 원자와 충돌하여 저항을 받는다. 이 저항은 물질이 지니고 있는 자유 전자의 수나 원자핵의 구조, 물질의 형상 또는 온도에 따라서 변화한다. 이와 같이 물질 속을 전류가 흐르기 쉬운가 또는 어려운가의 정도를 표시하는 것을 전기 저항이라고 한다.

저항의 종류에는 전선의 전기 저항도 있으나 전구나 전동기 등의 부하에도 그 나름대로의 저항을 지니고 있다. 저항은 전류의 흐름을 방해하는 요소이므로 전선의 저항이 크면 부하에 흐르는 전류가 감소하여 충분한 전기를 공급하지 못하므로 전선의 저항은 작아야 한다.

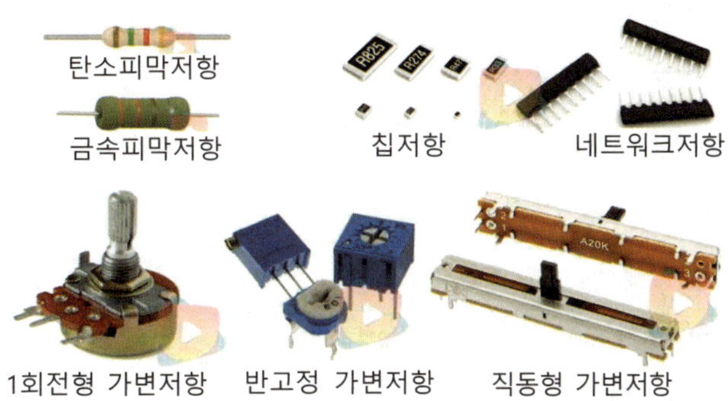

그림 1-25 저항의 종류

전기는 전압이 같더라도 전선의 단면적이 적으면 전류가 잘 흐르지 못하고 전선의 단면적이 크면 전류가 잘 흐르게 되는데, 이것은 전선의 저항에 의하여 발생되는 것으로써 저항의 단위는 옴(ohm, 기호는 [Ω])이다.

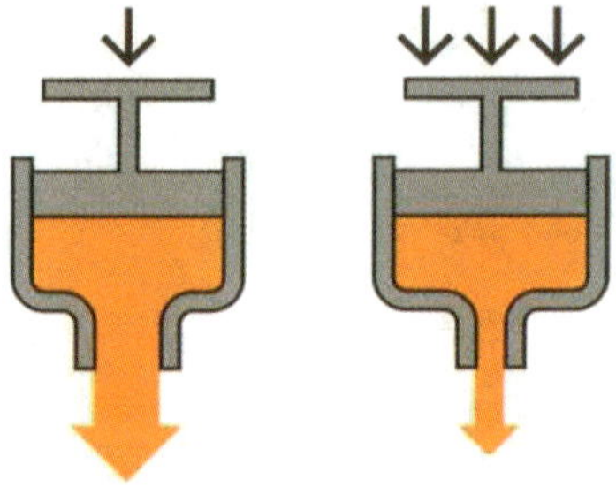

그림 1-26 저항의 예

단위의 종류에는

$$1[M\Omega] = 1{,}000{,}000[\Omega] = 10^6[\Omega]$$

$$1[k\Omega] = 1{,}000[\Omega] = 10^3[\Omega]$$

$$1[\mu\Omega] = 1/1{,}000{,}000[\Omega] = 10^{-6}[\Omega]$$

[표 1-2 SI 접두사]

인자	접두사	기호	인자	접두사	기호
10^{18}	exa	E	10^{-18}	atto	a
10^{15}	peta	P	10^{-15}	femto	f
10^{12}	tera	T	10^{-12}	pico	p
10^{9}	giga	G	10^{-9}	nano	n
10^{6}	mega	M	10^{-6}	micro	μ
10^{3}	kiro	K	10^{-3}	mili	m

(1) 물질의 고유 저항

① 도체의 전기저항은 재료의 종류, 형상, 온도에 따라 달라지며 온도가 같은 경우에 재질에 따라 다르다.

② 도체의 저항은 길이에 비례하고 단면적에 반비례한다(즉, 전기는 전압이 같아도 도선이 굵으면 전류가 잘 흐르고 가늘면 잘 흐르지 않는다).

$$도체의\ 저항\ R = \rho\frac{\ell}{A} \qquad [\Omega] = [\Omega \cdot m]\frac{m}{m^2}$$

ρ : 고유저항[Ω·m], ℓ : 길이[m], A : 단면적[m^2], R : 저항[Ω]

③ 고유저항 또는 저항률 : 단면적 1[m^2], 길이 1[m]의 임의의 도체 양면 사이의 저항값을 나타낸다. 물질의 저항은 재질, 형상, 온도에 따라서 변화하여 형상과 온도를 일정하게 하면 재질에 따라서 저항 값이 변화한다. 따라서 여러 가지 도체 재료의 저항의 크기를 비교할 때에는 모두 같은 크기의 도체에 대한 저항을 비교한다.

도체의 저항은 단면적과 길이에 따라 다르며 같은 재질의 전선이라도 전류가 흐르는 방향과 수직되는 방향의 단면적이 커지면 저항이 감소하고, 전류가 흐르는 거리가 증가하면 그 만큼 원자 사이를 뚫고 나가야 하므로 저항이 커진다. 즉 도체의 저항은 길이에 비례하고 단면적에 반비례한다.

따라서 자동차에서 사용하는 전선은 각 구성품에 알맞은 굵기를 사용하여야 하며 전선의 길이도 저항을 적게 하기 위하여 가능한 한 짧은 것을 사용하는 것이 바람직하다.

그리고 길이가 2배로 증가하면 저항도 2배로 증가하지만, 단면적이 2배로 증가하면 저항은 1/2로 감소되는데 이를 정리하면 다음과 같다.

① 단면적이 클수록 저항은 감소하고 전류는 잘 흐른다.

② 길이가 짧을수록 저항은 감소하고 전류는 잘 흐른다.

③ 단면적이 적을수록 저항이 증가하고 전류가 잘 흐르지 못한다.

④ 길이가 길수록 저항이 증가하고 전류가 잘 흐르지 못한다.

도체의 저항은 온도에 따라서 변화하며, 온도의 상승에 따라서 저항이 증가하는 것과 반대로 감소하는 것이 있다. 일반적으로 금속은 온도의 상승에 따라서 저항이 증가하지만, 탄소, 반도체, 절연체 등에서는 반대로 감소한다. 금속의 저항은 온도 상승에 비례하여 직선적으로 증가한다.

온도 1[℃] 상승하였을 때 저항값이 어느 정도 크게 되었는가의 비율을 표시하는 것을 그 저항의 온도계수라고 한다. 따라서 물체의 저항을 생각할 경우에는 항상 물체의 온도를 고려하여야 한다. 또 저항이 온도와 함께 변화하는 것을 이용하여 온도 변화에서 저항값을 알 수 있고, 저항 변화에서 상승한 온도를 알 수 있다.

자유전자가 많은 물질인 금속은 온도 증가가 원자의 접촉을 심화시켜, 오히려 전자운동이 방해가 되어 저항이 심해지는 결과를 가져오고, 반도체는 온도증가가 전자의 에너지 증가로 이동이 더욱 쉬워져 저항의 감소현상이 일어난다.

반도체의 온도계수는 (-)부의 특성을 갖는다. 반도체를 이용하는 컴퓨터의 부품 등은 온도 증가를 방치하면 과전류로 인하여 부품의 손상을 가져오므로 냉각 장치를 가지고 있다. 서미스터는 Thermal + Resistor의 합성어로, 온도에 민감한 저항이다. 온도를 감지하는 장치, 기기 등에 사용된다.

(2) 저항의 직렬접속(series connection)

몇 개의 저항을 접속하는 방법에는 직렬접속과 병렬접속이 있다.

몇 개의 저항을 한 줄로 접속하는 것을 직렬접속이라고 한다. 전압을 이용할 때 직렬접속을 사용하며 저항을 직렬접속하면 각 저항에 흐르는 전류는 일정하고 각 저항에는 전원 전압이 나누어져 흐르게 된다.

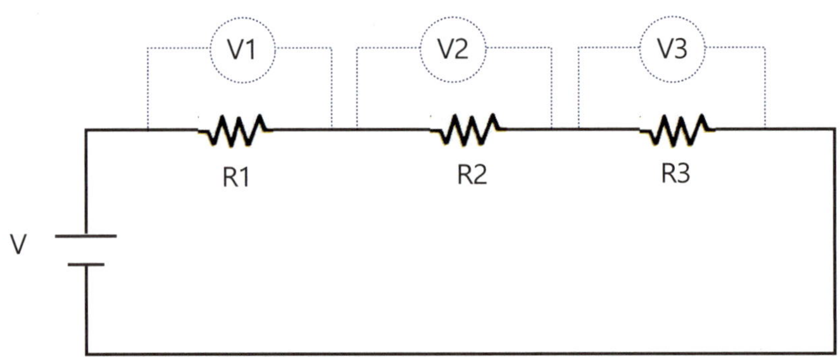

그림 1-27 직렬접속

그리고 회로의 합성저항은 각 저항의 합과 같으므로, 직렬접속에서 각각의 저항에 흐르는 전류는 같으며 각 저항에 공급되는 전압의 합은 전원 전압과 같다. 직렬접속의 특징은 다음과 같다.

① 합성 저항은 각 저항의 합과 같다.

② 어느 저항에서나 똑같은 전류가 흐른다.

③ 각 저항에 걸리는 전압의 합은 전원 전압과 같다.

직렬접속에서는 어느 저항에서나 항상 똑같은 전류가 흐른다. 즉, R1에 흐르는 전류와 R2에 흐르는 전류는 같다. 각 저항의 양끝의 전압을 E1, E2라고 하면 옴의 법칙에 따라

$$V = V_1 + V_2 + V_3$$

$V_1 = IR_1,\quad V_2 = IR_2,\quad V_3 = IR_3$ 가 된다.

따라서 $V = V_1 + V_2 + V_3 = IR_1 + IR_2 + IR_3 = I(R_1 + R_2 + R_3)$ 이 되므로 A와 C사이의 합성 저항을 R이라고 하면 $V = IR$ 이 되어 $IR = I(R_1 + R_2 + R_3)$ 가 되므로 $R = R_1 + R_2 + R_3$ 가 된다. 따라서 n개의 저항 R1, R2, R3 ……, Rn을 직렬로 접속하였을 때 합성 저항(R)은 각 저항의 합과 같게 되므로

$$R = R_1 + R_2 + R_3 + \ldots\ldots + R_n$$

으로 되어 직렬접속의 합성 저항은 각 저항의 어느 하나보다 크게 된다.

(3) 저항의 병렬연결(parallel connection)

몇 개의 저항을 그림과 같이 접속한 것을 병렬접속이라고 한다. 모든 저항을 두 단자에 공통으로 연결하는 것으로 적은 저항을 얻고자 할 경우 즉, 전류를 이용할 때 병렬접속을 사용한다. 대부분의 자동차전기장치는 이방식이 사용된다.

2개의 저항에는 어느 것이나 똑같은 전압이 작용하며 병렬 접속하는 전장품의 전압은 전원 전압과 같아야 한다. 따라서 전원에서 나오는 전류는 각 전장품에 흐르는 전류의 합이 되므로 병렬 접속한 전장품이 많을 경우에는 용량이 큰 전원을 사용하여야 한다. 병렬접속의 특징은 다음과 같다.

① 어느 저항에서나 똑같은 전압이 가해진다.

② 합성저항은 각 저항의 어느 것보다도 작다.

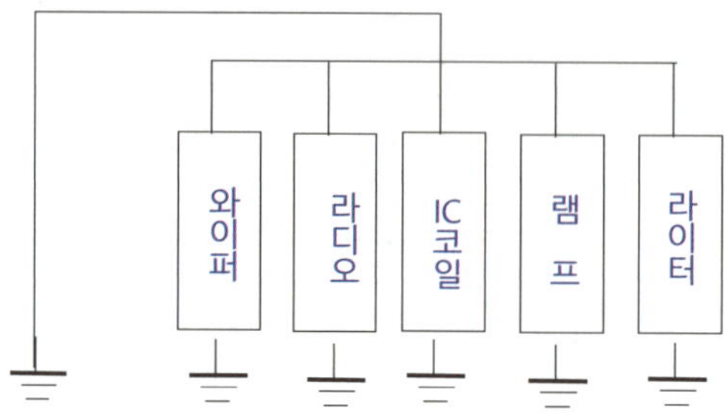

그림 1-28 자동차의 병렬회로 구성

그림과 같이 병렬회로에 전압 V를 가하면 각 저항 R1, R2, R3에는 똑같은 전압이 가해지므로 각 회로의 전류는 옴의 법칙에 따라 다음과 같이 구할 수 있다.

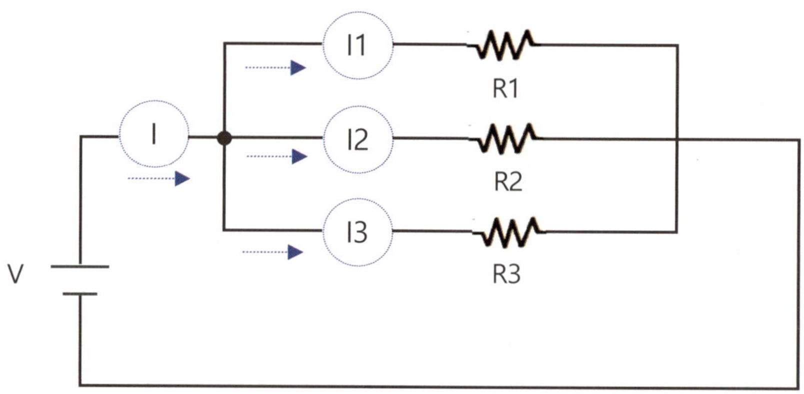

그림 1-29 병렬접속

A점에 유입된 전류를 [I]라고 하면, [I]는 A에서 나누어져 I1, I2가 되어 각 저항을 흐르므로 [I]는 I1과 I2의 합과 같다.

즉,

$$I = I1 + I2 + I3$$

가 되고

$$I = \frac{V}{R1} + \frac{V}{R2} + \frac{V}{R3}$$

이 된다. 그리고 A, B사이의 합성저항을 R이라고 하면

$I = \frac{V}{R}$ 가 되며

$\frac{V}{R} = V\left(\frac{1}{R1} + \frac{1}{R2} + \frac{1}{R3}\right)$ 이므로 $\frac{1}{R} = \frac{1}{R1} + \frac{1}{R2} + \frac{1}{R3}$

이 된다. 따라서 n개의 저항 R1, R2, R3 ……, Rn을 병렬로 접속하였을 경우 그 합성저항을 R이라고 한다.

$$\frac{1}{R} = \frac{1}{R1} + \frac{1}{R2} + \frac{1}{R3} + \cdots\cdots + \frac{1}{R_n}$$

가 된다.

1.4 전기회로의 중요법칙

축전지와 전구를 전선으로 접속하면 전구는 점등이 된다. 이때 '축전지에서 전구로 전류가 흘러 점등 되었다'라고 한다. 축전지는 전구가 빛을 내는데 소비되는 전기에너지를 공급하는 에너지원이다. 이를 전원이라고 하며 전원으로부터 에너지를 공급받아 전구가 빛을 내거나 전동기와 같이 기계적인 일을 하는 기구들을 부하(load)라고 부른다.

그림 1-30 Ohm

전류는 전원에서 부하를 거쳐 다시 전원으로 되돌아오는 회로가 연속되어 있을 경우에만 흐른다. 이와 같이 전류가 흐르는 회로를 전기회로라고 한다. 전류는 전기회로가 닫혀 있을 경우(On)에만 흐르며, 최소한의 전원, 부하, 그리고 왕복전선이 있어야 한다.

회로 내에서 회로를 닫거나(On), 여는(Off) 기능을 하는 것을 스위치(switch)라고 한다. 전구는 스위치가 닫혀 있을 때 점등이 된다. 스위치가 열려 있을 때 소등이 되며 스위치는 기계식이나 전자식으로 할 수 있다. 또 스위치는 회로 내의 어디에나 설치할 수 있으며 스위치를 On-Off시켜 부하를 작동시키거나 정지시킨다.

그리고 전기회로를 간단히 표시하기 위하여 약속된 여러 가지 기호를 사용하며 이들 기호를 사용하여 간단한 회로도로 표시하는 것을 등가회로라고 한다.

1.4.1 옴의 법칙(Ohm ' s law)

1827년 독일의 과학자 옴(Ohm)은 전압, 전류와 저항관계에서 「도체에 흐르는 전류의 크기는 도체의 양끝에 가한 전압에 비례하고 그 도체의 저항에 반비례 한다」는 법칙을 발견하였고 이 법칙을 옴의 법칙이라 한다.

옴의 법칙을 쉽게 이해하기 위해서는 물탱크 속의 물의 흐름을 생각하면 쉽게 이해가 된다. 커다란 물탱크 안에 수압과 비슷한 전압, 그리고 흐르는 물의 량은 전류, 그리고 흐르는 수로(관)의 지름은 장애물로 저항에 해당한다. 우리가 물탱크에 연결된 물을 수도꼭지에서 틀었을 때 물이 많으면 많을수록 물이 더 많이 나오게 된다. 다만 여기에서 중요한 조건은 장애물이 따로 없을 경우이다. 물이 나오는 수로의 지름이 작으면 작을수록 물이 나오는 것을 방해하는 저항이 증가하므로 나오는 물의 량은 적어진다.

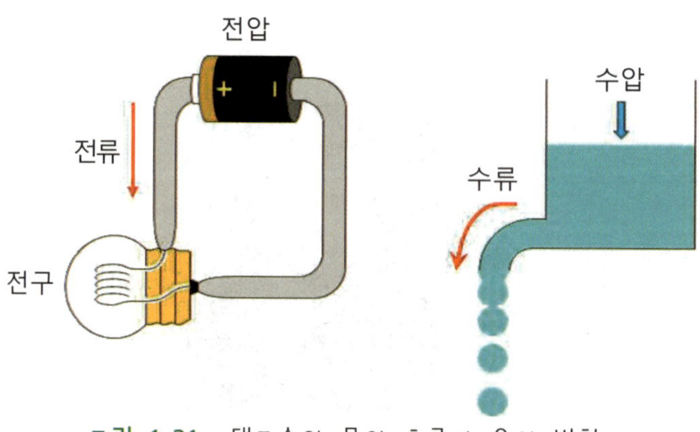

그림 1-31 탱크속의 물의 흐름과 옴의 법칙

수도꼭지로 나오는 물의 양(전류)은 탱크에 물의 양과 비례하지만 수로 지름과는 반비례 한다고 할 수 있다. 전압이라는 것도 물탱크 속의 맨 윗 끝점과 아랫점을 연결한 크기를 말하는 것이다. 전기 압력이 아닌 위치 에너지의 차이 라는 점이 바로 이것을 말하는 것입니다. 보다 많은 물을 수도꼭지를 통해 쓰기 위해선 물탱크의 크기도 커야 하고 수로의 지름은 커야 한다.

직류 전원에 저항기를 접속하고 E [V] 의 기전력을 가면 회로에는 전류 I [A] 가 흐릅니다. 이 때 기전력 V와 전류 I의 사이에는 다음과 같은 관계가 성립한다.

$$V = IR$$

여기서 비례 정수 R을 전기저항(또는 저항)이라 하며. 이 법칙을 오옴의 법칙이라고 한다. 위의 식을 변형하면 다음식과 같이 나타낼 수 있다

$$I = \frac{V}{R}$$

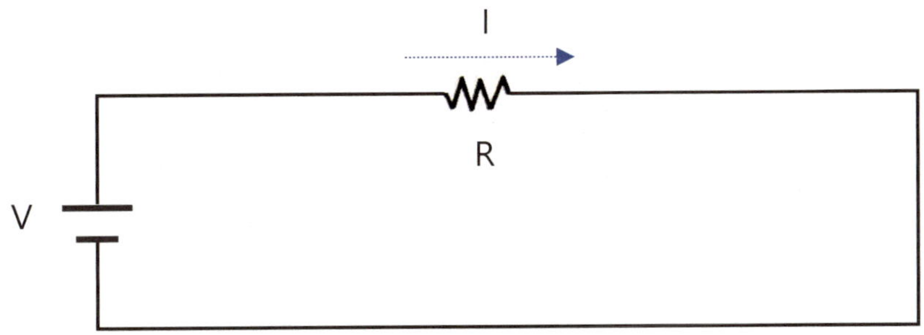

그림 1-32 옴의 법칙

가 된다. 상기와 같이 옴의 법칙을 변형하여 전압과 저항 등을 구하며 간단한 전기회로에서 흐르는 전압이나 전류, 저항 등을 구할 수 있다.

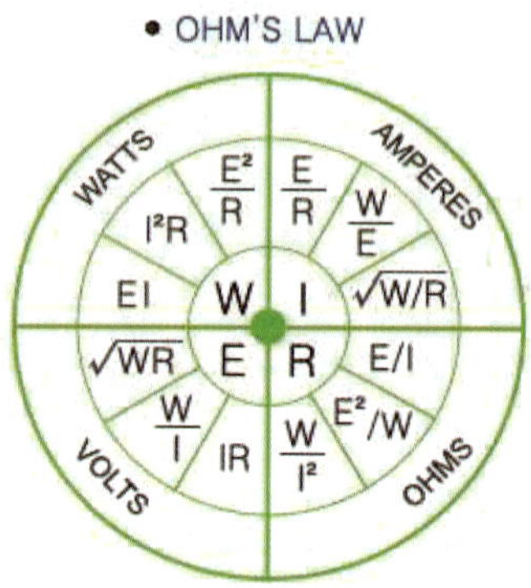

그림 1-33 전압과 전류의 관계

1.4.2 키르히호프의 법칙(Kirchhoff ' s law)

복잡한 회로의 전압, 전류, 저항을 다룰 때에는 옴의 법칙을 발전시킨 키르히호프의 법칙을 사용한다. 즉, 전원이 2개 이상인 회로에서 전체로서의 합성 전력 계측이나, 복잡한 회로망의 각 부의 전류 분포 등을 구할 때 사용한다.

키르히호프의 법칙은 전류에 관한 제1 법칙과 전압에 관한 제2 법칙이 있다.

제 1법칙 : 전류가 흐르는 길에서 들어오는 전류와 나가는 전류의 합이 같다

제 2법칙 : 회로에 가해진 전원전압과 소비되는 전압강하의 합은 같다

(1) 제 1법칙(전하량 보존의 법칙)

아무리 복잡한 회로일지라도 어떤 한 점에 유입한 전류는 곧 다른 회로를 거쳐 유출된다. 따라서 "회로 내의 어떤 한 점에 유입된 전류의 총합과 유출된 전류의 총합은 똑같다"이러한 관계를 키르히호프의 제 1법칙이라고 한다.

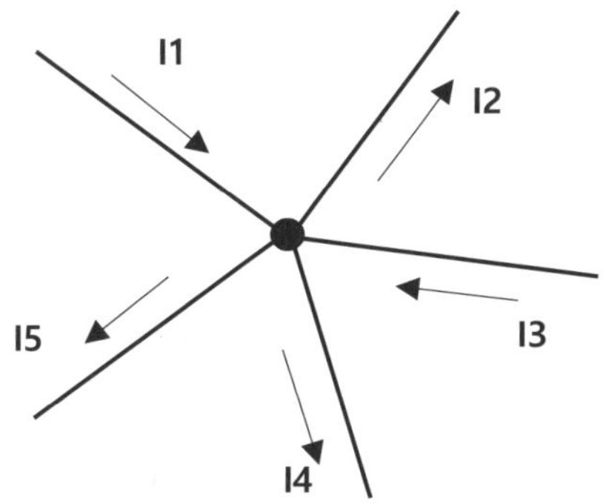

그림 1-34 키르히호프의 제1법칙

병렬회로 점에 있어서는 다음 식이 성립된다.

$$I_1 + I_3 = I_2 + I_4 + I_5$$

$$(I_1 + I_3) - (I_2 + I_4 + I_5) = 0$$

(2) 제 2법칙(전압강하의 법칙)

이 법칙은 회로망 중의 폐회로(closed circuit) 내에서 그 폐회로를 따라 한 방향으로 일주하면서 생기는 전압 강하의 합은 그 폐회로 내에 포함되어 있는 기전력의 합과 같다는 것이다. 즉 두 번째 법칙은 '회로에 가해진 전원전압과 소비되는 전압강하의 합은 같다'라는 것이다. 전원전압은 3개의 저항에서 나누어져 소비되며 저항마다 전압강하가 생기게 되며 이 전압강하를 모두 합하면 전원 전압과 같다는 것이다. “임의의 폐회로에 있어 기전력의 총합과 저항에 의한 전압 강하의 총합은 같다.”

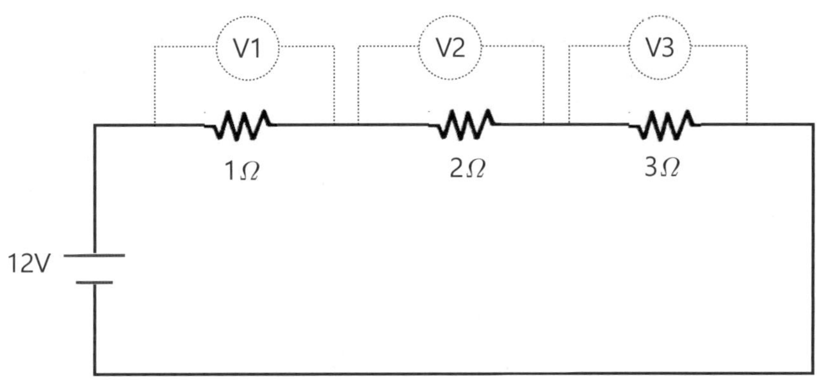

그림 1-35 키르히호프의 제 2법칙의 예

부하는 3개의 저항이 되고 각 저항마다 전압강하가 생길 것이다. 각 저항의 전압강하를 모두 합하면 가해진 전원 전압이 된다.

$$12[V] = V1 + V2 + V3$$

$$12[V] = 2[V] + 4[V] + 6[V]$$

1.4.3 전압 강하

전원에서 전기 에너지를 소비하는 부하에 전류가 흐를 때에는 도중의 전선 저항(R) 때문에 IR[V](옴의 법칙)의 전압이 소비되며, 이 전압은 전원에서 진행됨에 따라 점차로 낮아진다. 이와 같이 전기회로에서 사용하고 있는 전선의 저항이나 회로 접속부의 접촉 저항 등으로 소비되는 전압을 그 저항에 의한 전압 강하(Voltage drop)라고 한다. 전압 강하는 직렬연결 시 많이 발생하며 전압 강하가 커지면 전장품의 기능이 저하하므로 배선에 사용하는 전선의 굵기는 알맞은 것을 사용하여야 한다.

저항이 있는 전기 회로에 전류가 흐르면 그 저항의 양끝에 걸리는 전압이 낮으므로 전원 측에서 공급하는 전압은 모두 부하저항에서 강하하므로 부하저항에 걸린 전압의 총합은 전원 전압과 같다.

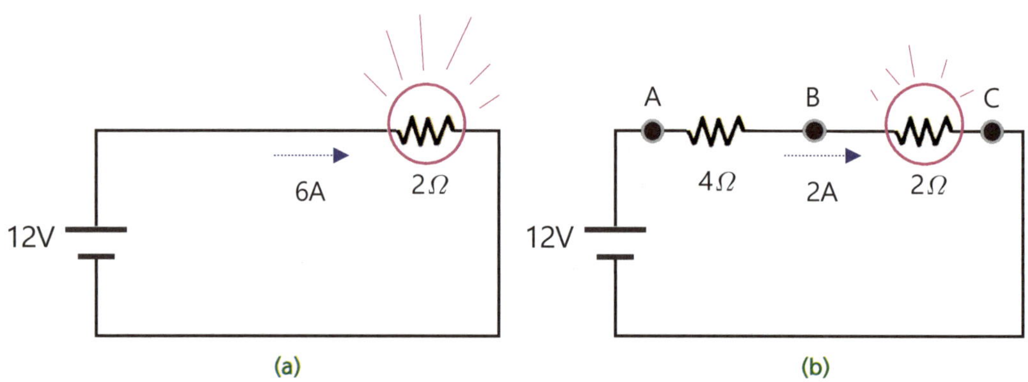

그림 1-36 전압 강하

그림(b)와 같이 동일한 2[Ω]의 전구에 4[Ω]의 저항을 연결했을 때 전구의 밝기가 감소한다. 그 이유는 2 + 4 = 6[Ω]으로 저항이 증가하므로 흐르는 전류는 I = E/R에서 12/6 = 2[A]로 흐르는 전류가 감소하기 때문이다.

방법을 바꾸어 공급전압이 12[V]일 때 A와 B사이의 전압은 I ×R1 = 2 × 4 = 8[V]이고, B와 C사이의 전압은 I × R1 = 2×2 = 4[V]가 된다. 따라서 전구에 인가되는 전압이 12[V]에서 4[V]로 낮아졌기 때문에 전구의 밝기는 감소하는 것이다.

1.5 생활속의 직류와 교류

집에서 쓰는 전기는 교류일까, 직류일까?

교류이다. 그럼 발전소에서 생산하는 전기는 교류일까, 직류일까? 그것 역시 교류이다. 직류는 전류가 일정한 방향으로 크기도 일정하게 흐르는 것이다. 이 직류의 문제점은 전압을 낮추거나 높이거나 하는 게 어렵다. 교류는 직류와는 달리 전류가 주기적으로 변하며 파장을 갖는다. 직류는 주파수가 없지만 교류는 주파수가 있다. 교류의 가장 큰 이점은 전압을 높이거나 낮추는 게 용이하다는 것이다.

그림 1-37 전기의 송전

그래서 빌전소에서 고선압을 흘려보내면 집에서 그걸 저전압으로 받을 수 있다. 이게 왜 유리한지는 이제 얼핏 이해할 수가 있을 것이다. 가정에서는 110 V나 220 V를 쓰는데 발전소에서 이 전압으로 집까지 보내는 것보다 높은 전압을 보내 중간에 낮은 전압으로 바꿀 수 있다면 그만큼 많은 전기를 보낼 수 있기 때문이다. 전기에너지는 전압에 비례하기 때문이다.

전압을 변환시키는 곳이 변전소인데 발전소에서 이 변전소로 전기를 보내는 걸 송전(transmission)이라고 한다. 이걸 최종 목적지인 집이나 공장까지 보내는 걸 배전(distribution)이라고 한다. 발전소에서 변전소까지 송전탑이나 전봇대를 타고 전기가 오는데 이때 전압은 높은 건 765,000 V고, 그 다음은 345,000 V, 그 다음은 154,000 V이다. 표준화돼 있다. 집에서 쓰는 게 110 V, 200 V이니 얼마나 고전압인 지 알 수 있다. 이런 전기에 감전된다고 생각해보자. 끔찍하다.

전기는 전선을 타고 오는데 이 때 저항이 발생한다. 그만큼 전력 손실이 생긴다. 전력손실을 줄이기 위해선 전선을 굵게 하면 된다. 그러나 이런 건 돈이 많이 드니, 대신 전압을 높이는 것이다. 같은 전력을 보낸다고 할 때 전압을 높이면 전류는 적어도 되기 때문이다. 반복하자면 전력=전압×전류이다.

그런데 최근 이런 송전에 있어 HVDC(High Voltage Direct Current)라는 새로운 방식이 생겼다. 말 그대로 고전압직류송전이다. 지금까지 교류만 생각했는데 왜 갑자기 직류가 튀어나오는지 의문이 들 것이다. 교류, 직류를 설명했지만 같은 값이면 직류가 전기의 질이 좋다. 일정하기 때문이다. 교류는 파장이 있기 때문에 깜빡거린다. 형광등을 생각하면 된다. 초창기 전기를 발명한 에디슨도 교류가 아닌 직류였다. 그런데 110 V를 긴 전선으로 발전소에서 집까지 이동시키다 보면 전력손실이 많다. 수돗물을 이렇게 끌어 쓴다고 생각해보자. 미세하게 흐르는 물로 설거지도 하고 세수도 한다면 답답하지 않겠는가. 그래서 교류가 일반화된 것이다.

그런데 동일한 전압을 보내는 경우는 기본적으로 직류송전이 교류송전보다 손실이 적다. 그래서 고압의 교류전력을 직류로 변환시켜 송전한 후 이를 받는 곳에서 다시 교류로 재변환 시키면 그만큼 효율적이다.

1.5.1 직류

전기에는 정전기와 동전기가 있고, 동전기에는 직류와 교류가 있다.

시간의 경과에 따라 전압(voltage) 또는 전류(ampere)가 일정 값을 유지하고 그 방향이 일정한 것을 말한다. 직류(Direct Current : DC)는 하나의 전류회로에서 전압과 저항이 일정할 때, 전자의 이동량과 이동방향이 시간(t)에 대해 일정한 전류를 말하며, 교류(Alternating Current, AC)는 전자의 이동량과 이동방향이 시간의 경과에 따라 주기적으로 변화하는 전류다. 보다 이해하기 쉽게 설명하면 직류를 전압과 전류가 일정하게 '직선으로 쭉 나오며, 교류를 (+)와 (-)가 반복적의로 교차되어 나온다. 이때 정현파(사인 웨이브) 뿐 아니라 구형파, 삼각파, 톱니파 등 다양한 형태로 (+)와 (-)가 반복 교차되어 나온다. 직류 전원의 대표적인 것은 '배터리'이며, 교류 전원의 대표적인 것은 전기 콘센트이다.

1.5.2 교류(alternating current : AC)

시간의 경과에 따라 전압(voltage) 또는 전류(amper)의 값이 시시각각으로 정방향과 역방향을 교대로 반복되는 것을 말한다. 특히 그 변화 형태를 사인곡선(sinusoidal curve)으로 나타낼 수 있는 전류를 사인파 교류라 한다. 우리가 사용하는 일반 전력은 대표적인 사인파 교류이다. AC 모터는 교류(AC) 전원을 사용하는 전기 모터이며. DC 모터는 직류(DC) 전원을 사용하는 전기 모터다. 우리나라 기준으로 전기 콘센트(AC)에 연결해 사용하는 경우 220 V 교류 전원을 사용하게 되는데, AC 전원을 사용하는 모터는 동급 출력을 내는 DC 모터에 비해 상대적으로 저렴하며 효율이 좋고 수명이 길다는 장점을 갖는다. 그래서 큰 힘을 필요로 하는 작업용 기계(공작 기계)나 컴프레서 등에 주로 사용된다.

하지만 AC모터는 속도 및 방향 제어가 까다롭다는 단점을 갖고 있어서 토크를 유지한 상태에서 속도를 제어하기 위해서는 주파수 변조나 코일의 유도 전류를 만들어내는 시간차 조절이 필요하다. 그에 비해 DC모터는 DC 전원(직류)을 사용하는 모터로 속도 및 방향 제어가 쉽다는 장점으로 다양하게 활용된다.

DC 모터의 원리는 DC 전원이 브러쉬에 전류를 흘려주며 스프링 힘에 의해 브러쉬는 정류가에 전류를 전달하고, 정류자에 연결된 코일에 자기장이 생기면 로렌츠 힘에 의해 코일이 감긴 로터가 회전하게 되는 것이다.

그림 1-38 전류의 종류

선풍기를 비롯해 다양한 생활 가전제품에서 사랑받는 모터가 바로 DC 모터다. DC 모터가 사랑받는 이유로는 소비 전력이 적고, 회전속도) 제어가 용이해 회전 속도를 세분화 할 수 있다. 그 뿐 아니라 발열이 적고 소음이 적다는 장점도 갖고 있다.

가장 커다란 이유 중 하나는 DC 모터의 내구성 향상이다 일반 DC모터는 마모성 부품인 브러쉬(brush)가 들어가는데, 이 때문에 AC 모터에 비해서 내구성이 다소 떨어졌다. 이를 개선한 것이 BLDC(BrushLess DC) 모터로 브러쉬가 없어서 내구성이 좋은 것이다.

그림 1-39 선풍기 모터

인버터 모터스마트 인버터 모터 : LG전자가 관련 특허를 보유하고 있는 인버터 모터는 같은 속도로만 돌아가는 정속형 모터와 달리 상황에 따라 자유자재로 회전 속도를 조절할 수 있는 모터로 필요한 만큼만 회전하기 때문에 불필요한 에너지 소비량과 소음을 대폭 줄였고, 섬세한 동작 구현이 가능하다. 일반 정속형 모터는 전원 연결에 따라서 똑같은 속도로 돌아가거나 정지(멈춤)하는데 반해 인버터 모터는 에너지의 필요량에 따라 모터의 회전수를 조절할 수 있으니 에너지 효율이 높은 것이다.

다양한 생활가전 제품에 사용되고 있는 전기 모터를 인버터 모터로 바꾸는 경우 에너지 효율이 높아져 보다 적은 전기로 동일한 성능을 구현할 수 있는 것이다. 일반적으로 냉장고와 에어컨이 소비하는 전력 가운데 70-80% 정도가 컴프레서에 들어있는 모터가 사용한다고 볼 때, 스마트 인버터 모터를 탑재한 생활가전 제품으로 변경만으로 에너지 효율이 상승하게 된다.

스마트 인버터 모터는 탄소 막대가 없는 BLDC 방식으로 구동하는 인버터 모터다. 탄소 막대가 없기 때문에 브러시가 있는 모터에 비해 수명이 3배 정도 길어졌고, 사용 시 미세하게 발생하던 탄소 먼지의 걱정도 사라졌다.

그림 1-40 스마트 인버터 모터의 특징

여러 가지 에너지 중에서 인류의 삶에 가장 큰 영향을 미치는 것은 전기 에너지이다. 만약 인류가 전기 에너지를 사용하지 못했다면 우리의 삶은 어떠했을까?

전기 에너지가 없다면 컴퓨터를 사용하지 못하고 TV를 보지 못하는 것은 말할 것도 없고, 돌도끼로 멧돼지를 잡아먹고, 그 가죽으로 옷을 해 입었던 원시 시대보다 조금 나은 생활로 만족해야 할지도 모른다. 우리가 사용하는 에너지의 대부분은 석유, 석탄, 천연 가스 등을 태워서 얻거나 원자력 발전소로부터 얻는다. 석유, 석탄, 천연 가스는 수백만 년 전에 지구에서 살았던 식물이나 바다의 작은 생물 화석에서 만들어졌기 때문에 화석 연료라고 부른다. 현재 전 세계의 인류가 소비하는 에너지의 약 80%를 화석 연료에서 얻는다.

화석 연료는 지질 시대의 생물이 죽어 땅 속에 묻힌 후 높은 압력과 열, 지형적 특성 등의 요인에 의해서 만들어진 것으로서, 무한정 공급받을 수 있는 것이 아니라 그 양이 한정되어 있다. 화석 연료 대신에 사용하는 원자력도 우라늄의 매장량이 한정되어 있기 때문에 새로운 에너지 자원을 시급히 개발해야 한다. 우리나라에서 사용하고 있는 에너지의 97%는 해외에서 수입하고 있다. 에너지 수입에 사용하는 돈도 1년에 수십조 원이나 된다. 과학 기술이 발달하고 산업화함에 따라 에너지 소비는 더 늘어나게 되었다. 그러나 인류는 현재 에너지 자원 부족으로 곤란을 겪고 있다. 에너지 공급에 문제가 생기면 우리의 생활은 혼란에 빠진다. 그러므로 에너지의 소중함에 대해서 올바로 알고 절약하는 생활 습관을 가져야 한다.

2장

전기장치의 고장원인 분석하기

그림 2-1 누전에 의한 감전사고

2013년 1월 새벽 2시 브라질 산타마리아에 위치한 나이트클럽에서 화재가 발생, 245명이 숨지고, 100여명의 부상자가 발생된 사건이다. 화재의 원인은 전기배선의 누전으로 인한 전열기의 과열 때문이라고 한다.

전기 에너지는 편리함과 공해가 없는 에너지로 가정에서부터 학교, 직장 등 우리 생활 주변의 넓은 분야에 걸쳐서 많이 이용되고 있으나, 잘못 사용 할 경우에는 전기에너지의 특성에 의해 감전 사고나 화재 등의 재해를 유발할 수 있다.

흔히 습도가 높은 여름철 전기사고가 많이 발생하는 것은 잘 알면서도 겨울 전기사고는 대수롭지 않게 여기는 경우가 있다. 그러나 겨울은 난방기구 사용 증가와 건조한 기후 탓에 전기사고율이 상승하는 시기로, 전기 화재의 경우 다른 계절에 비해 20~30% 증가하는 것으로 보고됐다. 과열, 누전, 과부하는 주요 전기사고 및 화재발생 원인으로, 이를 숙지한 올바른 전기사용으로 큰 화를 막아야한다.

최근 전기난로 과열로 발생한 내장산 대웅전 화재 사고에서 알 수 있듯 겨울에 자주 접하는 사고 뉴스 중 하나는 바로 난방기구 등 각종 전열기구의 잘못된 사용으로 일어난 화재이다.

매년 발생한 전기사고 건수 중에서 난방기구로 말미암은 사고가 전체의 약 9%를 차지한다. 난방용품은 전기에너지를 열에너지화해 사용하기에 전력 소비량도 높아 동시에 여러 대를 사용하면 화재로 이어질 가능성이 더욱 높다. 예를 들어 선풍기가 30분 동안 사용하는 전력량이 150 w이면 전기난로는 1000 w전력을 사용하기에 여러 대의 전기난로를 동시에 사용하면 과열되기 쉽다.

일상생활의 전기회로에서 발생할 수 있는 전기적인 고장은 일반적으로 단선, 단락, 누전, 접촉불량 등으로 세분화 할 수 있다.

2.1 장치의 구동을 멈추는 단선

매년 여름이면 우리나라는 태풍으로 인하여 많은 피해를 입는다. 그중에서도 가장 대표적인 피해는 전기선로 단선으로 인한 단전 피해이다. 이로 인하여 각 가정에 전기가 공급되지 못해 낭패를 당하거나, 더 나아가 각 공공기관 및 시설물들이 정상적으로 작동하지 못하는 피해가 속출한다.

그림 2-2 전기선로 단선

우리일상생활에서 단선의 경우를 찾아보자.

요즘 이어폰은 필수라 할 만큼 다양한 목적에 의해 사용되고 있으며, 이에 이어폰이 전자기기의 부속품이 아닌 하나의 패션으로 각광받고 있다. 때문에 많은 사람들이 고급 이어폰을 선호하기도 한다. 하지만 이 고급 이어폰 구매를 망설이게 하는 것이 있었으니, 바로 이 '단선'이다.

이어폰을 자주 사용하다보면, 접속부 바로 아래부분의 선이 접쳐저서 선이 끊어지는 경우가 다수 발생한다.

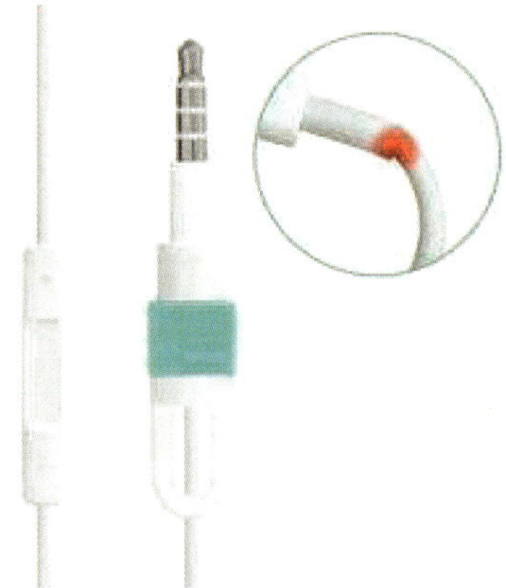

그림 2-3 이어폰의 단선

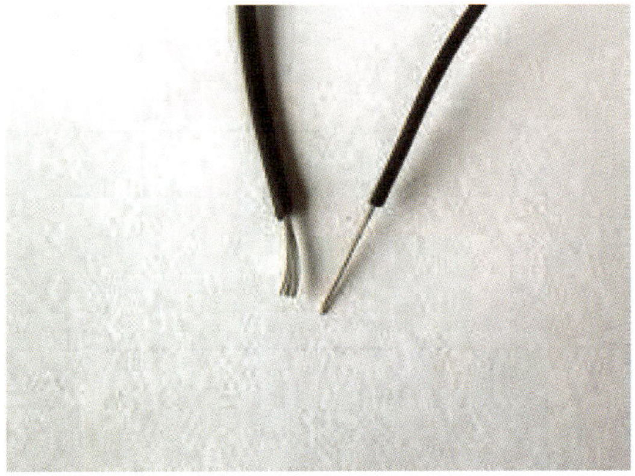

그림 2-4 단선의 예

단선회로(斷線:open circuit)란 와이어(wire)가 절단되어 커넥터(connector)의 결합이 해제되어 회로가 끊어진 것을 말한다. 예를 들면 퓨즈 용단, 필라멘트 용단, 커플러(coupler)의 빠짐 등이며 회로가 개방될 때는 전류가 흐르지 않는다.

자동차의 전기회로에서 일부분을 단선 시키고 측정 장비를 사용하여 단선부위를 체크하고 단선 시 각 부위별 발생하는 현상을 체크한다.

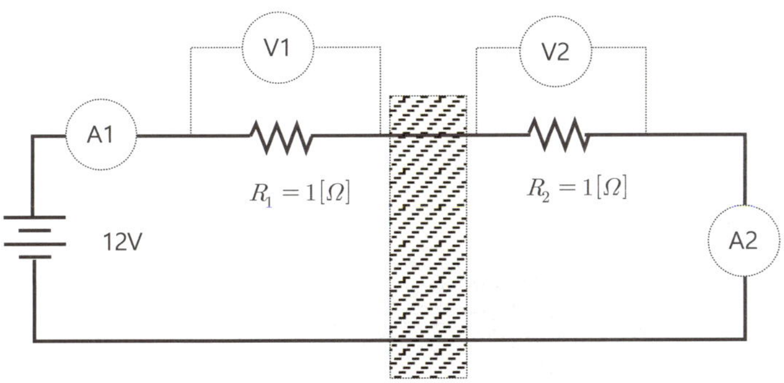

그림 2-5 정상회로

항목	이론치
A1	6 A
A2	6 A
V1	6 V
V2	6 V

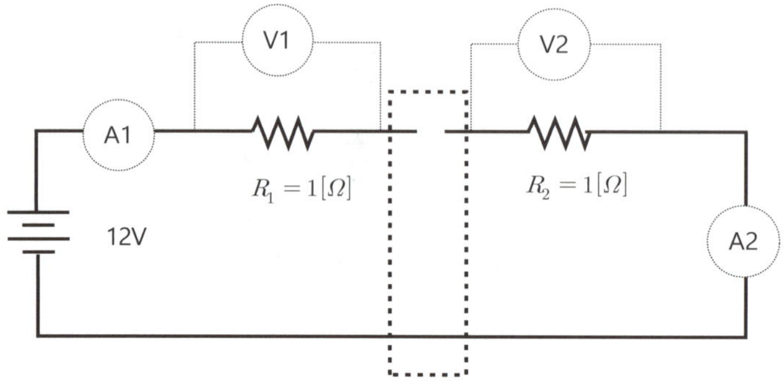

그림 2-6 단선회로

항목	이론치
A1	0 A
A2	0 A
V1	0 V
V2	0 V

단선

- 단선은 구성회로의 선이 끊어져 전기가 흐를 수 없는 상태가 되는 경우이며 이 경우 전체회로의 저항은 무한대가 된다.
- 이에 반하여 단락은 내부저항 없이 선이 이어져 있어 도통하는 경우이며 저항측정기로 저항을 측정할 경우 저항이 거의 없는, 0의 값을 가지게 된다. 즉 전류는 무한대가 흐르게 된다.

단선(open circuit)

2.2 화재의 주된 원인 단락

2017년 1월, 필리핀 남부의 한 대형 쇼핑몰에서 37명이 사망하는 대형화재가 발생하였는데, 화재원인이 전기합선으로 추정되고 있다. 이와 같이 전기 합선으로 인한 화재는 세계각국에서 매년 끊이지 않고 발생하고 있다.

화재의 주요 원인으로 추정되는 전기화재는 낡은 전기기구나 부실공사로 인해 발생하기도 하지만 대부분은 전기용품에 대한 지식이나 상식부족, 사용하는 사람의 부주의나 방심으로 전기기구의 과열과 탄화상태를 가져와 발생한다. 비주거 장소에서 전기적 요인은 부주의(51.3%) 다음으로 주요 요인(23.4%)이다.

그림 2-7 합선으로 인한 화재발생

발화 원인별로 보면 전선의 합선이나 단락은 전선이나 전기기구의 절연체가 파괴되거나 두 가닥의 전선이 어떤 원인에 의해 서로 접촉하면서 순간적으로 큰 전류와 많은 열을 발생하는 현상이다.

전류가 목적된 회로가 아닌 다른 곳을 통하여 흐르는 경우, 예를 들면, 목적된 도체의 절연이 파괴되거나 의도되지 않은 도체 표면에 접촉된 경우에 단락회로(短絡:short circuit)가 형성될 수 있다. 이로 인해서 과도한 전류가 흐를 때 결국 퓨즈가 용단된다. 예) 자동차의 전기회로에서 일부분을 단락 시키고 측정장비를 사용하여 단락부위를 체크하고 단락시 각 부위별 발생하는 현상을 체크한다.

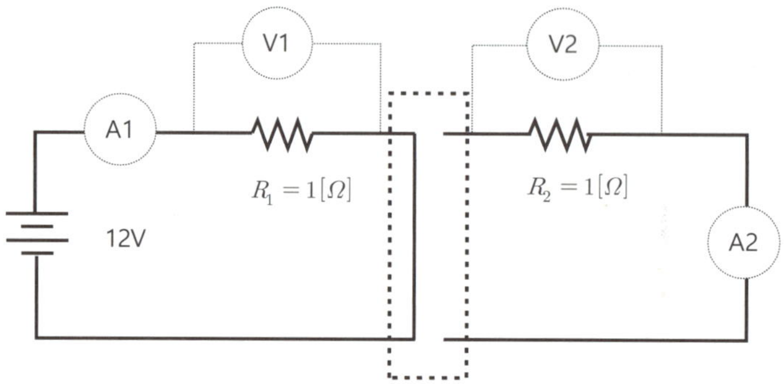

그림 2-8 단락회로(Short)

항목	이론치
A1	12 A
A2	0 A
V1	12 V
V2	0 V

단락(합선)

- 왜 단락이나 합선을 Short(쇼트)라고 할까?
- 그 이유는 원래 전선에서 어느 부분이 합선이 되면 합선된 부분을 통하여 전기가 흐르게 되고 나머지 부분은 전기를 흐르지 않게 된다. 그러니까 합선이 되면 전기적으로는 흐르는 길이가 짧아져서 이것을 Short 되었다고 말한다.

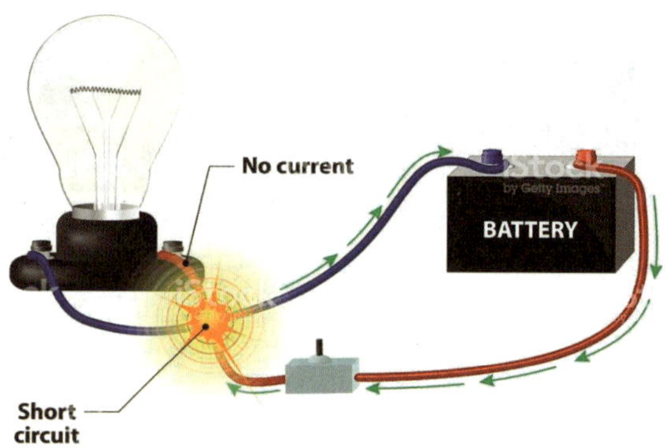

단락(합선)

(1) 합선, 과부하 등의 예방법

① 접지

어스라고도 한다. 기기의 전위를 대지와 동일한 전위로 유지하고 또 대지를 전기회로의 일부로서 이용하기 위해서이다. 접지에는 저항 값을 작게 하면 유효하므로 저항이 작은 도선으로 대지에 잇는다. 이로 말미암아 대전도체의 전위는 대지와 상등하게 0이 되므로 기기에 닿아도 감전되지 않는다. 전기기기의 겉틀이나 피뢰침 등을 접지하는 것은 이 때문이다.

접지에는 직접접지 ·고저항 접지 ·저저항 접지 ·리액턴스접지 등의 방식이 있다. 무선통신에 있어서 장 ·중파의 전파를 발사하기 위해서는 접지를 사용해야 하는데 접지저항은 발사전력손실의 최대원인이 되므로 이것을 감소시키는 것이 무엇보다 중요하다. 소규모의 안테나에서는 땅속에 깊게 매설한 얇은 동판, 혹은 땅밑 1~2 m 정도의 깊이로 매설한 동선망을 사용하고 대규모의 안테나에서는 안테나 수평부의 투영면적보다 약간 큰 지역에 지선망을 만들고 이것을 가공지선으로 접속하여 지선전류의 균일화를 꾀한다. 쉽게 말하면 누전된 전기가 땅으로 안전하게 흘러갈 수 있도록 해놓은 간단한 장치

② 퓨즈

전류에 의해 발생하는 열로 그 자체가 녹아 전선로를 끊어지게 하는 것으로, 저압용 퓨즈에는 개방형과 포장형이 있으며, 전기설비기술기준의 적용을 받는다. 예를 들면 정격전류 30 A 저압 퓨즈는 정격의 1.1배 전류에서는 장시간 흘러도 용단(溶斷)되지 않아야 하고, 1.6배에서는 60분 이내에, 2배에서는 2분 이내에 용단되지 않으면 안된다.

퓨즈의 종류로는 다음과 같은 것들이 있다.

- 실퓨즈 : 정격전류 5 A 이하에서 사용한다.
- 판퓨즈 : 경금속제로 그 양끝에 고리 모양의 훅이 달려 있다.
- 통형퓨즈 : 퓨즈가 통 속에 들어 있다.
- 플러그 퓨즈 : 플러그처럼 생긴 내부에 퓨즈가 들어 있다. 퓨즈는 납과 주석 또는 아연과 주석의 합금으로 만든다.

③ 각종 차단기

- 자동 차단기 : 옥내에 들어오는 전기회로를 여닫을 수 있는 배선기구. 옥내에서 단락사고(합선), 누전사고가 발생할 경우 차단기가 자동으로 작동하여 전기사고를 방지해 준다. 종류: 커버나이프 스위치, 자동차단기, 누전차단기

- 커버 나이프 스위치 : 두선을 동시에 차단하는 스위치. 안에 휴즈가 있어 가정에서 합선이 일어나면 과전류가 흘러 회로가 차단된다. 휴즈는 열에 약한 금속으로 만들어 규정 이상의 열이 발생하면 끊어진다. 휴즈가 끊어지면 정격의 휴즈로 갈아 끼워야 함.
- 자동차단기 : 전류의 단락, 과부하 등으로 인하여 전류가 비정상적으로 흐를 때 자동적으로 회로가 끊어진다. 동작원리는 바이메탈이라는 열팽창 계수가 다른 두 금속 맞붙여 온도가 높아지면 열팽창 계수가 낮은 쪽으로 휘어져 회로가 차단됨.
- 누전차단기 : 옥내배선 선로에 손상이 있어 전기가 누전 될 때 자동적으로 차단된다.

2.3 누전으로 인한 일상의 피해

장마와 태풍이 다가오는 계절, 전기안전에 대한 관심도 많아지고 있다. 여러분의 가정은 누전으로부터 안전한지 점검의 필요가 있다. 누전이 생기면 감전사고, 대형화재가 발생할 수 있다. 때문에 그에 따른 대비도 필요하다. 누전에 대한 올바른 지식을 가지고 있을 때 안전하게 예방할 수 있으니 꼭 필요하다.

그림 2-9 공사현장의 누전

누전이란 절연이 불완전하거나 시설이 손상되어 전기가 전깃줄 밖으로 새어 흐르는 현상을 말한다. 쉽게 예를 들어 보면, 양들이 놀고 있는 우리를 생각해보자. 우리 안에서 얌전히 있는 양을 전류라고 가정했을 때, 이 중 몇 마리의 양이 우리를 빠져나가 도망친다면 이는 누전이 일어난 것이다.

그렇다면 누전은 왜 일어나는 것일까? 누전의 원인은 다양하지만 대표적인 원인은 전기장치나 오래된 전선의 절연 불량, 전선 피복의 손상 또는 습기의 침입 등이 있다.

누전이 되면 전류가 흐르는 부분에 신체의 일부가 닿으면 감전사고를 당할 수 있고 전류에 의한 열이 인화물질에 공급될 경우 대형화재가 발생할 수 있기에 주위가 필요하다.

그렇다면 누전의 원인에 따른 예방법을 분류해서 알아보자.

① 제품의 자체적인 결함, 혹은 제품을 오래 사용했을 때 발생한다. 이 경우에는 표면적으로는 잘 알 수가 없어서 더욱 주의해야 한다. 안전점검을 통해서 확인한다면 손쉽게 예방할 수 있다. 우선 월 1회 이상 누전차단기가 제대로 작동되는지, 외부전선의 피복이 갈라지거나 벗겨지지 않았는지 확인해야 한다. 또 하나의 중요한 포인트는 가정 내에 습기를 제거하는 것이 누전을 예방하는 좋은 방법이라고 하니 꼭 기억하자.

② 전기 과부하로 인한 누전을 의외로 우리 주변에서 흔히 볼 수 있다. 한 번에 많은 것을 꼽기 위해서 문어발을 사용하면 한 곳에 많은 전기의 양이 들어감에 따라서 열이 증가하게 된다. 열이 증가하면 사고가 일어날 확률이 더 높아지기 때문에, 절전형 콘센트를 사용하는 것이 좋다.

③ 빗물, 습기 등의 침투, 빗물과 습기는 누전에 치명적이다. 사실 모든 전기제품은 물이 들어가면 물이 도체역할을 하게 되어 절연이 파괴되고 전류가 흐르게 되어 내부회로가 파괴된다. 대형화재가 발생할 수 있기 때문에, 전기제품을 사용할 때 가장 유의하면서도 기본적인 주의사항이다. 누전의 위험이 가장 높은 시기도 습기가 가장 높은 6~8월이라고 하니, 이 기간에는 가정내에서 뿐만이 아니라, 맨홀 근처, 신호등, 가로등 등 공공시설물에도 충격을 가하거나 함부로 만지는 행위를 조심해야 한다.

④ 누전차단기를 설치하면 누전 시에 모든 전기를 자동으로 차단할 수 있다. 시중에서도 쉽게 구할 수 있고, 설치방법 또한 어렵지 않다. 누전차단기를 사용하실 때 주의할 점은 주기적으로 점검버튼을 눌러줘야 한다는 것이다. 그러나 불가피하게 누전차단기가 없다면? 모든 전기장치가 꺼진 상태에서 전력계량기가 움직이는지 확인해보면 된다. 아무것도 사용하지 않는데 계량기가 돌아간다면, 누전이 생겼을 확률이 높다.

절연물의 균열, 물, 오물 등에 의해 절연이 파괴되는 현상을 누전(漏電)이라 말하며, 이때 전류가 누설된다. 스파크 플러그 케이블의 절연 파손 등을 예로 들 수 있다

예) 자동차의 전기회로에서 일부분을 누전 시키고 측정장비를 사용하여 누전부위를 체크하고 누전 시 각 부위별 발생하는 현상을 체크한다.

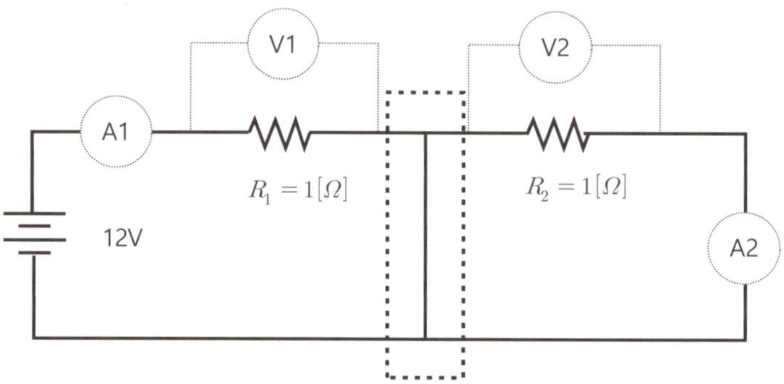

그림 2-10 누전회로(절연불량)

항목	이론치
A1	12 A
A2	0 A
V1	12 V
V2	0 V

여름철 감전사고 다수

- 국민안전처는 여름 장마철에 습기가 높고 신체 노출부위가 많아 감전사고의 위험이 높아진다며 주의를 당부하였다. 한국전기안전공사 통계에 따르면, 지난 3년간 발생한 감전사고는 총 1,745건으로, 이로 인해 105명이 사망한 것으로 나타났다. 월별로는 8월에 219건으로 가장 많았고, 7월이 그 뒤를 이었으며, 장마철에 사고가 크게 증가하여 6월~8월에 34%가 발생하였다.
- 사고형태별로는 충전부에 직접 접촉하여 발생한 사고가 59%로 가장 많았고, 아크(전선로 또는 전기기기에서 발생되는 아크에 의해 2차적으로 전기화상)에 의한 감전과 누전에 의한 감전이 각각 28%, 11%를 차지하였다.

누전

- 여름 장마철에 감전사고가 많이 발생하는 이유는, 물기가 많고 습도가 높아 쉽게 누전이 되는 등 감전사고를 유발할 수 있는 조건이 형성되며, 땀으로 인한 인체 저항 감소와 짧은 옷 등 간편한 복장으로 인한 신체의 노출부위기 많아지기 때문이다. 국민안전처는 감전사고 예방을 위해서 "비가 오는 날에는 가로등이나 신호 등 뿐만 아니라 입간판, 에어컨 실외기 등의 접촉을 최대한 피하고, 사업장에서는 '접지', '누전차단기 설치', '전기기기 정비 시 전원 차단' 등 감전재해 예방 3대 안전수칙을 지켜 줄 것 "을 당부하였다.

2.4 전압강하로 인한 현상

전압강하란 전압의 감소를 말한다. 직렬 연결된 부하회로에서 연결핀이 가볍게 접촉되고 있는 경우에도 저항이 나타나게 된다. 따라서 이 저항성분이 열로 소모되고 있는 만큼의 전압강하가 발생하게 되므로 부하에 인가되는 전압은 실질적으로 낮아지게 되는 것이다.

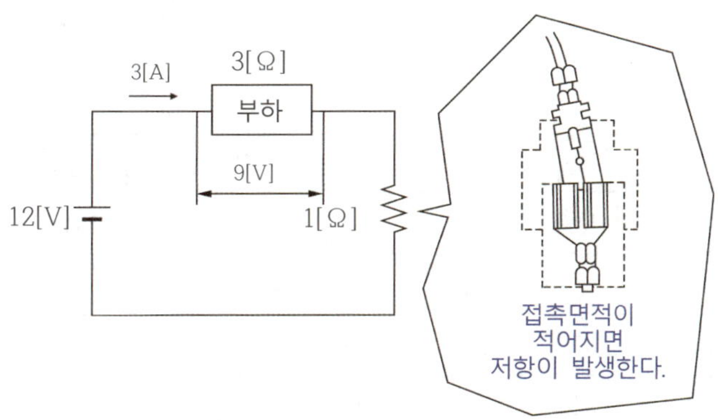

그림 2-11 접촉불량에 의한 전압강하

전압강하의 크기는 옴(Ohm)의 법칙 E[V] = I[A] × R[Ω]에 의해서 계산된다. 따라서 전류와 저항의 크기가 커지면 커질수록 전압강하는 더욱 커지게 되는 것이다. 전압강하를 측정하는 목적에는 회로상의 불필요한 저항성분(접촉불량 등)을 발견하는 것도 포함된다.

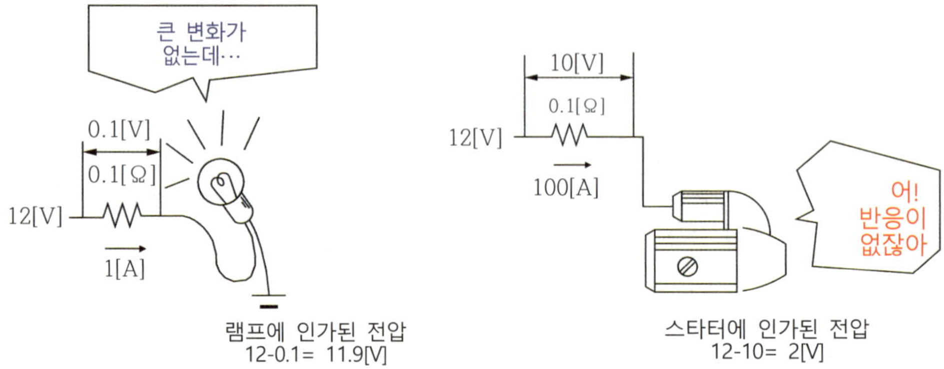

그림 2-12 전압강하

회로에서 저항의 크기를 측정하려는 경우, 테스터를 저항 레인지에 위치시키고 측정한다. 이때 테스터가 낮은 저항(1.0[Ω] 이하)을 측정할 수 없는 것이라면 지침은 0[Ω]을 지시하고 있게 되는데 이럴 경우, 회로에 전원을 연결하여 전류를 측정함으로써 전압강하분을 알아낼 수 있다. 대부분 전압강하의 원인은 접촉 불량, 전선 단면적이 작음으로 발생하지만, 낡은 차에서 때로는 접지불량 또는 이물질에 의해 램프가 어두워지게 되는 경우도 있다.

[**표 2-1** 전기적인 고장]

구분	전류	전압	전체저항	동일용어
단 선	없음	없음	무한대	개회로
단 락	증가	증가	감소	합선, Short
누 전	증가	증가	감소	절연불량
접촉불량	감소	감소	증가	

* 전기적 고장 발생 앞부분의 저항을 기준으로 표시함

2.5 테스터를 사용한 점검

테스터는 멀티테스터 또는 유니버설 테스터로 불리는데 전류계, 전압계, 저항계의 기능을 갖고 있으며 여러 가지로 유용하게 사용된다.

2.5.1 전압측정

회로에 인가된 전압, 전압강하 등을 알 수 있으며 특히 개방회로 또는 절연 불량회로를 찾는데 상용된다.

방회로란 전류의 흐름이 끊김으로 해서 전기 장치가 동작할 수 없는 상태를 말한다. 단선의 위치를 확인하려 하는 경우 다음의 순차적인 절차에 의한 전압측정으로 밝혀낼 수 있다.

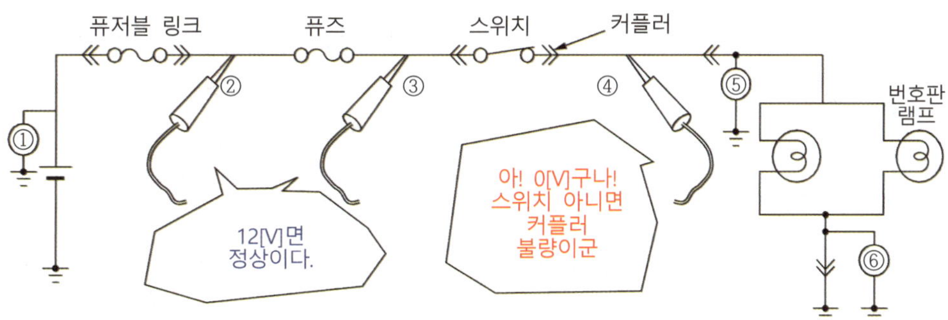

그림 2-13 고장부위 진단

[표 2-2 단자별 전압측정]

측정단자	정상전압	비정상	비정상 원인
①	12 V	10.5 V	축전지 방전
②	12 V	0 V	퓨즈블 링크 용단, 커플러 연결불량
③	12 V	0 V	퓨즈 단선, 홀더 연결불량
④	12 V	0 V	라이트 스위치고장, 커플러 연결불량
⑤	12 V	0 V	소프트셀 커넥터 연결불량
⑥	0 V	12 V	커넥터 연결불량, 접지불량

(1) 스위치회로의 전압측정

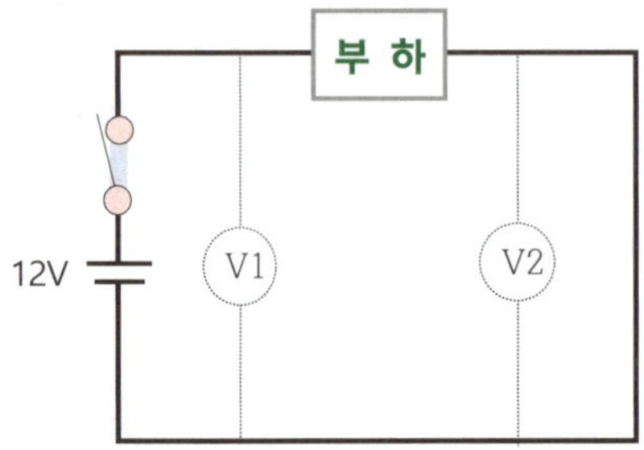

구분	V1	V2
스위치 ON	12[V]	0[V]
스위치 OFF	0[V]	0[V]

(a)

그림 2-14 스위치회로 전압 측정

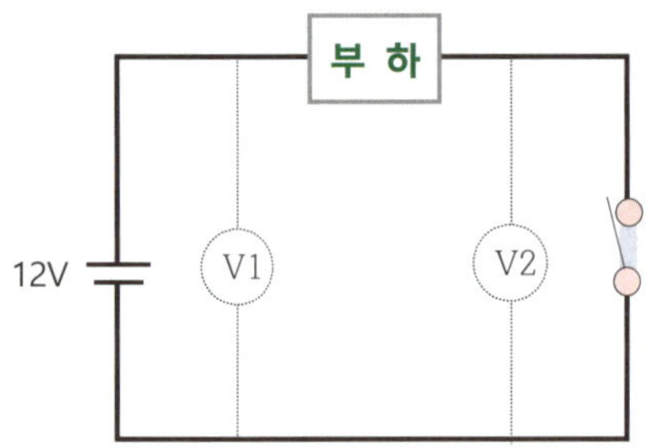

구분	V1	V2
스위치 ON	12[V]	0[V]
스위치 OFF	12[V]	12[V]

(b)

그림 2-15 부위별 측정전압

겨울에는 사람들이 따듯한 곳을 찾아 실내로 모여들다 보니 다중이용시설의 전기 사용도 주의를 기울여야 한다. 전기 사용이 잦은 시설에는 멀티콘센트를 주로 쓰는데 그 소켓 수가 늘어나는 추세다. 소켓수가 많은 것을 쓰기보다 콘센트를 추가 설치하는 편이 안전하며 낡은 제품은 반드시 교체한다. 멀티콘센트 구입 시에는 저가의 제품은 잘 살펴볼 필요가 있다. 사람들이 많이 모이고 전력 소비가 많은 다중이용시설에서는 과부하 차단 기능이 있는 제품을 사용하고 양극 스위치를 내장해 대기전력을 최소화 하는 제품을 사용하면 전기사고의 안전은 물론 전력 소비도 줄일 수 있다.

3장

자기란 무엇인가?

일상생활에서 사용하는 전기 제품들 중에서는 전자기 유도를 이용하는 것들이 많다. 최근에는 휴대전화 등의 가전기기에 전기를 무선으로 공급하기 위해서 시도되고 있다. 이 무선충전방식은 충전패드안의 1차 코일에 전류를 흘러 자기장을 발생하면 스마트폰에 내장된 2차 코일에 자기장의 변화가 생기면서 전류가 흘러 충전이 되는 방식이다.

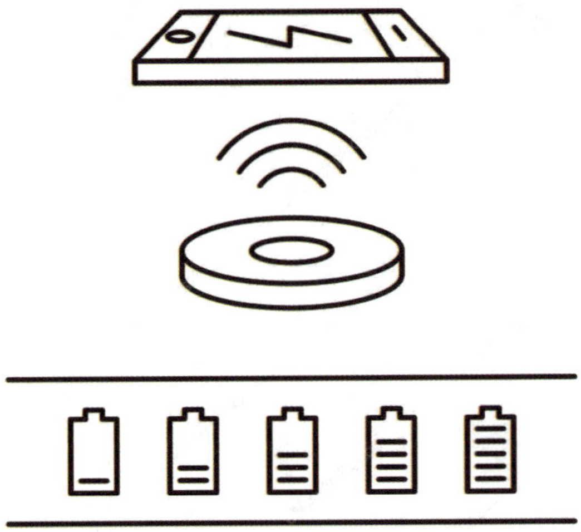

그림 3-1 전자기유도작용을 이용한 핸드폰 충전

이외에 대표적으로 발전기, 변압기, 금속 탐지기, 도난 방지기 등에도 전자기 유도 현상을 이용하고 있다. 발전기는 자기장 속에서 움직이는 코일에 의해 유도 전류가 흐르는 현상을 이용한 것이다. 롤러코스터가 정류장에 들어올 때 롤러코스터의 속력을 감소시키기 위하여 자기 브레이크가 사용된다. 롤러코스터의 금속 부분이 강한 자석 내부로 들어가면 금속에는 자기장 변화에 저항하려는 유도 기전력이 생기면서 맴돌이 전류가 흐른다. 전류에 의한 자기장의 방향은 자기 브레이크의 자석에 진입할 때는 척력이 발생하는 방향이었다가 자기 브레이크를 떠나려는 순간에는 인력이 작용하는 방향으로 변하기 때문에, 몇 개의 자석을 거치면서 롤러코스터의 속력은 빠르게 감소한다.

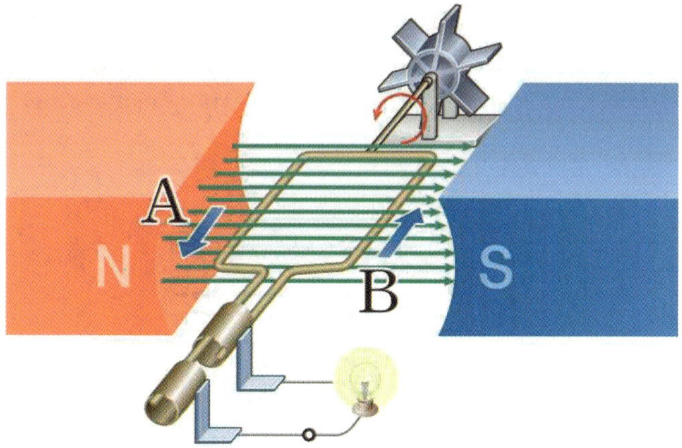

그림 3-2 발전기 구조

이와 같은 원리를 응용한 사례 중에는 자전거형 운동 기구의 바퀴 부분에 강한 자석을 적당히 접근시켜서 원하는 운동 부하를 만드는 경우도 있다. 자기 브레이크는 마찰력에 의한 브레이크와 달리 소리가 크지 않으며 소모되는 부품도 없다.

한편, 교통 카드의 판독기에는 교류가 흐르는 코일이 있어서 항상 자기장이 변한다. 교통 카드 안에도 코일이 숨어 있기 때문에 교통 카드를 판독기에 접근시키면 교통 카드의 코일을 통과하는 자기장이 변화하기 때문에 유도 기전력이 발생한다. 이 유도 기전력에 의한 유도 전류를 이용하여 교통 카드 안의 IC 회로가 동작된다.

3.1 자기란 무엇인가

일상생활에서 자석을 쉽게 볼 수 있으며 쇠붙이(강철, 니켈, 코발트 등)를 잡아당기는 성질을 자기(magnetism)라하고 자기의 성질을 띠고 있는 물체를 자석(magnet)이라 한다. 본래 전기와 자기는 같은 것이며 표면에 나타나는 현상에 따라 전기와 자기로 구분된다. 또한 철 등과 같이 자기작용을 느끼거나 자석이 될 수 있는 물체를 자성체라 하고 이에 비해 동·알루미늄 등은 거의 자기를 느끼지 않으므로 비자성체라 한다.

자석은 막대자석과 같이 자석전체에 철 등을 흡인하는 자기의 성질을 띠는 것이 아니고 자석 양 끝에만 철분이 붙으며 이 양단을 자극(magnetic pole)이라 한다. 막대자석과 같은 자석의 중간에 실을 묶어 매달면 자석의 양끝 자극 중 한쪽은 북쪽을 가리키고 다른 한쪽은 남쪽을 가리키며 북쪽을 가리키는 쪽을 N극, 남쪽을 S극이라 한다. 또한 서로 같은 극 N극과 N극, S극과 S극은 서로 접근시키면 반발한다.

서로 다른 극 N극과 S극은 서로 흡인하여 잡아당기는 현상을 우리는 쉽게 알 수 있다. 이 작용이 자석의 가장 중요한 특성이다(자력 : 자극이 서로 흡인 또는 반발하는 힘). 나침반은 자석의 성질을 이용한 것이며 항상 어느 곳에서든지 나침반의 자침의 N극은 북극성을 향하며 우리는 나침반으로써 방향을 확인한다.

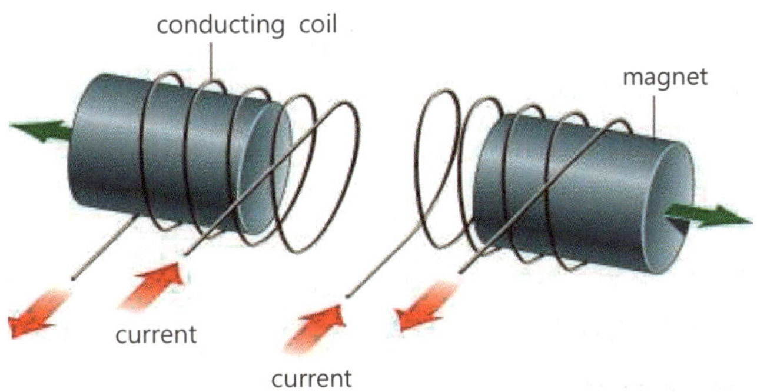

그림 3-3 자기유도

자기유도

- 자석이 아닌 물체에 자석의 영향으로 새로이 자기가 나타나는 현상을 자기유도(magnetic induction)라고 한다. 그리고 철편자체가 하나의 자석처럼 된 것을 철편이 자기유도 작용에 의해 자화(磁化: magnetization)되었다고 한다.
- 자석처럼 되는 현상을 자석화-자화라 하는데, 자화에는 3가지의 경우가 있다.
- 상자성체 : 이것은 자석 N극에 S극으로 자화되는 것이며 텅스텐이 여기에 속한다.
- 반자성체는 위와 반대인 경우로, N-N, S-S로 자화 되며, 탄소 유황 등이다.
- 강자성체: 철, 니켈, 코발트 등이며 강하게 자화된다.

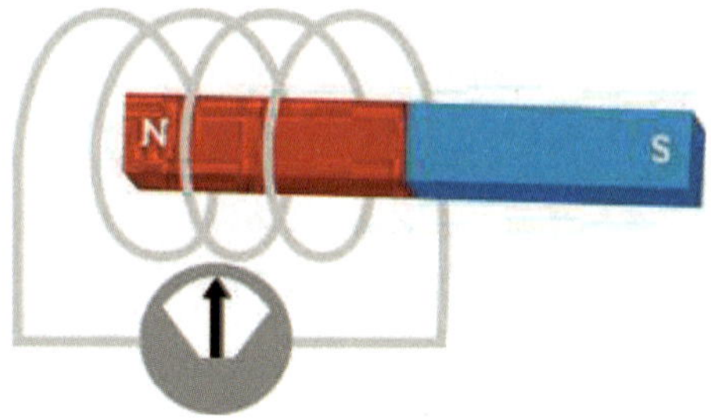

자기유도 현상

자석과 자기

- 자석의 양극은 가장 힘이 세다 - 자극
- 두극은 항상 같이 있다.
- 남북을 가리킨다.
- 같은 극은 반발하고, 다른 극은 당긴다.
- 자석은 철가루 등을 흡인하는데
- 이것을 자기력이라 한다.

▶ **쿨롱의 법칙**

- 두개의 자극 사이에 발생하는 자극 간의 힘은 자극의 세기의 곱에 비례하고 거리의 제곱에 반비례한다.

$$F = \frac{kq_1q_2}{r^2}$$

3.1.1 자극의 세기

자석의 자극의 세기는 두 자극을 서로 마주보게 하여 접근시킬 때 서로 작용하는 흡인력 또는 반발력의 세기를 말한다. 두 자극 사이에 작용하는 힘은 그 사이의 거리의 제곱에 반비례하고 두 자극 세기의 곱에 정비례한다. 이것을 쿨롱의 법칙(Coulomb's law)이라 한다.

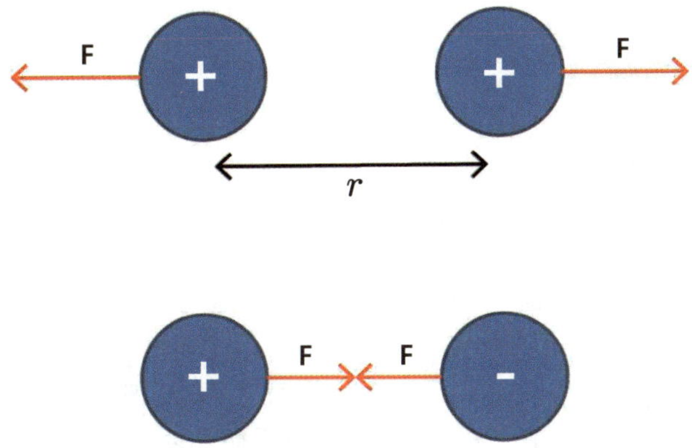

그림 3-4 Coulomb's law

자석의 성질을 요약하면 다음과 같다.

① 자석의 양끝은 자극이라 한다.

② 자극에는 N, S극이 있고 어느 극이나 단독으로 존재할 수 없다.

③ 자극은 같은 극끼리 서로 물리치고 다른 극끼리는 서로 끌어당긴다.

④ 자극은 그 주위에 있는 다른 자석에 자기적 힘을 미치는 데 이 힘을 자력이라 하고, 자력은 자석의 N극으로부터 S극을 향하여 작용하며 이것을 자력선이라 한다. 또 자력이 미치는 공간을 자계라 한다.

⑤ 자극의 세기는 자극이 가지고 있는 자기의 양, 즉 자기량에 따라 다르다.

⑥ **자기유도 작용** : 강철조각을 자석 가까이 가져오면 자석이 된다. 즉 물체가 자화 된 것이다. 즉, 강철조각은 자석의 N극에 가까운 쪽이 S극이 되고 반대쪽은 N극이 되며 S극과 N극의 크기는 같다. 이 현상을 자기유도 작용이라 한다.

진공 또는 공기 중에서 N극과 S극이 서로마주보고 있을 경우에 두 자극의 세기를 각각 m_1, m_2라 하고, 두 자극사이에 작용하는 힘F[N]은 다음 식으로 표현된다.

$$F = 6.33 \times 10^4 \times \frac{m_1 m_2}{r^2} [N]$$

이식을 자극에 관한 쿨롱의 법칙(Coulomb's law)이라고 한다.

3.1.2 자계와 자력선

(1) 자 계

자계란 자석의 작용 범위를 말한다. 즉, 막대자석의 철분 도형과 같이 자석위에 종이나 유리를 놓고 그 위에 철분을 뿌린 다음 가볍게 두들겨 주면 N극과 S극을 연결하는 곡선의 모양이 생긴다. 이와 같이 자석이 작용하는 범위를 알 수 있다.

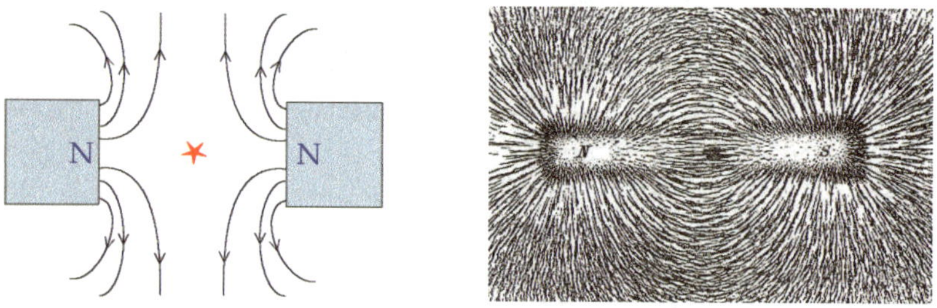

그림 3-5 막대자석의 철분 도형

(2) 자력선

자력선이란 N극에서 S극 쪽으로 향하여 작용하는 자력이 모양을 표시하는 선을 말한다. 또한 자력선 방향과 직각되는 단위면적 1[cm^2]를 통과하는 전체의 자력선(flux line)을 자속(flux)이라 한다.

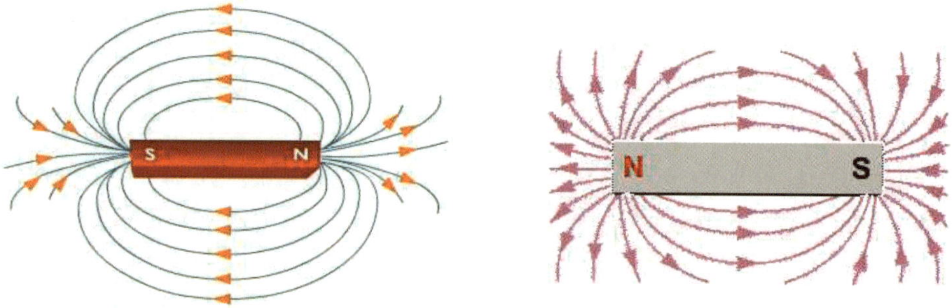

그림 3-6 자력선

자력선의 성질

- 자력선은 N극에서 방사되어 S극으로 들어간다.
- 자계의 방향은 자력선의 방향에 의하여 결정된다.
- 자력선의 밀도는 자계의 강도에 의한다.

3.1.3 자기유도

자석을 못에 매달았을 경우 못은 자석에 의해 자력을 갖게 된다. 첫 번째 못은 통과한 자력선에 의해 나머지 못들도 자석이 되기 때문이다. 이것을 자화 되었다고 하며 자석의 N극에 가까운 쪽의 못은 S극이 되고 반대쪽은 N극이 되는데 이것을 자기유도 작용이라 한다.

즉, 자계 내에 놓은 물체가 자기를 띠는 현상을 말한다. 또한 자화가 잘 되어 잘 끌리는 물질을 자성체라 하고 동, 알루미늄, 플라스틱과 같이 자화되지 않는 물질을 비자성체라 한다.

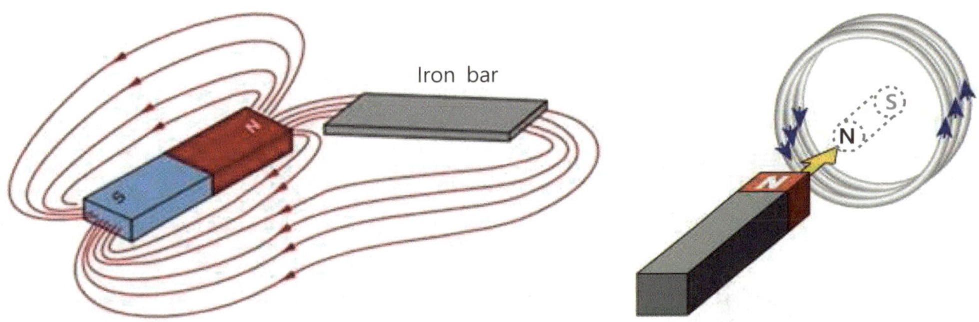

그림 3-7 자기유도(Magnetic Induction)

3.1.4 전기와 자기의 관계

전선에 전류가 흐르면 그 주위에 자기작용이 나타난다. 이러한 현상을 전류가 만드는 자계와 같은 실험으로 알 수 있다.

전선에 전류가 흐르게 되면 자침이 움직이게 되며 이것은 전선주위에 자계가 형성되기 때문이다. 또한 전류가 만드는 자계와 같이 전선에 직각이 되게 놓은 종이 위에 철분을 뿌리고 전선에 전류를 흐르게 하면 철분은 전선을 중심으로 동심원상으로 배열되며 전선에 가까울수록 밀도가 크다. 즉 자계는 전선에 흐르는 전류의 세기에 비례하고 전선에서의 거리에 반비례한다. 또, 자력선은 전선을 중심으로 하는 동심원이 되며 전류가 흐르는 방향과 자력선의 방향 사이에는 다음과 같은 관계가 있다.

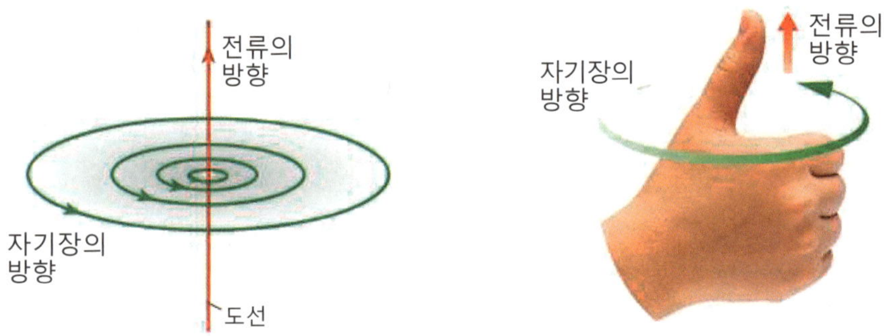

그림 3-8 전류가 만드는 자계

「전류의 방향을 오른 나사 진행방향과 일치시키면 자력선의 방향은 오른 나사가 돌려지는 방향과 일치하다.」 이것을 자력선의 오른 나사의 법칙이라 한다.

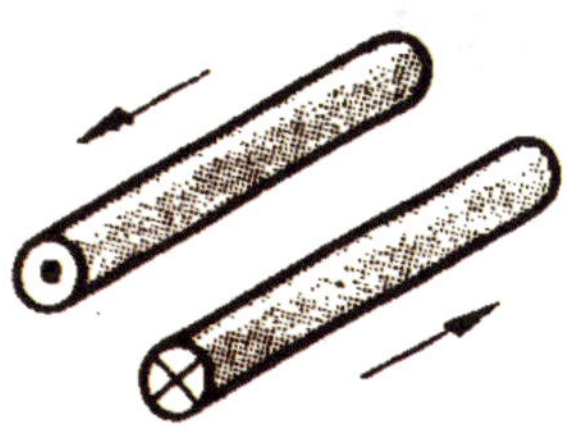

그림 3-9 전류의 방향

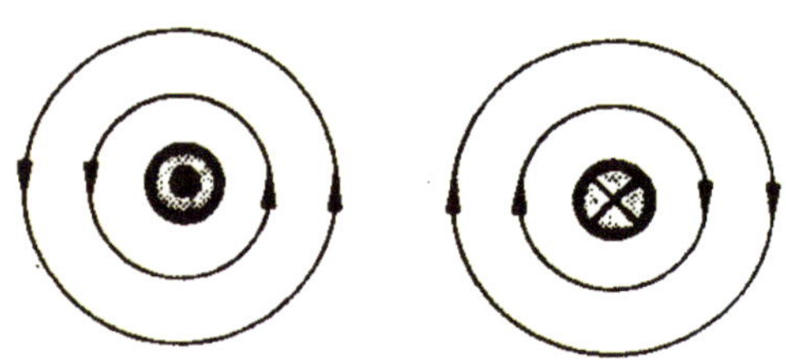

그림 3-10 자장의 방향

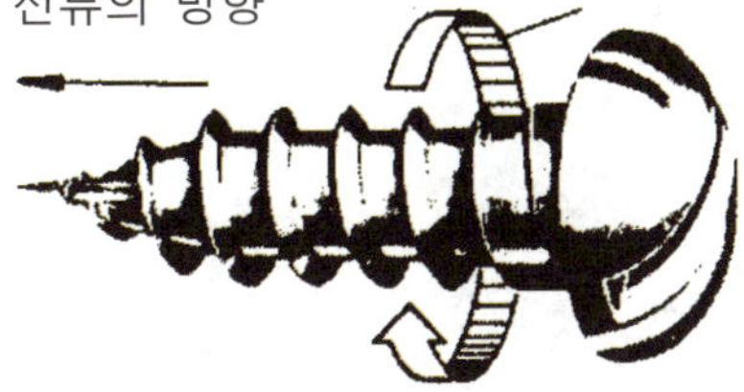

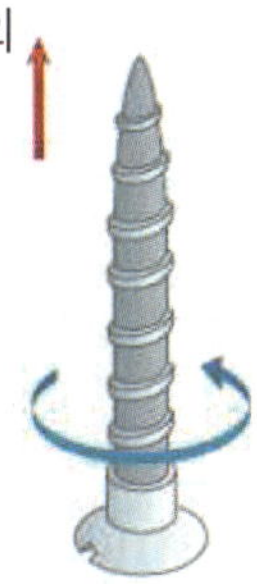

그림 3-11 오른 나사의 법칙

(1) 솔레노이드(Solenoid)

전선을 둥글게 구부려 코일을 만든 다음 전류를 흐르게 하면 코일 내부에는 코일 및 솔레노이드가 만드는 자계가 생기며 이 코일 내부의 자계의 세기는 코일 권수에 비례하고 막대자석과 같은 작용을 한다.

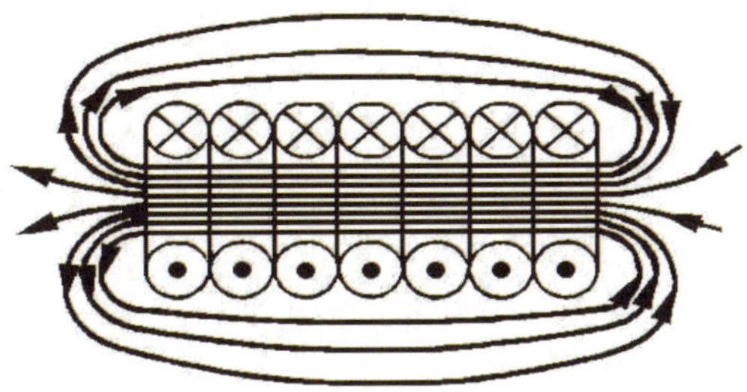

그림 3-12 코일 및 솔레노이드가 만드는 자계

또한 솔레노이드 내부에 철심(core)을 넣고 솔레노이드에 전기를 흐르면 철심에 자속이 생기며 이 자속은 철심에 포화되지 않는 한 권수 N과 전류 I와의 적 NI에 비례하여 증가한다. 이 NI는 자속을 발생시키는 능력을 표시하는 것으로 기자력이라 하고 단위는 암페어(기호 A)이다.

$$기자력 = 전류 \times 권수 \qquad m = I \times N[A]$$

m : 기자력, N : 권수, I : 전류

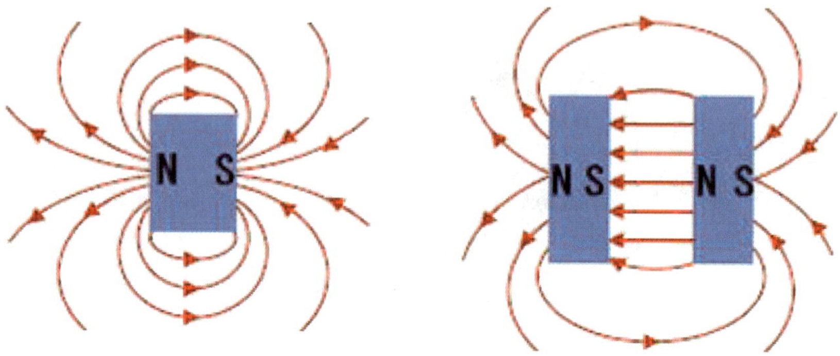

그림 3-13 영구자석의 자력선

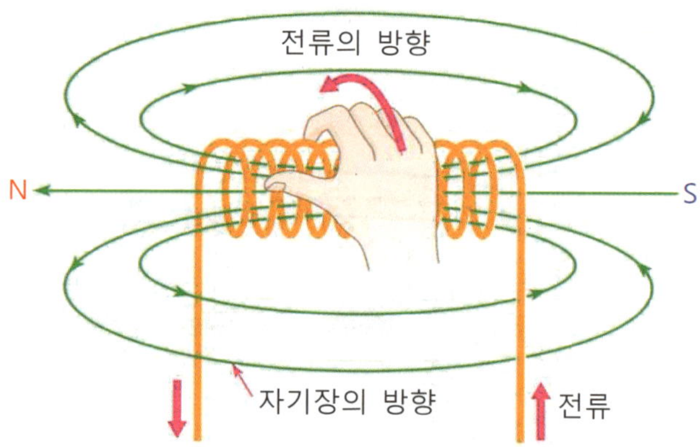

그림 3-14 전자석의 자계

(2) 엄지손가락의 법칙

솔레노이드 코일에 생기는 자력선의 방향은 오른나사의 법칙으로도 알 수 있으나 그림의 오른손 엄지손가락의 법칙같이 오른손 엄지손가락을 다른 손가락들과 직각에 되게 하였을 때 엄지손가락 방향이 자력선 방향 즉, N극 방향이 되며 이 법칙은 코일이나 전자석의 자계 방향을 알려고 할 때 사용된다.

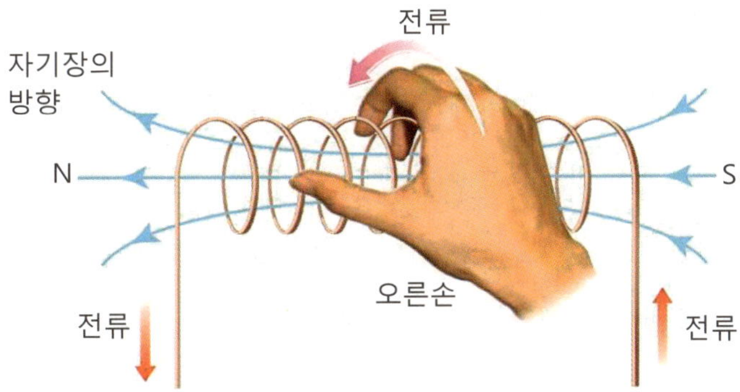

그림 3-15 오른손 엄지손가락의 법칙

(3) 자계 속의 전류에 작용하는 힘

자계 속에 도체를 놓고 전류를 흐르게 하면 힘이 발생한다. 이 힘을 전자력이라 한다. 도선에 전류가 흐르면 오른나사의 법칙에 의해 도선 주위에 오른나사의 법칙과 같이 자계가 생긴다.

또한 도선을 전자력을 받는 방향과 같이 N극과 S극에 의한 자력선이 작용하고 있는 자석 중앙에 도선을 넣고 도선에 전류를 통하면 자력선은 직선이 되려고 하는 힘이 있어 도선을 밀어내려고 하는 힘이 작용한다. 이 도선에 작용하는 힘을 전자력이라 하며 힘의 방향은 자석에서 나오는 자력선의 방향과 도선에 흐르는 전류의 방향에 따라 결정된다. 즉 도선에 전류가 흐르면 오른나사의 법칙에 따라 자계가 형성되기 때문이다.

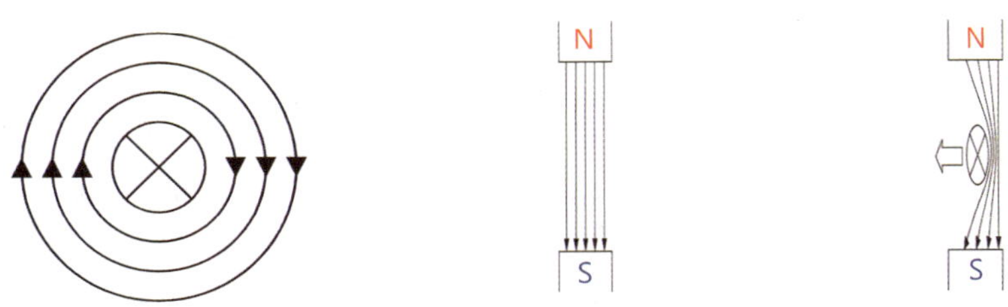

(a) 도체의 자장 (b) 자석의 자장 (c) 자장의 합성

그림 3-16 전자력을 받는 방향

전자석의 특징

- 전자석은 전류를 인가했을 때만 자력을 띠게 된다. 따라서 전류를 차단하면 자력선은 사라진다.
- 전자석은 전류의 방향을 바꾸면 자극도 반대로 된다.
- 전자석의 자력은 코일권선의 횟수와 공급전류의 크기에 영향을 받는다.

(4) 플레밍의 왼손법칙

자석의 N극과 S극 사이 자력선과 도선의 전류방향에 따라 작용하는 전자력의 관계를 왼손의 손가락 3개를 펴서 플레밍의 왼손법칙과 같이 집게손가락을 자계 방향 가운데 손가락을 전류방향을 하면 엄지손가락이 전자력 방향이 된다.

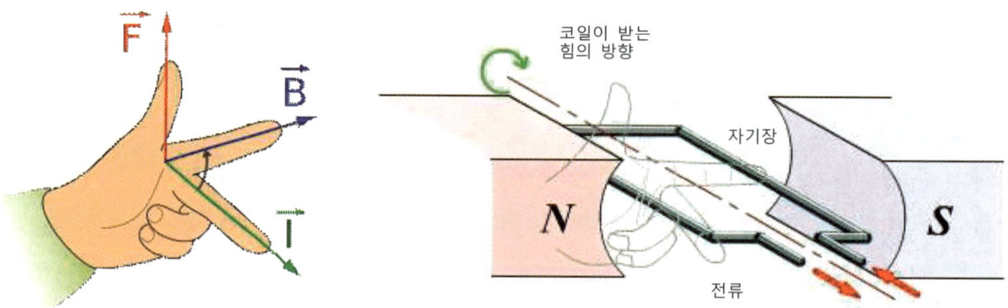

그림 3-17 플레밍의 왼손법칙

발생하는 전자력의 크기는 「자계(자속밀도)가 강할수록」 「도선에 흐르는 전류가 클수록」 「자계속의 도선의 길이가 길수록」 강한 힘이 발생한다. 즉, 전자력(F) = 자속밀도 × 전류 × 도체의 길이[N] 뉴턴이 되며 전동기(모터), 전류계, 전압계 등은 전자력을 이용한 것이다. 특히 기동전동기는 플레밍의 왼손법칙의 원리를 이용한 것이다.

플레밍의 왼손법칙에 의한 모터의 원리를 이해하여 보자.

직류 전동기의 원리와 같이 자계 안에 자유로이 회전하는 U자형 도체를 놓고 도체에 전원을 공급하기 위하여 구리 링(정류자)을 2분할하여 그 사이에 절연물을 삽입하여 절연한 정류자와

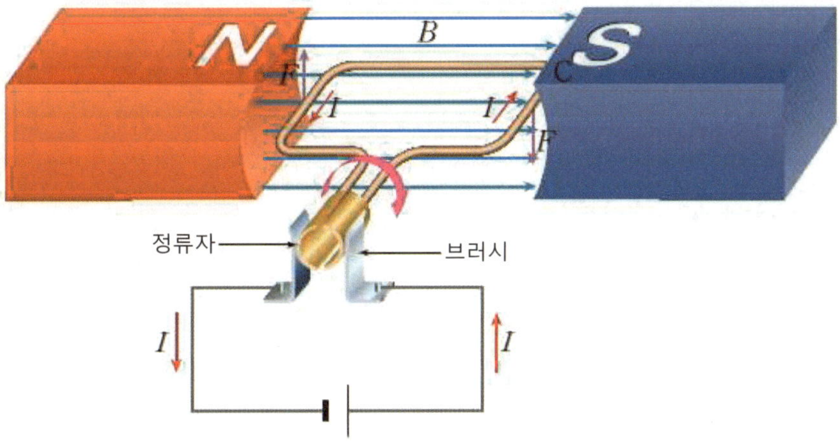

그림 3-18 직류 전동기의 원리

항상 접촉하여 정류자를 통해 도체에 전류를 공급하는 브러시를 부착하고 도체에 전류를 흐르게 하면 전류는 A에서 B로 흐른다.

이 때 N극 가까이에 있는 도체 A는 자력선 분포와 같이 아래쪽으로 힘을 받고 S극 가까이에 있는 도체 B는 위쪽으로 힘을 받아 좌회전하게 된다. 즉, 도체 A에 전류가 흐르면 도체 자체에 오른나사 법칙에 의한 자력선이 시계방향으로 형성되고 이 자력선과 N극에서 S극으로 작용하는 자력선과 함께 작용하며 도체를 아래쪽으로 밀어 내리는 힘으로 작용하고 반대로 도체 B는 전류가 흘러나오는 쪽이므로 반 시계방향으로 자력선이 작용하여 도선을 위쪽으로 미는 쪽으로 힘이 작용하여 좌회전하게 된다. 여기서 전원의 극을 바꾸어주면 이 도체는 우회전하게 된다. 이것이 기동전동기의 원리가 된다. 실제, 모터에서는 코일의 수와 정류자 수가 많다.

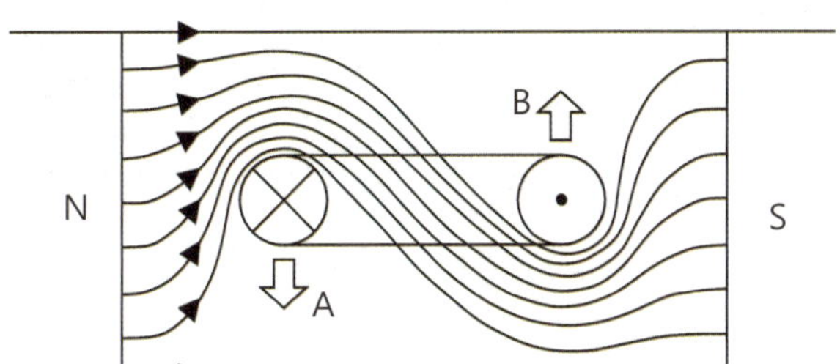

그림 3-19 자력선 분포

3.1.5 전자유도 작용

전지를 연결하지 않은 회로가 있다. 이 회로에 검류계를 연결해보면 당연히 검류계의 바늘은 0을 가리킬 것이다. 그런데 회로 근처에 자석을 가까이 가져가면 검류계의 바늘이 한쪽 방향으로 기울게 된다. 자석을 멈추면 검류계의 바늘이 0으로 돌아간다. 이제 자석을 뒤로 빼면 바늘이 반대 방향으로 기운다. 전지도 연결하지 않은 회로에 자석을 가까이 가져갔다 뒤로 뺐다 하는 것만으로 전류가 흐르는 것이다. 이와 같이 자기장과의 상호작용에 의해 회로에 전류가 생겨나는 현상을 '전자기 유도'라고 한다. 이 현상을 이용해 발전기가 발명되었고, 현대의 수많은 전자제품이 생겨나게 되었다. 그렇다면 이러한 전자기 유도 현상은 어떻게 발견된 것일까?

(1) 전자유도의 원리

자계 내에 자력선과 직각으로 도체를 놓고 이 도체를 움직이면 도체에 전류가 생긴다. 전자유도와 같이 도체 양 끝에 전류계를 연결하고 도체를 자력선 직각방향으로 움직이면 도체에 전류가 생겨 전류계가 흔들린다. 또한 자석을 움직여도 마찬가지로 전류계는 흔들린다.

도체를 움직이는 방향에 따라 전류계의 움직임도 반대가 되며 움직임이 빠를수록 전류계의 흔들림도 크다. 이처럼 도체와 자력선이 교차되면(도체가 자력선을 끊는다)도체에 기전력이 생긴다.

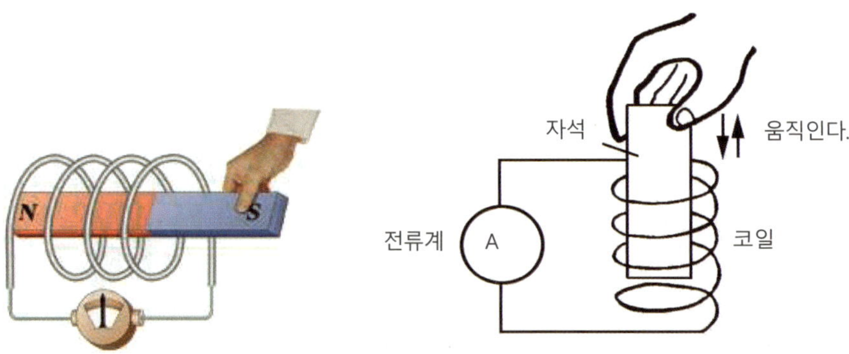

그림 3-20 전자유도

이 기전력의 크기는

$$E = B \cdot l \cdot \mu$$

기전력 = 자속밀도[Wb/m^2] × 도체의 길이 × 도체의 움직이는 속도[m/s]

로 나타낸다. 이러한 현상을 전자유도 작용(electro magnetic induction)이라 하며 전자유도 작용에 의하여 발생한 기전력을 유도 기전력, 흐르는 전류를 유도전류라 한다. 이것이 발전기의 원리이다.

(2) 전자유도를 발생시키는 방법

① 도체와 자력선과 상대운동에 의한 방법(발전기, 전동기)

② 도체에 영향을 미치는 자력선을 변화시키는 방법(변압기, 점화코일)

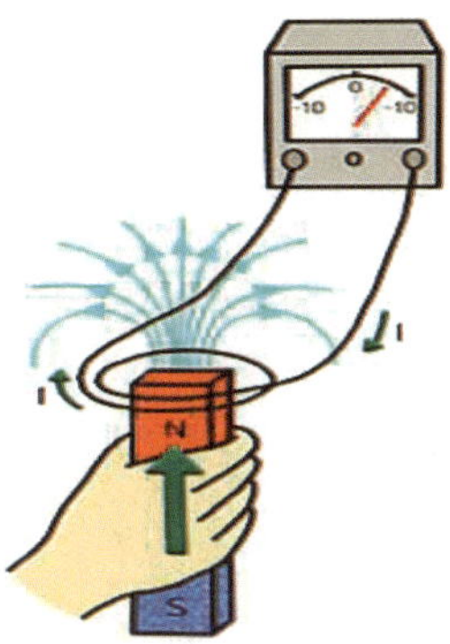

그림 3-21 상대운동

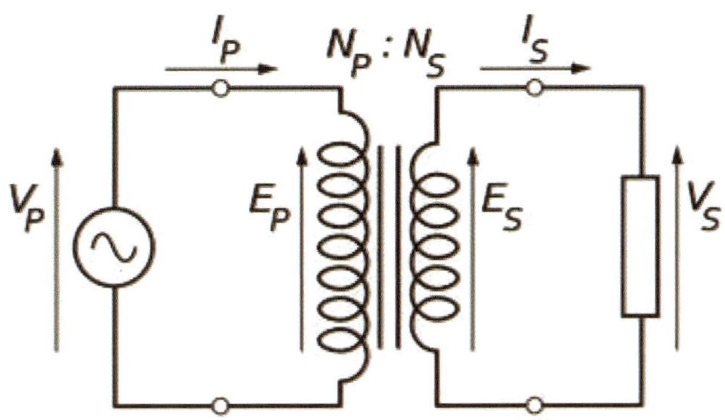

그림 3-22 자력선변화

(3) 렌츠의 법칙(Lenz's law)

유도 기전력의 방향은 코일 속의 자속의 변화를 방해하는 방향으로 생긴다는 법칙으로 자석을 코일에 가까이할 때 자석 가까운 쪽에 같은 극이 나타나고 코일에 기전력을 발생하여 자석의 접근을 방해한다. 또 자석을 코일에서 멀리하면 자석 가까운 쪽에는 다른 성질의 극이 되도록 기전력을 발생하여 자석이 멀어지는 것을 방해한다.

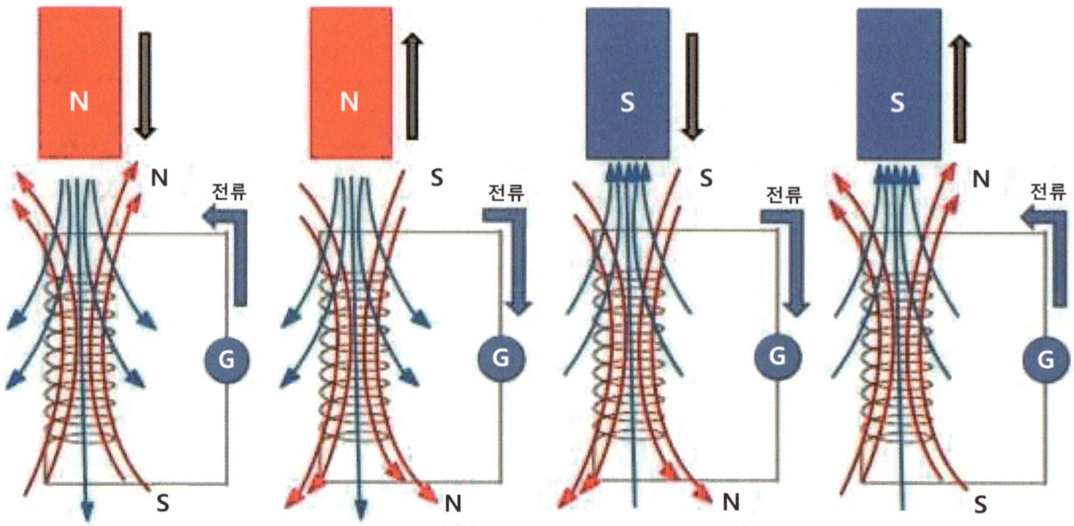

그림 3-23 렌츠의 법칙

(4) 플레밍의 오른손법칙(Fleming's right hand law)

도체와 자력선과 상대운동에 의한 경우 기전력의 방향도 렌츠의 법칙으로 구할 수 있지만 보다 간편한 방법이 플레밍의 오른손법칙이다. 오른손 엄지손가락을 운동방향에 일치시키면 가운데 손가락은 유도 기전력 방향을 표시한다. 이것을 플레밍의 오른손법칙이라고 한다.

그림 3-24 플레밍의 오른손법칙(전자유도 작용)

(5) 전자유도 작용의 응용

전자유도 작용은 실제 발전기에 적용되어 사용되며 여기서는 직류발전기를 예를 들어보기로 하자.

직류발전기의 구성도와 같이 전자석 N극과 S극 사이에 U자 코일(전기자 코일)을 놓고 코일 양끝을 서로 절연된 구리 링을 이등분하여 가운데에 절연물질을 넣어 절연시켜 접속시키고 이 코일을 자계 속에서 강제로 회전시키면 코일이 자속을 끊어 전자유도 작용을 유발시켜 기전력을 발생시킨다. 이 발생 전압의 방향은 플레밍의 오른손 법칙에 따르며 그 크기는 자속을 직각으로 자르는 비율에 비례한다. 이처럼 전자유도 작용에 의하여 발전을 할 수 있다.

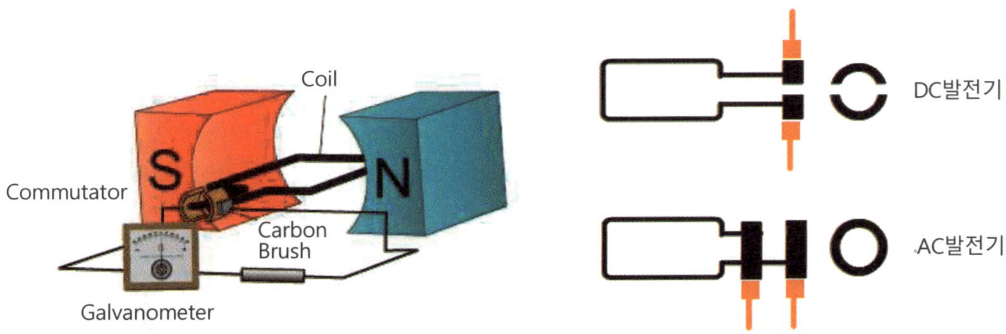

그림 3-25 직류발전기의 구성도

발전기 원리

▶ **발전기 원리** : 자장내에서 운동하는 도체는 전압을 유도한다.

- 자장내에서 운동하는 도체가 자력선과 쇄교할 때 도체에는 전압이 유도된다. 이와 같은 작용을 전자유도작용(electro magnetic induction)이라하고, 이때 유도된 전압을 유도전압 또는 유도기전력(electro motive force)이라한다.

▶ **렌츠의 법칙** : 유도전압의 방향은 도체의 운동방향에 따라 변화한다.

- 유도기전력에 의해 코일에 흐르는 전류는 유도작용을 방해하는 자력선을 발생시키는 방향으로 흐른다.

▶ **상호유도작용(변압기의 원리)** : 코일에 흐르는 자력선의 수가 변화하면 코일에는 전압이 유도된다.

- 유도전압은 코일의 자속의 변화속도에 비례하여 증가한다.
- 유도전압은 코일의 권수에 비례하여 증가한다.

3.1.6 자기유도 작용과 상호유도 작용

(1) 자기유도 작용(self induction)

자기유도 작용에서 코일에 흐르는 전류를 변화시키면 코일에 발생하는 자계(자속)도 변화되기 때문에 코일에 변화를 방해하는 방향으로 기전력이 발생한다. 이와 같은 전자유도 작용을 자기유도 작용 또는 자기 인덕턴스라 한다. 즉, 자기유도 작용에 따른 전류가 시간의 관계와 같이 회로에서 스위치를 닫으면 전류의 흐름 방향의 반대방향으로 흐르는 기전력이 코일 내에 발생되며 흐르는 전류는 이 역기전력으로 인하여 서서히 증가하며 흐르게 된다. 이때에는 코일에 자속의 변화 속도가 작기 때문에 코일 내에 발생하는 기전력도 전지의 전압보다 높아지지 않는다.

그러나 스위치를 열면 자력선이 급격히 감소하기 때문에 큰 유도 기전력이 발생된다. 따라서 자기유도 작용도 그만큼 크게 되어 전지의 전압보다 훨씬 큰 전압이 발생된다.

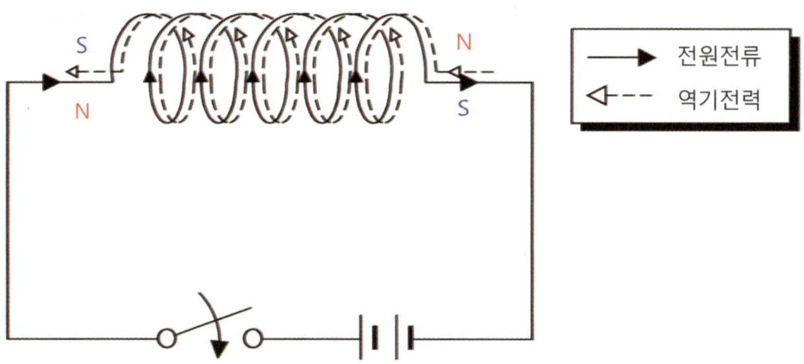

그림 3-26 자기유도 작용

역기전력의 방향

- TR이 ON되어 1차 코일에 전류가 흐르고 있는 상태에서 TR이 OFF되면 점화코일내의 자속이 급속으로 0이 됨에 따라 상당히 큰 역기전력이 발생하며 이 전압의 발생방향은 TR이 ON으로 될 때와는 반대로 발생한다.

유도작용에 의한 기전력의 크기

$$E_1 = L \frac{\triangle I}{\triangle t}[V]$$

E1 : 자기유도 기전력 L : 자기인덕턴스(H)
△I : 전류의 변화 (A) △t : 전류변화에 소요된 시간(전류의 변화속도)

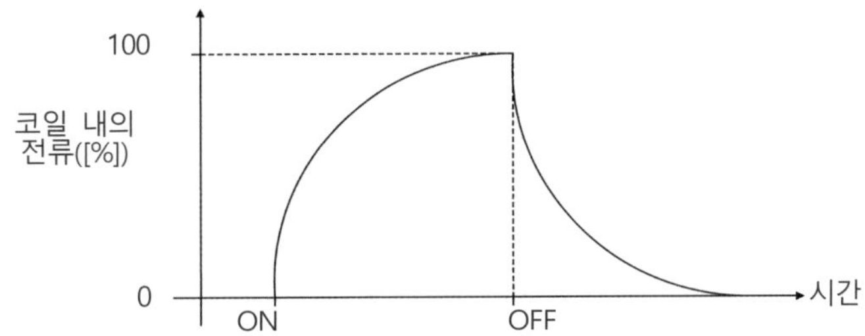

그림 3-27 자기유도 작용에 따른 전류와 시간의 관계

일반적으로 자기유도 작용에 의한 기전력은 코일에 흐르는 전류의 변화 속도에 비례한다. 기전력 ∝(비례)전류의 변화속도 즉 전류를 1초에 1[A]로 변화시킬 때 이 코일에 유도되는 기전력의 크기로 나타내며 이 값을 자기 인덕턴스라 한다. 또한 인덕턴스는 코일의 권수에 제곱에 비례하고 철심의 굵기에 비례한다. 저항은 전류의 흐름을 저지하는 성질이 있고 인덕턴스는 전류의 변화를 방해하는 성질이 있다.

자기유도 기전력은 렌츠의 법칙에 의한다. 렌츠의 법칙은 "자계의 변화를 방해하는 방향에 기전력이 발생"한다는 것이다. 하지만 전류에 의한 자계의 변화 때문에 흔히 기전력은 전류가 흐르는 방향과 반대방향이라고 말한다. 이것을 역기전력이라고 한다.

(2) 상호유도 작용(mutual induction)

상호유도 작용은 그림과 같이 2개의 코일을 정렬시켜 A코일의 스위치가 열린 상태로 있을 때나 닫힌 상태로 있을 때는 전류계의 바늘이 움직이지 않고 스위치를 개폐할 때만 전류계의 바늘이 움직인다. 이와 같이 A코일에 흐르는 전류를 스위치로 단속하면 B코일에 기전력이 생긴다. 이와 같은 전자유도 작용을 상호유도 작용이라 한다.

이 때 코일에 전원이 연결되어 있는 A코일을 1차 코일, B코일을 2차 코일이라 부르고 1차 코일에 흐르는 전류를 일정하게 변화시켜도 상호유도 작용이 코일의 권수, 형상, 상호위치 등에 따라 다르며 이와 같이 2차 코일의 기전력의 크기를 좌우하는 것을 상호 인덕턴스라 한다. 즉 1차 코일에 흐르는 전류를 1초간에 1[A] 변화시키면 2차 코일에 1[V]의 기전력이 발생하는 것을 말한다.

여기서 발생하는 기전력을 상호유도 기전력이라고 하며 자력선의 방향은 1차코일의 전류방향과 반대방향이다(렌츠의 법칙)

$$E_2 = M \frac{\triangle I}{\triangle t}[V]$$

E2 : 상호유도 기전력 M : 상호인덕턴스(H)

△I : 전류의 변화 (A) △t : 전류변화에 소요된 시간

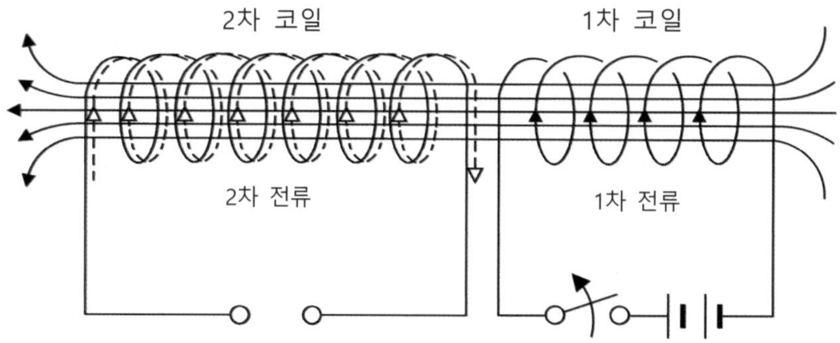

그림 3-28 점화코일 상호유도 작용

상호인덕턴스는 자기인덕턴스와 코일의 권수에 비례한다.

$$M = L \times \frac{N_2}{N_1}$$

M : 상호인덕턴스 L : 자기인덕턴스

N2 : 2차코일의 권수 N1 : 1코일의 권수

(3) 자기유도 작용과 상호유도 작용의 응용

자기유도와 상호유도 작용을 이용한 것이 자동차의 점화 장치에 응용되어 사용되고 있다. 자동차에서 점화플러그의 스파크 방전 전압은 15,000~30,000[V]의 높은 전압이 필요하며 이 높은 전압의 유도를 위하여 점화코일이 사용된다.

고전압을 2차 쪽에 발생시키기 위해서는 1차 코일에 흐르는 전류를 스위치로 ON되어 1차 코일에 전류가 흐르고 있는 상태에서 OFF되면 점화코일내의 자속이 급속으로 0이 됨에 따라 이의 변화를 방해하기 위하여 1차 코일에 200~300[V]의 자기유도 기전력이 발생되며 2차 코일에는 상호유도 작용에 의하여 15,000~30,000[V]의 전압이 발생하여 점화플러그에 스파크를 발생시킨다. 이렇게 자동차의 점화 장치는 자기유도 작용과 상호유도 작용을 이용한 것이며 이외에도 변압기에 이용되어 사용되어진다.

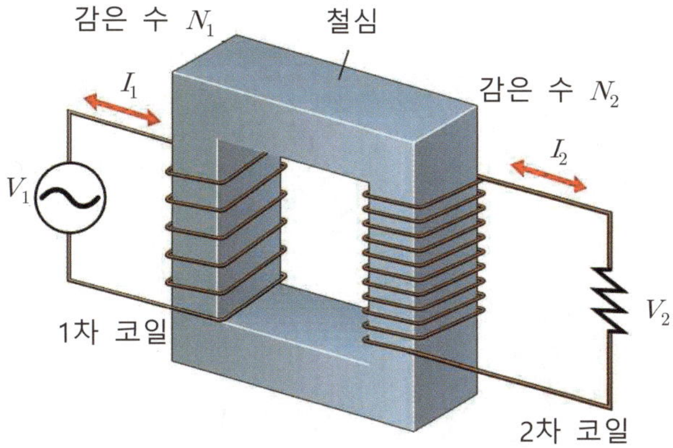

그림 3-29 변압기의 원리 및 구조

$$V_2 = V_1 \times \frac{N_2}{N_1}$$

V2 : 2차 전압　　V1 : 1차 전압
N1 : 1차 권수　　N2 : 2차 권수

3.1.7 맴돌이 전류

도체 속을 자력선이 통과하고 있을 때 맴돌이 전류와 같이 자력선을 증가시키든지 도체를 움직여 자력선이 상대적으로 움직일 때에는 철심 내에는 전자유도 작용에 의한 기전력이 유도되어 자속의 변화를 방해하는 방향으로 전류가 흐른다. 이 때 생긴 전류는 철심 중에 저항이 적은 통로를 따라 회로를 만들며 흐른다.

이와 같은 전류를 맴돌이 전류(eddy current)라 한다. 맴돌이 전류가 생긴 철심에는 그 철심의 저항에 따라 열이 발생되어 에너지 손실이 된다. 이 손실을 맴돌이 전류 손실이라 한다. 교류회로에 쓰이고 있는 변압기에서 철심의 온도가 서서히 상승되는 것은 맴돌이 전류에 의한 열 손실 때문이다.

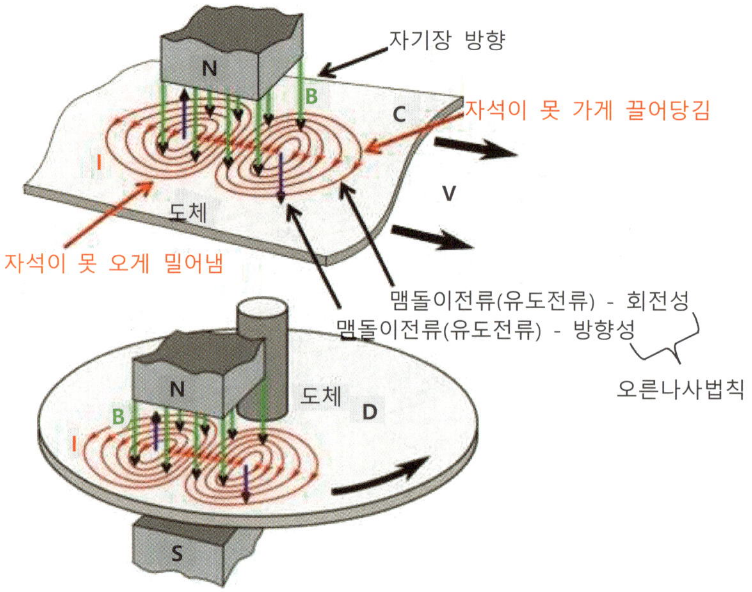

그림 3-30 맴돌이 전류

이와 같은 맴돌이 전류 손실을 방지하기 위해 변압기 철심은 성층 철심을 사용한다. 맴돌이 전류의 상용 예로는 맴돌이 전류 브레이크와 같이 원판의 자극 바로 아래 부분에 플레밍의 오른손 법칙에 의한 맴돌이 전류가 유기되며 그 결과로써 그림과 같이 맴돌이 전류가 흐른다.

이 맴돌이 전류와 자극 사이에 플레밍의 왼손법칙에 의하는 회전력이 작용하여 원판의 운동이 저지된다. 이것을 맴돌이 브레이크의 하나인 맴돌이 전류 감속기(retarder)로서 사용된다.

맴돌이전류의 응용

- 도체의 내부에서 국부적으로 소용돌이 모양으로 닫힌 통로를 흐르는 전류로서, 도체 내부를 지나는 자기력선속의 변화로 인해서 생기는 전류로 와전류 또는 발견자의 이름을 따서 푸코전류(Foucault current)라고도 한다. 아라고의 원판으로 그 존재를 간단히 알 수 있으며 도체 판에 직각으로 자기장을 걸어서 이것을 증가시키면 도체 판에는 자기장 방향에 대하여 좌회전하는 맴돌이전류가 생겨서 자기장의 증가를 방해하려고 한다.
- 또, 자석을 도체판 위에서 이동시키면 맴돌이전류가 생기며 맴돌이전류의 자기장은 자석의 이동을 방해한다(도체 판은 자석이 이동하는 방향으로 당겨진다). 이 원리는 적산전력계나 맴돌이브레이크에 이용된다.

3.2 변압기의 동작원리

외국에서 생산된 가전제품이 110 V를 사용하는 제품이라면 한국(220 V)에서 사용할 때에는 변압기를 이용하여 사용해야 한다.

변압기란 전압을 바꿔주는 역할을 하는 장치로 전압이 다른 외국에서 생산된 제품은 전압을 조정해야 한국에서 사용할 수 있으므로, 변압기 중에서 '다운트랜스'라고 하는 장치를 이용한다.

그림 3-31 여러 가지의 변압기 형태

다운(down)트랜스의 주목적은 전압을 내려주는 기능을 한다. 한국은 220 V 전압을 사용하기에, 110 V 가전제품을 한국의 전원에서 사용할려면 220 V를 110 V로 변압기를 사용하여 전압을 내려야 비로소 사용이 가능하게 된다.

외국의 가전제품을 한국에서 다운트랜스란 변압기를 사용하지 않고 바로 사용한다면 값비싼 외국가전제품은 사용해보지도 못하고 고장이 나게 된다.

가정으로 보내지는 전기는 교류이며, 교류의 최대 이점은 트랜스란 변압기를 써서 전압을 자유로이 올리거나 낮출 수 있다는 데 있다. 이 변압기는 1882년에 프랑스의 고라와 영국의 집스라는 사람에 의해서 발명되었는데, 그 원리는 패러데이가 발견한 전자유도의 법칙을 응용한 것이다.

다음 그림의 왼쪽은 1차 코일에 전지를 연결한 것이다. 스위치를 뗐다 붙였다 할 때에만 전구가 번쩍할 뿐으로 스위치를 붙여놓은 그대로인 때는 불이 들어오지 않는다. 이것은 앞에서 설명한 것처럼 스위치의 개폐에 의해 1차 코일에서 만들어지는 자계가 변화하고 그 때문에 2차 코일을 통과하는 자력선이 변화해서 2차 코일에 유도기전력이 일어나기 때문이다.

그림과 같이 성층 철심에 권선 n1(1차측)과 n2(2차측)를 감고 1차에 전류를 흘리면 1차 권선에 흐르는 전류에 의해 1차측 철심에 자속이 발생하고 이 자속은 철심을 통해 2차 권선을 쇄교한다.

2차권선의 내부에 있는 철심에서는 1차 권선에 의한 자속의 변화를 방해하는 방향으로 자속이 발생하고 이 자속에 의해 2차 권선에 기전력이 발생하여 전류가 흐르게 된다.

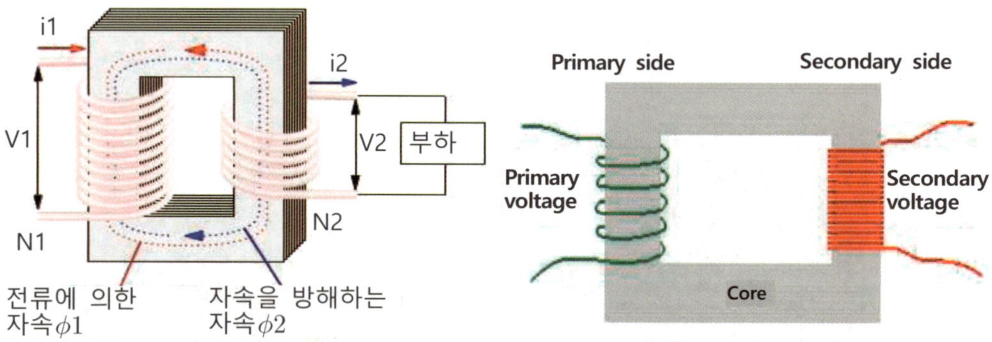

그림 3-32 변압기 구조

그러나 이때 발생한 전류는 잠시 후면 없어지게 된다. 이는 1차 측 권선에 의한 자기장의 크기에 변화가 있어야만 전류가 유도 된다는 것을 설명하는 것으로, 2차 측에 계속적인 전류발생하기 위해서는 자기장의 변화를 위해 1차 측에 교류를 흘려주어야 한다.

1차 전압에 대한 2차 전압은 권선수에 비례한다. 즉 (v1/v2) = (n1/n2)의 관계가 성립하고 이를 변압비라 한다. 그때 2차 코일에 발생하는 유도기전력의 방향은 렌쯔의 법칙에 따른다. 왼쪽 그림의 오른쪽과 같이 1차 코일에 교류전압을 가하면 스위치를 개폐하지 않아도 전구는 불이 들어온 채로 있다.

이것은 교류전압이 언제나 주기적으로 변화하기 때문이다. 이렇게 해서 1차 코일에 가한 교류전압을 2차 코일에 전할 수가 있다. 그 사이를 중계하는 것이 자계(자력선)이라는 것은 설명할 필요도 없다. 실제의 변압기에서는 다음 그림 왼쪽에서처럼 얇은 규소강판을 겹쳐 쌓아 철심으로 하고 그 주위에 1차 코일과 2차 코일을 감는다. 변압기에서는 다음과 같이 중요한 관계가 성립한다. 즉, 변압기의 전압은 코일의 감은 수에 비례한다. 이를테면 전압을 3분의 1로 낮추고 싶으면 2차 코일의 권수를 1차 코일의 3분의 1로 하면 되는 셈이다. 그런데 변압기의 1차 측에서 2차으로 변압되어 전력이 전달되는 사이에 몇 퍼센트의 손실이 발생한다.

이 손실은 주로 철심속에서 생기는 와류전류손과 권선의 저항에 의한 '주울열의 손실'이다.

와류전류손이란 자력선의 변화에 의해 철심 내부에 생기는 소용돌이 모양의 유도전류에 의한 것이다. 이것을 방지하기 위해서는 얇은 규소강판을 절연해서 겹쳐 쌓으면 된다.

3.2.1 변압기 결선

(1) Y결선

변압기가 3대일 때 3상 전원을 도출하고자 할 때 쓴 결선 방법이며, 이때3상이 나오며 중성선에서는 N상이라 하여 한선이 도출되어 모두 3상 4선이 된다. 전압은 380 V 또는 220 V가 사용가능 합니다(우리나라기준.) 또한 변압기중 1대가 고장나면 V형 결선(일명 V결선)으로 교체사용 가능하나 효율이 80%로 떨어진다.

중성점을 접지하면 제3고조파가 대지로 흘러서 인근의 통신선에 장애를 줄 수 있다는 단점이 있지만, 다음과 같은 장점도 있다.(Y결선의 중성점을 접지할 경우 장점)

① 중성점을 접지할 수 있으므로 단 절연 방식을 채택 할 수 있다.

② 고전압 결선에 적합하다

③ 순환전류가 흐르지 않는다.

④ 중성점 접지를 하여 이상전압을 저감 시킬 수 있다.

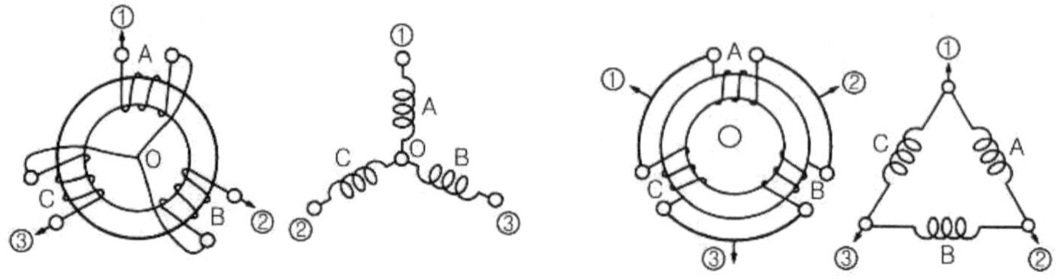

그림 3-33 변압기 결선

(2) 결선

변압기가 3대가 있을 때 3상 전원을 얻기 위해 결선하는 방법이고 고전류(Y결선의 3배)의 전류가 필요한 모터 등에 필요한 전력을 공급하는데 주목적이며 전원은 380V(우리나라기준) 3상만 출력되고 중성선인 N상은 없다.

통상 부하에 따라 변압기 결선은 Y결선 아니면 △결선 중 하나를 선택하여 사용한다. 전동기가 기동할 때 기동전류는 정격전류의 6~8배가 걸린다.(엄청나게 전류를 많이 소모하는 거죠) 위와 같이 6~8배의 전류가 흐르게 되면 정격전류에 의해 설정되었던 차단기는 100% 과전류로 차단된다. 그렇기 때문에 Y결선으로 기동하여 델타결선으로 운전을 하게 된다.

왜냐면 Y결선을 하게 되면 기동전류가 델타결선의 1/3밖에 안 걸린다. 그러면 차단기가 과부하로 차단될 일은 없다. 그리고 기동이 됐다면 일정시간 뒤에 델타결선으로 장시간운전을 하게 된다.

3.2.2 고전압으로 송전하는 이유

우리들이 가정에서 사용하는 전기는 110볼트와 220볼트이지만, 전주의 배전선에는 22,900볼트라는 높은 전압으로 보내지고 있다. 더 거슬러 올라가 발전소와 변전소를 잇는 고압송전선이 되면 15만 4천 볼트에서 34만 5천 볼트라는 대단히 높은 전압으로 송전되고 있다. 전압이 높으면 그만큼 위험성도 많기 때문에 송전선도 지상에서 높이 가설해야 하고, 철탑도 키가 높은 튼튼한 것을 사용해야 한다.

그렇다면 어째서 그런 고전압으로 송전하는 것일까. 잘 알려져 있지 않은 사실이지만, 에디슨은 저전압의 직류송전을 지지하였다. 그래서 미국에서 처음 발전소가 건설되었을 때, 에디슨은 110볼트의 직류전기를 송전하도록 지도했던 것이다. 그리고 발전소에서 가까울수록 굵은 전선을 사용하고 멀어질수록 가는 전선으로 가정에 배전했다. 그러자, 발전소에 가까울수록 전구가 밝아진다는 불공평이 발생했다.

교류전기일 경우, 이러한 일은 일어나지 않는다. 교류는 변압기로 전압을 자유로이 올리고 낮출 수 있기 때문이다. 그렇지만 직류로는 이러한 변압을 간단히 할 수가 없다. 변압기로 교류전기의 전압을 높여서 송전하면 전선을 굵게 하지 않아도 멀리까지 송전할 수 있는 것이다. 물론 에디슨은 변압기에 대해서도 알고 있었다. 그러나 고압의 교류전기의 위험성에 대해서 우려한 나머지 그런 고안을 했던 것이 아닌가 여겨진다.

그러나 에디슨의 의도와는 달리 점점 교류 송전선망이 확대되어, 더욱 높은 전압으로 송전하였다가, 공장이나 집 근처에 와서 다시 전압을 낮추어 쓰고 있다. 물론 이 다음부터는 여전히 에디슨이 발명한 전등에 불을 켜고 있다. 그렇다면 전압을 높게 하면 구체적으로 어떤 이점이 있을까.

송전선은 거리가 길어질수록 전선에 의한 저항도 상당히 커진다. 그 때문에 전기저항이 큰 송전선에 전류가 흐르면 큰 주울열이 발생하고 이것이 손실로 되어 없어져 버린다. 더구나 이 손실은 전류의 제곱에 비례하므로 전류가 클수록 손실은 더욱 많아진다는 것을 알 수 있다.

그래서 송전전압을 높여서 송전하면 그만큼 전류를 적게 할 수 있는 것이다. 또는 같은 손실이라면 전선을 가늘게, 시설비를 적게 들여도 될 것이다. 즉, 같은 전력이라면 전력 = 전압 x 전류, P = VI(W)의 관계가 성립되어 V를 크게 하면 I를 적게 해도 된다.

전류를 적게 함으로써 열 손실을 적게 하는 것이 이상적이긴 하지만, 그렇다고 전압을 무한정 높일 수는 없다. 송전선의 전압을 높게 하면 전선의 둘레에 코로나 방전이라는 방전현상이 일어나 도리어 전력손실이 오기 때문이다. 또 애자도 큰 것을 사용하지 않으면 안 되어 시설비가 늘어난다. 결국 전체의 조건을 고려해서 전압을 정하는 것이다. 여기서는 교류 송전에 대해서 살펴보았지만, 직류를 고압으로 송전할 수 있다면 사실은 그 편이 훨씬 뛰어난 점이 많다는 것도 덧붙여 두고자 한다.

3.2.3 송전선이 세 가닥인 이유

전기는 비록 교류라도 각 순간을 보면 플러스와 마이너스가 있으므로 두 가닥의 전선이 필요한 것은 당연하다. 우리들은 가정에서 보통 두 가닥의 전선으로 전기를 사용하고 있다. 이러한 전기를 단상교류라고 한다. 그러나 송전선에는 철탑의 오른편에 3가닥, 왼편에 3가닥으로 되어 있다.

이처럼 3가닥씩의 전선으로 전력을 송전하는 것은 무슨 이유일까.

3가닥의 전선을 사용하는 교류를 3상 교류라고 한다. 다음의 그림을 보자. 3개의 코일을 120도씩 각도를 어긋나게 해서 배치한 다음, 자석을 시계방향으로 회전시키면 3개의 코일은 자력선의 영향을 받아서 유도기전력이 발생한다. 이 기전력의 발생방법은 코일 aa'에서 차례로 120도씩 뒤져서 aa' 의 파형과 같은 정현파 전압이 생기게 된다. 이것을 전압의 위상이 120도씩 어긋났다고 하고, 이와 같은 교류를 3상 교류라고 한다. 3상 교류는 독립된 발전용 코일이 3개 있는 것이므로, 각각의 전압을 이용하기 위해서는 6가닥의 전선이 필요하게 된다.

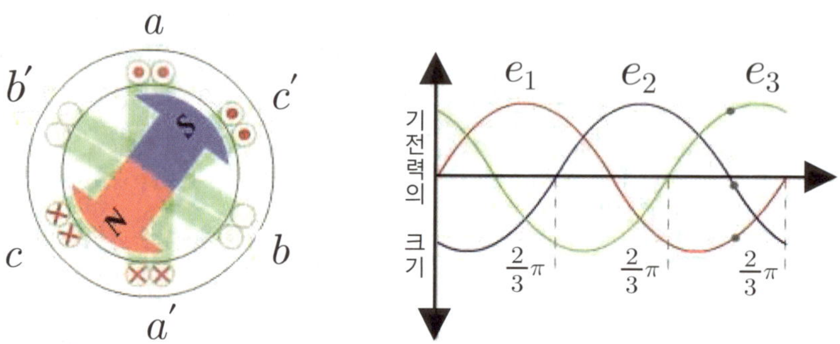

그림 3-34 3상 교류 파형

그림과 같이 120도씩 위상이 벗어난 3개의 전원 각각에 부하가 연결되어 있다. 단상회로가 3쌍으로 전선은 6가닥이 있다.

전선을 2가닥씩 합치면 전류가 2배가 되는 것처럼 보이지만, 120도 위상이 벗어난 전류가 가해지므로 전류의 크기에는 변화가 없다. 이러한 연결방법을 Δ(델타)결선 또는 삼각결선이라고 한다. 또 그림의 오른쪽처럼 연결할 수도 있다. 이 경우에는 세 가닥 묶은 전선에는 전기가 흐르지 않는다. 이것은 120도 위상의 전류 3개를 가하면 0이 되기 때문이다. 따라서 이 선은 필요 없게 된다. 이러한 연결방법을 결선 또는 스타결선이라고 한다. 3상 교류는 단상인 경우에 비해 전선을 한 가닥 증가시키는 것만으로 3배의 전력을 보낼 수가 있다.

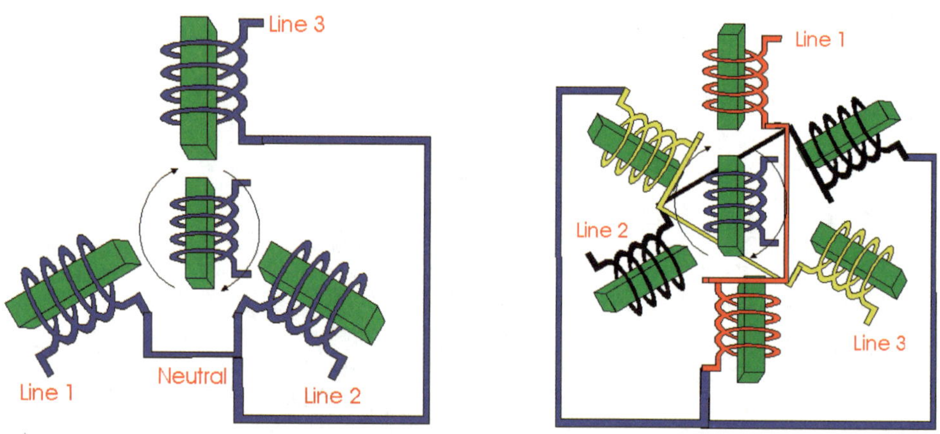

그림 3-35 교류발전을 위한 코일 결선

3.2.4 고전압 발생에 대한 부수적인 장치(점화장치)

(1) 콘덴서를 이용한 ARC 의 흡수(접점의 보호)

그림과 같이 1차 전류를 단속하는 것이 스위치(접점식)일 경우, 큰 역기전력에 의해 접점에서는 아아크가 발생하게 된다. 이로 인하여 접점의 손상을 가져오게 되므로 이를 방지하기 위하여 그림과 같이 스위치와 병렬로 콘덴서를 설치하여 아아크를 흡수한다.

그러나 콘덴서의 용량이 너무 크게 되면 계속적으로 1차 전류를 흐르게 하는 결과가 되어 1차 전류의 신속한 차단이 늦어져 2차 전압이 낮게 되는 결과가 생긴다.

반대로 용량이 너무 작으면 콘덴서에서 아아크의 흡수가 적어 스위치의 손상이 생긴다. 따라서 적절한 용량이 콘덴서가 사용되어야 한다.(약 0.25 μF)

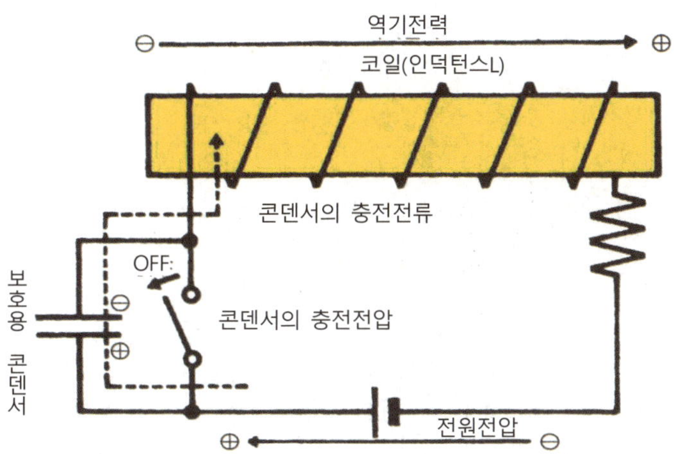

그림 3-36 콘덴서를 이용한 아아크 흡수회로

(2) 제너다이오드의 역기전력 흡수(트랜지스터 보호)

그림과 같이 트랜지스터로 1차 전류를 단속할 경우 코일에서 발생하는 큰 역기전력에 의해 트랜지스터 내부에서 절연파괴가 일어난다. 이를 방지하기 위하여 제너다이오드(Zenor Diode)를 사용하여 역기전력을 흡수한다.

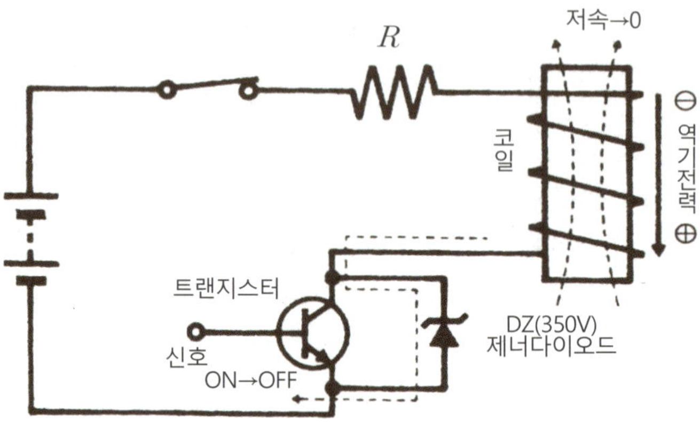

그림 3-37 제너다이오드를 이용한 역기전력 흡수회로

(3) 역기전력의 극성

점화 1차 코일과 2차 코일은 그림과 같이 같은 방향으로 감겨있다. 1차 코일에 흐르는 전류를 Off 하였을 경우, 1,2차 코일은 같은 방향으로 역기전력이 발생한다.

(4) 점화플러그의 극성

점화플러그에 가해지는 전압의 극성은 접지 전극이 +의 역할을 하며, 중심전극이 -역할을 하도록 전압이 가해지므로 바테리의 전원회로와 반대가 된다. 즉, 접지 전극이 0전압이라면, 중심전극의 전류가 흐르는 방향을 접지에서 중심으로 하여 0보다 충분히 여기서는 약 25,000 V까지 낮추었다고 보면 된다. 따라서 전자의 이동이 중심에서 접지가 되도록 중심에서 접지전극 쪽으로 아아크가 발생하도록 하였다. 이는 접지전극은 엔진 블록에 접해져 있어, 온도가 낮고 중심전극은 연소 가스에 노출되어 온도가 항상 높게 유지되기 때문에 전자의 활성화에 의해 전자의 이동이 쉽게 하기 위해서이다.

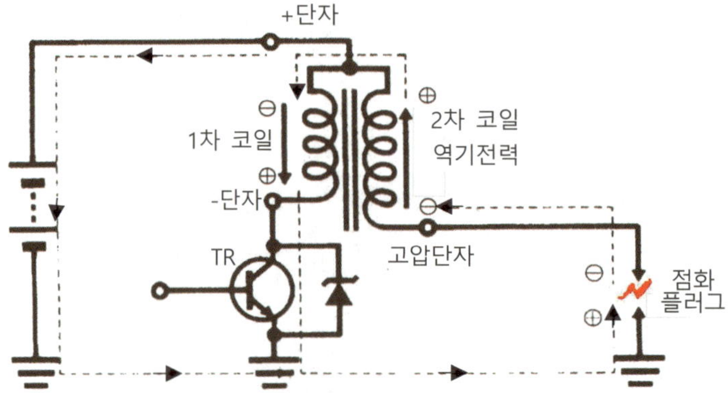

그림 3-38 역기전력 발생에 의한 점화플러그의 극성

3.3 생활속의 자기

3.3.1 스피커

아들이 어릴 적의 일이다. 거실에 있는 오디오로 음악을 틀어놓고 서재에서 책을 읽고 있었는데, 갑자기 음악소리가 엄청나게 커졌다 얼마나 소리가 큰지 집안이 흔들릴 정도였다. 깜짝 놀라서 거실에 나가보니, 세상만물에 관심이 한창인 아이가 스피커의 볼륨 스위치를 한껏 돌린 결과였다. 아이는 놀란 표정으로 울지도 못한 채 파랗게 질려 있었다. 말도 제대로 익히지 못한 아이에게 스피커의 동작 원리를 선명해주며 타이를 수도 없는 노릇이고, 그냥 “앞으로 이거 돌리지 마"라고 큰소리만 쳤던 기억이 난다.

그림 3-39 스피커

스피커는 전기신호를 사람이 들을 수 있는 가청 주파수로 바꿔주는 기기다. 독일의 발명가인 요한 필리프 라이스(Johann Philipp Reis, 1834-1874)는 제일 처음 전화기에 스피커를 연결해 시 원거리 대화를 시도했다. 이후에 그레이엄 벨, 토마스 에디슨에 의해 개량되었다가 1925년 미국의 기술자 에드워드 켈로그와 체스터 라이스에 의해 현대적인 스피커 형태로 완성되었다. 스피커는 기본적으로 그림처럼 원동형 영구자석, 영구자석을 둘러싼 보이스 코일 그리고 보이스 코일과 연결된 떨림판 등으로 구성된다. 원동형 영구자석은 안쪽에 N극이 있고 그 바깥쪽을 s극이 둘러싼 구조로 되어 있다. 이 영구자석에서는 N극에서 S극 방향으로 자기장이 형성된다. 보이스 코일은 N극 주변에 감긴 금속 도선으로, 소리가 변환된 전기신호를 이 코일에 입력하여 전류의 세기 및 방향을 바꾼다. 자기장에 놓여있는 코일에 전류가 흐르면 코일은 로렌츠 힘을 받는데, 이 힘이 스피커에서 소리가 흘러나오는데 있어 중요한 역할을 한다. 이 로렌츠 힘에 대하여 알아보자.

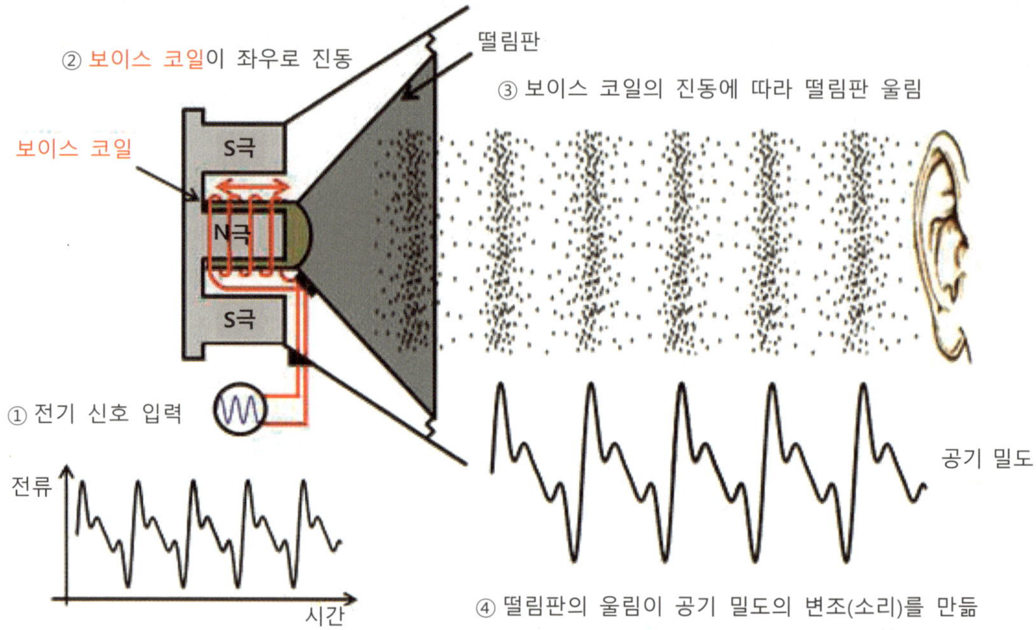

그림 3-40 스피커가 음파를 만들어내는 원리

입력된 응성 전기 신호에 따라 보이스코일은 로렌츠 힘을 복 운동을 하며 떨림판을 두드린다. 떨림판은 공기의 밀도를 변화시켜 음파가 발생된다.

자석을 만드는 방법은 두 가지가 있다. 첫 번째는 철과 같은 강자성체를 이용하는 방법이다. 강자성체에 자석을 가까이 대면, 그 자석의 자기장 방향으로 N-S극이 나열된 영구자석이 만들어진다. 두 번째는 회선 긴 코일에 전류를 흘려준다. 그러면 코일은 전류의 방향에 따라 N-S극이 나열되는 자석이 된다. 전류의 바뀌면 N-S극의 방향도 바뀐다. 전자석과 영구자석이 만나면 서로 밀치거나 당기는 힘(자기력)이 작용한다. 이를 조금 달리 해석해보자. 전류가 흐르는 코일(전자석) 주변에 영구자석을 가까이 대면, 영구자석의 영향으로 코일은 힘을 받는다. 즉, 자기장이 놓여있는 코일에 전류를 흘리면 코일에는 힘이 직용하고, 이 힘은 코일을 움직이게 할 수 있다. 이 힘을 로렌츠의 힘이라고 한다.

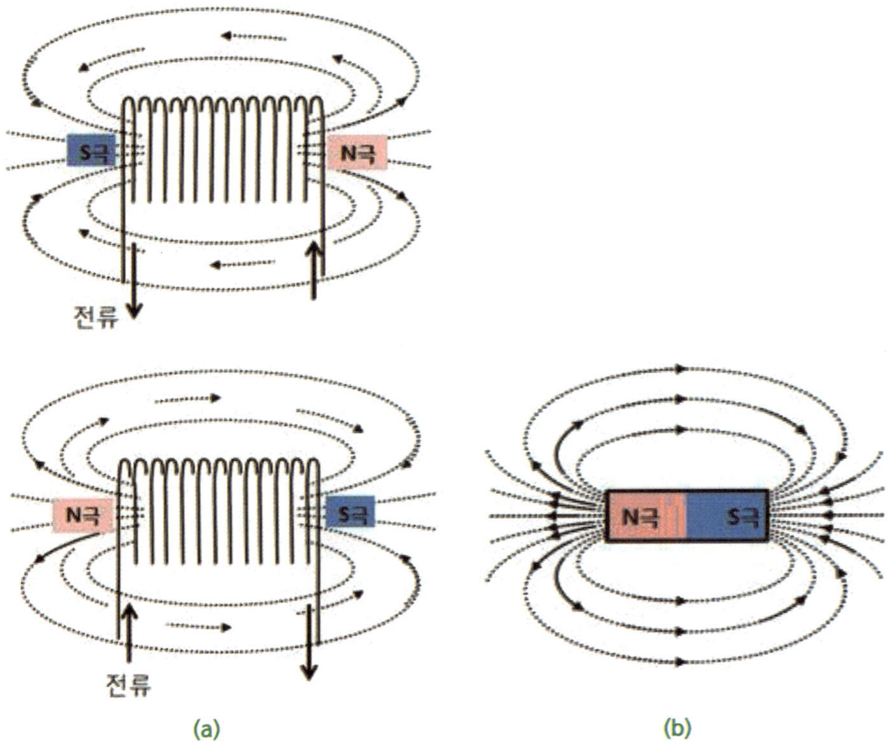

그림 3-41 전자석의 특성

이와 같이 전류가 흐르는 코일은 자기장의 영향으로 로렌츠 힘을 받아 움직인다. 전기신호를 통해 전류의 세기와 방향을 바꾸면 코일에 작용하는 로렌츠 힘의 방향도 바뀐다. 따라서 코일은 좌우로 움직이면서 떨림판을 두드리고, 그 떨림판은 주변 공기밀도의 변화를 일으켜 음파를 만든다. 즉, 보이스코일이 로렌츠 힘을 받아 진동할 때 같이 진동하는 떨림판의 주기에 따라 음파가 만들어지고 소리가 재생된다. 예를 들어, 1초에 1000번 진동하는 전기신호를 넣어주면, 보이스코일이 떨림판을 1초에 1000번 두들겨 1000 Hz의 음파를 만든다. 가청 주파수 영역인 20 Hz에서 20000 Hz인 음파를 재생하려면 각 주파수에 해당하는 전기신호를 보이스 코일에 입력해주면 된다. 그 주파수에 따라 보이스코일의 떨림판이 진동하고 주기적인 공기 밀도 변화가 일어나 재생하고자 하는 음파가 발생된다. 이렇게 발생된 음파가 사람의 귀에 전달되어 고막을 울리면 사람들은 소리를 인지하게 된다. 성능 좋은 스피커일수록 재생하고자 하는 가청주파수의 모든 음파에 대한 전기신호를 정밀하고 정학하게 재현하고, 재현된 전기신호에 따라 떨림판을 정확히 진동시킨다. 소리에 민감한 매니아들은 성능 좋은 스피커를 구입하기 위해 수 천 만원을 기꺼이 지불하기도 한다.

스피커에 날린 볼륨 스위치를 돌리면 소리 크기가 조절되는데, 이는 코일에 입력되는 진기 신호 혹은 전류의 크기를 증폭시키는 것이다. 전기신호의 크기가 커지면 보이스코일의 진동이 커지면시 떨림판을 더욱 세게 두들겨 소리가 커진다. 볼륨스위치를 마구 돌려 굉음을 만들어 낸 것은, 진기신호의 크기를 최대로 끌어올린 결과였던 것이다. 소리를 전기신호로 바꾸는 마이크는 스피커와 구조는 거의동일하지만 정반대의 기능을 한다, 소리를 전기 신호로 바꾸는 마이크는 스피커와 구조는 거의 동일하지만 정반대의 기능을 한다. 마이크에 음파가 도달하면 떨림판과 이에 연결된 보이스 코일이 진동한다. 떨림판과 보이스 코일이 영구자석 안에서 왕복 운동을 하면 코일 내부를 통과하는 자기장의 변동이 발생한다. 자기장의 변동은 코일 양단에 전기를 만들어 내고,

그에 따라 코일에는 전류가 흐르게 된다. 즉 음파가 전기 신호로 바뀌는 것이다. 마이크는 전자기 유도 현상을 이용하여 떨림판의 진동을 전기 신호로 바꾸어주는 장치다. 이 전기신호를 증폭해시 스피커에 보내면, 소리를 아주 크게 키워서 많은 사람이 들을 수 있다.

스피커와 같은 전자 음향기기의 발달은 사람 들이 시간과 장소에 구애 받지 않고 길거리에서도 팟캐스트를 듣거나 음악을 즐길 수 있게 되었다. 멀지 않은 미래에는 인공지능 로봇이 개인비서 역할을 할 것이다. 그 때의 인공지능 로봇비서의 입과 귀는 바로 다름 아닌 로렌츠의 힘을 이용한 스피커와 마이크가 될 것이다

3.3.2 이어폰

이어폰 스피커는 전기 에너지를 소리 에너지로 바꾸는 역할을 한다. 기존 이어폰 스피커들이 진동판에서 재생되는 소리만을 들려주었다면 역방향 이어폰은 발상의 전환을 통해 스피커의 방향을 반대로 바꿔서 진동판과 코일에서 발생하는 소리가 모두 들리도록 설계되었다.

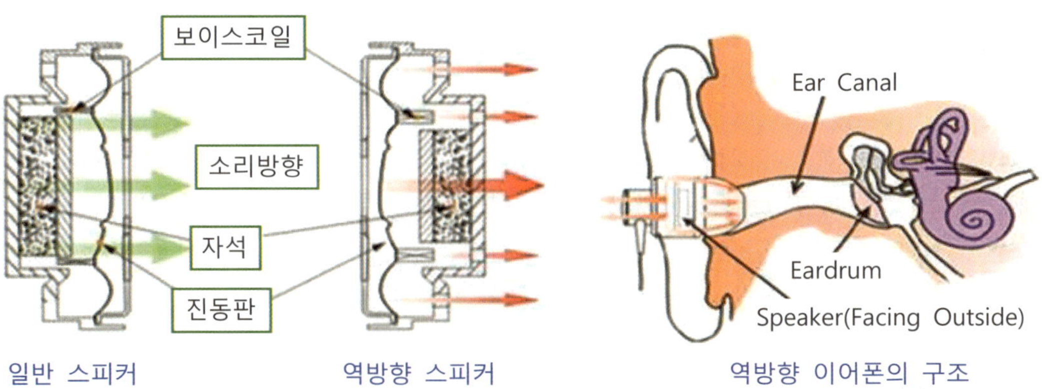

그림 3-42 스피커와 이어폰의 구조

이로 인해 지금까지 들리지 않았던 대역의 소리까지 찾아준다. 또 스피커 소리가 직접 고막을 향하지 않아 고막의 피로도를 최소화해 장시간 음악을 들어도 귀가 편안한 것이 중요한 특징이다. 즉 귀를 보호하면서도 저음은 풍부하게, 중음은 선명하게, 고음은 편안하게 재생할 수 있게 된 것이다.

MP3 플레이어나 스마트폰으로 이동 중에도 간편하게 음악을 즐기는 시대에 이어폰은 필수적인 요소다. 그런데 이어폰을 장시간 사용하면 청력 손상이 올 수도 있다는 뉴스를 가끔 접할 때면 '내 귀는 괜찮을 걸까?' 하는 염려를 하기 마련이다. 최근 기존 이어폰 스피커 구조를 반대로 뒤집어서 소리가 직접 고막을 향하지 않도록 하는 IST(Inverted Sound Technology, 역방향 스피커 기술) 방식이 국내에서 개발되어 이제 장시간 음악을 들어도 귀가 편안한 이어폰을 쉽게 구매할 수 있게 되었다.

그림 3-43 이어폰

이어폰/헤드폰은 구조상 스피커와 소리가 전달되는 방식이 다릅니다. 소리를 내는 물체인 드라이버에서 귀의 고막까지 5 cm가 채 되지 않는 거리의 공간만을 사용하기 때문에 우리가 일반적으로 소리를 듣는 것과 유사한 구조를 가지고 있는 스피커와 달리 매우 편협하고 자연스럽지 않은 소리가 나게 된다. 그 때문에 스피커로 음악을 감상하는 이들은 이어폰 혹은 헤드폰으로 음악을 듣는 것은 음을 심각한 수준으로 왜곡시켜 제대로 된 음악 감상을 할 수 없다고 말한다. 그러나 비록 왜곡이 있다 해도 이어폰 혹은 헤드폰으로 음악을 감상하는 것의 장점은 있다. 음악의 집중도를 높여주며, 내가 듣고 있는 음악을 타인과 공유하지 않는 것이다. 이런 이유로 많은 이어폰 혹은 헤드폰 브랜드들이 그 중도의 미를 찾아, 스피커의 장점과 이어폰 혹은 헤드폰의 장점을 섞으려 했지만 쉽지 않은 일이다.

3.3.3 마이크로폰

마이크 또는 마이크로폰(microphone)은 물리적인 소리를 공기 압력의 변화에 의해서 전기적인 신호로 변환해 주는 장치로 줄여서 마이크라고 한다. 이렇게 에너지의 형태를 변환하는 장치를 트랜스듀서(transducer)라 한다. 소리를 진동판으로 감지하여 전기신호로 변환하는 기기는 1827년 Charles Wheatstone이 처음 착안하였다. 마이크로폰이란 명칭은 '작다'라는 의미의 마이크로(micro)와 '목소리'를 뜻하는 폰(phone)의 조합어이다. 이와 원리가 유사한 것이 스피커이다. 스피커는 마이크와는 달리 전기에너지를 소리 에너지로 변환하여 출력해 주는 액추에이터 장치를 말한다. 마이크는 전화기, 보청기, 방송용, 노래방 시스템 등 매우 다양한 분야에 응용되고 있다. 마이크로폰은 동작원리에 따라 저항성 마이크로폰, 콘덴서 마이크로폰, 광섬유 마이크로폰, 압전형 마이크로폰, 일렉트릿(electret) 마이크로폰, 다이내믹 마이크로폰, MEMS형 마이크로폰 등으로 구분된다.

저항성 마이크로폰은 압저항 효과를 이용한 원리로 만든 것이다. 압저항 효과는 금속 혹은 반도체 결정에 외력을 가하면 반도체 결정의 저항비가 변화하는 현상이다.

과거에는 흑연을 원재료로 하는 카본 반도체 분말로 저항형 마이크로폰을 만들어서 사용하였는데, 이러한 마이크는 동적 범위가 제한되어 있고, 주파수 반응도가 낮으며, 높은 잡음특성이 있어 현재는 카본 마이크로폰은 거의 사용하지 않는다. 이 방식은 Thomas Edison과 Emile Berliner에 의해 경쟁적으로 발명되었고, 1877년 Edison이 특허를 신청했으나 특허소송으로 15년 후에 인정되었다. 초창기 벨이 발명한 전화기의 소리를 감지하는 송화기에 쓰였고, 축음기의 소리를 녹음하는 장치로도 사용되었다. 구조가 간단하고 가격이 저렴한 장점이 있으나 주파수 대역이 200~3,000 ㎐로 좁아 고급용으로는 사용하지 않고 전화기나 장난감 등에 주로 쓰인다. 카본 마이크의 외관 및 동작원리는 아래 그림과 같다. 동작원리는 음파가 다이아프램에 도달하게 되면 다이아프램이 음압에 따라 움직이게 되고, 이러한 움직임이 카본 알갱이에 전달되어 음압에 따라 압저항 효과에 의해 저항이 변하게 된다. 일정한 전압이 가해지고 있으므로 전류의 형태로 변하게 된다.

그림 3-44 카본 마이크 외관

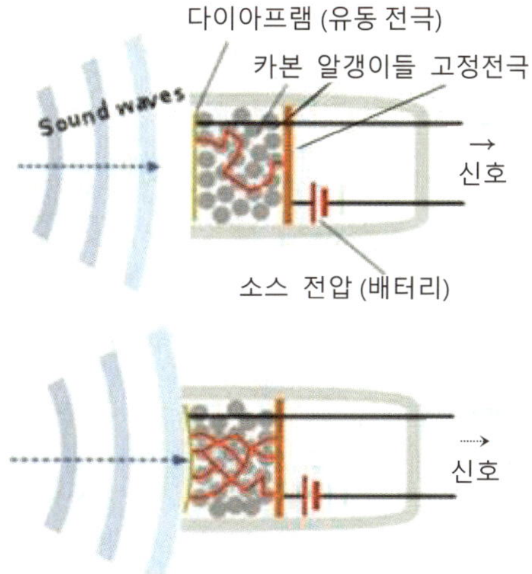

그림 3-45 카본마이크의 동작원리

콘덴서 마이크로폰은 정전 용량형이다. 각종 원리의 마이크로폰 중에서 기계적으로 가장 단순하면서도 음질이 가장 좋은 마이크로폰이다. 1916년 벨연구소의 Edward C. Wente에 의해 콘덴서 마이크와 진공관 증폭에 대한 연구가 시작되었고, 1926년 웨스턴 일렉트릭에서 양산을 하기 시작하였다. 아래 그림의 동작원리에서 보듯이 후면에 고정된 전극판이 있고, 음압에 따라 반응하는 다이아프램이 있는 전면의 진동판으로 구성되어 있다. 진동판이 음압에 따라 움직이게 되면 양극 사이의 거리변화에 의한 정기용량변화로 전압이 발생하는 원리이다. 따라서 여기서 핵심부품은 다이아프램이다. 다이아프램은 음압을 변위로 변화시켜서 움직이는 판의 역할을 한다. 다이아프램의 무게가 가벼워 고음특성이 좋고 음색도 섬세하다. 반면 전극 사이가 가까워 온도와 습도 등에 취약하고 충격에도 약하며 가격이 비싸고 두 전극 사이에 형성된 전하로부터 출력을 얻기 위해 직류 외부전원이 반드시 필요하다.

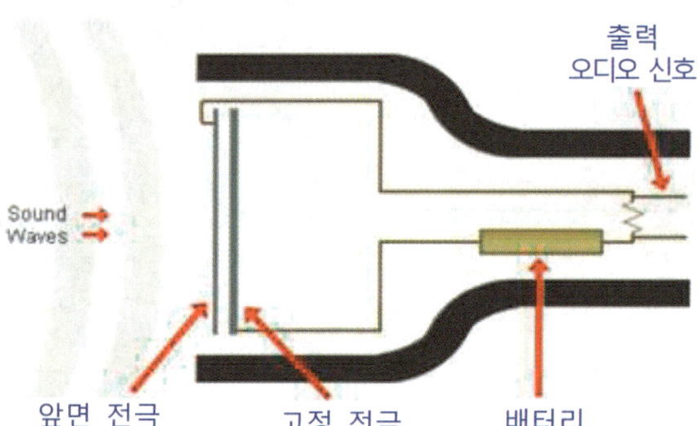

그림 3-46 콘덴서 마이크 동작원리

최근 콘덴서 마이크로폰은 실리콘 다이아프램을 이용해서 제조한다. 고정판과 앞면전극 사이의 공기층이 매우 작게 되면, 공기층의 음에 대한 저항이 작게 되어 고주파 영역에서의 민감도가 나빠질 수 있다. 보통 공기층이 2 ㎛이면, 위쪽 컷오프 주파수는 대략 2 kHz 정도가 된다. 콘덴서 마이크로폰의 성능을 좋게 하기 위해 다양한 구조에 대해 연구되고 있으며, 최근까지도 많은 연구가 진행되어, Chee Wee Tan과 Jianmin Miao 등이 매우 넓은 주파수 대역에 대해 일정한 민감도를 얻기 위해 열적잡음을 최소화 할 수 있는 고정전극의 디자인에 대해 발표하였다.

광섬유 마이크로폰은 터보제트와 로켓엔진 등 매우 큰 진동 또는 높은 온도와 같은 극한 환경에서 가장 적합한 센서이다. 아래 그림과 같이 입력과 출력 광섬유는 스테인레스 튜브 내부는 물로 냉각되도록 되어 있다. 레이저 다이오드를 통해 빛을 한쪽 광섬유 쪽으로 입사시키고, 이 빛의 일부는 알루미늄으로 코팅된 거울면에서 반사되는데 이 빛은 마이크로폰의 표준빔이 된다. 나머지 빛은 구리 다이아프램 쪽으로 나가서 반사되어 오는데, 이 빛이 음압에 의해 감지된 신호에 해당한다. 이렇게 해서 온도에 따른 오차가 없도록 설계되어 있다. 통상 1.3 ㎛ 파장의 적외선을 가진 레이저 다이오드를 소스로 사용하며, 다이아프램의 위치에 따라 적외선 빔의 경로차가 발생한다. 이러한 광섬유 마이크로폰은 보통 70~80 ㏈ 정도까지 측정이 가능하며, 측정이 가능한 최소의 다이아프램의 변위는 약 1 Å 이다. 다이아프램은 직경이 1.25 ㎜ 정도의 크기에 0.05 ㎜ 정도의 막으로 만드는데, 우수한 열전도성과 상대적으로 낮은 탄성계수의 특성을 가진 구리를 주로 사용한다. 낮은 탄성계수는 보다 두꺼운 다이아프램을 사용할 수 있다는 것이며, 이로 인해 열을 쉽게 제거할 수 있는 장점이 있어 보다 자연스러운 진동수를 측정할 수 있게 된다. 다이아프램의 중심에 1.4 kPa의 압력이 가해지면 약 390 Å 정도의 변위가 발생하는데, 이것은 입력파장의 $\lambda/4$에 해당한다. 따라서 측정이 가능한 최대 주파수 범위는 약 100 ㎑ 정도까지이다.

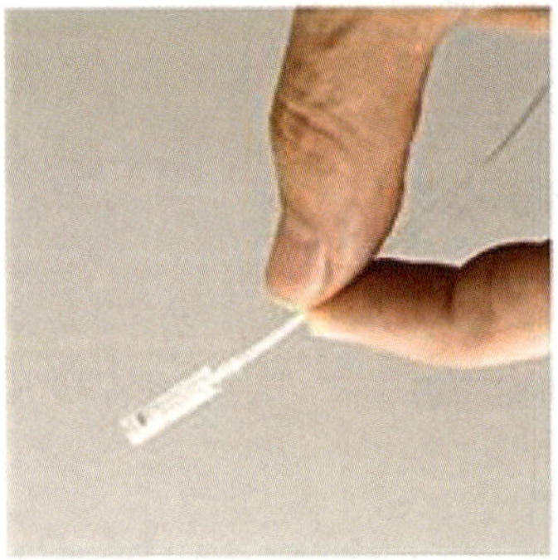

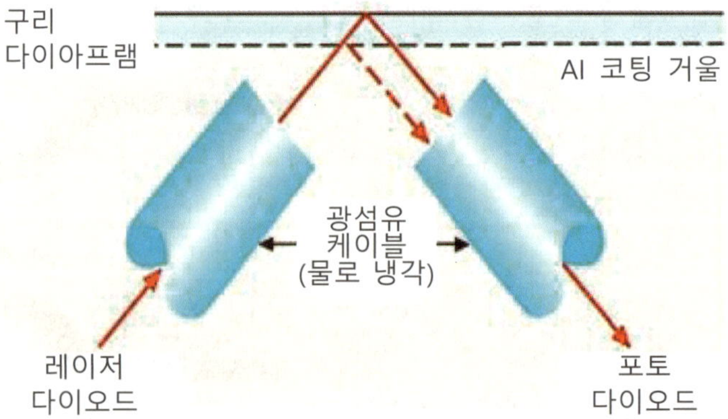

그림 3-47 광섬유 마이크로폰의 동작원리

압전형 마이크로폰은 압전특성을 가진 압전체를 이용해서 만든 것이다. 압전체란 압력이 가해지면 전기분극이 변하는 특성을 가진 재료를 의미한다. 센서로 가장 많이 사용하는 재료는 압전세라믹인데, 이것은 매우 높은 주파수까지 탐지가 가능하여 초음파 탐지용으로도 사용된다. 이것은 아래 그림과 같이 구조가 매우 간단하며, 동작원리는 두 가지 형태로 사용되고 있다. 하나는 직접 압전체를 사용하는 방법이며, 다른 하나는 다이아프램과 결합한 형태이다. 직접 압전체 사용 형태는 구조가 매우 간단하며, 압전체 양면에 전극을 붙여서 소리에 의한 진동을 직접 측정하는 방식이다. 반면, 다이아프램과 결합한 형태는 소리에 보다 민감하게 반응하는 다이아프램의 물리적인 변위를 압전체에 가함으로써 이로 인해 전기적인 변화를 읽어내는 방법이다. 압전형 마이크로폰은 혈압 측정용도와 물리보안용도의 유리창 깨짐 감지 및 금고의 충격감지기 용도로도 사용된다.

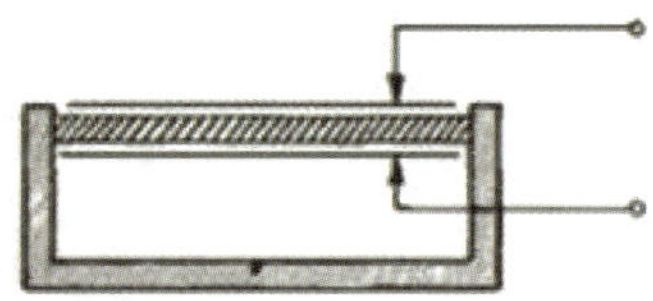

직접 압전체 사용

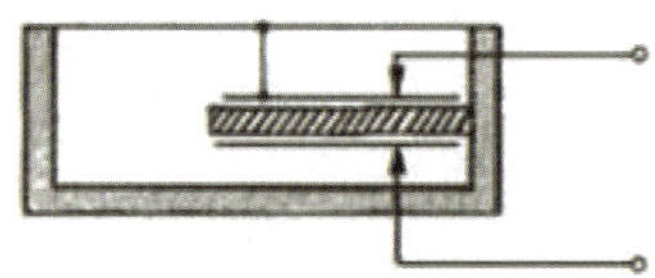

다이아프램 결합형 압전체 사용

그림 3-48 압전형 마이크로폰의 동작원리

일렉트릿 마이크로폰은 원리가 콘덴서 마이크로폰과 유사하며, 1964년 벨연구소의 James West와 Gerhard Sessler 등에 의해 일렉트릿 마이크에 대한 특허를 인정받았으며, 1968년 소니가 양산하면서 널리 사용하게 되었다. 일렉트릿 마이크로폰의 동작원리는 아래 그림과 같으며, 강한 전기장을 인가하여 잔류 영구전하를 갖는 멤브레인(일렉트릿)이 부착된 다이아프램이 소리에 의해 진동할 때 공정된 back-plate와의 간격변화에 따른 정전용량의 변화량을 측정함으로써 소리를 감지한다. 이것은 유전율의 변화를 이용한다는 측면에서 콘덴서형 마이크로폰과 매우 유사하지만, 일렉트릿 마이크로폰은 외부전원이 필요하지 않는 것이 차이점이다.

19세기 과학자들은 '전류가 흐를 때 그 주위에 자기장이 생긴다면 자기장을 변화시켜 도선에 전류가 흐르게 할 수는 없을까?'라는 의문을 갖았다. 그러다 1831년 영국의 물리학자 '패러데이'는 실험을 통해 도선 주위의 자기장의 변화가 도선에 전류를 발생시킨다는 '전자기 유도 법칙'을 발표하였다. 1834년 독일의 과학자 렌츠는 패러데이의 전자기 유도 법칙을 더욱 자세히 연구하여 '렌츠의 법칙'을 발표하게 된다.

반면에 자석의 N극이 솔레노이드에서 멀어지면 솔레노이드 내부를 지나는 자기력선속이 감소하므로, 유도 전류는 자기력선속이 감소하는 것을 방해하기 위해 A에서 B로 흐르게 된다.

이러한 '전자기 유도 현상'은 현재 실생활에 사용되고 있는 예시가 굉장히 많다.

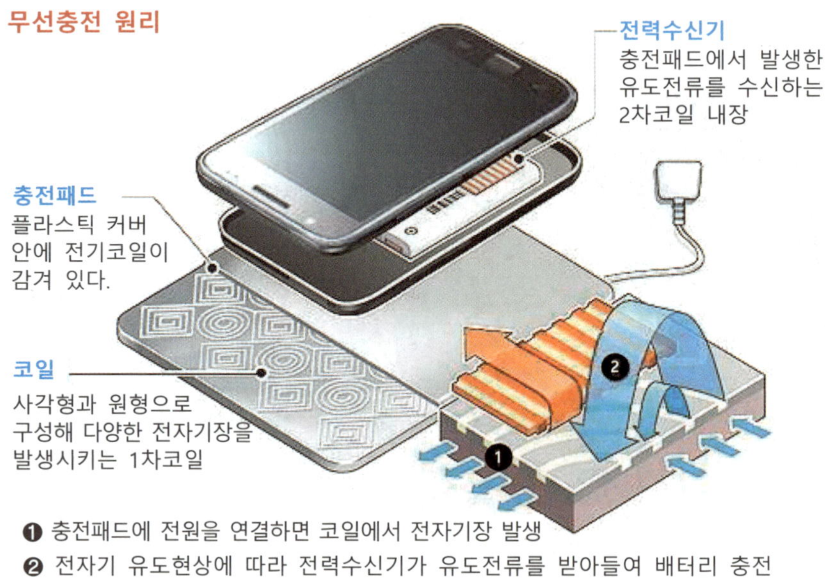

그림 3-49 핸드폰의 무선충전 원리

전자기 유도 현상은 우리 실생활 곳곳에 퍼져서 활용되고 있다. 앞으로 전자기 유도작용을 이용한 최첨단장치 등은 계속적으로 우리의 생활을 편리하게 할 것이다.

4장

발전기의 동작원리

4.1 직류발전기의 구성

4.2 교류발전기의 이해

4.3 에너지와 4차 산업혁명

갈수록 대기 오염이 심각해지고 있다. 대기 오염의 문제는 비단 국내만의 문제는 아니다. 가까운 중국만 하더라도 현재 매우 심각한 상황이며, 최근 통계 자료에 따르면 전 세계의 수백만명이 대기 오염으로 조기 사망한 것으로 나타났다. 이 중 절반의 사망자는 대기 오염이 가장 심각한 중국과 인도에서 발생한 것으로 보고 있다.

그림 4-1 발전기

이렇게 심각한 대기 오염의 문제는 어떻게 해결할 수 있을까? 당연한 얘기이겠지만, 대기 오염 물질의 배출을 줄여야만 한다. 따라서 석유와 화석 연료의 사용을 줄이고 대체 에너지를 개발해 사용하는 수밖에 없다. 따라서 당장 해결할 수 있는 방법은 없다는 게 기정사실이다.

그림 4-2 자전거와 자동차 충전

환경오염을 최소화하면서 일상생활의 전기를 발생할 수 있는 자장 기초적인 방법이 있다. 요즘은 많은 사람들이 자전거 여행에 관심이 많다. 자전거로 여행 또는 장거리 이동에 필수적인 요소인 스마트폰을 오래 사용하려면 이동 중에 충전이 필수 요소이다. 이동경로를 확인하기 위해 사용되는 GPS가 배터리 소모를 가속화 시켜 동시 충전이 절실하게 된다.

그림 4-3 자전거 발전기

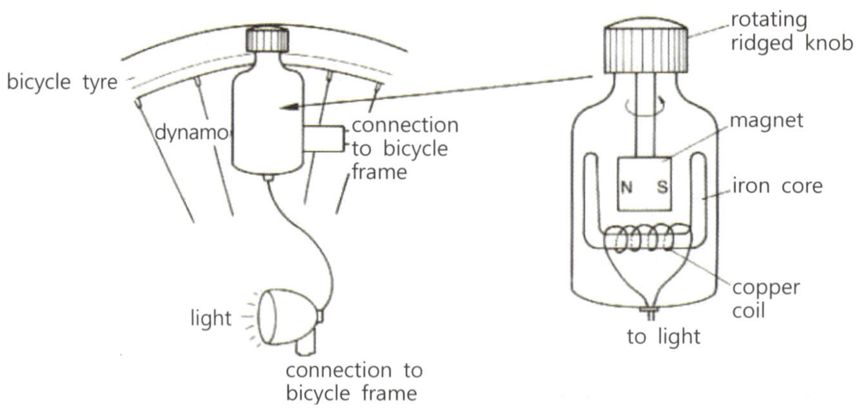

그림 4-4 자전거 발전기의 동작원리

그림은 오래된 자전거에서 사용하던 자전거 발전기이다. 12 V출력이라 전압조절기(Regulator) 사용이 필요하다. 자전거 타이어에 접촉되고 회전되면서 발전이 되지만 그에 따른 동력손실이 발생한다. 주로 라이트의 목적으로 사용되었다. 이 자전거 발전기를 스마트폰의 충전기로서 사용해보자.

그림 4-5 자전거 발전기와 핸드폰 충전

최근 벨기에에 있는 교수팀은 이런 대기 오염의 현실적인 문제를 해결하기 위해 또 다른 대안을 개발해 발표했다. 바로 미세먼지를 이용해 수소 에너지를 발생시키는 신 재생에너지 발전기이다. 이 장치는 한 쪽에서 더러운 공기를 깨끗한 공기로 걸러주고, 다른 한 쪽에서는 수소가스를 만들어낸다. 또한 모든 작동에 필요한 에너지는 태양광을 통해 얻는다.

이 장치는 특정 나노 물질과 세포막(membrane)을 기반으로 개발됐으며, 태양광 에너지를 이용해 공기를 분해하는 과정에서 수소 가스를 만들어 낸다. 세포막은 오염된 분자에서 수소 원자를 분리하여 공기에서 수소를 추출하는데 사용된다.

일반적으로 수소 가스를 만들어내려면 깨끗한 물이 필요했다. 그러나 이제 이 장치를 이용하면 깨끗한 물 없이도 공기만으로 수소 가스가 만들어질 수 있는 셈이다. 수소 가스가 만들어지는 과정은 태양광 패널 기술과 비슷하다. 차이점은 전기가 직접 만들어지는 것이 아니라, 태양광 에너지가 오염된 공기를 분해하는데 사용된다는 점이다.

이렇게 만들어진 수소 가스는 따로 저장해서 버스나 자동차의 연료로 사용될 수 있다. 현재 이 장치는 손바닥 크기만큼 매우 작은 시제품에 불과하다. 앞으로 상용화되기 위해서는 훨씬 더 큰 사이즈의 기기가 필요하며 전력 공급의 문제와 세포막의 성능 개선도 해결해야 할 과제이다. 앞으로 이 장치가 꼭 상용화되어 대기 오염과 친환경 에너지의 두 마리 토끼를 다 잡아주길 간절히 기대해 본다.

4.1 직류발전기의 구성

발전기란 기계적 에너지를 전기적 에너지로 변환하는 기기이다. 대부분이 회전기 또는 직선운동에 의한 기계적 에너지를 전기적 에너지로 변환하여 각종 전기 장치에 전력을 공급하는 전원인 동시에 자동차의 경우에는 축전지의 충전전류를 공급하는 장치이다. 충전 장치는 기관에 의하여 구동되는 발전기, 충전회로를 적정한 상태로 조정하기 위한 조정기, 충전상태를 알려 주는 전류계 또는 충전 경고등으로 구성되어 있다.

자동차에는 기관의 기동 장치나 점화 장치의 전장품을 비롯하여 램프류, 에어컨 장치 등 많은 전기장치가 있으며, 이러한 전기장치에 전력을 공급하는 전원으로 축전지와 발전기가 있다. 발전기는 벨트로 기관과 연결되어 구동된다.

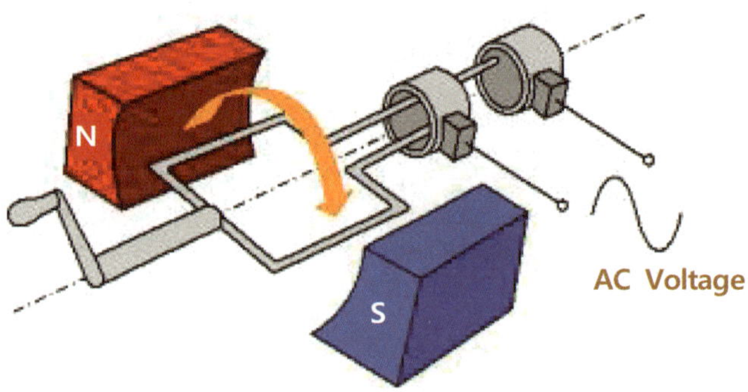

그림 4-6 교류발전기

발전기와 함께 사용하는 전압조정기(Voltage regulator)는 발전기의 계자 코일에 흐르는 전류(계자 전류)를 제어하여 출력 전압을 조절한다. 발전기에서 발생하는 교류 전기를 직류로 바꾸는 정류방식에 따라 직류 발전기(정류자 정류방식)와 교류 발전기(반도체 정류방식)로 분류된다. 교류 발전기는 3상 교류의 출력을 실리콘 다이오드에 의해 전파 정류하여 직류로 바꾸는 방식이며, 현재는 직류(DC) 발전기보다 교류(AC) 발전기를 많이 사용한다.

충전 장치가 갖추어야 할 조건은 다음과 같다.

① 소형 경량이면서 출력이 커야 한다.

② 속도 범위가 넓고 저속에서도 충전이 가능하여야 한다.

③ 출력 전압은 안정되고 다른 전기회로에 영향을 주지 않아야 한다.

④ 전파장애의 원인이 되는 불꽃의 발생이나 전압의 맥동이 없어야 한다.

⑤ 점검 · 정비가 쉽고 내구성이 좋아야 한다.

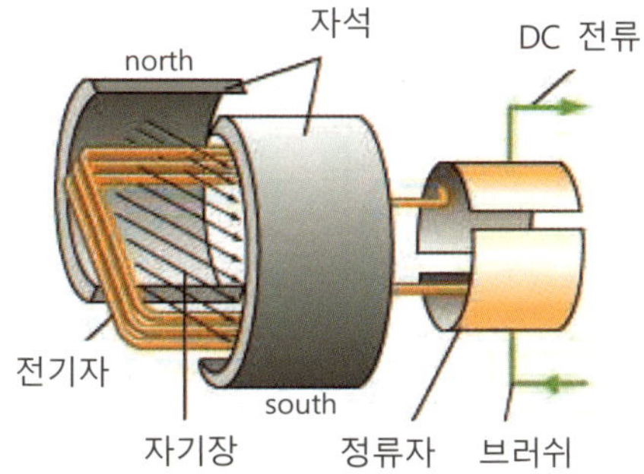

그림 4-7 직류발전기

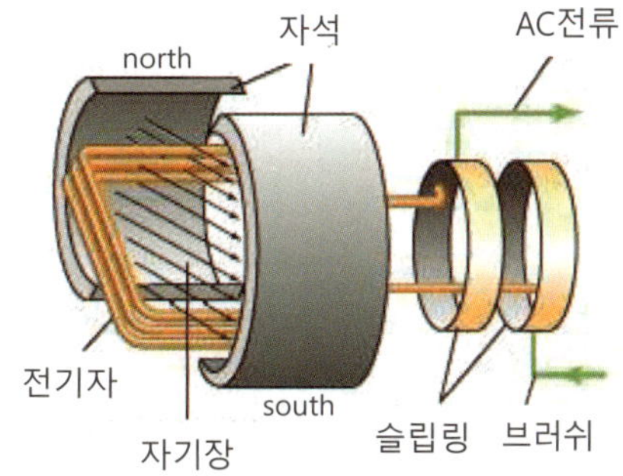

그림 4-8 교류발전기

[**표 4-1** 교류 발전기와 직류 발전기의 비교]

교류 발전기	직류 발전기
· 소형 · 경량으로 출력이 크다.	· 중량이 크다.
· 브러시의 수명이 길다.	· 브러시의 수명이 짧다.
· 슬립링의 손실이 거의 없다.	· 정류자의 손질이 필요하다.
· 공전시에도 충전이 가능하다.	· 보통 공전 시에는 충전이 불가능하다.
· 고속회전에 견딜 수 있다.	· 고속회전에서는 정류작용이 나빠지고 정류자가 소손되기 쉽다.
· 조정기는 전압조정기뿐이다.	· 전압조정기 이외 전류제한기와 컷-아웃 릴레이가 필요하다.
· 잡음이 적다.	· 정류작용이 나쁘면 스파크가 발생하고 라디오에서 잡음이 난다.

직류 발전기는 전기자 코일에 발생한 교류를 정류자와 브러시로 정류하여 직류를 얻는 방식이다. 직류발전기는 기동 장치에서 설명한 직류전동기와 유사한 구조를 갖고 있으며, 현재 자동차용으로는 교류발전기가 주로 사용되고 있다.

한편 직류 발전기에서는 배터리의 전류가 직류발전기로 역류하는 것을 방지하기 위하여 컷-아웃 릴레이(cut-out relay)가 필요하지만 교류 발전기의 경우에는 발전기에 내장된 역류방지용 다이오드를 통하여 간단히 제어할 수 있다. 또한 직류 발전기에는 큰 부하가 걸렸을 때 과대전류가 발생하여 발전기가 소손되는 것을 방지하기 위하여 전류 제한기(current limiter)가 필요하지만 교류발전기의 경우에는 스테이터 코일자체가 전류 제한기 역할을 담당하므로 별도의 전류 제한기가 필요 없다.

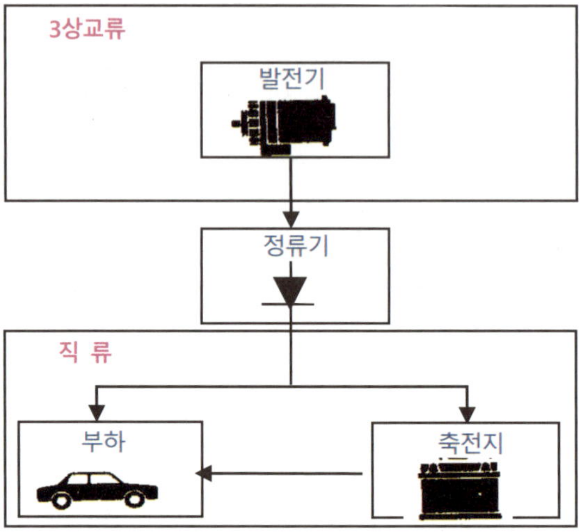

그림 4-9 자동차 발전기의 기능

4.1.1 발전기의 원리

(1) 전자유도와 유도기전력

코일에 자속을 변화시킬 때, 코일에서 기전력이 발생하는데 이 현상을 전자유도라 한다. 전류가 흐르면 주위에 자기장이 생기는 것처럼, 코일(도체)주위에 자기장이 발생하면 전자의 움직임이 발생한다.

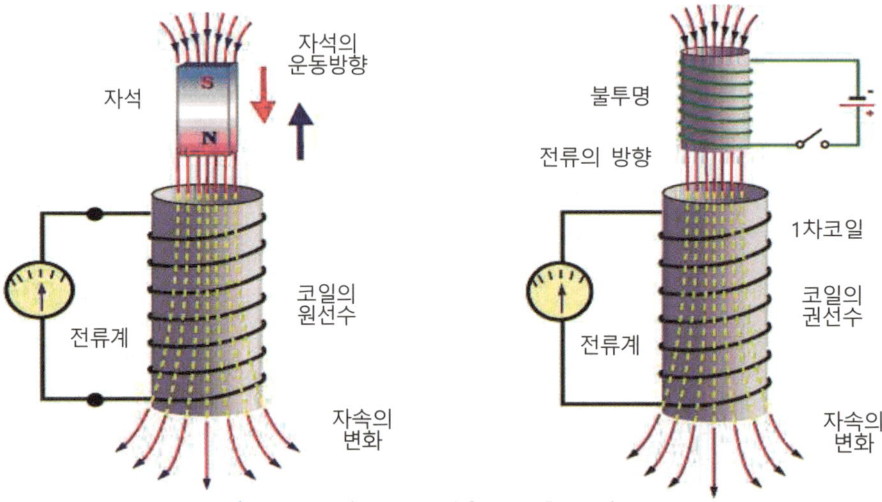

그림 4-10 전자유도 작용에 의한 자속의 변화

이것이 곧 전자의 흐름이 되어 전류가 만들어지는 것이다. 코일에 끼치는 자속이 변화가 심할수록 기전력은 증가한다.

(2) 플레밍의 오른손 법칙

그림과 같이 자석의 N극과 S극에 의한 자기장이 존재하는 공간에 코일을 직사각형 모양으로 둔다. 코일을 오른손의 엄지손가락이 가리키는 방향으로(반시계 방향) 회전 시키면 플레밍의 오른손 법칙에 의해 가운데 손가락이 가리키는 방향으로 전류가 흐른다.

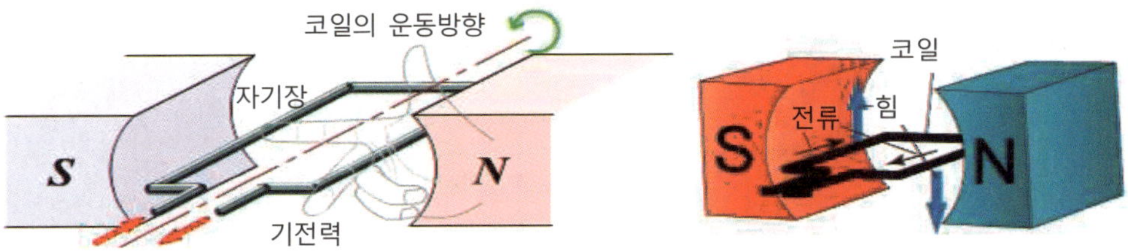

그림 4-11 플레밍의 오른손의 법칙

(3) 직류 발전기의 원리

교류 발전기의 슬립링 대신 아래 그림과 같이 2조각의 정류자편을 연결한다.

코일의 양 끝을 각각 정류자편에 한쪽씩 연결하고 양쪽에 브러시를 접촉시켜 직류 전류를 얻는다.

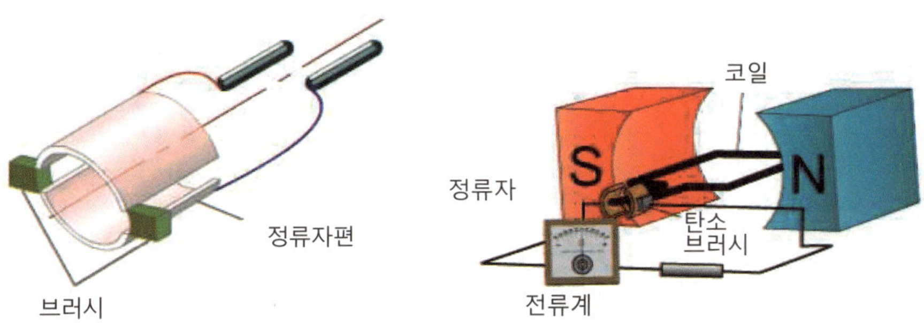

그림 4-12 브러시와 정류자편 구성

앞서 살펴본 바와 같이 직사각형의 코일이 자기장 내에서 회전을 할 때 발생하는 전류는 교류지만 슬립링 대신 위 그림과 같이 2조각으로 된 정류자편을 사용하면 코일이 회전하여 자리를 서로 바꾸어도 브러시는 항상 고정된 위치에서 정해진 코일과 접촉하므로 얻어지는 전류는 방향이 바뀌지 않는 직류가 되는 것이다.

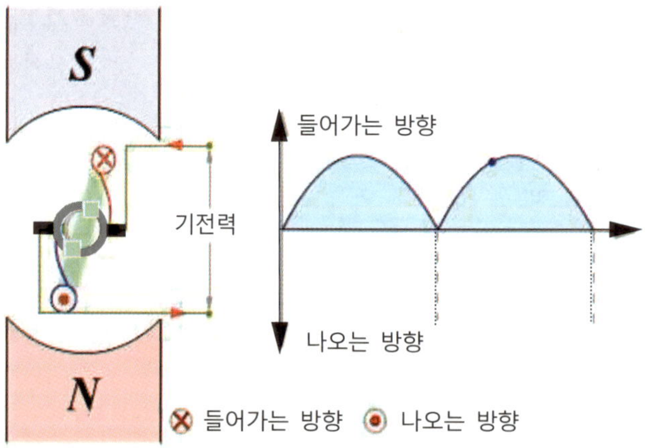

그림 4-13 직류의 발생원리

(4) 분 류

직류 발전기의 자극은 전자석을 사용하는데, 전자석을 만드는 여자 방식에 따라 자여자 발전기와 타여자 발전기로 분류한다.

① 자여자 직류 발전기 : 계자 권선의 여자 전류를 자기 자신의 전기자 유기 전압에 의해 공급하는 발전기이다. 계자 권선과 전기자 권선의 결선 방법에 따라 분권, 직권, 복권 발전기로 나눈다.

② 타여자 직류 발전기 : 독립된 직류전원에 의해 계자 권선을 여자 시키는 발전기이다. 여자 전류를 변화시킴으로써 발전 전압을 변화시킬 수 있다.

(5) 용 도

직류 발전기는 전기 화학 공업, 축전지의 충전, 아크 용접기 등과 같이 직류 전원이 필요한 곳에 사용된다.

- 여자 : 권선에 전류를 통해서 자속을 발생 시키는 것.
- 자속 : 어떤 면을 지나는 자력선의 수
- 계자권선 : 자속을 발생시키기 위해서 주 자극 또는 보극에 감은 권선
- 전기자 : 철심과 권선으로 되어있으며 쇄교하는 자속과의 상대적 운동에 의해 기전력을 발생하는 부분
- 쇄교 : 자력선이 코일과 교차하는 것.

4.1.2 직류 발전기의 구성

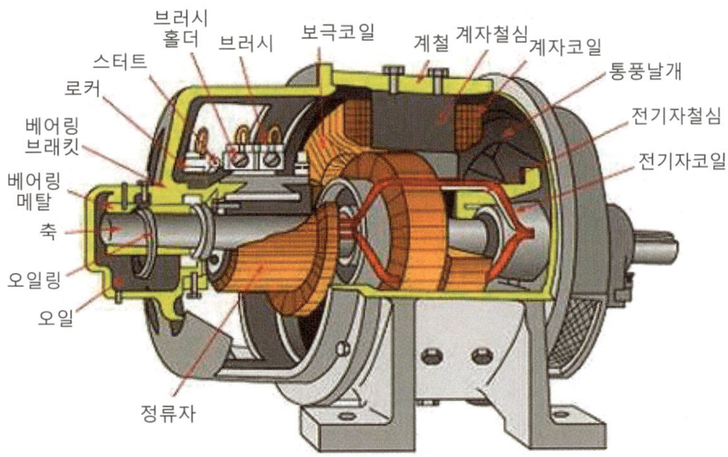

그림 4-14 직류발전기의 구조

(1) 전기자(armature)

전기자는 계자코일 내에서 회전하며 전류를 발생한다.

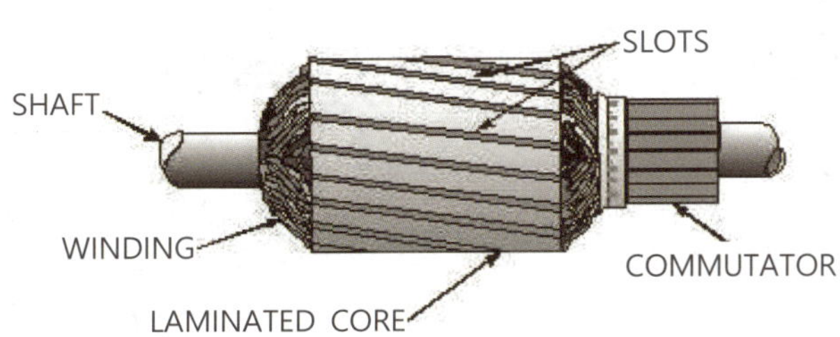

그림 4-15 전기자

(2) 브러시(brush)

브러시는 뒤쪽 브래킷에 고정된 브러시 홀더에 끼워져 정류자와 접속하여 전기자에 발생한 전류를 정류하여 외부에 내보내는 일을 한다.

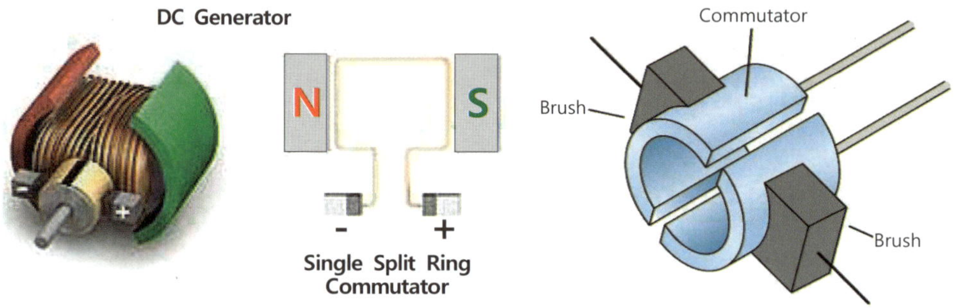

그림 4-16 브러시(brush)

발전기 브러시는 엔진의 운전과 함께 항상 작용하고 회전속도 범위도 상당히 넓기 때문에 정류작용이 잘되고 정류자의 마멸을 작게하는 전기 흑연계의 것이 사용된다(기동전동기 : 금속 흑연계).

(3) 계자철심 및 계자코일

자속을 발생하는 부분으로 스크루에 의하여 요크에 고정된 계자철심에 계자코일이 감겨진 구조로 되어 있다. 기본적 구조는 기동전동기와 같으나 계자코일이 전기자 코일과 병렬로 접속된 분권식이기 때문에 계자코일은 가늘고 권선수가 많아서 흐르는 전류는 적은 편이다.

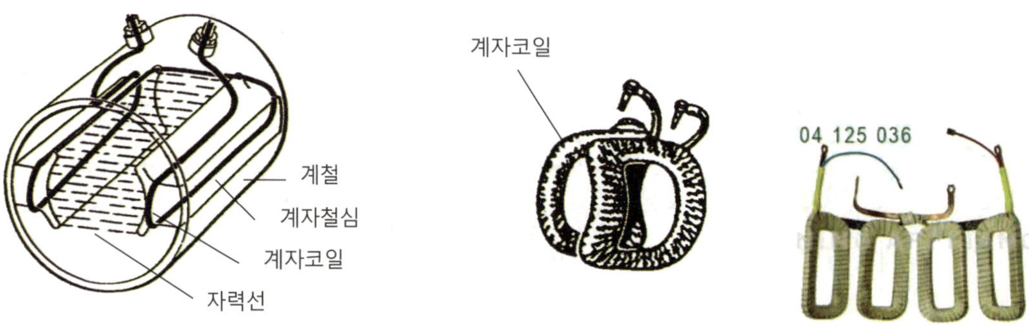

그림 4-17 계자철심 및 계자코일

(4) 발전기의 내부결선

기동 전동기의 브러시가 정류자에 대해 직각으로 접촉되는 데 비해 발전기 브러시는 각도를 두고 있다. 또 계자코일과 전기자 코일은 병렬접속(분권식이므로)으로 되어 있으며 코일 한끝의 접지방법에 따라 내부 접지식(internal grounded generator)과 외부접지식(external grounded generator)으로 구분된다.

내부 접지식에는 코일의 감기 시작은 발전기 조정기의 전압조정기에 접속되고 감기 끝은 계철 내부에 접지되어 있다. 외부 접지식에서는 감기 시작이 전기자 단자에 접속되고 감기 끝은 발전기 조정기의 전압조정기를 거쳐 접지되어 있다.

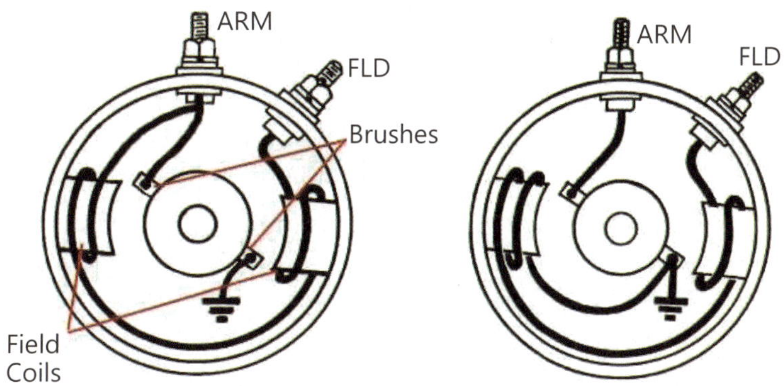

(a) 외부 접지식 (b) 내부 접지식

그림 4-18 계자코일의 접지방법

(5) 베어링

어떤 형식에서는 정류자 엔드 프레임 쪽에는 부싱을 구동엔드 프레임 쪽에는 볼 베어링을 사용하고 어떤 형식에서는 양쪽 모두에 볼 베어링을 사용하고 있다.

4.2 교류발전기의 이해

4.2.1 교류 발전의 원리

아래 그림과 같이 코일의 양 끝에 슬립링을 연결시킨다.

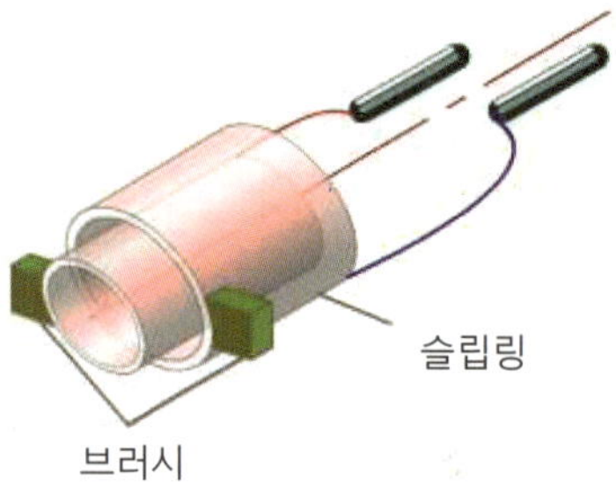

그림 4-19 브러시와 슬립링의 구조

이때, 왼쪽의 코일 끝은 안쪽의 링에 연결하고 오른쪽 코일 끝은 바깥쪽의 링에 연결한다. 두 링은 서로 접촉하지 않은 상태이고 코일을 회전 시키면 두 링은 각기 자기의 중심점을 기준으로 제자리에서 회전 한다. 회전하는 두 링에 각각 브러시를 접촉시키면 기전력을 얻을 수 있다.

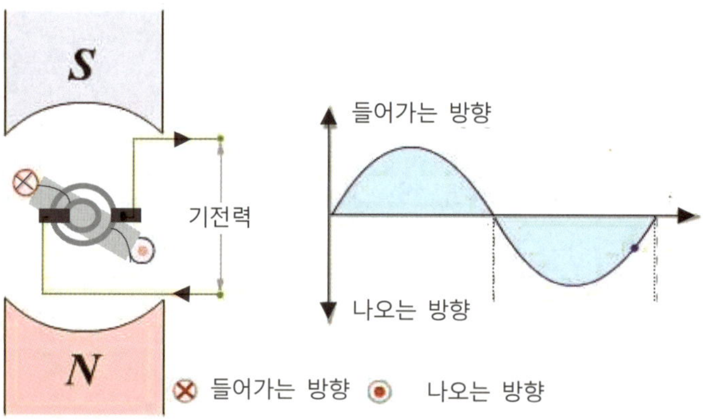

그림 4-20 교류의 발생원리

자기장이 존재하는 공간에서 코일을 회전시키면 전류가 발생하는데, 코일은 회전하면서 자석의 N극과 S극의 자리를 서로 번갈아 지나므로 발생하는 기전력은 교류가 된다.

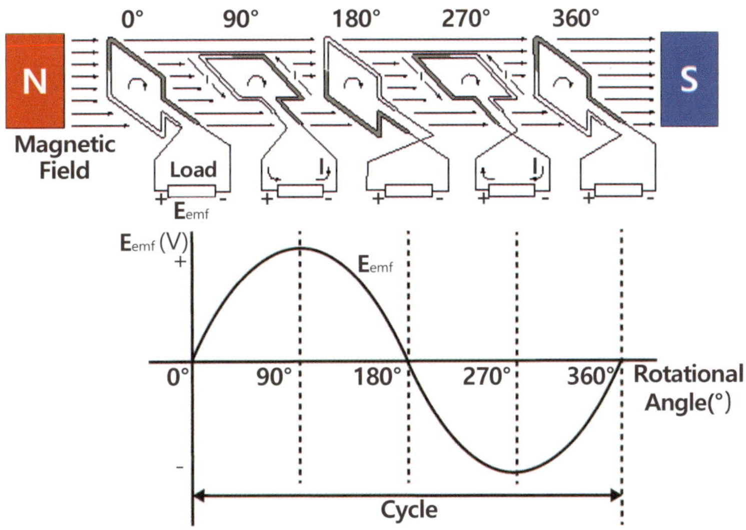

그림 4-21 사인파 교류의 발생 원리

이 때, 코일의 위치가 수평일 때에는 자기장의 방향과 코일이 움직이는 방향이 나란한 위치에 있으므로 기전력은 발생하지 않는다. 코일이 반시계 방향으로 회전하면 기전력은 점점 증가하고 90° 가 되면 기전력이 가장 크게 된다. 코일이 회전을 계속하여 180° 가 되면 기전력은 다시 0 이 된다. 코일이 회전하여 270° 의 위치가 되었을 때 기전력은 최대가 되지만 코일의 위치가 N 극에서 S극으로 바뀌었으므로 전류의 방향은 바뀌게 된다. 코일이 360° 의 위치가 되면 기전력은 다시 0이 되고 이러한 사이클이 계속 반복되어 위와 같은 정현파 교류가 발생하게 된다.

4.2.2 3상 교류의 발생

원통형 성층 철심의 안쪽에 3조의 권선 aa' bb' cc'를 2p/3[rad]의 간격을 두고 배치하고, 그 속에서 자극을 시계방향으로 회전시키면 그림과 같은 3상 교류를 얻는다.

N극의 자석이 코일 a를 지날 때 기전력 e1이 발생하고 120° 간격을 두고 코일 b와 c가 배치되어 있으므로 2p/3의 위상차를 두고 기전력 e2와 e3가 발생한다. 자극이 1회전(1사이클)하는 동안 120° 의 간격으로 3개의 기전력이 발생한다. 이것을 3상 교류라 하며, 3상 교류를 발생하는 발전기를 3상 교류발전기라고 한다. 주파수가 f[Hz]인 교류를 발생시키기 위해서 극수가 P인 동기 발전기를 회전 속도 Ns[rpm]로 회전시키면, f, P, Ns 사이에는 다음과 같은 관계식이 성립된다.

$$Ns = \frac{120f}{P}[rpm]$$

교류 발전기의 회전 속도 Ns를 동기 속도라 한다.

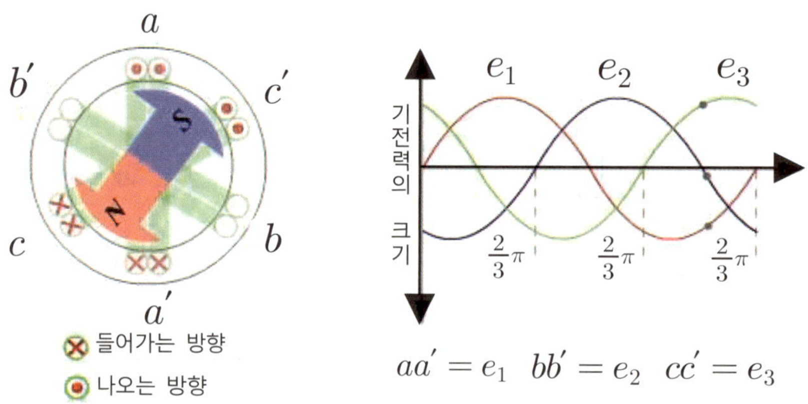

그림 4-22 3상 교류 파형

4.2.3 단상 발전기의 회전기와 주파수와의 관계

그림에서 0° 부터 360° 까지의 기전력 변화를 1사이클이라 하고, 이 변화를 1초 동안에 반복하는 회수를 주파수라 부른다. 만일 자석이 1초 동안에 1회전하는 것이라고 하면 발생하는 주파수는 1사이클이 된다. 우리가 일상 전등이나 동력에 사용하는 주파수는 60[Hz]이므로 변화를 매초 60번 반복하고 있는 교류인 것이다.

4극의 자석인 경우의 변화는 반회전마다 같은 변화가 반복되기 때문에 자석 1회전에 대해 2사이클의 변화를 하는 것이 된다. 따라서 자석의 자극수가 늘수록 또 회전수가 커질수록 발생하는 주파수는 증가한다는 것을 알 수 있다. 이것을 식으로 표시하면 다음과 같다.

(주파수) = (자극수) × (회전수)

$$f = \frac{\frac{P}{2}n}{60} = \frac{nP}{120} \qquad n = \frac{120f}{P}$$

f[Hz] : 주파수　　P : 자극수 n[min-4] : 회전속도

아래 회로에 있어서 점화 스위치를 닫으면 축전지의 전류가 전압조정기 단자를 거쳐 발전기의 로터 코일로 흐르므로 로터에는 자장이 발생한다.

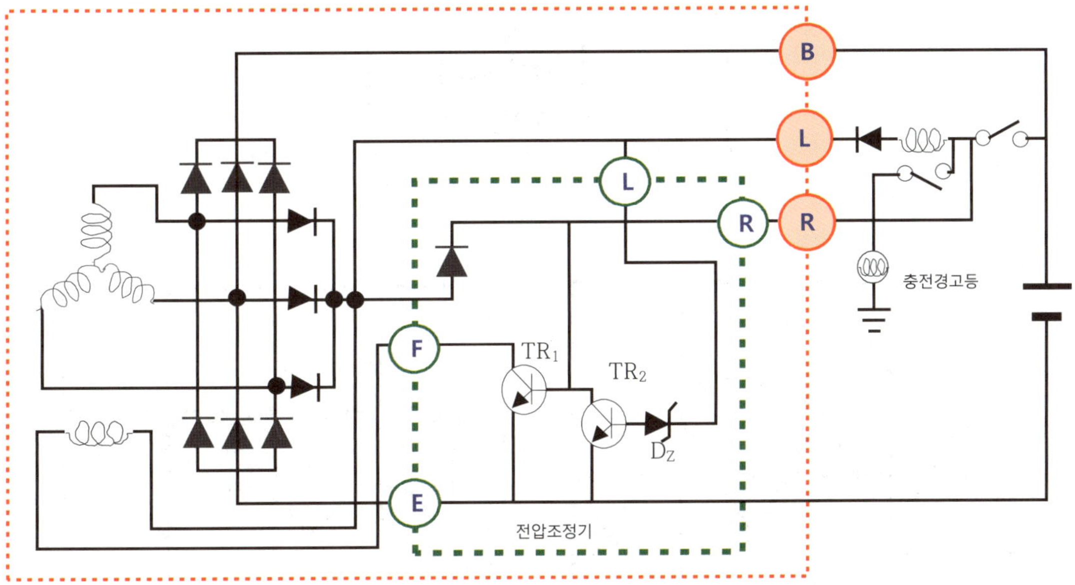

그림 4-23 발전기의 회로

기관이 시동되고 로터가 회전을 시작하면 스테이터 코일에 발전작용이 일어나 3상 교류를 발생한다. 이 3상 교류는 다이오드에 의해 전파 정류되어 B단자에 도달하며, B단자의 전압이 축전지 전압보다 높을 때는 즉시 축전지의 충전과 각 부하에 전류를 공급한다. 발전기의 회전속도가 점차 높아지고 B단자의 전압이 규정값에 달하면 전압조정기가 작동하기 시작해 로터 코일로 가는 전류를 감소시키기 때문에 발전기의 발전 작용은 제어되고, B단자의 전압은 규정값으로 유지되게끔 되어 있다. 또 기관회전을 정지시키면 축전지에서 발전기에 전류가 역류하려고 하지만, 다이오드가 이것을 저지하기 때문에 역류하지 않는다.

이상과 같이 발전기의 발생전압은 항상 규정값으로 유지되면서 각 부의 전기장치에 공급되고 있다. AC 발전기는 코일에서 발생한 교류전류를 정류자와 브러시로 정류하지 않고 프레임 히트 싱크에 설치된 도체 정류기(실리콘 다이오드)로 정류하게 되어 있다.

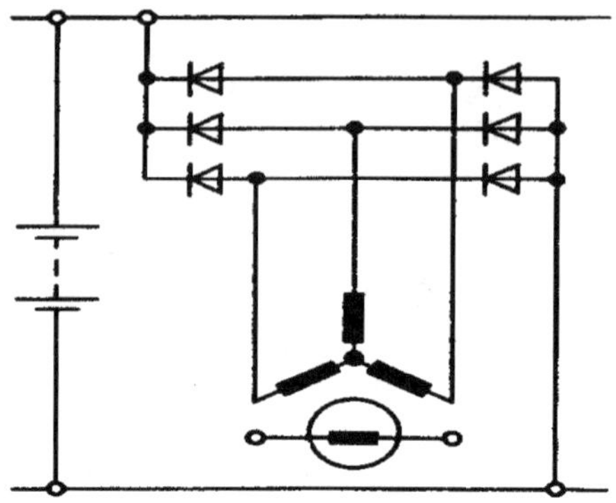

그림 4-24 3상 전파정류 회로

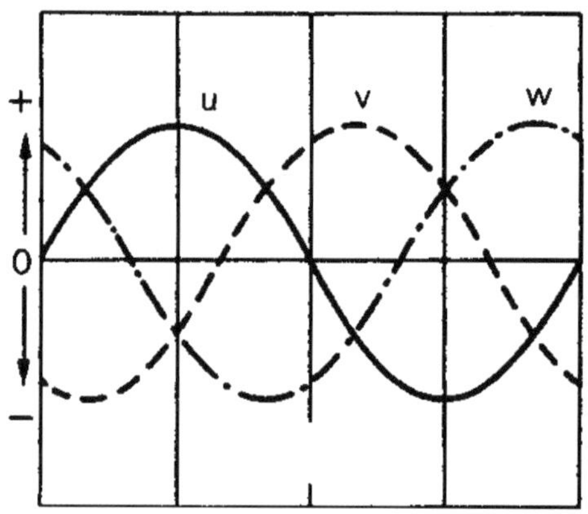

그림 4-25 3상 교류

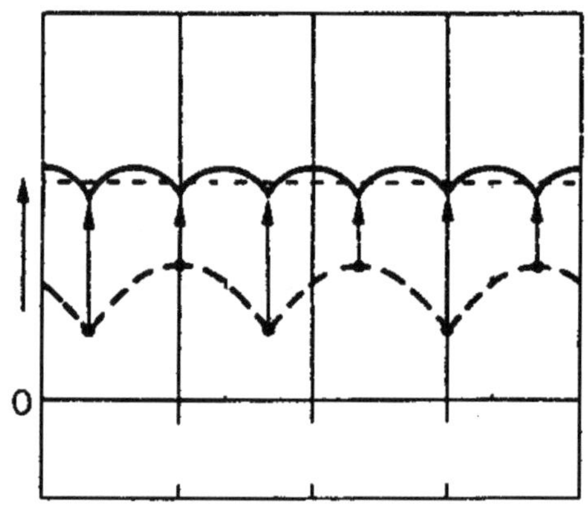

그림 4-26 발전기의 정류전압

4.2.4 AC발전기의 특성

교류 발전기는 다음과 같은 특성을 가지고 있다.

① 회전부에 정류자를 사용하지 않으므로 허용 회전속도 한계가 높기 때문에 벨트나 베어링이 허용하는 범위 내에서 풀리비를 크게 할 수 있다.

② 불꽃을 수반하는 정류자에 의한 정류를 하지 않고 고정된 쪽에 설치된 소형의 반도체 정류기가 이를 대신하기 때문에 주로 정류조건에 억제되고 있던 발전기의 전기적 용량을 크게 할 수 있다.

③ 랜트형 자극 구성을 사용할 수 있다.

④ 기관의 저속회전에서도 축전지에 충전이 가능하다.

⑤ 슬립링에 DC 발전기와 같이 언더컷이 없으므로 브러시의 수명이 길어지고 정류자처럼 정비할 필요가 없다.

⑥ 소형이면서 가벼운 것으로 만들 수 있다.

⑦ 정류기 사용 등으로 컷아웃 릴레이 및 전류 조정기를 필요로 하지 않는다.

4.2.5 구 조

교류 발전기는 앞뒤에 브래킷으로 지지된 스테이터의 안쪽에서 로터가 회전하는 구조로 되어 있다. 로터는 기관과 연결된 V벨트에 의해 구동되며 회전중에 로터 코일에는 브러시와 슬립링을 통해 여자 전류가 흐른다.

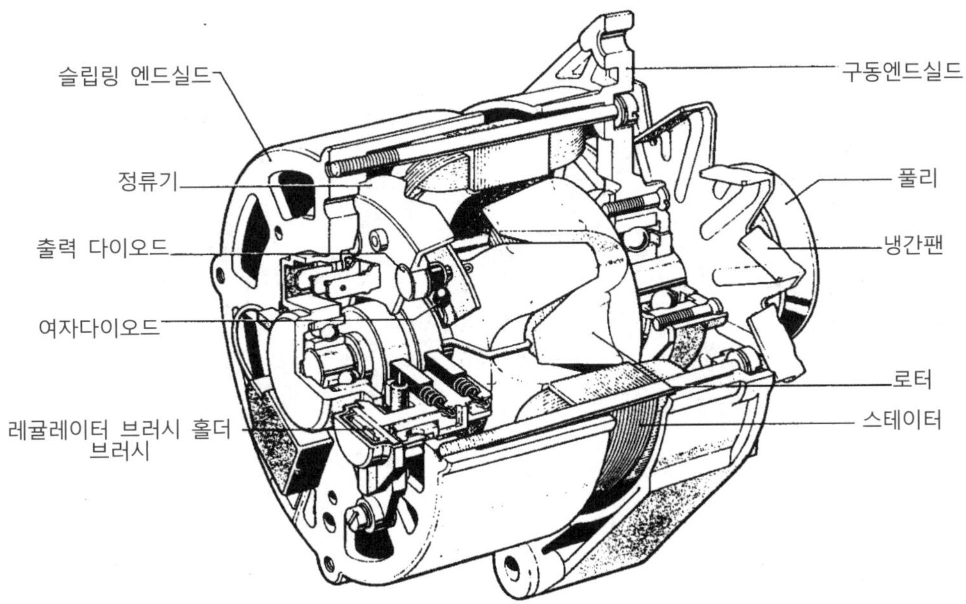

그림 4-27 교류 발전기의 기본구조

스테이터 코일에서 발생한 3상 교류는 뒤 브래킷에 부착된 6개의 실리콘 다이오드에 의해 정류되어 자동차 전기장치에서 필요로 하는 직류로 바뀐다. 교류발전기는 올터네이터라고도 부르며 기전력은 교류이지만 다이오드(diode)를 사용하여 직류로 바꾸어 충전하거나 전장품에 전력을 공급한다.

4.3 에너지와 4차 산업혁명

4차 산업혁명의 대표산업 중 하나인 신재생에너지에 대한 반응이 뜨겁다. 컴퓨터·스마트폰·지하철·자동차 등 다양한 생활편의 시스템을 이용하기 위해 사용됐던 원전과 석탄·화력발전소 등의 위험성과 화석에너지의 고갈·환경오염·유가의 불안정 등의 문제를 해결하기 위한 핵심방안으로 떠오른 까닭이다.

그림 4-28 에너지와 4차 산업혁명

최근 애플의 '배터리 스캔들'로 세계가 들썩이고 있다. 배터리로 갑자기 아이폰이 꺼지는 상황을 막으려고 일부러 성능을 저하했다고 하니, 소비자가 화를 내는 것은 당연한 일이다. 자신이 돈을 주고 산 휴대전화의 성능이 나도 모르는 사이에 떨어진다는 것을 이해할 소비자는 그리 많지 않다.

배터리 스캔들로 새삼 다시 실감할 수 있었던 것은 에너지가 4차 산업혁명 시대에 얼마나 중요한지 하는 것이다. 스마트폰 하나만으로도 소비자 불만이 폭발하는데, 여러 디지털 기기가 365일 내내 따라다니는 사물인터넷(IoT) 제품에서 에너지가 차지하는 비중은 더 크다고 할 수 있다.

그렇다면 과연 4차 산업혁명은 무엇이고, 에너지가 왜 중요한 걸까?

우선 4차 산업혁명이라는 말은 2016년 세계경제포럼(WEF;World Economic Forum)에서 클라우스 슈바프 WEF 회장이 언급하면서 화제가 된 말이다. 당시 그는 "지금까지 우리가 살아왔고 일하고 있던 삶의 방식을 근본적으로 바꿀 기술 혁명의 직전에 와 있다. 이 변화의 규모와 범위, 복잡성 등은 이전에 인류가 경험했던 것과는 전혀 다를 것입니다"라며 "인공지능과 사물인터넷 등의 기술이 모든 것과 연결되는 '초연결 사회'가 도래하며 새로운 산업혁명을 일으킬 것"이라고 말했다.

주(主)에너지	재생에너지	
정보 신호	센서, 바이오 신호	
대표적 산출물	사물인터넷	
핵심 산업	로봇, VR/AR	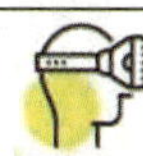
핵심 구현 도구	인공지능	
중요도	연결의 수와 강도	

그림 4-29 4차 산업혁명의 특징

인공지능(AI), IoT, 빅데이터, 모바일, 로봇 등 첨단 정보통신기술(ICT)을 이용해 사람, 사물, 공간이 모두 상호 연결되고, 이런 '연결'로 일어나는 혁신적 변화가 바로 4차 산업혁명이라고 요약할 수 있다.

4차 산업혁명은 1~3차 산업혁명에 이어 경제와 산업 전반에 큰 변화를 이끌 것으로 예상된다. 3차 산업혁명은 20세기 후반 컴퓨터와 인터넷의 보급에 따른 '지식 정보 혁명'이라고 할 수 있다. '정보의 바다'로 불리는 인터넷 세상이 초고속 인터넷망 구축과 고성능 PC의 대중화로 열리면서 물리적 제약을 뛰어넘는 무궁무진한 정보 교류가 가능해졌다.

이를 통해 알 수 있는 것은 거대한 산업의 물결이 바뀌는 기간이 점점 더 짧아지고 빨라진다는 것이다. 특히 4차 산업혁명은 과거 인류가 경험한 그 어떤 산업혁명과도 비교할 수 없을 정도로 빠르게 진행될 것이라는 전망이다.

4차 산업혁명 시대에는 모든 사물이 연결되고 사람과 24시간 365일 밀착하면서 얻은 정보를 빅데이터·AI로 분석하고, 사람의 상태를 실시간으로 분석해 문제 해법을 제공한다. 웨어러블, 자율주행차, 드론, AI 로봇 등 이동성을 바탕으로 한 새로운 기기의 등장은 사람의 생활 방식 자체를 근본적으로 바꾸는 거대한 혁명이 될 것이다.

그럼 4차 산업혁명 시대에 에너지는 왜 중요할까. 가장 직접적 변화는 에너지 적용 범위가 엄청나게 늘어난다는 것이다. 4차 산업혁명의 핵심인 '모든 것이 서로 연결된 상태'를 가능하게 하려면 에너지로 각각의 이동하는 기기에 에너지를 지속 공급해야 하기 때문이다. 에너지가 떨어지면 바로 보충해야 하는 시공간적 제약을 극복해 주는 것이 에너지이다. 예를 들어 인공지능 로봇이 플러그가 꽂혀 있지 않은 상태에서 고작 10분 정도만 움직일 수 있다면, 이는 거의 무용지물이 아닐까? 인공지능 로봇이 빅데이터를 바탕으로 자가 학습을 하려면 24시간 켜져 있어야 할 것이다. 또 웨어러블 기기, 로봇, 드론 등이 우리 삶에 도움이 될 만큼 충분히 움직일 수 있으려면 플러그 없이 오랜 시간 에너지를 공급받아야 한다. 시공간 제약을 극복한 초연결 사회의 현실화는 고용량, 고효율 에너지 기술이 좌우할 것이다.

센서와 사물인터넷(IoT)은 저렴하고 다양해졌고 유·무선 통신망은 갈수록 빨라지고 있다. 초단위로 발생하는 빅데이터를 담아내기 위한 저장공간은 무한대에 가까워졌고 인공지능(AI)은 하루가 다르게 진화하고 있다.

에너지가 첨단기술과 만나면서 에너지 시장 생태계도 바뀌고 있다. 에너지·자동화 다국적 기업인 ABB 그룹이 4차 산업혁명에 따른 에너지 밸류 체인의 변화를 설명한 것을 보면 이해하기 쉽다. 발전사들은 발전소 설비에 센서를 부착하고 여기서 발생하는 빅데이터를 분석해 운영효율을 높일 수 있다. 나아가 설비 사고 예방 등에도 효과적으로 대응할 수 있다.

에너지 기업들은 4차 산업혁명을 도입하기 위해 변화를 시도하고 있다. 우리나라의 각 에어지 기업은 빅데이터를 적극 사용하기로 했다. 빅데이터로 에너지저장시스템(ESS), 스마트시티, 전기차(EV) 충전 등 신사업을 추진한다. 컨설팅 전문업체는 '4차 산업혁명과 에너지 산업' 보고서에서 최근 2년간 생성된 데이터는 이전 인류 역사를 통해 생성된 데이터보다 많다고 했다. 2020년이면 매초 약 1.7MB(메가바이트)의 새로운 정보가 생성될 것으로 봤다.

발전소들은 센서를 부착해 활용하는 방안을 고민하고 있다. 3000개에서 2만개의 센서를 발전소 곳곳에 설치하면 온도, 진동, 주변 상태 등 운전 데이터를 수집·분석해 설비의 엔진 고장과 균열 등의 현상을 방지할 수 있다. 발전소에 이상이 생기기 전에 미리 예방해 효과적 대처방안이 가능하다는 얘기다. 안전성 문제로 지적받고 있는 원자력발전소의 경우 드론을 투입해 설비를 점검할 수 있다. 통합 모바일 솔루션 도입으로 작업 관리 과정을 통합하면 노동효율도 끌어올릴 수 있다. 4차 산업혁명을 활용하면 비용 절감 효과도 기대할 수 있다.

5장

모터의 구동원리

5.1 전기식 모터의 구분

5.2 직류모터의 이해

5.3 생활속의 교류모터

"모터는 공장에 있는 거 아니야?"

모터가 낯선 분들이라면 한 번쯤 해봤을 법하다. 하지만 모터는 공장에서만이 아닌, 우리 생활 곳곳에서 다양한 모습으로 바로 지금 이 순간에도 움직이고 있다. 어디서나 쉽게 볼 수 있는 CCTV에도 모터가 사용된다는 사실, 알고 계신가요?

그림 5-1 생활속의 모터

실내에서 시용할 수 있는 생활 가전제품의 주요 동력원은 전기모터라 할 수 있다. 대표적으로 선풍기, 냉장고, 에어컨, 세탁기 등이 있다. 우리가 사용하고 있는 대부분의 생활 가전제품에는 크고 작은 모터가 하나 이상 탑재되어 있고, 모터의 수명이 곧 제품의 수명이라 생각할 만큼 크고 중요한 역할을 수행하고 있다.

생활 가전은 물론이고 스마트폰이나 카메라, 컴퓨터에도 작은 크기의 모터가 다양하게 활용되고 있다. 스마트폰 진동을 위한 모터, 카메라 렌즈구동을 위한 모터, 컴퓨터의 냉각팬이나 디스크 모터 등이 그것이다. 우리가 인지하지 못할 뿐 크고 작은 제품들에 탑재된 모터의 종류와 그 수는 어마어마하다.

전기모터 기술을 세계에 알린 사람은 마이클 패러데이다. 패러데이는 1831년 말, 1832년 초에 자신의 아이디어를 왕립협회에 발표했는데, 패러데이의 연구를 바탕으로 다른 과학자들이 다양한 전기 원리를 발견하면서 현대적인 전기모터가 개발되기 시작했다.

그림 5-2 자동차 기동모터

모터는 사용 목적에 따라 여러 가지 성질의 동력 장치를 만들 수 있다. 그래서 종류가 매우 많고 기술적으로도 상당히 광범위하다. 분류방식도 다양하다. 모터는 일반적으로 전원의 종류, 구조, 동작 원리, 토크 발생 원리, 용도, 동작 형태 등으로 분류할 수 있다.

전기자동차는 휴대폰처럼 배터리를 충전해 움직이는 방식으로 배터리는 전기모터에 전기를 부여하고, 전기자동차는 모터의 힘을 통해 구동된다.

그렇다면, 전기모터가 무엇이기에 미래 자동차 산업의 핵심 부품이 된 것일까?

답은 바로 저소음, 친환경에 있다. 전기모터는 엔진과 달리 전기를 이용해 힘을 얻기 때문에 소음도 적고 유해물질도 생성하지 않기 때문이다. 뿐만 아니라 디젤 차량이 미세먼지의 주범으로 몰리면서 전기자동차 같은 친환경 차에 대한 사람들의 관심이 높아진 덕분이기도 하다.

기본적으로 가정용 220 V 전기를 사용하는 것이 AC모터다. AC모터는 다양한 분야에 광범위하게 사용됐고, 가격도 저렴한 특징을 가지고 있다. DC모터보다 내구성도 뛰어나다. 이 때문에 AC모터는 큰 힘이 있어야 하는 공작기계, 압축기 등 산업 분야에서 많이 활용되지만 제어가 복잡하다는 단점도 있다.

DC모터는 교류를 사용하지 않고 12 V, 24 V, 90 V, 180 V 등 직류전압을 사용하기 때문에 직류 변환 어댑터가 필요하다. DC모터는 대부분 크기가 작고, 저렴하며, 다양한 성능을 자랑한다. DC모터는 고정자의 전극을 마이너스와 플러스로 바꿔주기 위한 브러쉬가 필요하다.

구조상 모터 내부의 브러쉬와 정류자가 회전시 접촉하면서 작동되는데, 이때 브러쉬가 닳아서 작동되지 않을 수 있다. 이런 단점을 극복하기 위해 BLDC모터, 즉 브러쉬가 없는 모터가 개발되기도 했다.

5.1 전기식 모터의 구분

모터는 모든 동력의 근원이며, 공장의 기계, 전차, 엘리베이터, 에스컬레이터, 자동판매기, 냉장고, 세탁기 등 모든 기계장치 전기기기, 가전제품 등 구동원으로 사용된다.

복잡한 기계도 구동원은 모터(motor)나 솔레노이드(solenoid)이다. 모터는 전기적 에너지를 기계적 에너지로 변환시키는 유일한 동력원이다. 모터의 발명은 영국 물리학자 마이켈 파라데이(1791~1876)인데 전자기유도의 발견이 그 계기이다. 전자기 유도에 의하여 변압기를 만들고 더 발전하여 발전기를 만들었으며, 발전기의 반대개념이 모터로 유도모터가 모터의 원형이다.

그림 5-3 전기적 에너지 -> 에너지 변환

모터를 한마디로 표현하면 '전기적 에너지를 기계적 에너지로 변환하는 장치'라고 표현할 수 있다.

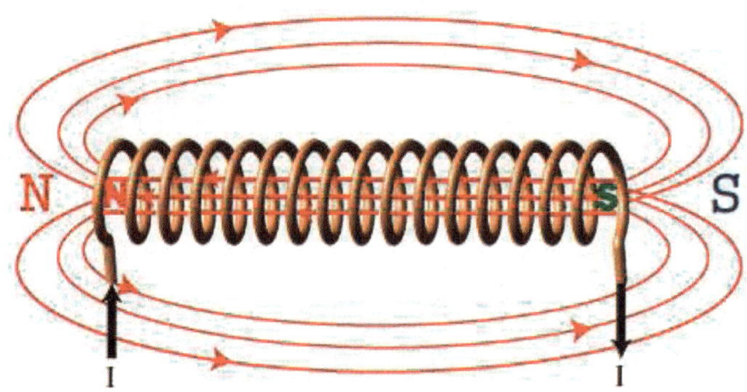

그림 5-4 솔레노이드(solenoid)

모터는 사용에너지에 따라 유압식 모터, 공기압식 모터, 수압식 모터 및 전기식 모터 등으로 구분되는데 전기를 이용하고, 전기식은 전기를 이용하여 동력으로 변환시키는 것이다. 각종 모터 중 전기식, 공압식 및 유압식 모토의 소형모터에 대한 장단점을 표에 나타내었다. 물론 이들의 특징은 일반적인 개념에 의한 비교이기 때문에 실제의 사용환경과 조건에 따라 그 차이는 있을 수 있다. 메카트로닉스 시스템에서는 제어가 가능한 모터로 전기식 모터를 일반적으로 사용하기 때문에 이 장에서는 전기식 소형모터에 대하여 설명하고자 한다.

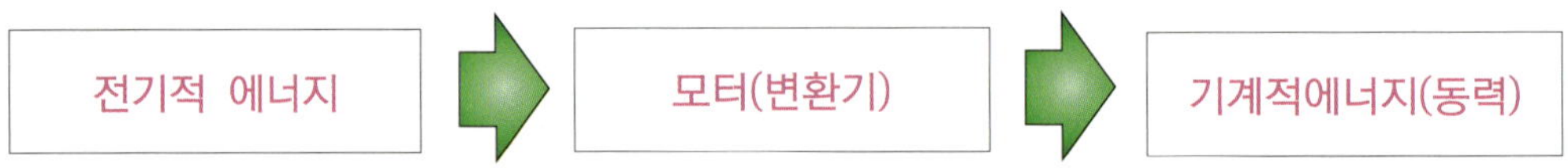

그림 5-5 모터의 개념

모터는 사용에너지에 따라 유압, 공압, 전기식으로 구분되나 일반적으로 우리가 접하는 모터는 전기식이 대부분분이다.

① 유압 시스템(hydraulic system) : 작은 관성과 작은 중량으로 큰 힘 제공, 속도가 빠름

② 공압 시스템(pneumatic system) : 공기의 압축성으로 인해 시간지연

③ 전기 시스템(electric system) : 응답속도 느리나 제어용이

[표 5-1 각종 모터의 비교]

구분	장 점	단 점
전기식	· 소형이다. · 신호변환의 속도성이 좋다. · 위치결정 정밀도가 좋다. · 배선처리가 용이하다	· 외부의 노이즈 등 외란에 취약하다 · 전원고장이 직접적으로 영향을 준다.
유압식	· 힘과 토크가 크다. · 외부의 노이즈가 강하다 · 전원고장 시 어큐뮬레이터로 대용가능	· 온도에 의한 특성변화가 크다. · 환경오염의 문제가 된다. · 가격이 높다. · 소음이 크다. · 배관이 복잡하고 대형이다.
공압식	· 구조가 간단하다. · 보수성이 좋다.	· 부하에 대한 특성변화가 크다. · 배관이 복잡하다. · 원격조정이 곤란하다.

5.1.1 전기식 모터의 구분

(1) DC브러시 모터

일반적인 DC모터이다. 플레밍의 왼손법칙을 이용한 모터로서, 정류자의 전류를 흘렀다 끊었다 하는 일련의 과정마다 전류의 방향을 반대로 해주어야 하기 때문에, 필시 브러시라는 기계적인 요소가 필요하다. 브러시는 정류자편에 전류를 공급해 주지만, 기계적인 요소라, 브러시가 닳아 없어지는 단점이 있다. 따라서 주기적으로 브러시를 교체하지 않으면 안된다. 또한 브러시가 닳아가면서 모터의 성능 또한 저하되고, 분진이 날리는 등 환경적인 문제가 대두된다. 장점은 제어가 간편하고, 토크가 전류에 비례하므로 단순히 전류제어만으로 토크 직접제어를 행할 수 있다.

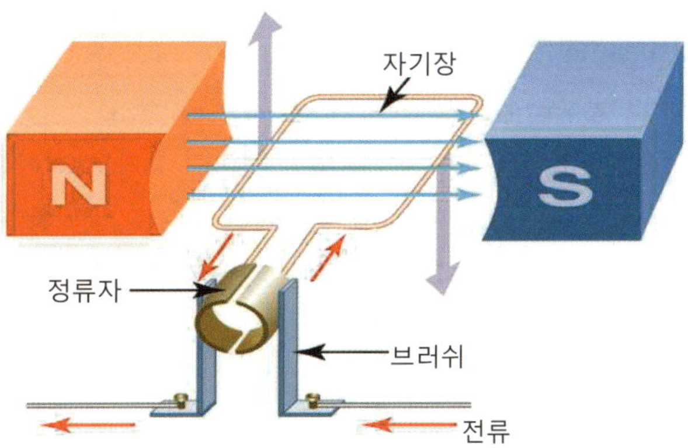

그림 5-6 DC브러시 모터 기본구조

(2) DC브러시리스(Brushless)모터

브러시가 부착된 DC 모터에서는 정류자와 브러시의 접촉에 의해서 코일에 전류를 흐르게 함과 동시에 전류시키는 기능을 하지만, 브러시가 마모되는 단점이 있다. 그러나 Brushless DC모터는 브러시를 사용하지 않고 비접촉의 위치 검출기와 반도체 소자로서 통전 및 전류시키는 기능을 바꾸어 놓은 모터이다. 따라서 Brushless DC 모터의 토크발생 원리는 DC모터의 경우와 같은 형태이다.

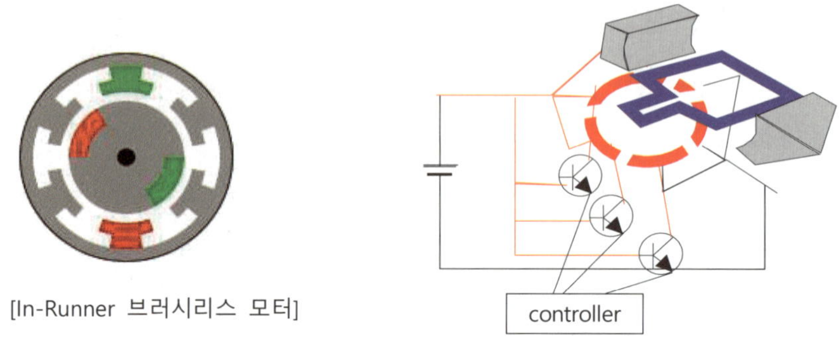

그림 5-7 DC브러시리스(Brushless)모터

Brushless DC 모터를 구조면에서 분류하면 권선으로의 통전은 브러시 등 접동요소를 사용하지 않는 고정식으로 하기 때문에 자계를 만드는 마그네트 회전기를 어디에 배치하느냐에 따라서 자로의 구성방법, 권선의 배치방법이 변한다. 브러시가 없기 때문에, 브러시의 마모가 없는 것이 가장 큰 장점이고, 공간벡터제어(Space Vector Control)기법의 상용화로 기존의 DC모터를 대체해가면서 DC모터와 유사한 방법으로 모터를 제어한다. 이 또한 토크 직접제어가 가능하고, 속도제어, 위치제어 등에서 탁월한 성능을 발휘한다. BLDC는 최근 많은 연구가 진행되고 있고, 상용화가 한창인 모터이다. PMSM이 주로 정밀 서보용인 반면에, BLDC는 고 토크 및 고속도 제어에 많이 이용된다. 미사일의 속도제어, 러닝머신의 벨트제어 등 여러 가지로 이용된다.

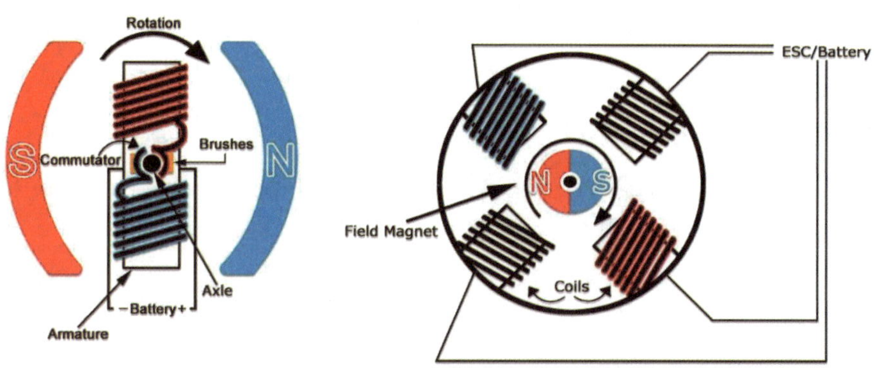

그림 5-8 DC브러시 모터와 BLDC

(3) AC 유도모터(Induction Motor)

유도모터는 변압기의 구조와 완전히 동일하며, 1차 측과 2차 측이 분리된 그러한 형태이다. 유도모터는 최초 3상 유도모터가 먼저 상용화 되었고, 후에 일반 단상유도모터가 상용화된다. 이유는 단상전원으로는 회전자계를 만들 수가 없었고, 3상은 각상이 120도의 위상차를 가지면서 공급되므로, 적절한 구조에 의해서 쉽게 3상회전자계를 구성할 수 있기 때문이다. 단상유도모터는 보조권선을 첨가하여 자기벡터를 전기벡터와 위상차가 생기게끔 해서 회전시킨다. 유도모터는 말 그대로 회전자에 전류를 유도시킨다. 회전자는 권선 또는 다람쥐 챗바퀴처럼 생긴(농형) 형태로 되어 있다. 회전자에는 자석도 없고, 따로 외부에서 전원을 공급해 주지 않지만, 고정자의 회전자계가 회전자를 훑고 지나가면 회전자에서는 발전기와 같은 역할이 되어서, 회전자도 자성체가 된다.

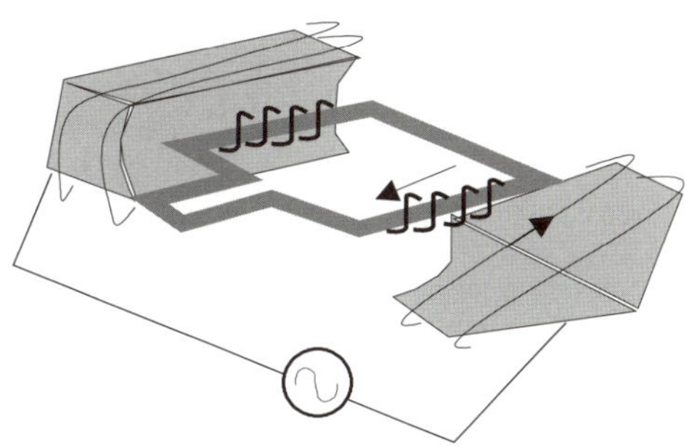

그림 5-9 유도모터(Induction Motor)

회전자는 슬립주파수(Slip Frequency)라는 게 있는데, 회전자의 회전속도는 고정자의 회전자계속도와 일치하지 않는다. 왜냐하면 완전히 일치하면 회전자계가 훑고 지나갈 수 없으므로 모터의 토크는 0이 된다. 따라서 늘 회전자계보다 조금 늦은 속도로 회전하게 된다.

(4) 동기모터(Synchronous Motor)

고정자(stator)와 회전자(rotor)로 구성되어 있으며 고정자에 전류가 공급되며 회전자는 영구자석을 사용한다. 구조상의 형태는 **BLDC모터와 유사구조 및 작용을 갖는다.** 구동 시스템이 복잡하나 큰 힘을 낼 수 있기에 세탁기 등에 사용되어진다. 브러시와 정류자가 없기 때문에 수명이 길다

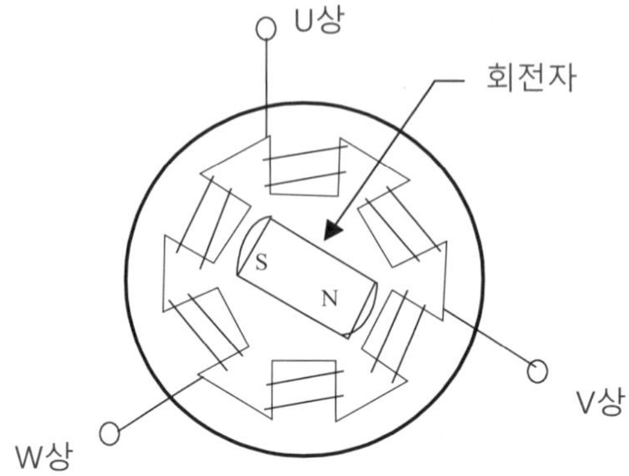

그림 5-10 동기모터(Synchronous Motor)

Synchronous Motor는 발전기 및 제철소의 압연기 등의 일정한 속도를 요구하는데 많이 쓰이고, 영구자석으로는 도저히 만들 수 없는 초대형 모터에 주로 사용된다. 하지만 최근 희토류자석(현재 발견된 자성체중 가장 강한 자석이다)등의 저가화에 힘입어 메가와트급 모터도 영구자석으로 개발되고 있다.

(5) Servo 모터

① 스테핑모터(Stepping Motor)

스테핑 모터는 위에서 열거한 모터들과 크게 다르지 않으나, 단지 한 스텝씩 작은 회전을 정밀하게 하고 싶을 때 사용한다. 종류는, 리럭턴스타입, 영구자석타입, 하이브리드타입이 있다. 스테핑 모터는 사무용기기 등에 많이 사용되며 위의 2번에서 4번까지의 모터가 각도를 알려주는 엔코더가 필요한 반면, 이 스테핑 모터는 엔코더가 없이도 사용이 가능한 장점이 있다. 최근에는 스테핑모터의 위치를 PMSM(Permanent Magnet Synchronous Motor)이 점차 잠식하고 있는 추세이다.

② 리니어 모터(Linear Motor)

일반적인 모터가 회전운동을 하는 반면에 이 모터는 직선운동을 한다. 주로 PCB기판 자동화용 기기 및 반도체 제작장비 등에 많이 사용된다. 예전에는 볼네지 라는 스크류를 이용해서 일반적인 회전모터를 사용했지만, 볼네지의 백러쉬(Backlash) 및 마모문제로 마이크로미터 정도의 정밀한 단위에서 오차가 발생하고, 효율이 낮은 등의 문제가 있어서 요즈음 리니어 모터가 많은 각광을 받고 있다. 리니어 모터를 대형화하면 리니어모터식 전기철도가 된다.

그림 5-11 전기식 모터의 구분

[표 5-2 모터 종류별 특징]

	구분	구성회로	특 징
DC 모터	브러시 DC모터	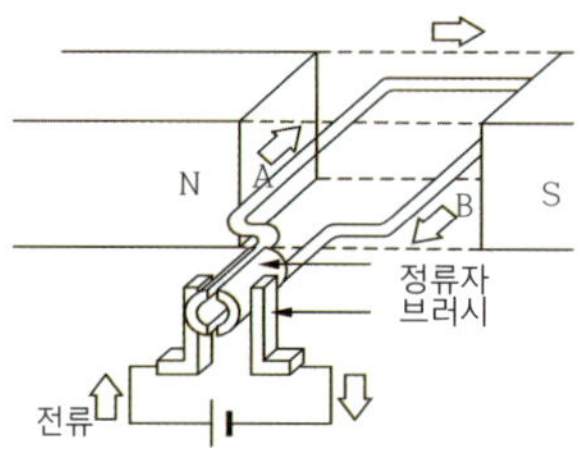	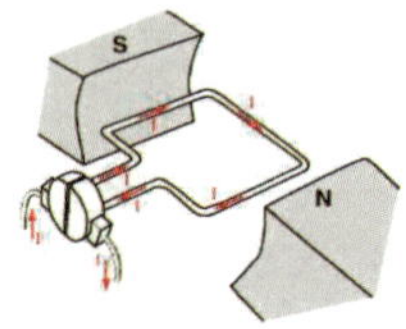 · 고정자 : 전자석 (혹은 영구자석) · 회전자 : 브러시 통해 일정 전류 공급 **- 플레밍 왼손법칙** : 회전자 회전
	브러시리스 DC모터 (BLDC)	 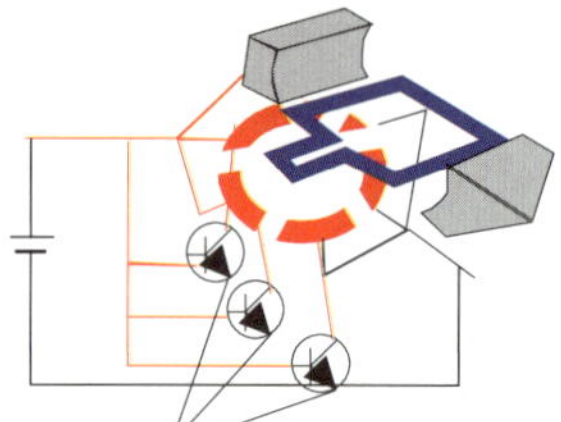	· 고정자 : 반도체소자 및 컨트롤러 (트랜지스터, 싸이리스터)사용 - 순차적으로 자력을 발생 · 회전자 : 영구자석 - 순차적으로 변하는 고정자의 자력에 의해 매끄럽게 회전자 회전 · 특징: - 기계적 정류기구를 전자화(무접점화) - 전기적노이즈(불꽃), 기계적노이즈가 작다. - 신뢰성이 높고 수명이 길고 고속화가 용이하다. · **동기모터와 유사작용**
AC 모터	유도모터	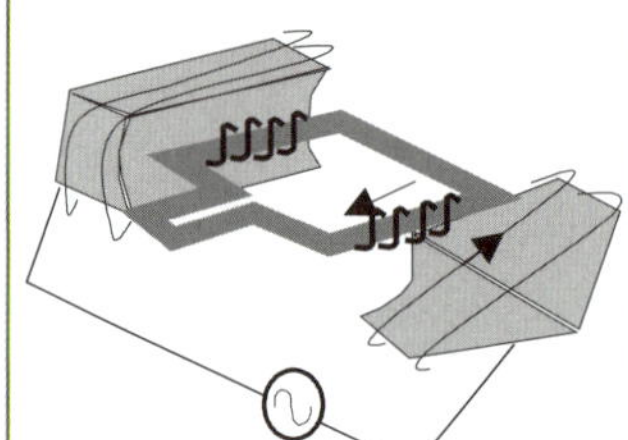	· 고정자 : 교류 공급(주파수에 비례 전류흐름 변화) · 회전자 : 고정자의 자장변화에 의해 전류 유도(전자유도 작용/회전자에서 역기전력발생) → 회전력 발생 · 교류모터는 보통 유도모터 · 교류모터는 정류자가 없어서 수명이 아주 길다 · **변압기와 유사 작용**
	동기모터	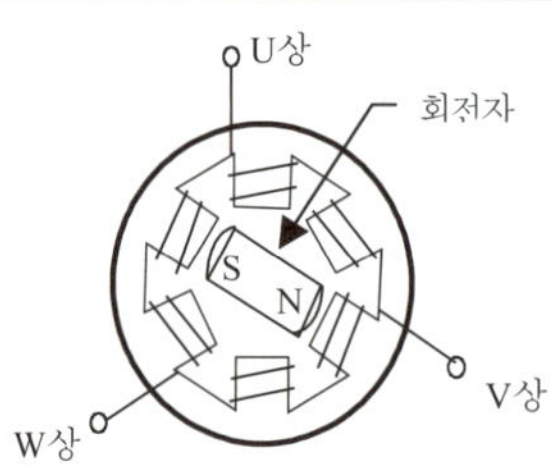	· 고정자 : 전류공급 · 회전자 : 영구자석 - 구동 시스템이 복잡하다 - 큰 힘을 낼 수 있다.(세탁기) - 방열특성이 좋다. · **BLDC와 유사작용**

Servo 모터	회전형 모터	DC서보 모터 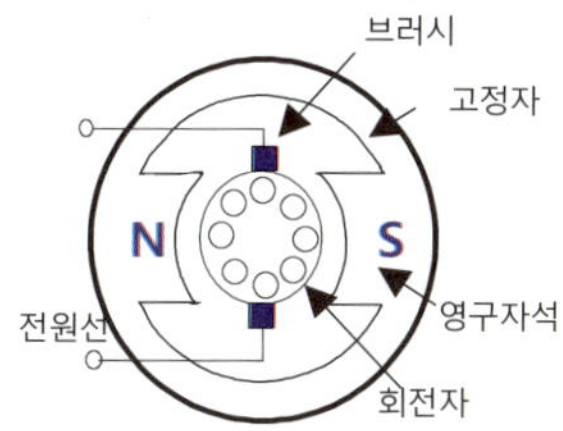	· 고정자 : 영구자석 · 회전자 : 전류공급 - 수명 짧다.(브러시 소모) - 고성능 추종능력 좋다. - 값싸다.
		AC서보 모터 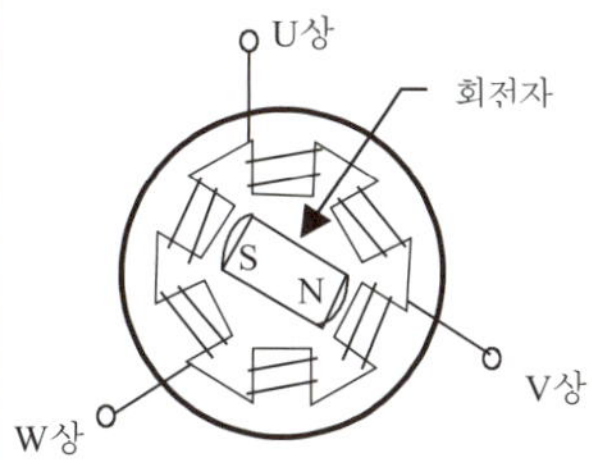	· 고정자 : 전류공급 · 회전자 : 영구자석 - 구동 시스템이 복잡하다 - 큰 힘을 낼 수 있다.(세탁기) - 방열특성이 좋다. - 수명이 길다.(브러시와 정류자가 없음)
		스텝모터	· 한 단계 한 단계 짤라서 일정각을 회전한다.

직류모터와 교류모터의 차이

- 모터는 일반적으로 회전자와 고정자로 구성되어 있다.
- 직류모터는 고정자에 일정한 전류가 가해져 발생하는 자장 또는 영구자석에 의해서 발생하는 자장 내에서 회전자의 코일이 받는 힘에 의해서 회전하게 된다. 이 때 정류자를 이용하여 회전자가 회전하더라도 코일에 흐르는 전류의 방향을 바꾸어 주어 항상 일정한 방향으로 회전력이 발생하도록 해준다. 직류모터의 회전력은 전류에 비례하고 회전속도는 전압에 비례하는 특징이 있다. 우리주변에서는 소형 장난감에 사용되는 (영구자석)모터나 청소기에 사용되는 모터가 직류모터이다.
- 교류모터는 보통 유도모터라고도 한다. 교류모터는 고정자 권선에 교류(보통 60Hz, 1초에 극성이 60번 바뀜.)를 흘려주면 이때 발생하는 자장의 변화에 의하여(전자유도에 의하여) 회전자에 전류가 유도되어 회전력이 발생하게 된다. 회전자의 구조는 소형 모터에서는 단순한 다람쥐 쳇바퀴 모양의 단락된 권선을 사용하고, 대형 교류 모터에서는 권선을 감아서 사용한다(권선형). 교류모터는 우리 생활 주변에서 가장 널리 쓰이는 모터로 용량이 수십W의 소형부터 수백KW에 이르는 대형까지 가정과 산업현장에서 널리 쓰여 선풍기, 세탁기, 냉장고나 엘리베이터, 펌프, 크레인 등에 사용된다. 교류모터는 정류자가 없어서 수명이 아주 길다는 장점이 있다.
- 요즘은 전자제어가 발달하여 직류와 교류모터의 혼합형을 사용하기도 한다.

- 가전제품이 교류로 오는 전기를 직류로 바꿔서 쓴다고 하던데 왜 그럴까요? 우리가 교류를 사용하여 전력을 보내는 것은 변압기를 사용하여 전압을 마음대로 바꿀 수 있기 때문에 교류를 사용하는 것이다. 보통 컴퓨터나 VTR, TV, 오디오 등의 가전제품에서 가정에 들어오는 전압을 소형 변압기와 정류회로를 이용하여 12 volt나 5 volt의 직류로 바꾸어서 사용한다. 전자제품은 내부에 트랜지스터 증폭회로를 사용하는 데, 직류에 적합하도록 회로가 설계되었기 때문에 직류를 사용한다. 그리고 내부에 구동부가 있는 컴퓨터나 오디오, TVR의 내부에서는 12 V의 직류모터를 사용한다.

전자기학에서 출발한 인덕션…앙페르 법칙 응용

- 인덕션 기술은 19세기 전자기학 발전에 초석을 놓은 프랑스 물리학자 장 자크 앙페르(André-Marie Ampère)로부터 출발한다. 앙페르는 1819년 전류가 흐르면 일정 방향으로 자기장이 형성된다는 앙페르 법칙을 발표했다. 또 전류가 흐르는 두 도선 사이에 서로 끌어당기는 '인력'이나 서로 밀어내는 '척력'이 작용한다는 사실도 발견했다.
- 맥스웰의 방정식'으로 유명한 물리학자 제임스 맥스웰(James Maxwell)은 훗날 앙페르의 업적을 '과학역사상 최고의 성과'라고 극찬하며 앙페르를 '전기학의 뉴턴'이라고 불렀다. 현재 전류의 단위를 암페어(A)라고 부르는 것은 앙페르 성(姓)의 영어식 발음을 따서 부른 것이다.

- 인덕션은 앙페르 법칙을 응용했다. 기기 상판 아래 코일(둥글게 말아진 구리선)을 장착하고 전기를 흘려주면 자기장이 만들어진다. 이 상태에서 인덕션 상판에 냄비 등 용기를 올려둘 경우 자기장이 용기 하단 부분과 만나면서 높은 저항과 열이 발생한다. 이 열로 용기가 뜨거워져 물도 끓이고 음식도 만들 수 있다.

5.2 직류모터의 이해

DC 모터는 고정자로 영구자석(혹은 전자석)을 사용하고, 회전자(전기자)로 코일을 사용하여 구성한 것으로, 전기자에 흐르는 전류의 방향을 전환함으로써 자력의 반발, 흡인력으로 회전력을 생성시키는 모터이다.

큰 기동 토크, 입력전압의 변화에 대한 직선적인 회전특성, 입력전류에 대한 출력 토크의 직선성, 출력효율의 높이, 가격이 저렴하다는 등 제어용 모터로서 우수한 특성을 지니고 있다. 그 반면에 브러시나 정류자(commutator) 등 기계적 접점을 가지기 때문에 소음이나 수명 등의 문제가 있다.

모형 자동차, 무선조정용 장난감 등을 비롯하여 여러 방면에서 가장 널리 사용되고 있는 모터이다.

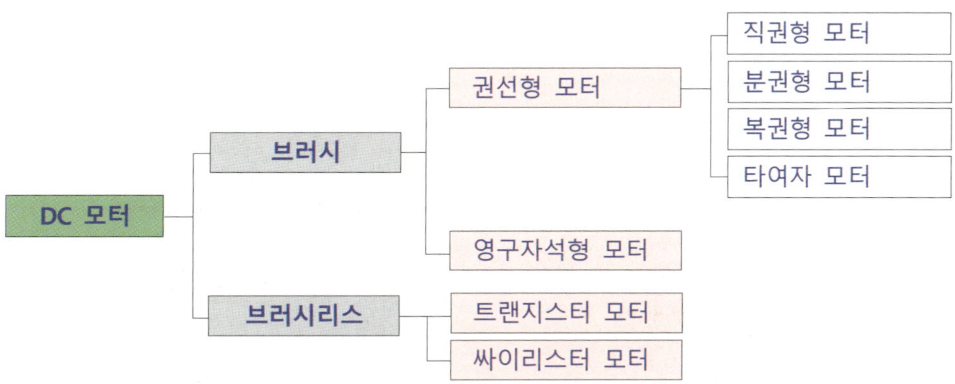

그림 5-12 DC 모터의 구분

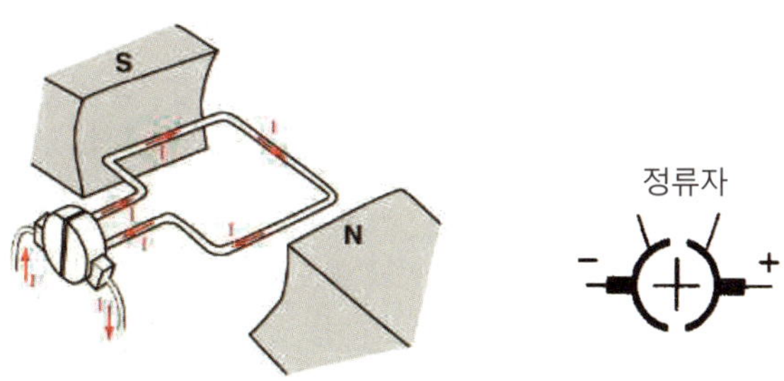

그림 5-13 DC 모터의 구조

5.2.1 직류 모터의 원리

자석 사이에 회전할 수 있는 여자코일(도체)을 놓고 이 코일에 전류를 흐르게 하면 도체는 플레밍의 왼손법칙의 방향으로 힘이 발생한다. 즉, 직류 모터의 원리는 플레밍의 왼손법칙(Flemings left hand rule)에 의한 것이다. 그림과 같이 왼손의 세손가락을 직각으로 펼치고 가운데 손가락을 전류, 집게손가락을 자력선의 방향으로 하면 엄지손가락이 힘(전자력)의 방향이 된다. 이것을 플레밍의 왼손법칙이라 한다.

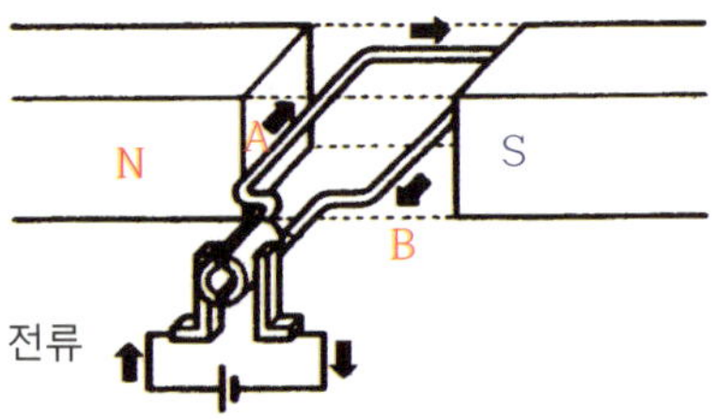

그림 5-14 직류모터 원리

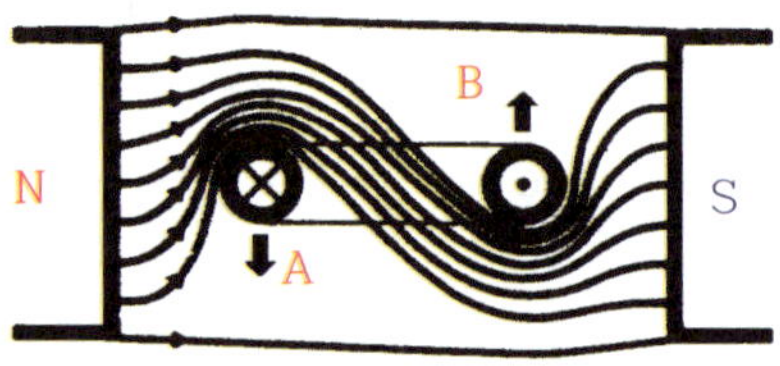

그림 5-15 자력선 분포

이때 코일의 양쪽에 흐르는 전류의 방향이 반대로 되어 자력선이 형성되기 때문에 회전력이 작용하여 회전운동을 일으킨다.

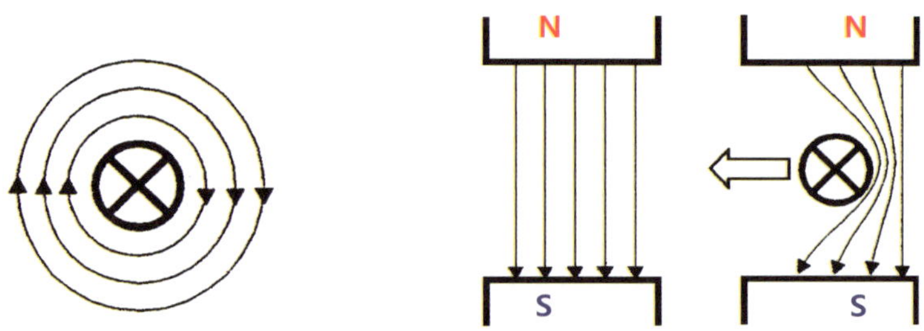

(a) 도체의 자장 (b) 자석의 자장 (c) 자장의 합성

그림 5-16 전자력

균일한 자장 안에 직선 도선을 놓고 이것에 ⊗방향의 전류를 보내면 도선은 F방향으로 힘을 받아서 움직인다. 이 힘은 전류 I의 주위에 시계방향으로 I에 의한 자력선이 생겨서 외부 자장과의 합성에 의한 자력선 분포의 밀도가 위 부분이 크고 아래 부분은 작기 때문에 F방향으로 힘을 받는다. 자력선은 서로 반발하기 때문에 밀도가 큰 윗 부분에서 밀도가 작은 아래 부분으로 움직이게 된다. 이와 같은 힘 F를 전자력(electromagnetic force)이라 한다. 힘 F의 방향은 자속의 방향과 전류의 방향을 직각으로 놓으며 이들에 대하여 직각이 된다.

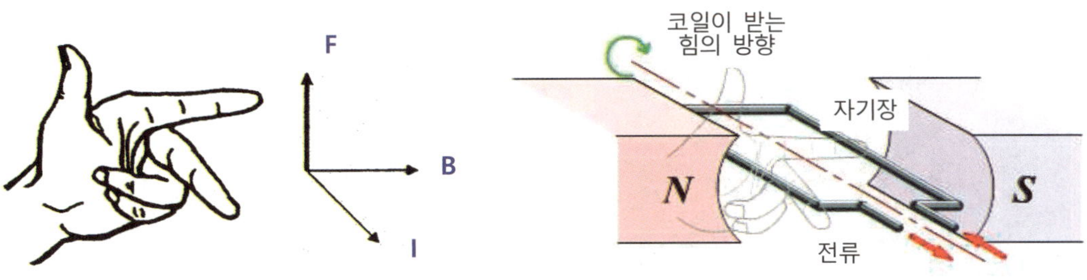

그림 5-17 플레밍의 왼손법칙

이 전자력 F는 자속 밀도 B와 전류 I의 곱에 비례하며 또 자장 안에 들어 있는 도선의 길이에도 비례한다. 자속 밀도(B[Wb/m^2])인 자장 안에 직각으로 길이 ℓ [m]의 도선을 놓고 도선에 I[A]의 전류를 흐르게 하면 전자력 F(N)는 다음과 같이 된다.

전자력[F] = 자속 밀도[B] × 도체의 길이[ℓ] × 전류[I]

이 전자력 F를 이용한 것이 모터이다. 아래 그림은 모터의 원리를 나타내는 것이며, N·S극에 의하여 생기는 자장의 자속 밀도가 B[Wb/m^2]이고 길이 ℓ [m]의 도선에 그림과 같은 방향으로 전류가 흐르면 플레밍의 왼손법칙에 의하여 도체는 시계방향으로 회전하려고 한다.

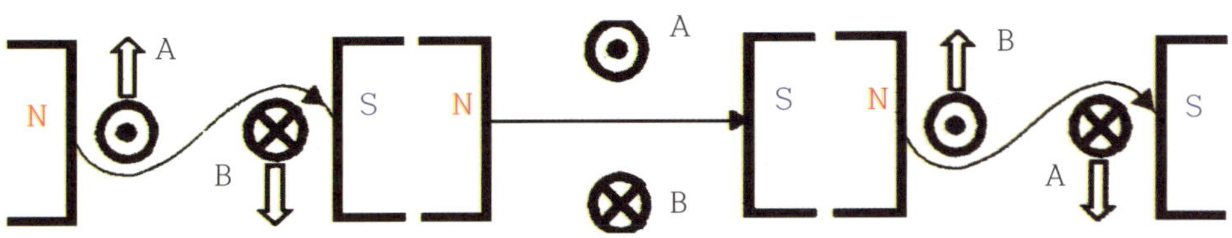

(a) 0° 위치에서 전자력 (b) 90° 위치에서 전자력 (c) 90° 이후에서 전자력

그림 5-18 모터의 원리

도체가 회전할 때 기계적으로 항상 N극 가까이에서는 ◉, S극 가까이에서는 ⊗의 방향으로 전류가 흐르게 하는 구조로 만들어 주면 계속적으로 일정한 방향으로 회전하는 직류 모터가 된다.

실제로는 토크를 크게 하기 위하여 코일을 많이 감는다. 일반적으로 도체에 전기에너지를 공급하여 기계적 에너지로 바꾸는 기계를 모터라 하는데 전자력을 이용하여 동력을 얻는 편리한 기계이다. 플레밍의 왼손법칙(전자력 이용)은 직류모터, 전류계, 전압계 등에 이용된다.

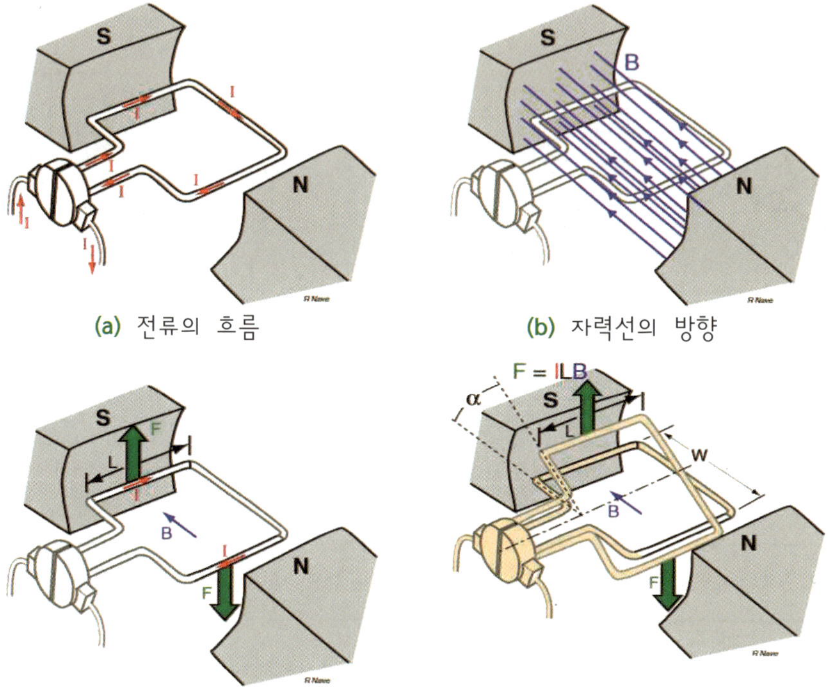

(a) 전류의 흐름 (b) 자력선의 방향

(c) 도체의 받는 힘 방향 (d) 직류모터의 회전

그림 5-19 직류모터의 동작원리

(1) DC 모터의 특징

- 기동 토크가 크다
- 인가전압에 대하여 회전특성이 직선적으로 비례한다.
- 입력전류에 대하여 출력 토크가 직선적으로 비례하며, 또한 출력 효율이 양호하다
- 가격이 저렴하다

제어성의 장점을 실제 특성면에서 보면

① T-I 특성(토크 대 전류) : 흘린 전류에 대해 깨끗하게 직선적으로 토크가 비례한다. 즉, 큰 힘이 필요한 때는 전류를 많이 흘리면 되는 것이다.

② T-N 특성(토크 대 회전수) : 토크에 대하여 회전수는 직선적으로 반비례한다. 이것에 의하면 무거운 것을 돌릴 때는 천천히 회전시키게 되고, 이것을 빨리 회전시키기 위해서는 전류를 많이 흘리게 된다. 그리고 인가전압에 대해서도 비례한다.

이들 2가지 특성은 서로 연동하고 있기 때문에 3가지 요소는 이 그래프에서 관계를 지을 수 있다. 즉, 이들 특성에서 알 수 있는 것은 회전수나 토크를 일정하게 하는 제어를 하려는 경우에는 여하튼 전류를 제어하면 양자를 제어할 수 있다는 것을 나타내고 있다. 이것은 제어 회로나 제어방식을 생각할 때, 매우 단순한 회로나 방식으로 할 수 있는 것이다. 이것이 DC 모터는 제어하기 쉽다고 하는 이유이다. 그러므로 회전특성을 중요시하는 제어 장치에는 우선적으로 DC 모터를 사용한다.

(2) DC 모터의 결점

DC 모터의 가장 큰 결점으로는 그 구조상 브러시(brush)와 정류자(commutator)에 의한 기계식 접점이 있다는 점이다. 이것에 의한 영향은 전류가 흐를 때 전기불꽃(spark), 회전 소음, 수명이라는 형태로 나타난다.

그리고 마이크로컴퓨터 제어를 하려는 경우는 "노이즈"가 발생하게 된다. 따라서 이 노이즈 대책이 유일한 과제가 될 수 있다. 이 노이즈 대책을 위해서는 각 단자와 케이스 사이에 0.01 μF~0.1μF 정도의 세라믹 콘덴서를 직접 부착한다. 이것으로 정류자에서 발생하는 전기불꽃을 흡수하여 노이즈를 억제할 수 있다.

DC 모터의 노이즈 대책에는 콘덴서를 케이스와 단자 간에 직접 부착한다. 콘덴서의 리드는 가급적 짧게 한다.

5.2.2 브러시 모터의 종류와 특성

직류 모터는 계자코일과 전기자 코일의 접속방법에 따라 직권, 분권 및 복권의 3형식으로 구분되며 자동차용은 직권모터가 주로 사용되고 있다. 그리고 그 특성은 부하 전류의 변화에 대해 속도의 변화를 나타내는 특성과 토크의 변화를 나타내는 특성이 기동모터의 종류에 따라 달라진다.

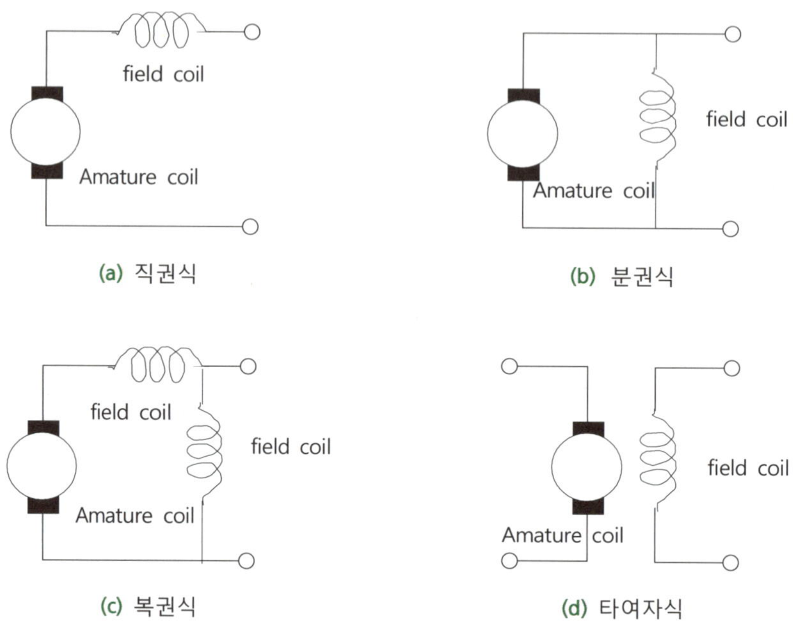

(a) 직권식 (b) 분권식 (c) 복권식 (d) 타여자식

그림 5-20 직류 모터의 종류

(1) 직권식 모터(series winding type)

직권식 모터는 그림과 같이 전기자 코일과 계자 코일이 전원에 대해 직렬로 접속되어 있다. 자동차에서의 사용 예는 기동 모터의 경우이다.

그림 5-21 직류직권 모터-기동모터

전기자 전류와 자장의 세기에 비례하는데 자장의 세기는 계자전류에 의해 결정되고, 또 계자 전류는 전기자 전류와 같기 때문에 결과적으로 토크는 전기자 전류의 제곱에 비례한다. 즉 전기자 전류가 클수록 발생하는 토크도 크다.

전기자 전류는 모터에서 발생하는 역기전력에 반비례하고, 역기전력은 속도에 비례한다. 따라서 전기자 전류는 속도에 반비례하여 증감하며, 아래 그림과 같은 특성을 나타낸다. 직권식은 속도가 낮을 때, 즉 부하가 커지면 발생토크도 증가하고, 부하가 감소함에 따라 회전이 빨라지는 특성을 가지고 있어 기관의 시동에 요구되는 조건과 적합하기 때문에 일반적으로 직권식을 쓴다.

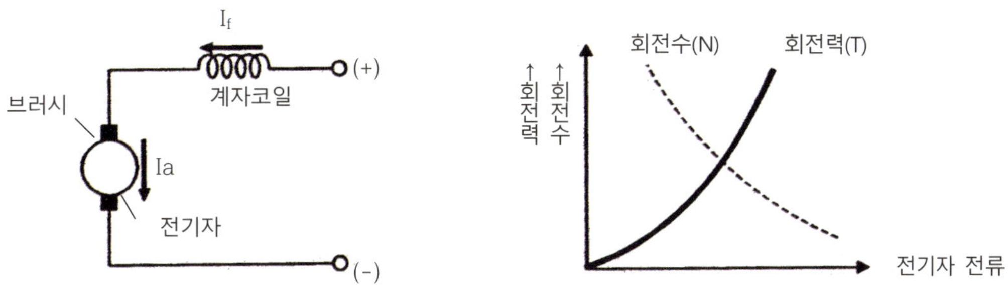

(a) 구조 (b) 특성곡선

그림 5-22 직류 직권식 모터

모터에 부하가 걸렸을 때는 회전속도는 낮으나 회전력이 크고, 부하가 작아지면 회전력은 감소되나 회전수는 점차로 커진다. 즉, 회전수가 부하에 따라 현저하게 변화한다. 때문에 보통의 용도에는 적합하지 않으나 짧은 시간 안에 큰 회전력을 필요로 하는 기동모터에는 가장 알맞다.

(2) 분권식 모터(shunt winding type)

분권식 모터는 전기자 코일과 계자 코일이 전원에 대해 병렬로 접속되어 있으므로, 가해진 전원 전압이 일정하면 계자 전류도 일정하며 자장의 세기도 일정하다. 자동차에서의 사용 예는 팬 모터의 경우이다.

그림 5-23 팬 모터

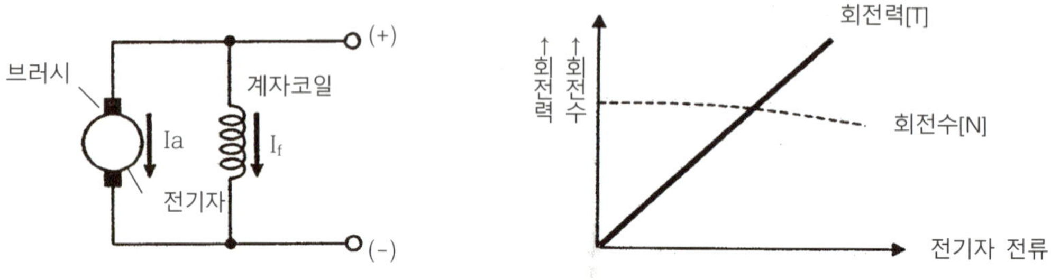

(a) 구조 (b) 특성곡선

그림 5-24 직류 분권식 모터

직권모터와 마찬가지로 전기자 전류와 자장의 세기를 곱한 값에 비례하지만 자장의 세기가 변화하지 않으므로 결과적으로 토크는 전기자 전류에 비례한다. 즉 전기자 전류가 클수록 발생하는 토크는 커지지만 그 증가율이 직권식보다 낮으며 그림과 같은 특성을 나타낸다.

분권 모터의 회전수는 전원이 축전지라면 단자전압은 일정하므로 변화하지 않는다. 전기자 전류가 커지면 축전지 전압이 조금 낮아지나, 속도는 거의 일정하다.

(3) 복권식 모터(compound winding)

복권 모터는 두 개의 계자 코일이 하나는 전기자 코일과 직렬로 접속되고, 다른 하나는 병렬로 접속되어 있다. 2개 계자 코일의 자속의 방향이 같은 것을 화동 복권이라 하고, 자속의 방향이 반대로 된 것을 차동 복권이라 하는데, 일반적으로 화동 복권이 많다.

그림 5-25 윈도우 와이퍼 모터

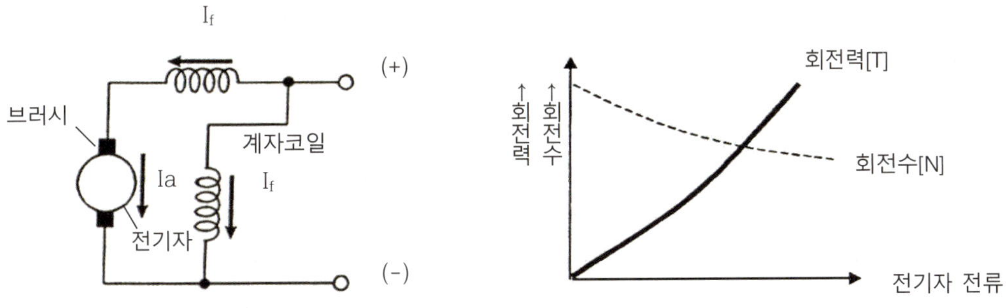

(a) 구조 (b) 특성곡선

그림 5-26 직류 복권식 모터

복권식 모터는 직권과 분권의 중간 특성을 나타낸다. 즉 시동할 때에는 직권식과 같은 큰 토크 특성을 나타내고, 시동이 된 뒤에는 분권식과 같이 정속도 특성을 나타낸다. 자동차에서의 사용 예는 윈도우 와이퍼 모터의 경우이다.

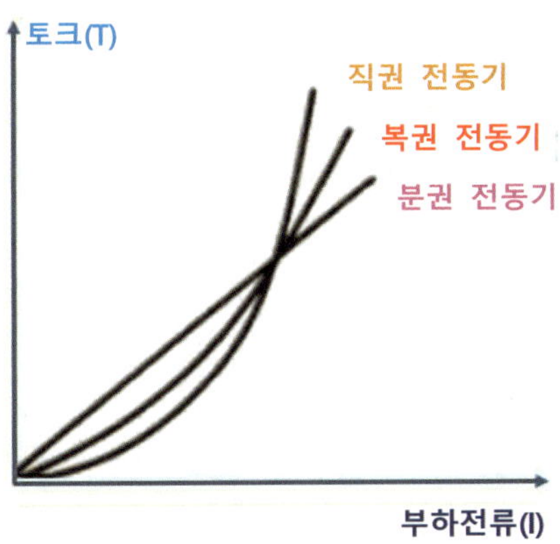

그림 5-27 토크특성곡선

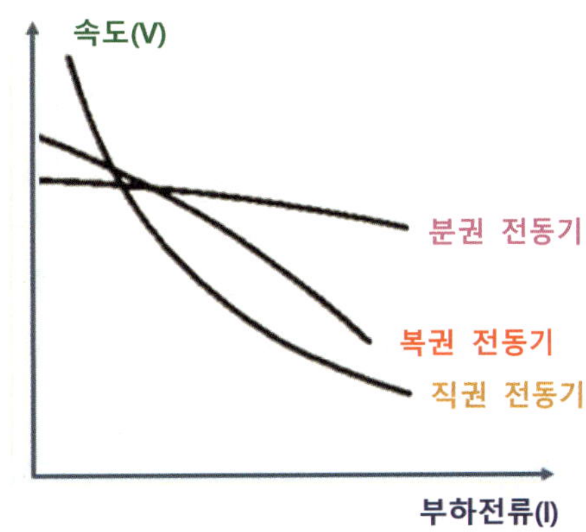

그림 5-28 속도특성곡선

[표 5-3 직류모터의 종류 및 특성]

구분	구성특성	특 성	사용장치
직류직권식	· 전기자 코일과 계자 코일이 전원에 대해 직렬로 접속	· 토크는 전기자 전류의 제곱에 비례. 즉 전기자 전류가 클수록 발생하는 토크도 크다. · 전기자 전류는 속도에 반비례하여 증감	· 기동모터
직류분권식	· 전기자 코일과 계자 코일이 전원에 대해 병렬로 접속	· 가해진 전원 전압이 일정하면 계자 전류도 일정하며 자장의 세기도 일정 · 전기자 전류가 커지면 축전지 전압이 조금 낮아지나, 속도는 거의 일정	· 팬모터
직류복권식	· 두 개의 계자 코일이 하나는 전기자 코일과 직·병렬로 접속	· 복권식 모터는 직권과 분권의 중간 특성을 갖음. 즉 시동할 때에는 직권식과 같은 큰 토크 특성을 나타내고, 시동이 된 뒤에는 분권식과 같이 정속도 특성을 나타냄.	· 윈도우 와이퍼 모터

5.2.3 Brushless DC 모터

(1) Brushless DC 모터의 정의

브러시(Brush)가 부착된 DC 모터에서는 정류자와 브러시의 접촉에 의해서 코일에 전류를 흐르게 함과 동시에 전류시키는 기능을 하지만, 브러시가 마모되는 단점이 있다. 그러나 Brushless DC모터는 브러시를 사용하지 않고 비접촉의 위치 검출기와 반도체 소자로서 통전 및 전류시키는 기능을 바꾸어 놓은 모터이다. 따라서 Brushless DC 모터의 토크발생 원리는 DC모터의 경우와 같은 형태이다.

(2) 브러시리스 모터의 특징

브러시리스 모터의 최대특징은 원리적으로 브러시리스로 인해 노이즈가 발생하지 않는다는 점이다. 여기에는 기계적인 접촉부가 없으므로 고속 회전형 모터, 장수명형 모터의 실현도 가능해진다.

한편, DC모터는 제어용 모터로 매우 뛰어난 특성을 가지고 있는 것으로 알려져 있다. 예를 들면 급격한 가속성, 큰 기동 토크, 전압 변화에 대한 선형 수하 특성, 출력 토크 대 입력 전류의 선형성 등이다.

이것은 매우 중요한 사항으로 제어용 모터에 요구되는 거의 모든 특성을 겸비한 모터라 할 수 있다. 그러나 이와 같이 뛰어난 모터에도 오직하나, 결정적인 결점을 지니고 있다. 그것은 브러시, 정류자에 의한 기계적인 접촉부이다. 이것은 DC모터가 기능하기 위해서는 필요불가결의 요소로서 이것으로 인하여 모터가 회전되는 셈이다. 그러나 모터가 끊임없이 섭동작용을 반복하므로 브러시, 정류자의 마모가 진행되고 이 이유 때문에 금속분말이나 흑연이 비산하여 현저히 모터의 수명을 줄인다.

또 마모가 진행되면 정류자간에 이상 아크가 발생하고 마침내는 플래시 오버 현상을 일으킨다. 그 구조상 회전 중에 아무래도 불꽃이 발생하므로 주변에 주는 영향이 크다. 특히 인화성이 있는 가스내에서는 방폭 대책이 큰 문제로 대두된다.

상기한 이유로 DC모터를 브러시리스화 한다는 것은 아주 큰 의미가 있다. 그래서 요즘의 경향은 DC모터의 브러시리스화가 연구, 검토되고 있는 것이다. 또한 무보수와 장수명 모터를 만들 수 있다는 것을 의미한다.

[표 5-4 브러시리스 모터의 특징]

구 분	특 징
브러시리스 모터	· 기계적인 브러시, 정류자가 없다.(마모, 먼지의 발생이 없다.) · 모터의 수명이 길다. · 센서를 이용한 전자 정류장치를 사용한다. · 로터의 자극 센서에 홀 소자가 많이 사용되고 있다. · 기계적인 노이즈가 발생하지 않는다. 베어링 부위는 제외 · 브러시부에 카본, 오일미스트 등의 오탁이 발생하지 않는다. · 전기적인 노이즈가 발생하지 않는다.(전파장애가 발생하지 않는다.) · 불꽃의 발생이 없다. · 플래시오버가 없다. · 고속 회전형의 모터를 만들기 쉽다. · 다극형 모터를 만들기 쉽다.(단상, 2상, 3상 등) · 정방향 및 역방향 회전에 강하다. · 모터의 제 특성은 종래의 DC모터와 동등하다. 다만 로터부의 관성이 크고 출력 효율도 저하한다. · 브러시가 없어 설계에 있어 자유롭다. · 구동회로가 필요하여 종래의 DC모터보다 가격이 비싸다. · 회로 기술에 의하여 브러시리스모터의 특성을 개선할 수 있다.

(3) Brushless DC 모터의 구조

Brushless DC 모터를 구조면에서 분류하면 권선으로의 통전은 브러시 등 접동요소를 사용하지 않는 고정식으로 하기 때문에 자계를 만드는 마그네트 회전기를 어디에 배치하느냐에 따라서 자로의 구성방법, 권선의 배치방법이 변한다.

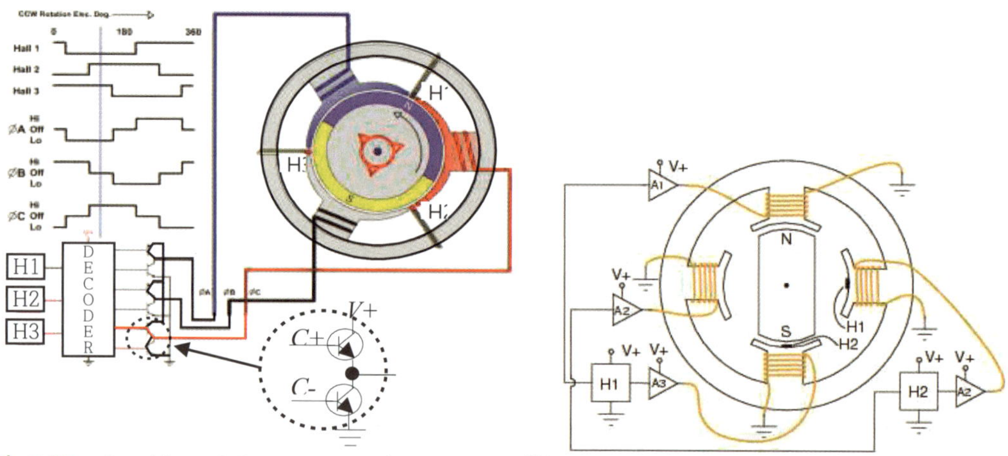

그림 5-29 Brushless DC 모터의 구조(Inner Rotor형)

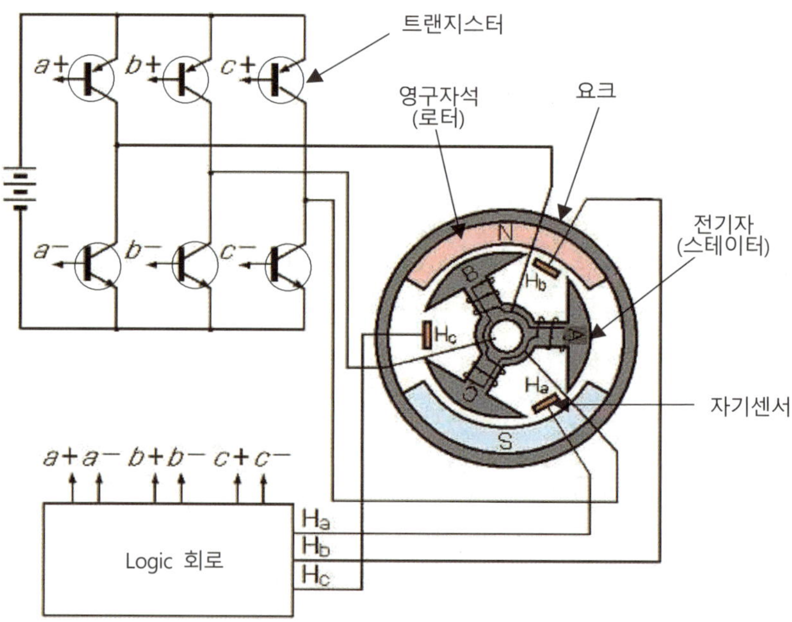

그림 5-30 Brushless DC 모터의 구조(Outer Rotor형)

(4) 회전기의 구조

Brushless DC 모터를 구조면에서 분류하면 권선으로의 통전은 Brush 등 접동요소를 사용하지 않는 고정식으로 하기 때문에 자계를 만드는 마그네트 회전기를 어디에 배치하느냐에 따라서 자로의 구성방법, 권선의 배치방법이 변한다.

브러시리스 모터를 로터구조에 의하여 분류하면 아우터 로터형, 이너 로터형, 디스크 로터형으로 나눌 수 있다. 아우터 로터형은 스테이터부가 내측에 있고 이것을 둘러싸는 것처럼 마그넷로터가 그 외측에 배치되어 있다. 즉 구조상, 그 외측에 로터가 있으므로 이너셔가 상당히 커진다. 따라서 급격한 동작을 빈번히 반복하는 용도에는 부적합하다. 용도 예로서는 레코드 플레이어의 터 테이블 구동, VTR의 실린더 모터, 헤이저 프린터의 스케너 모터 등이 있다. 이들은 무두 정속제어에 속한다.

[표 5-5 Brushless DC 모터의 종류 및 특징]

종류	구조	특징
Outer Rotor형 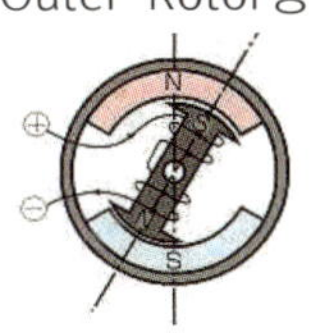	· 모터의 외주측으로 회전자를 배치 · 모터의 내부 측면으로 회전자계를 만든다.	· 회전자의 관성모멘트가 크므로 정속도 주행에 유리하다. · 마드네트를 비교적 크게 할 수 있으므로 고효율, 고토 크화하기 쉽다. · 권선의 1코일 평균길이가 짧게 되어 손실절감, 고효율화하기 쉽다. · 회전자 지지기구가 복잡하다. · 밀폐구조로 하기 어렵다.
Inner Rotor형 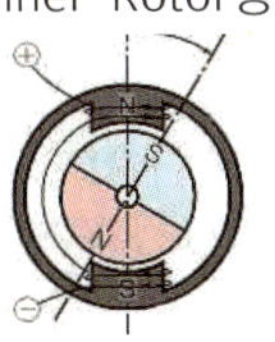	· 모터의 내주측으로 회전자를 배치 · 모터의 외주측으로 회전자계를 만든다.	· 회전자의 관성모멘트가 Outer motor에 비하여 작다. · 모터구조를 비교적 간단하게 구성할 수 있다.
Axial Gap형	· 축방향의 두께를 비교적 얇게 한 원판상의 모터 회전자의 전기자를 축방향으로 나열한 구조	· 축수 간 간격이 짧기 때문에 공작의 정확을 요함, 축수 구조도 복잡 · 권선과 전기자를 분리 Slotless구조로 함 · 회전율을 저감시킬 필요가 있는 곳에서 많이 사용되고 있지만, 권선의 배치정도와 권선형상의 밸런스를 작게 하여야 할 필요가 있다.

[표 5-6 BLDC 모터의 특징]

종류	특 징
장 점	· 기계적 정류기구를 전자화(무접점화)하여 전기적노이즈(불꽃), 기계적노이즈가 작다. · 신뢰성이 높고 수명이 길고 고속화가 용이하다. · 기기의 고밀도화에 따른 요청에 용이하게 대응된다. (형상, 구조의 자유도화 → 경박 단순화 → 기전일체화) · 기기의 다기능화에 쉽게 대응된다.(일정 속도제어, 가변 속도제어 등)
단 점	· 로터에 영구자석을 사용하므로 저관성화에는 제한이 있다. · 일반적으로 페라이트 자석을 사용할 경우가 많으므로 체적당 토크가 작다. (결점보완을 위해 회토류자석을 사용하는데 비용이 높음) · 정류기구를 전산화하기 위해 반도체회로를 필요로 하여 비용이 높아진다. (최근의 반도체 기술의 진보에 의해 개선됨)

[표 5-7 DC모터 종류 및 특징]

종류	특 징
브러시 DC모터	· 고정자 : 전자석(혹은 영구자석) · 회전자 : 브러시 통해 일정 전류 공급 → 플레밍 왼손법칙 : 회전자 회전
브러시리스 DC모터 (BLDC)	· 고정자 : 반도체소자 및 컨트롤러(트랜지스터, 싸이리스터)사용 → 순차적으로 자력을 발생 · 회전자 : 영구자석 → 순차적으로 변하는 고정자의 자력에 의해 매끄럽게 회전자 회전 · 장점 : - 기계적 정류기구를 전자화(무접점화) - 전기적노이즈(불꽃), 기계적노이즈가 작다. - 신뢰성이 높고 수명이 길고 고속화가 용이하다. - 기기의 다기능화에 쉽게 대응(일정 속도제어, 가변 속도제어 등)

5.3 생활속의 교류모터

생활속의 모터 사용에는 무엇이 있을까?

우리주변에서 주로 사용되고 있는 교류모터는 교류 전원으로 운전되며, 생활 주변에서 가장 널리 쓰이는 모터이다. 생활가전 제품에 꼭 필요한 동력원은 '전기 모터'이다. 대표적으로 선풍기, 냉장고, 에어컨, 세탁기 등이 있다. 우리가 사용하고 있는 대부분의 생활가전에는 크고 작은 모터가 하나 이상 탑재돼 있다. 모터 수명이 곧 제품 수명이라 할 만큼 매우 중요한 역할을 수행한다.

그림 5-31 모터가 사용되고 있는 각종 전자제품

생활가전 외에 스마트폰이나 카메라, 컴퓨터에도 크기가 작은 모터를 활용하고 있다. 스마트폰 진동을 위한 모터, 카메라 렌즈 구동을 위한 모터, 컴퓨터 냉각팬이나 디스크 모터 등이다. 우리가 인지하지 못할 뿐, 크고 작은 제품에 탑재한 모터 종류와 수는 어마어마하다.

AC 모터는 교류 전원을 사용하는 전기 모터이며, DC 모터는 직류 전원을 사용하는 전기 모터이다. AC 전원을 사용하는 모터는 동급 출력을 내는 DC 모터보다 상대적으로 저렴한다. 또, 효율이 높고 수명이 길다는 장점도 가지고 있다. 이에 큰 힘을 필요로 하는 작업용 기계(공작 기계)나 컴프레서 등에 주로 사용하는데요. 속도와 방향 제어가 까다로운 부분은 단점이다.

DC 모터는 직류 전원을 사용하는 모터로 속도와 방향 제어가 쉽습니다. 소비 전력이 적고, 회전(속도) 제어가 쉬워 회전 속도를 세분화할 수도 있다. 발열이 적고, 소음이 적다는 장점도 있다. 덕분에 DC 모터는 선풍기를 비롯한 다양한 생활가전에 활용하고 있다.

내구성이 향상된 부분도 사랑받는 이유 중 하나이다. 원래 일반 DC 모터는 마모성 부품인 브러쉬(brush) 때문에 AC 모터보다 내구성이 약했는데 이를 개선한 것이 'BL DC(BrushLess DC) 모터'이다. 기존의 브러쉬를 없애서 내구성을 강화했다.

(1) 속도 조절을 자유자재로 할 수 있는 인버터 모터

인버터 모터는 같은 속도로만 돌아가는 정속형 모터와 달리 상황에 따라 자유자재로 회전 속도를 조절할 수 있다. 필요한 만큼만 회전하기 때문에 불필요한 에너지 소비량과 소음이 적고, 섬세한 동작 구현이 가능하다.

그림 5-32 인버터모터

또한, 전원 연결에 따라 똑같은 속도로 돌아가거나 멈추는 일반 정속형 모터와 달리 '인버터 모터'는 필요한 에너지양에 따라 모터 회전수를 조절할 수 있어 에너지 효율이 높다. 일반적으로 냉장고와 에어컨이 소비하는 전력 가운데 70~80%를 컴프레서에 들어있는 모터가 사용한다. 다양한 생활가전에 탑재된 전기 모터를 '인버터 모터'로 바꾸면 에너지 효율이 높아져 보다 적은 전기로 같은 성능을 구현할 수 있다.

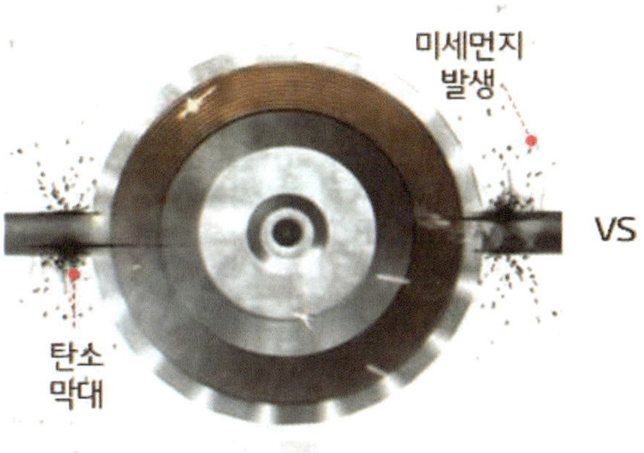

그림 5-33 일반모터

그림 5-34 스마트 인버트모터

특히 '스마트 인버터 모터'는 탄소 막대가 없는 BLDC 방식으로 구동하는 인버터 모터이다. 탄소 막대가 없어 브러시가 있는 모터에 비해 수명이 3배 정도 길고, 사용할 때 미세하게 발생하던 탄소 먼지 걱정도 사라졌다. '스마트 인버터 모터'는 세대를 거듭하면서 크기와 무게를 줄고, 회전 속도(RPM)는 빨라지는 등 진화하고 있다. 참고로, 모터 회전수는 모터를 탑재한 제품 성능을 높이는데 영향을 주는 부분이다.

(2) 전기모터의 미래

전기모터의 활용범위는 갈수록 높아지고 있다. 예로서 자동차분야를 보자. 세계 각국은 순수 내연기관 자동차 생산을 단계적으로 줄여 전기모터가 장착되지 않은 차량은 판매하지 않겠다는 선언을 하고 있다. 전통적인 자동차 회사가 내연기관으로만 움직이는 차량의 생산 중단 시기를 특정한 것은 처음이다.

전기모터는 엔진과 달리 전기를 이용해 힘을 얻기 때문에 소음도 적고 유해물질도 생성하지 않기 때문이다. 뿐만 아니라 디젤 차량이 미세먼지의 주범으로 몰리면서 전기자동차 같은 친환경차에 대한 사람들의 관심이 높아진 덕분이기도 하다. 세계 각국의 움직임에 따라 전기모터는 기존 전통 분야를 비롯해 차세대 자동차, 드론, 로봇 등 미래 동력 산업에서도 필수요소가 될 전망이다.

6장

반도체란 무엇인가?

우리생활 속에 반도체를 활용한 전기전자 기계들은 무엇이 있을까?

스마트폰의 두뇌인 Mobile AP부터 일종의 신분증 역할을 해주는 SIM CARD, 메모리 용량을 자유롭게 늘려 주는 메모리카드, 햇살 아래서도 선명한 화질을 보여주는 아몰레드 디스플레이도 반도체 기술 중 하나이다.

그림 6-1 생활속의 반도체

6.1 생활속의 반도체

TV의 리모콘 속, 밥솥, 추운 겨울 방안을 따뜻하게 만들어 주는 보일러 온도 조절 장치에도 DSP(Digital Signal Processor)라는 반도체가 들어있다. 디지털신호처리를 담당하는 이 반도체는 아날로그 신호 정보를 0과 1로 표시되는 디지털 신호로 변환하여 수학적 연산에 의해 처리한다. DSP는 상용화된 이후 우리 주변에서 흔히 접할 수 있는 전자제품뿐만 아니라 모든 산업전반에 걸쳐 유용하게 사용되고 있다.

디지털 카메라에도 반도체가 들어있다. 기존 필름을 사용하지 않고도 사진파일을 저장할 수 있는 NAND Flash부터 CIS(CMOS Image Sensor), AD 컨버터(아날로그 신호를 디지털 신호로 전환), 버퍼메모리까지 반도체 덩어리라고 할 수 있을 만큼 많은 반도체 제품이 이용되고 있다. 특히, CIS는 고해상도의 디지털 카메라뿐만 아니라 휴대폰이나 자동차 후방 감시 카메라 등에도 광범위하게 사용되고 있다.

그림 6-2 생활속의 반도체

스마트폰 안에 많은 음악들을 담을 수 있는 것도 반도체 덕분이다. NAND FLASH Memory를 통해 다양한 음악은 물론 여러 편의 영화도 담아 언제든지 즐길 수 있다.

자동차에도 반도체는 빠지지 않는다. 차량의 ECU(Electronics Control Unit)는 차량 제어에 도움을 주는 핵심 부품으로 안전 운행과 직결되어 우리의 소중한 생명을 지켜준다. 초기에 엔진 제어부터 시작되어 현재는 변속기, TCU(Transmission Control Unit)에서 EPS(Electric Power Steering), ABS(Anti lock Brake System) 등 편의장치에서 안정성을 높이기 위한 장치까지 그 범위가 넓어지고 있다. 하나의 예로 에어백을 제어하는 ECU에 어른과 어린이를 분별하는 기능을 가진 반도체도 있다고 한다. 네비게이션에서도 반도체는 큰 역할을 한다. GPS를 통해 위성으로부터 신호를 받는 GPS 수신장치는 물론, 네비게이션용 AP 등 다양한 반도체 기술이 집결되어 쉽고 빠르게 우리에게 길 안내를 해줄 수 있는 것이다. 또한, 고속도로를 빠르게 이용할 수 있는 하이패스에도 반도체가 숨어 있다.

앞에서 언급한 것 외에도, 우리 생활 곳곳에 다양한 반도체가 있기에 지금의 편리하고 스마트한 생활이 가능하다.

무인자동차는 교통 상황, 경로 등의 데이터를 실시간으로 처리해 바로 주행 시스템에 반영해야 한다. 또 자동차 바깥의 온도, 날씨 등도 센서를 이용해 정보를 수집해야 헤드라이트의 밝기는 어떻게 조절하고, 내부 에어컨 가동 여부 등을 결정할 수 있다. 사물인터넷 역시 마찬가지다. TV, 냉장고, 에어컨 등이 인터넷에 연결돼 원격으로 작동하기 위해서는 결국 이런 데이터를 처리해주는 비메모리 반도체의 수요 및 중요성이 나날이 증가하고 있다.

그림 6-3 무인자동차와 반도체

IoT 시대에 대응하기 위한 시스템반도체 기업들의 기술력 강화 노력이 심화되고 있는 가운데, 그 중심에는 반도체의 동작을 제어하는 소프트웨어가 자리잡고 있다. 많은 전문가들은 하드웨어 보다는 효과적인 소프트웨어 역량 강화가 IoT 시스템반도체 비즈니스에 더욱 큰 영향을 미칠 것으로 예상하고 있다.

시스템반도체 산업에서는 드라이버와 컴파일러 등 반도체 구동소프트웨어를 비롯해 반도체 설계 및 제조 공정에서도 소프트웨어의 중요성이 지속적으로 강조되고 있다. 특히 스마트폰의 등장은 시스템반도체를 위한 소프트웨어의 비중을 크게 증가시키는 계기가 됐다. 스마트폰 내 시스템반도체를 효과적으로 활용하기 위해 수많은 소프트웨어가 적용되면서, 많은 반도체 기업들이 소프트웨어의 중요성을 인식하고 관련 기술력 확보에 집중하게 됐다.

그림 6-4 IC 반도체

최근의 세계 반도체 산업은 스마트폰과 같은 비메모리 반도체가 융합된 스마트 기기의 확산으로 비메모리 반도체, 특히 아날로그 반도체의 중요성이 커지고 있다. 국내 반도체 업체들 역시 다품종 소량 생산을 위주로 하는 비메모리 반도체 산업으로 이전하고 있으며, 제품의 다양화에 따라 신뢰성 평가가 필요한 반도체 소자 및 Chip의 수량이 급격히 증가하고 있다. 각 반도체 부품은 다양한 신뢰성 항목들을 통과해야만 상품화가 가능하기 때문에 반도체 Chip을 구성하는 반도체 소자의 신뢰성 평가가 매우 중요하다고 할 수 있다. 또한 아날로그 반도체의 핵심인 저주파 노이즈 특성을 정확히 평가하고 해석할 수 있는 전문가의 부족으로 국내외 기업들은 아날로그 반도체의 원활한 개발에 어려움을 겪고 있다. 저주파 노이즈 특성은 아날로그 반도체뿐만 아니라 바이오 센서, 적외선 센서 등의 다양한 정밀 센서와 RF 회로 등의 성능에도 매우 큰 영향을 미치고 있다.

6.2 반도체의 이해

도체와 절연체 사이에 있으면서 어느 것에도 속하지 아니하는 것을 반도체라고 하며 여기에는 게르마늄(Ge)이나 실리콘(Si)이 있다. 즉 반도체는 도체와 절연체의 중간정도의 고유저항을 갖는 물체를 말한다. 이들의 결정은 상온에서도 몇 개의 자유전자가 있으며, 이것에 열이나 빛 등의 에너지를 가하면 원자의 구속을 이기고 튀어나오는 전자의 수가 증가한다. 따라서 온도가 상승하면 고유저항이 낮아지는 반도체의 성질을 나타낸다.

전기 도체로 사용하는 구리의 경우 고유저항이 10[μΩm]로 매우 낮으며, 저항선으로 이용되는 니켈-크롬(Ni-Cr)도 고유저항이 10-4[Ωm] 정도이며 전기가 잘 흐르기 때문에 도체라고 한다. 그러나 고유저항이 106[Ωm] 이상이 되면 전기가 거의 흐르지 못하며 이들은 절연체로 사용된다.

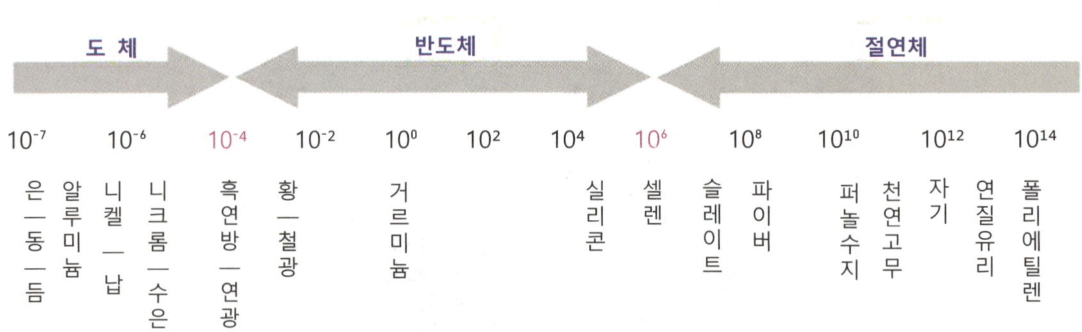

그림 6-5 각 물질의 고유저항

반도체는 도체와 부도체의 중간적 성격을 가진 물질이다. 이것은 온도, 전압 그리고 그 상관관계에 의해 도체로서 또는 부도체로서의 기능을 발휘하게 되는 것이다. 또한, 반도체는 종류에 따라 빛, 열, 자력 등의 다양한 반응을 나타내는 것들이 있다. 대표적인 반도체의 구성원소는 실리콘(Si)과 게르마늄(Ge)으로 되어 있다. 이 원자들은 외곽에 4개의 전자를 가지고 있지만 실제로는 외곽 전자들은 다른 원자와 공유하고 있는 상태이므로 원자들은 서로 결합되어 있는 것이다.

이들의 결합력은 비교적 약하기 때문에 어떤 전자들은 스스로 자유 전자가 되기도 하지만 그 수는 매우 적고, 또 저항이 매우 크기 때문에 쓸모없는 것이 되고 만다. 진성 반도체는 다이오드나 트랜지스터를 제작하는 게르마늄이나 실리콘이며 이들은 결정이 같은 수의 전자와 정공(hole)이 있는 반도체이다.

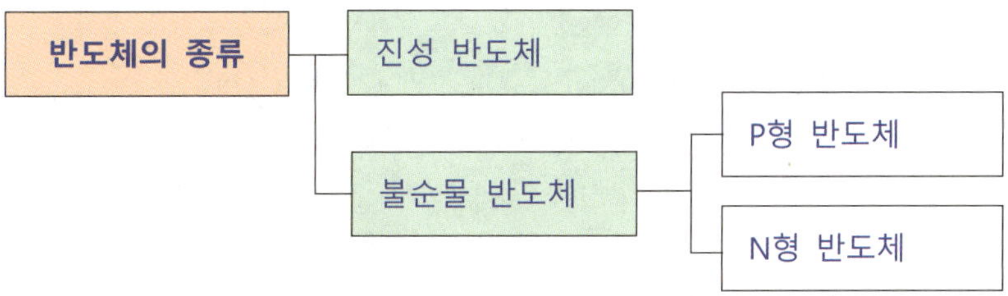

그림 6-6 반도체의 종류

6.2.1 진성 반도체

불순물이 들어 있지 않는 순수 반도체를 진성반도체(intrinsic semiconductor)라 한다. 최근에는 고유반도체라고 부러는 경우도 있으며 다른 원자가 거의 섞이지 않은 것으로 순도가 99.99%에 가까우며 외부로부터 전압, 열, 빛 등을 받으면 자유전자나 홀의 수가 증가하여 전도성이 높아진다.

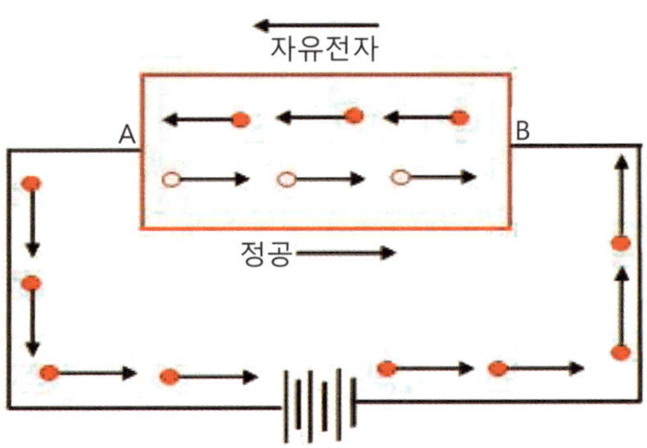

그림 6-7 진성반도체

6.2.2 불순물 반도체

불순물 반도체는 진성 반도체에 다른 원소를 혼합하여 전류 흐름이 쉽게 한 반도체이며 P형 반도체와 N형 반도체가 있다. 이 불순물 반도체에 첨가하는 불순물의 작용에는 2가지가 있는데, 반도체 사이의 자유 전자수를 증대시키거나 반도체 내의 정공을 증가시킨다.

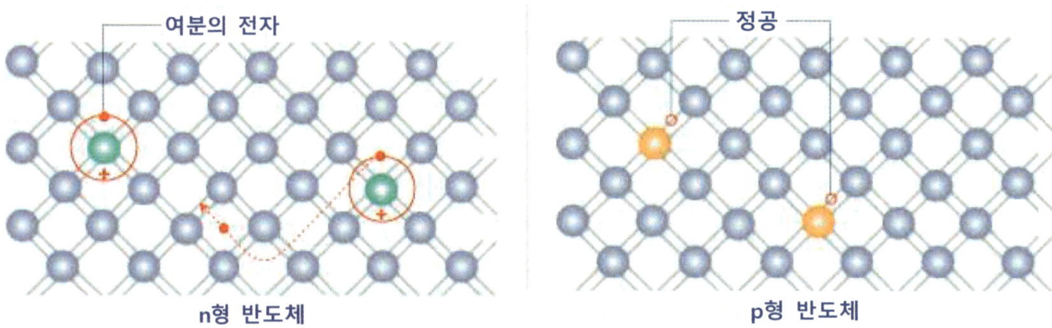

그림 6-8 불순물반도체의 종류

(1) P형 반도체(Positive semiconductor)

P형(positive type) 반도체도 전류를 보다 쉽게 흐를 수 있도록 고안된 것으로 정공(positive hole)을 진성 반도체 내에 갖추어 놓은 것이다. 정공은 3개의 외곽전자를 가진 물질(칼륨 또는 인듐)을 첨가하여 만든 것이다. Si는 4개의 외곽전자를 가지고 있으므로, 결합되면 하나의 전자 자리가 비게 된다. 이 공간을 정공이라 부르고, 이 때문에 전자의 공석이 생김으로 해서 물질은 (+)를 띠게 된다.

전압이 인가되었을 때 정공은 근접한 전자로 옮겨가는데 이 현상은 전류가 흐르는 동안 계속 된다. 사실 그것은 전자가 이동하는 것이지만 우리는 그것이 정공이 이동하는 것으로 생각하게 된다.

N형 반도체에 있어서 전류는 전자에 의해서 흐르고, P형 반도체에서의 전류는 정공에 의하여 흐른다. N형에서의 전자와 P형에서의 정공을 모두 캐리어(carrier)라고 한다.

실리콘에 3가의 원소인 알루미늄(Al), 인듐(In) 등의 원소를 첨가하면 실리콘 원자와 공유결합을 한다. 이때 3가의 원소에는 가전자가 3개이므로 전자가 부족하게 되고 전자가 부족하다는 것은 (+)전기를 가지는 정공이 발생하였다는 의미가 되며 이 정공은 전기의 운반자가 된다. (+)라는 의미에서 P형 반도체라고 부른다.

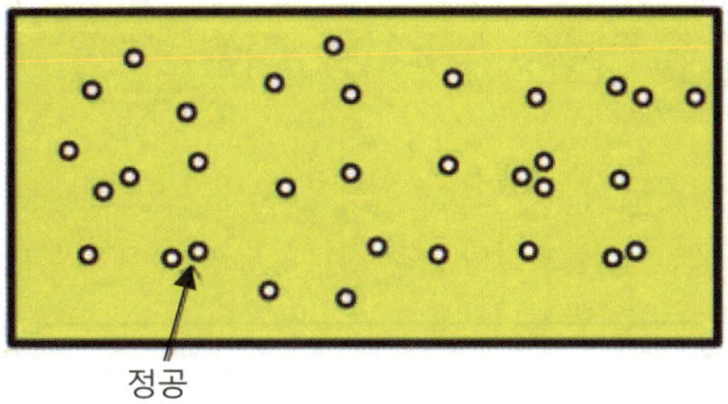

그림 6-9 P형 반도체

(2) N형 반도체(Negative semiconductor)

전자를 진성 반도체에 첨가시켜주면 전류는 보다 쉽게 흐를 수 있다. 이런 형태로 만들어진 반도체를 N형 반도체라 부른다. 이것은 외각에 5개의 자유전자를 가진 원자를 미량 첨가함으로써 만들어지는데, 그러한 물질로 인(P)과 비소(As)가 쓰이고 있다.

실리콘은 4개의 외곽전자를 가지고 있으므로 P 또는 As와의 공유결합을 통해 하나의 여분의 전자를 얻게 된다. 이 여분의 전자는 자유롭게 활동할 수 있기 때문에 전류는 보다 흐르기 쉽게 된다.

N형 반도체은 실리콘의 결정(가전자 4개)에 5가의 원소(맨 바깥쪽 궤도에 5개의 가전자가 있는 것)인 비소(As), 안티몬(Sb), 인(P) 등을 조금 혼합하면 5가의 원자가 실리콘 원자 1개를 밀어내고 그 자리에 들어가 실리콘 원자와 공유 결합을 만든다. 이때 5가의 원자에는 전자 1개가 남게 되며 이 남는 전자를 과잉전자라고 한다.

이 과잉 전자는 원자에 구속되는 힘이 약하기 때문에 약간의 에너지로 반도체의 결정 속을 자유롭게 이동할 수 있는 자유 전자가 된다. 이 경우 5가의 원자를 혼합한 반도체는 (-)로 대전된 자유전자의 수가 (+)로 대전한 정공 보다 많아 N형 반도체라고 한다. 이와 같이 인위적으로 자유 전자를 만들기 위하여 혼합하는 5가의 전자를 도너(Donor)라고 부른다.

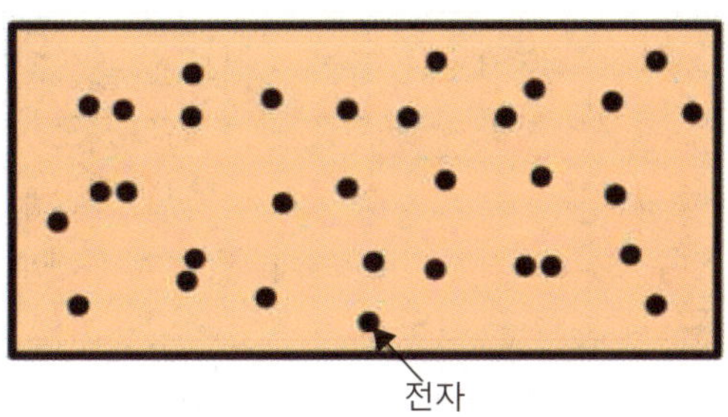

그림 6-10 N형 반도체

6.3 전기를 정류하는 실리콘 다이오드

인류가 사용하는 전체 전기에너지의 20% 이상은 조명용으로 사용되고 있다. 또한 형광등은 수은을 포함하고 있어 환경오염을 일으킨다. 이러한 형광등을 대신하여 나노기술로 제작한 LED(반도체발광다이오드)나 OLED(유기발광다이오드) 조명기기가 곧 생활에 적용될 것이다. 이것들이 적용되면 기존 형광등에 비해서 90%의 전기에너지를 절약할 수 있다. 최근에는 이것들의 발광효율을 높이기 위해 다양한 나노기술들이 응용되고 있다.

그림 6-11 OLED(유기발광다이오드)

6.3.1 개요

다이오드, 트랜지스터, 사이리스터 등은 PN접합을 기본으로 하여 만든 반도체 소자이며 PN접합이라고 하여 마치 P형 반도체와 N형 반도체를 접합체로 붙여서 만든 것 같지만 실제는 연속적으로 P층에서 N층으로 변해가는 구조를 형성하고 있다. 이와 같이 하여 PN접합은 접합면이 1개인 것을 단접합, 2개를 2중 접합, 3개 이상은 다중 접합이라고 하며 접합면의 수에 따라 반도체 소자를 분류하기도 한다.

다이오드는 특히 전류를 한쪽 방향으로만 흘리는 반도체 특성을 가지고 있다. 반도체란 원래 이러한 성질을 가지고 있기 때문에 반도체라 부르는 것이다. 트랜지스터도 반도체이지만, 다이오드는 특히 이와 같은 한쪽 방향으로만 전류가 흐르도록 하는 것을 목적으로 하고 있다.

반도체의 재료는 실리콘(규소)이 많지만, 그 외에 게르마늄, 셀렌 등이 있다.

다이오드의 용도는 전원장치에서 교류전류를 직류전류로 바꾸는 정류기로서의 용도, 라디오의 고주파에서 신호를 꺼내는 검파용, 전류의 ON/OFF를 제어하는 스위칭 용도 등, 매우 광범위하게 사용되고 있다.

P와 N형의 반도체를 접합하였을 때 서로 접합된 좁은 부분에서는 N형 측의 전자와 P형 측의 정공이 서로 결합하여 캐리어가 존재하지 않는 결핍층이라 불리우는 중립지대를 형성한다. 이렇게 접합된 반도체를 PN접합 반도체라 한다. (+)극이 N형 측에 연결되고, (-)극이 P형 측에 접속되어 있을 때 전압을 인가하면, 정공은 (-)극쪽으로, 전자는 (+)극쪽으로 이동하여 결핍층을 확장시킨다. 이것을 역방향 전압이 인가되었다고 말하며 이때 전류는 흐르지 않는다.

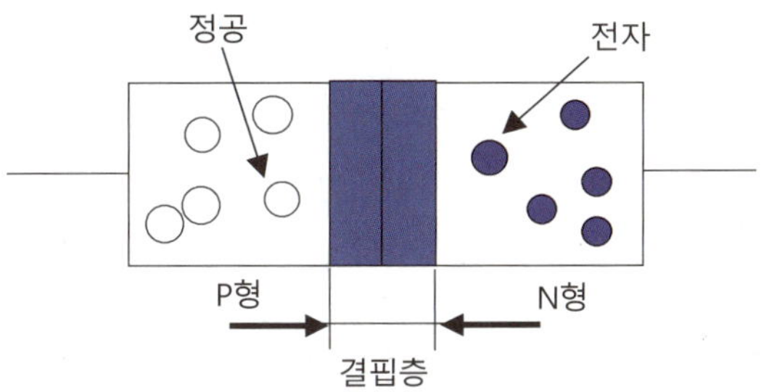

그림 6-12 P-N 접합 반도체

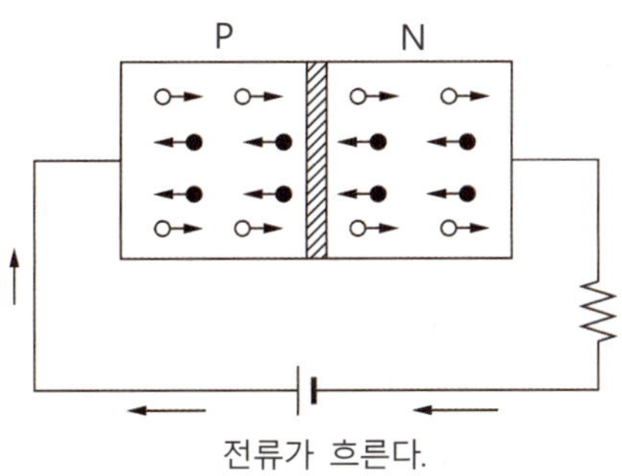

그림 6-13 순방향 연결

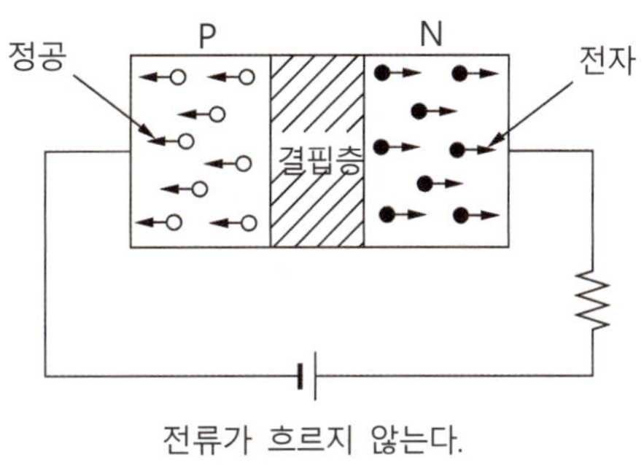

그림 6-14 역방향 연결

다음, (-)극이 N형 측에, (+)극이 P형 측에 접속되면 전자와 정공은 결핍층을 통과하게 되어 전류가 흐르게 된다. 이때 인가된 전압을 순방향 전압이라고 한다.

그래프는 역방향 전압과 순방향 전압이 인가되었을 때 흐르는 전류를 나타낸 것인데 역방향 전압에서는 미량의 누설전류가 흐르지만, 매우 높은 역방향 전압이 인가되면 급작스럽게 매우 큰 전류가 흐르게 된다. 이때 인가된 전압을 항복전압이라 한다.

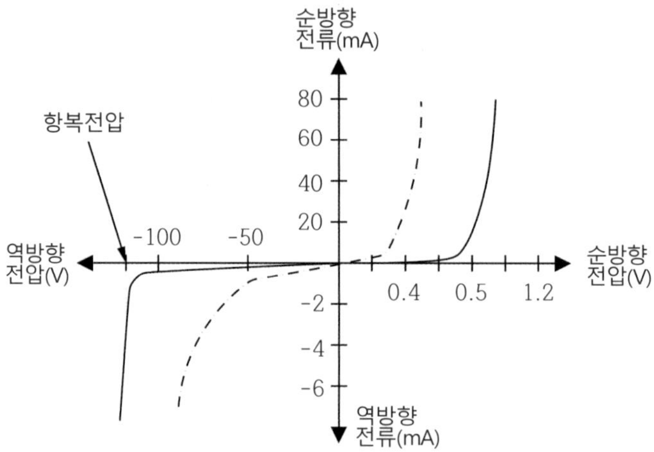

그림 6-15 항복전압

P형과 N형의 접합을 좀 더 구체적으로 설명하면 다음과 같다. 게르마늄이나 실리콘의 결정을 만들 때 도너나 억셉터를 혼합하므로써 결정의 일부분을 P형과 N형의 영역으로 할 수 있는데 이와 같이 P형과 N형의 영역이 접합한 상태를 PN접합이라고 한다. PN이 접합이 되면 접합면 근처의 영역에서 정공은 P형에서 N형으로, 자유 전자는 N형에서 P형으로 확산되어 이동할 수 있는 운반자의 농도가 양쪽의 결정으로 균형을 유지하도록 되어 있다.

따라서 P형과 N형의 접합부에서는 자유 전자와 정공이 부족한 결핍층이 발생한다. 이 결핍층은 자유 전자와 정공의 이동을 저지하므로 P형 영역과 N형 영역의 운반자는 균형을 이룬 상태가 된다. 그리고 전계(field)가 발생한 결핍층에는 전위 구배가 있어 운반자(carrier)가 결핍층을 통과하려면 이 전위 구배를 올라갈 필요가 있다.

따라서 전위 구배는 운반자의 이동을 방해하게 되므로 PN접합에 전류를 흐르게 하려면 전위장벽을 올라갈 수 있는 만큼의 에너지를 외부에서 가하여야 한다. 이와 같이 PN 접합을 사용하는 이유는 전위장벽을 만들어 놓고 외부에서 가하는 에너지를 주입하여 운반자 수를 조절하기 때문이다.

6.3.2 정류용 다이오드

P형 쪽에 (+), N형 쪽에 (-)를 연결하면 PN접합 부분의 전위장벽은 외부전압의 손실에 따라 거의 없어지고 전위장벽이 낮아지면 결핍층의 폭도 좁아져 정공과 자유전자가 이동을 한다.

여기서 중요한 것은 가한 전압에 따라 정공은 접합면을 지나 P형에서 N형으로 주입되고 자유전자는 N형에서 P형으로 주입되어 전류가 흐른다는 점이다.

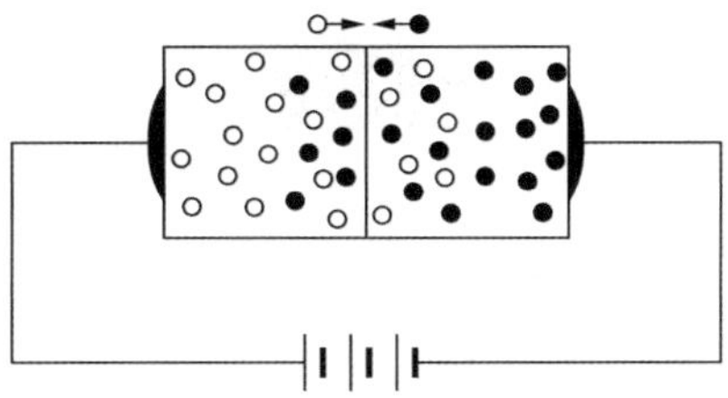

그림 6-16 순방향 전류

그림 6-17 실리콘 다이오드

이와 같이 흐르는 전류를 순방향 전류라고 한다. 즉, 정공은 전지의 (+)극에 반발하여 N형으로 흘러 들어가고 전자는 (-)극에 반발하여 P형으로 흘러 들어가게 된다.

P형쪽에 (-)를, N형쪽에 (+)를 연결하면 PN 접합부분의 전위 장벽은 외부 전압에 의하여 더욱 높아져 결핍층의 폭도 넓어진다. 따라서 P형에서 N형으로, N형에서 P형으로 주입되는 운반자가 매우 적어 극히 적은 전류밖에 흐르지 못하기 때문에 결핍층에서 소멸되어 전류가 흐르지 못하게 된다. 이와 같은 전류를 역방향 전류라고 한다.

다이오드는 가하는 전압의 전극에 따라 전류가 흐르거나 흐르지 못하게 되는데 전류가 흐르는 상태를 순방향 전류(ON), 흐르지 못하는 상태를 역방향 전류(OFF)라고 한다. 이 작용을 정류작용이라고 한다.

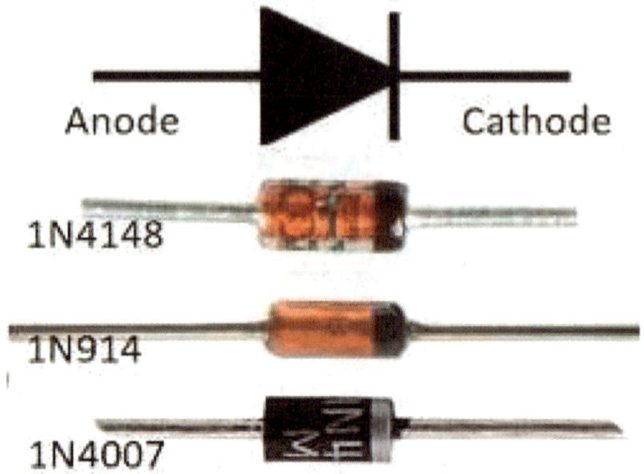

그림 6-18 다이오드 실물

정류용 다이오드는 전압의 한쪽 방향에 대해서는 낮은 저항으로 되어 전류를 흐르도록 하고, 반대방향으로는 높은 저항으로 되어 전류의 흐름을 저지하는 성질을 이용한 것이다. 즉, 순방향(forward bias)의 특성은 정격전류를 얻기 위한 전압은 약 1.0~1.25[V] 정도이나 역방향(reverse bias)의 특성은 그 전압을 어떤 값까지 점차 상승시키더라도 적은 전류(역방향 전류) 밖에는 흐르지 못한다.

그러나 어떤 값에 도달하면 전류의 흐름이 급격히 증가한다. 이 급격히 큰 전류가 흐르기 시작할 때를 항복 전압(breakdown voltage) 또는 역내압이라고 한다. 다이오드를 사용할 때에는 순방향으로는 정격전류, 역방향으로는 역내압 등에 주의하여야 한다. 다이오드 규격표의 값은 특수한 것을 제외하고는 주위의 온도를 25[℃]로 하고 있다.

6.4 전기를 빛으로 바꾸는 발광 다이오드

최근 우리 삶 속에 LED 조명이 깊숙이 들어와 있다. 생활 속 조명을 비롯하여 LED를 이용한 아름다움 빛 축제까지를 비롯하여 우리 주변에 LED가 일상화 된 이유는 반도체 덕분이다. 한 알의 전구에서 반도체 성질을 이용하여 다채로운 색을 표현할 수 있게 되었기 때문이.

그림 6-19 생활속의 조명

LED(발광 다이오드, light emitting diode)는 갈륨(Ga), 인,(P), As(비소)를 재료로 하여 만들어진 반도체 소자를 뜻한다. 특정 재료를 통해 RGB(적색, 녹색, 청색)을 넣어주면, 수많은 색을 표현 할 수가 있지만, 처음 개발된 LED는 녹색과 적색만 표현할 수 있었다. 최근 LED 조명은 소형화가 가능하다는 점에서 가전제품에도 널리 이용되고 있다. 대표적인 예로 청소기에 부착된 LED 조명이 있다. 청소기 앞 면에 LED 조명을 부착해 어두운 곳을 구석구석 청소 할 수 있고, 눈으로 잘 보이지 않는 먼지들을 쉽게 찾을 수가 있다. 또, LED에 UV(자외선) 기술을 더하면, 친환경 살균 기능을 구현할 수 있다. LED 자체에 독성 물질이 전혀 없어 살균 기능에서 활용해도 인체에 해롭지 않다. LED에 자외선이 더해진 'UV LED'는 자외선을 방출하는 조명으로 단파장의 고 에너지를 이용해 살균, 공기 청정에 탁월한 효과가 있다고 한다. 이렇듯 LED 조명은 헬스케어 영역까지 범위를 넓히며 다양하게 활용되고 있다.

6.4.1 발광 다이오드(LED)

발광 다이오드는 LED(Light Emitting Diode)라고도 하며, PN접합 다이오드에 순방향 전류를 가하면 빛을 발생하는 다이오드이다. 이 다이오드는 가시광선으로부터 적외선까지 여러 가지 빛을 발생시킨다. 즉, 전기적 에너지를 빛으로 변환시키는 다이오드이며 특징은 다음과 같다.

① 수명이 백열전구의 10배 이상이며 반영구적이다.

② 낮은 전압(2~3[V])에서도 발광 작용을 한다.

③ 소비전력이 0.05[W] 정도이고, 전류는 10[mA] 정도이다.

④ 점멸 응답성이 10~6초[ms]단위로 매우 빠르다.

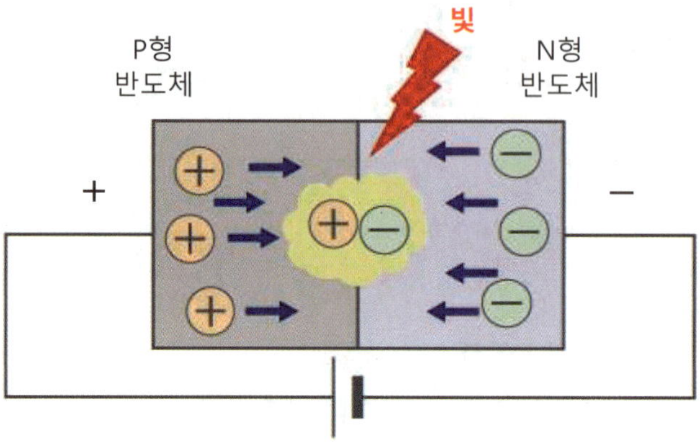

그림 6-20 LED의 기본구조

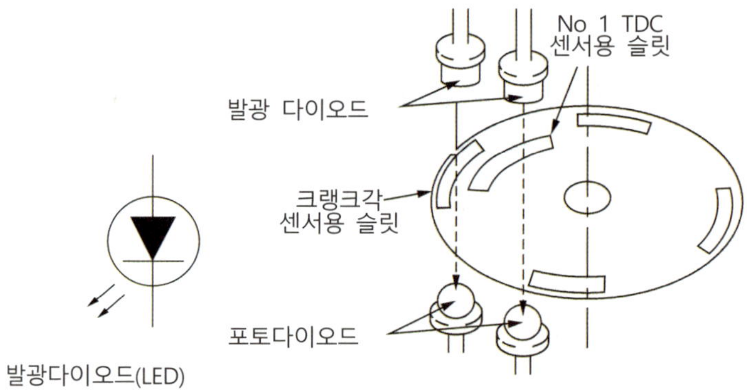

그림 6-21 발광 다이오드 응용 예

그림 6-22 발광 다이오드

발광 다이오드에서 발생하는 색깔은 반도체의 재료에 따라 적색, 녹색, 황색 등이 있으며 자동차에서는 디지털 미터의 회전계, 차속 센서, 크랭크각 센서, 제1번 실린더 상사점 센서, 조향휠 각속도 센서, 차고 센서 등에서 사용된다.

삼성·애플 뛰어든 마이크로LED…4년간 급성장 예상

- 애플 등 대형 기업들이 본격적으로 연구개발을 시작한 마이크로LED가 올해부터 앞으로 4년간 급성장해 LED 시장의 주류로 자리매김할 것이라는 전망이 나왔다. 마이크로LED와 일반 LED의 과도기적 기술인 미니LED 역시 빠른 속도로 시장이 커질 것으로 보인다.
- 마이크로 LED는 통상적으로 칩 크기가 5~10 ㎛에 불과한 초소형 LED를 말한다. LED 칩 자체를 화소로 활용할 수 있기 때문에 기존 LED로 구현할 수 없는 플렉서블 디자인도 가능하며 내구성도 강하고 소형화, 경량화에도 더 유리하다. 무엇보다 투명도를 80% 수준까지 높일 수 있어 웨어러블 기기로서의 효용성도 높다.
- 최근 애플이 마이크로LED를 모바일용 유기발광다이오드(OLED)의 대체 기술로 개발 중이라는 주장이 제기되면서 업계 이목이 집중된다. 블룸버그 등에 따르면 애플은 캘리포니아 산호세 인근 제조시설에서 테스트를 목적으로 마이크로LED를 생산 중인 것으로 알려졌다.

2022년 세계 LED 웨이퍼 시장 내 마이크로LED, 미니LED 비중

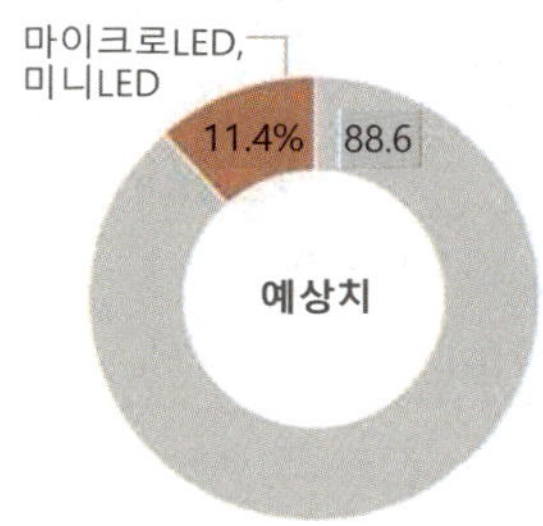

- 삼성전자는 TV용 대형 디스플레이 분야에 마이크로LED 기술을 이미 도입했다. 올초 미국 라스베이거스에서 열린 'CES 2018'에서 146인치 마이크로LED TV '더월'을 공개한 삼성전자는 이 제품을 올해 하반기부터 본격적으로 시장에 내놓는다는 방침이다.
- LG디스플레이 역시 일찌감치 마이크로LED 기술 도입을 준비해왔다. 한상범 LG디스플레이 부회장은 지난해 10월 기자들과 만난 자리에서 "상업용 디스플레이 분야에서 마이크로LED 도입을 준비하고 있다"고 밝힌 바 있다. 마이크로LED 생산의 몇가지 걸림돌이 해결될 경우 TV분야에도 적용될 가능성이 높다.

백열등이나 형광등 등, 우리는 많은 인공적인 빛에 둘러 쌓여 살고 있다. LED는 조명 용도의 광원으로는 아직도 시작단계이지만, 기존의 백열등 등이 흉내를 할 수 없는 뛰어난 특징을 가지고 있다. 그 중에서도, 백열등이나 형광등에 비해서 훨씬 긴 수명은 큰 장점이다.

예를 들면, 현재 LED 조명은수명이 4만 시간 정도인 제품이 대부분이지만, 이 경우 하루에 10시간점등 시, 약 10년 동안 사용할 수 있다. 또, LED는 기존의 광원에 비해 컴팩트하기 때문에, 기구의 소형화가 용이하고, 기구 디자인의 설계 자유도가 높아집니다. 또한 열선이나 자외선을 거의 포함하지 않고, 최근 LED 성능의 향상으로 기존의 백열등이나 컴팩트형 형광등 등과 비교하여 발광 효율이 오히려 높으며, 다양한 조명 분야 상품의 에너지 절약에 크게 공헌하고 있다.

6.5 포토 다이오드의 활용

포토다이오드를 활용하는 곳은 주변에서도 쉽게 찾아볼 수 있다. 일단 CDP나 DVDP에서도 포토다이오가 들어간다. 레이져를 DISC에 쏘아 반사되어 돌아오는 빛을 포도다이오드에서 받아 소리나 화면으로 재생시켜 준다. 또 근접하면 자동으로 문이 열리는 장치나 손을 갖다 대면 물이 나오는 자동수도꼭지, 등에서도 한쪽은 적외선을 쏘고, 반사되어 돌아오는 빛을 포토다이오드로 받아 동작한다. 그리고 마우스의 내부에도 포토다이오드가 들어간다. 마우스를 움직이면 내부의 구멍 뚫린 휠이 돌아가는데 휠이 돌아가는 펄스를 포토다이오드에서 받아들이는 것이다.

6.5.1 수광 다이오드(Photo Diode)

포토 다이오드(수광 다이오드)는 빛을 전기흐름으로 변환하는 다이오드이며 그림과 같이 역방향으로 전압을 가한 상태에서 PN접합면에 빛을 받으면 전류가 흐르게 되고, 빛의 양을 변환시키면 회로에 흐르는 전류는 빛의 양에 비례하여 변화한다.

즉, 입사광선을 접합부에 쪼이면 빛에 의하여 결핍층의 전자가 궤도를 이탈하여 전류가 흐르게 된다. 이러한 원리를 이용하여 자동차에서는 크랭크각 센서, 제1번 실린더 상사점센서, 조향휠 각속도센서, 에어컨디셔너의 일사 센서 등에서 사용되고 있다.

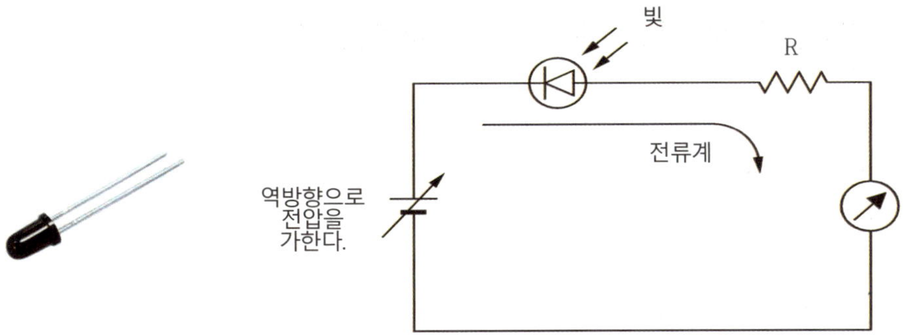

그림 6-23 포토 다이오드의 기호

빛을 받지 않으면 포토 다이오드는 저항이 높기 때문에 회로에서는 PNP형 트랜지스터 TR_1의 베이스에 전류가 흐르지 못하므로 TR_1이 OFF된다.

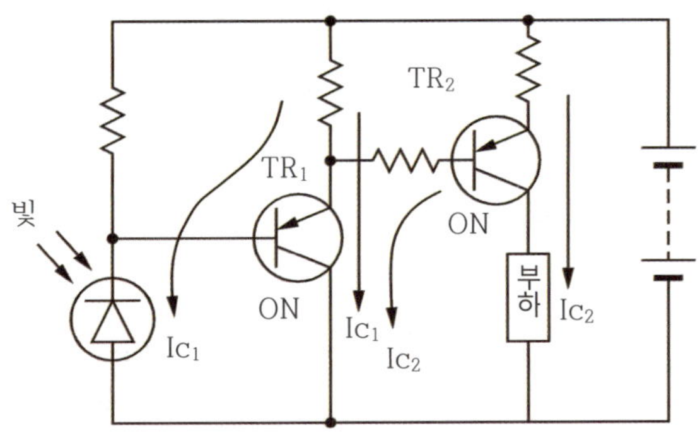

그림 6-24 포토 다이오드의 응용

따라서 PNP형 트랜지스터 TR_2도 OFF가 되어 부하 전류인 컬렉터 전류 Ic_2는 흐르지 않는다.

포토 다이오드에 빛이 가해지면 트랜지스터 TR_1의 베이스 전류가 흐르게 되므로 트랜지스터 TR_1이 ON으로 되어 컬렉터 전류가 흐른다. 이때 트랜지스터 TR_2의 베이스 전류도 흐르게 되며 트랜지스터 TR_2는 ON으로 되어 부하 전류인 컬렉터 전류 Ic_2가 흐르게 된다. 이와 같이 포토 다이오드는 빛의 양을 전류로 변화하여 전기 회로를 작동시킬 수 있다.

6.6 약한소자를 지키는 제너 다이오드

제너 다이오드는 역방향 전압을 가하였을 때 정전압 작용을 하므로 안정화 전원 회로에 널리 이용되고 있다. 자동차에서는 트랜지스터식 점화 장치, 전압 조정기 등에서 사용하고 있다.

6.6.1 제너 다이오드(Zener Diode)

다이오드 중에도 역방향 전류가 흘러도 파괴되지 않고 역전압이 낮아지면 전류를 차단하는 것이 있다. 이것을 제너 다이오드라 하고 역방향 전류가 급속히 증가할 때의 전압을 제너 전압이라 한다. 제너 다이오드는 정전압소자로 사용된다. 바꿔 말하면 회로에서 원하는 전압을 얻고자 할 때 사용한다. 회로에서 요구되지 않은 높은 전압이 인가되었을 때, 제너 다이오드는 이 전압을 자신을 통과하게 함으로써 TR 등의 소자를 보호하게 된다. 그러므로 제너 다이오드를 정전압 다이오드라고도 부른다.

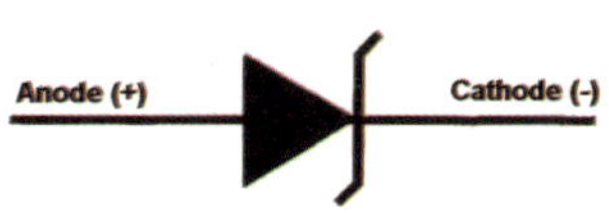

(a) 제너 다이오드의 기호

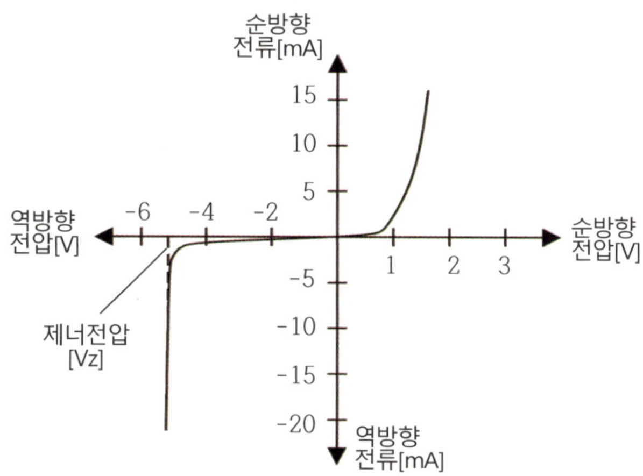

(b) 특성곡선

그림 6-25 제너 다이오드의 기호와 특성곡선

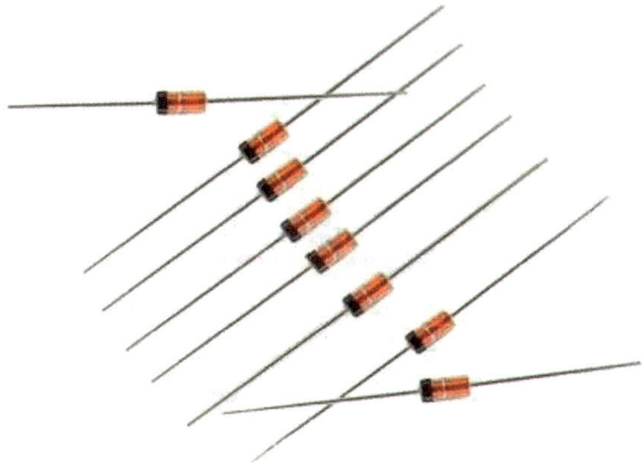

그림 6-26 제너 다이오드

제너 다이오드는 실리콘 다이오드의 일종이며 어떤 전압하에서는 역방향으로도 전류가 흐를 수 있도록 제작한 것이다. 제너 다이오드는 역방향으로 가해지는 전압이 어떤 값에 도달하면 순방향 특성과 같이 급격히 전류를 흐르게 한다. 이때의 전압을 제너 전압(breakdown voltage)이라고 한다. 그리고 역방향 전압이 점차 감소하여 제너 전압 이하가 되면 역방향 전류가 흐르지 못한다. 이 제너 전압은 온도 및 사용에 의한 변화가 작다.

브레이크다운 전압

▶ **전류가 급격히 흐르기 시작할 때의 전압을 말한다.**

- 제너 다이오드의 작용은 다음과 같다. PN접합 다이오드에 역방향의 전압이 점차 상승하여 어느 전압에 도달한 시점에서 공유 결합 부분의 가전자는 역방향 전압의 에너지에 의하여 자유 전자로 변화하여 튀어 나가고 그 빈자리에는 새로운 정공이 발생하여 떠돌아다니는 자유 전자를 빈자리로 흡인하려고 한다.
- 이로 인하여 접합부분을 넘어 가전자로 변화한 자유 전자와 새롭게 발생한 정공이 운반자로 되어 전류가 흐르기 시작한다. 이와 같은 현상을 제너 현상이라고 한다. 그리고 제너 전압보다 높은 역방향 전압을 제너 다이오드에 가하면 급격히 큰 전류가 흐르기 시작하는데 이 현상을 브레이크 다운이라고 한다.

제너 다이오드에 역방향 전압을 점차 증가시키면 자유 전자의 기세가 강해져 공유 결합을 하고 있는 가전자를 끌어내 자유 전자와 정공을 증가시키기 때문에 큰 전류가 흐른다. 그러나 제너 다이오드에는 제너 현상이 발생하는 이상의 높은 전압을 가했을 때 전류는 급격히 증가를 하지만 전압은 일정하게 되는 정전압 작용이 있다.

6.7 트랜지스터는 스위치

우리가 사용하고 있는 스마트폰, 태블릿 PC, 데스크탑 PC 등 셀 수 없이 많은 전자 기기에 반도체가 들어간다. 디스플레이도 마찬가지 이다. 우리가 스마트폰, 디지털카메라 등 IT제품에는 모두 디스플레이가 탑재가 되어 있다. 이를 역시 능동적으로 구동하기 위해서는 TFT라는 박막트랜지스터가 필요하다. 이처럼 트랜지스터는 우리가 사용하는 대부분의 전자기기에 탑재되어 전류의 흐름을 제어하고 있다.

그림 6-27 트랜지스터

6.7.1 개요

PN 다이오드의 N형쪽에 또 하나의 P형을 접합시키거나(PNP형), P형쪽에 또 하나의 N형을 접합한 것(NPN형)이며, 3개의 부분에는 각각 인출선이 붙어 있으며 중앙부분을 베이스(base ; B), 트랜지스터의 형식에 관계없이 리드선(lead wire)단자를 이미터(emitter ; E), 그리고 나머지 하나를 컬렉터(collector ; C)라고 한다. PNP형 트랜지스터의 전류 흐름은 이미터에서 베이스 방향이며, NPN형 트랜지스터는 베이스에서 이미터로 전류가 흐른다.

그리고 트랜지스터의 작용은

① 작은 신호 전류로 큰 전류를 단속하는 스위칭(switching) 작용과

② 증폭작용

③ 이그나이터 작용 등이 있다.

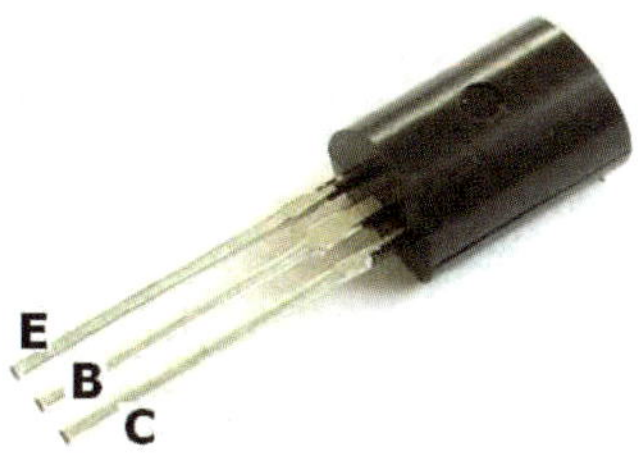

그림 6-28 Transistor

그림 6-29 트랜지스터의 다양한 형태

I_B전류가 클수록 P와 N_2사이의 결핍층을 관통하는 전자들의 관통력도 커지며, I_C전류도 증가한다. 다시 말하면, I_B전류가 커질수록 I_C전류도 커지게 된다. 이들은 비례관계에 있다.

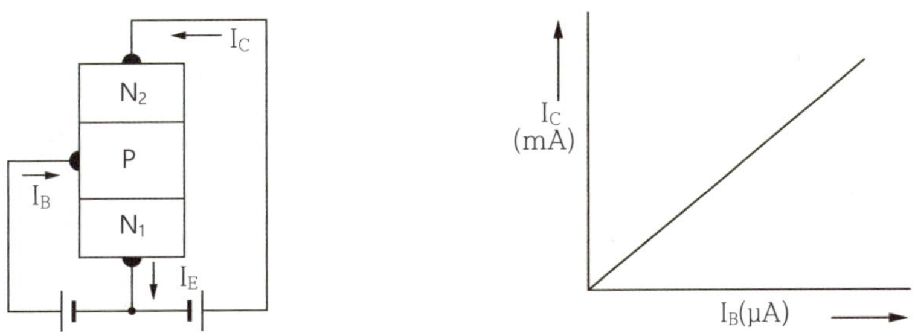

그림 6-30 NPN 트랜지스터 전류의 비례관계

트랜지스터의 단자는 이미터(E : emitter), 컬렉터(C : collector), 베이스(B : base)가 있으며, 베이스 전류는 I_B, 이미터 전류는 I_E, 컬렉터 전류는 I_C로 표기된다.

① E(이미터) : NPN식에서는 전자를 내보내고, PNP식에서는 정공을 내보낸다.

② C(컬렉터) : 이미터에서 보내진 전자나 정공을 받아들인다.

③ B(베이스) : 중간층으로서 방출전류를 제어한다.
또 이미터 층이나 컬렉터 층에 비하여 대단히 얇다.

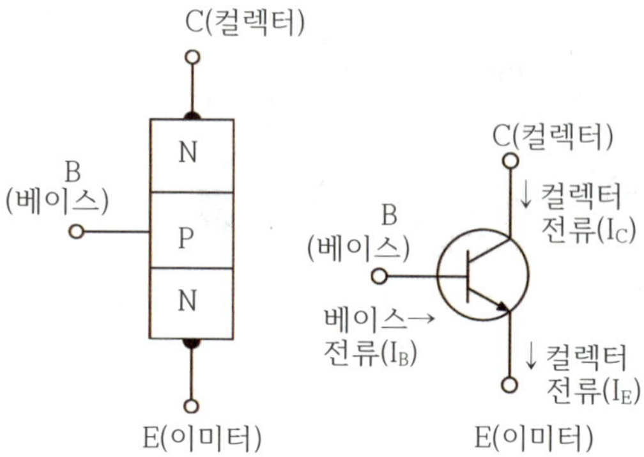

그림 6-31 NPN형 트랜지스터

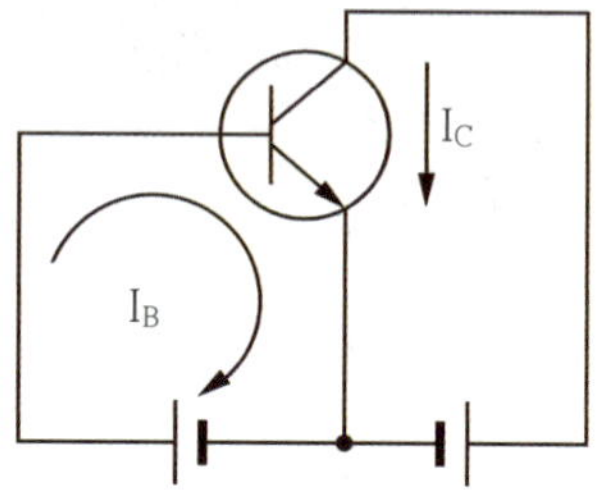

그림 6-32 NPN형 트랜지스터

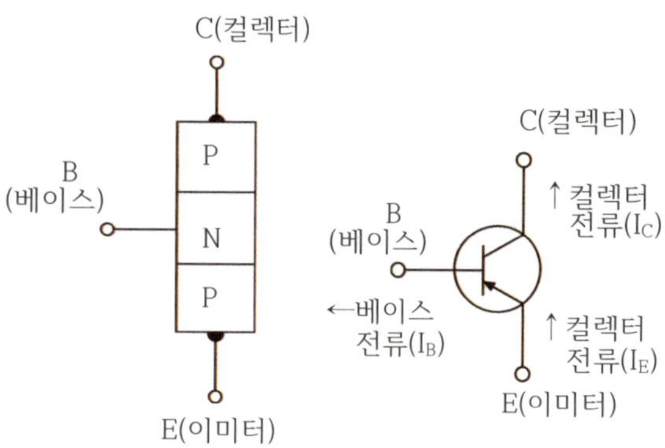

그림 6-33 PNP형 트랜지스터

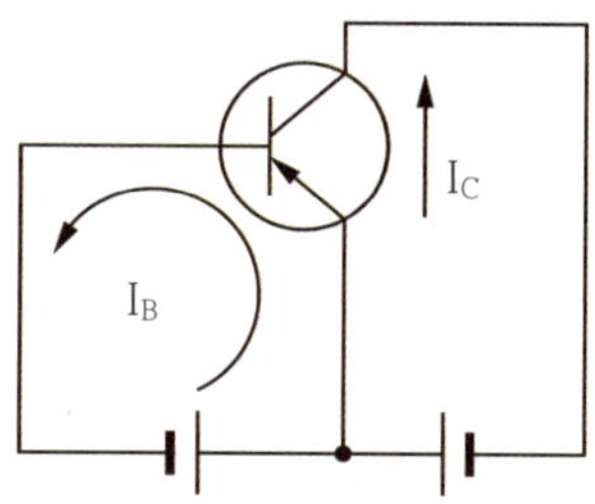

그림 6-34 PNP형 트랜지스터

$$NPN, PNP\text{형} \; : \quad I_E = I_C + I_B$$

(1) 증폭 작용

오늘날 증폭이란 용어는 매우 넓게 사용되고 있다. 전기의 영역에 있어서는 전기적으로 입력신호를 확대한 출력으로 나타내는 것을 의미한다. 이것은 입력신호 전압(전류)에 따라 증가하는 것으로 파형으로 나타내 보였다. 후술하겠지만, 작은 입력신호로 큰 부하를 작동하는데 사용되는 것이므로 스위치도 역시 하나의 증폭과정이라고 말할 수 있다.

또, 전압과 전류의 증폭에는 다른 전압원 또는 전류원으로부터 에너지 공급이 필요하게 된다. 이것은 전원공급 장치로부터 공급되게 된다. 그림과 같이 베이스에 저항 Rb를 통하여 (+)전압을 접속하면 이미터의 전자는 베이스의 (+)정공에 의하여 흡인되므로 베이스 전류가 흐른다. 그러나 베이스는 두께를 매우 얇게 제작하였기 때문에 이미터 전자는 컬렉터의 전자와 함께 컬렉터의 (+)전압으로 흡인되므로 이미터와 컬렉터 사이가 도통 상태로 되어 컬렉터 전류가 된다.

그리고 베이스는 매우 두께가 얇기 때문에 베이스 내에 존재하는 정공수가 매우 적어 이미터 전자는 베이스의 정공 쪽으로 이동하는 양보다 컬렉터 (+)전압 쪽으로 이동하는 양이 압도적으로 많아진다. 이 때문에 베이스 전류보다 컬렉터 전류가 약 10~200배 정도 많이 흐른다. 즉, 약간의 베이스 전류로 큰 컬렉터 전류를 얻을 수 있으며, 또 베이스 전류를 바꿈으로써 컬렉터 전류의 양을 증가시킬 수 있는데 이 작용을 트랜지스터의 증폭 작용이라고 하며 증폭률은 다음과 같이 표시한다.

$$h_{EF} = \frac{I_C}{I_B}$$

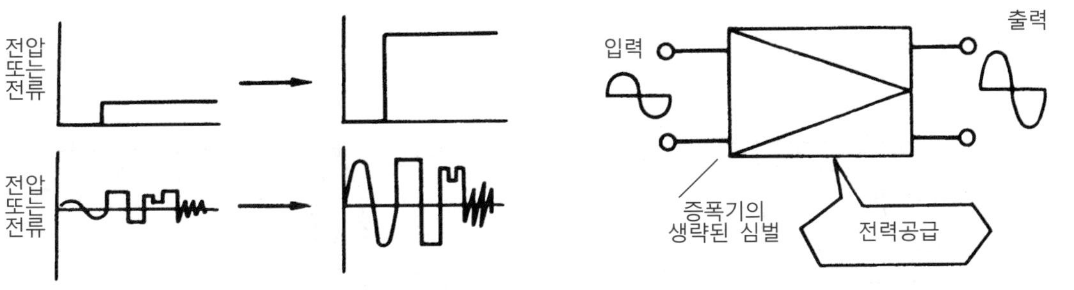

그림 6-35 증폭 작용

베이스전류 I_B의 증가와 더불어 컬렉터전류 I_C도 증가한다. 다르게 생각해보면 I_B 전류가 충분히 흐르면 컬렉터와 이미터 사이의 저항이 매우 작아진다고 할 수 있다. 바꿔 말하자면 I_B 전류가 흐르지 않으면 저항은 대단히 크게 된다는 것이다.

(2) 스위칭(switching) 작용

트랜지스터는 또한 릴레이의 역할을 할 수 있다. 이 기능을 스위칭(switching)역할이라 하며, 이러한 기능으로 하여 자동차에 매우 많이 사용되고 있다. 기계식 스위치와 비교하면 트랜지스터 스위치는 수명이 길고, 소형이며, 전력도 절약된다. 일반적으로 이 트랜지스터를 무접점 릴레이 또는 무접점 스위치라고 한다.

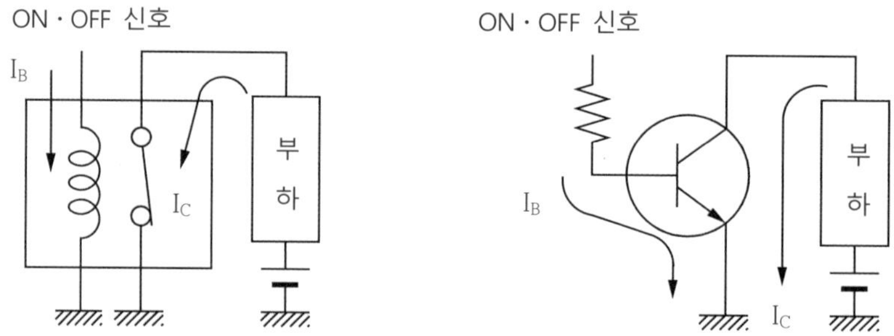

그림 6-36 릴레이의 역할

부하가 증가하면 I_C전류도 증가하는데, 전압(전류) 신호가 미약할 때는 필요한 만큼의 전류를 충분히 공급할 수 없게 된다. 그러므로 이러한 경우에는 아래 그림과 같이 둘 또는 셋 이상의 단계를 거쳐 기능을 발휘하게 된다.

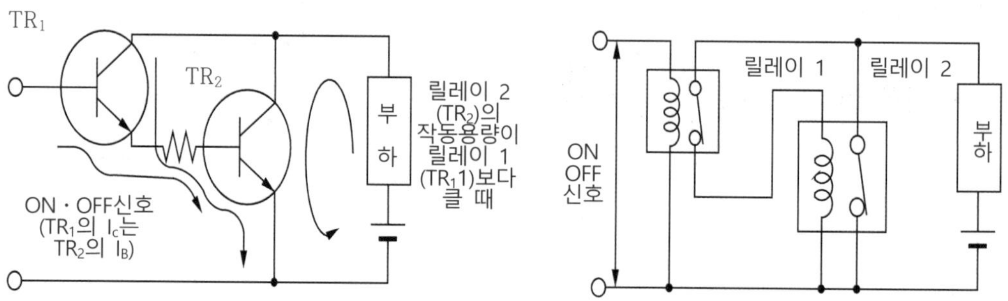

그림 6-37 2단계 트랜지스터의 릴레이 역활

또, 그림과 같이 신호에 의해 반대의 작동이 가능하도록 하는 것으로는 2개의 트랜지스터가 쓰인다. 증폭작용에서 트랜지스터의 이미터와 컬렉터 사이를 도통 상태로 하려면 베이스의 전류를 흐르게 하면 된다고 설명하였다.

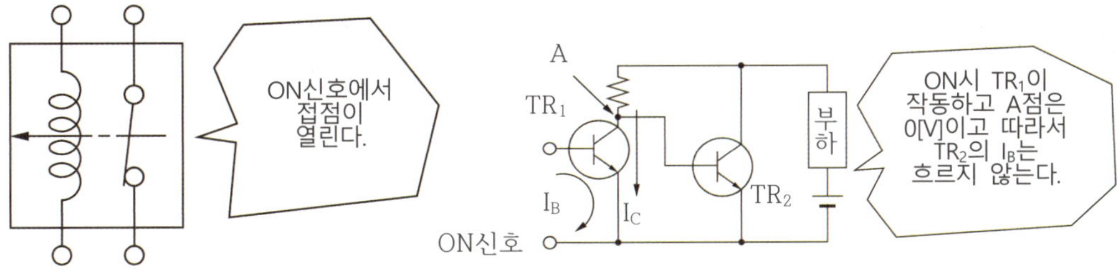

그림 6-38 TR의 반대 작용

이와는 반대로 베이스의 전류를 단속하면 이미터와 컬렉터 사이를 단속할 수 있다. 이것을 트랜지스터의 스위칭 작용이라고 하며 이 트랜지스터의 스위칭 작용을 이용하면 트랜지스터가 릴레이와 같은 작용을 할 수 있다.

TR과 릴레이 비교

- 릴레이와 같은 유접점 회로를 이용하지 않고 트랜지스터를 이용하여 간단하게 스위치 회로를 구성할 수 있다.
- 트랜지스터는 접점이 없으므로 릴레이와 같은 개폐시의 채터링(Chattering) 현상이 없다.
- 수명은 길고 소비 전력이 극히 적으며, 스위치동작을 초당 1,000회 이상으로 구현할 수 있다.
- 낮은 베이스 전류로 스위칭이 되므로 제어회로가 간단히 구성될 수 있다.

릴레이

릴레이

6.8 IC의 기능

집적회로(Integrated Circuit: IC)는 때로 칩이나 마이크로 칩이라고도 불리며, 이 집적회로는 다이오드, 트랜지스터, 저항, 콘덴서 등과 같은 많은 회로소자를 하나의 실리콘 결정의 기판에 회로를 집적한 것이다. 즉, IC의 소자는 몇 개에서 수 천 개의 트랜지스터를 가로 세로가 몇 [mm]인 실리콘 칩 위에 형성한 것이며 세라믹이나 플라스틱의 패키지 속에 들어 있다.

IC는 트랜지스터나, 저항기, 개별 부품을 단지 아주 소형화했다고 하는 것이 아니라, 반도체, 저항체를 사용하지만 그 구조는 부품 그 자체의 것과는 같지 않으며, 실리콘의 기판에 인쇄 기술을 구사하여 트랜지스터 기능이나 저항, 콘덴서 기능을 형성한 아주 고밀도화 시킨 것이다.

IC는 특수 용도를 포함하여 방대한 종류가 있다.

사진에서 좌측 위에 있는 것은 SN7400이라는 IC로, 2입력의 NAND 회로가 4개 내장되어 있다. 핀(pin)수는 14핀으로 한쪽에 7핀씩 나열되어 있다. 이와 같은 형상의 IC를 DIP(Dual In Line Package)이라 부른다. 이에 대해 핀이 일렬로만 되어 있는 것을 SIP(Single In Line Package)라 부른다. 핀 수는 IC의 기능 등에 따라 다르며, 형상도 다양하다.

지금부터 수십년 전 트랜지스터의 발명으로 진공관 시대에 비하여 전자기술이 급속히 진보했다. 전자 회로 하나만 보아도 항상 소형, 경량화가 진전하여 특히 집적 밀도가 높은 것이 요구되고 있다.

집적회로는 이산회로에 비교해서, 비용과 성능이라는 두 가지 주요한 장점이 있다. 한 번에 하나의 트랜지스터를 조립하는 방식과는 달리 사진석판술을 이용하여 모든 부품을 한꺼번에 찍어내기 때문에 비용이 낮아진다. 또한, 크기가 작고 부품들이 조밀하게 설계되어, 동작 속도가 빨라지고, 전력 소모는 줄어들게 된다. 2012년, 전형적인 집적회로의 크기는 수 제곱 밀리미터에서 약 450제곱 밀리미터였고, 제곱 밀리미터당 약 9백만 개의 트랜지스터가 들어있었다.

집적회로는 전자공학에 혁명을 일으켰고 오늘날 거의 모든 전자장비에 사용된다. 현대사회에서 필수불가결한 컴퓨터, 휴대폰 그리고 다른 모든 가전기기들은 싼 가격의 집적회로 덕분에 가능한 것들이다.

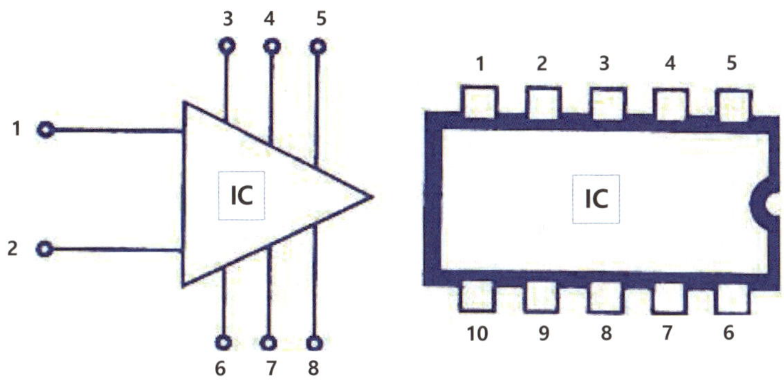

그림 6-39 IC 심볼

6.8.1 IC의 종류

IC는 집적도에 따라 여러 종류로 나눌 수 있다.

명 칭	소자수
SSI(Small scale integrated circuit) : 소규모 집적회로	100개 정도
MSI(Middle scale integrated circuit) : 중규모 집적회로	100~1000개 정도
LSI(Large scale integrated circuit) : 대규모 집적회로	1만개 이상
VLSI(Very large scale integrated circuit) : 초대규모 집적회로	10만개 이상

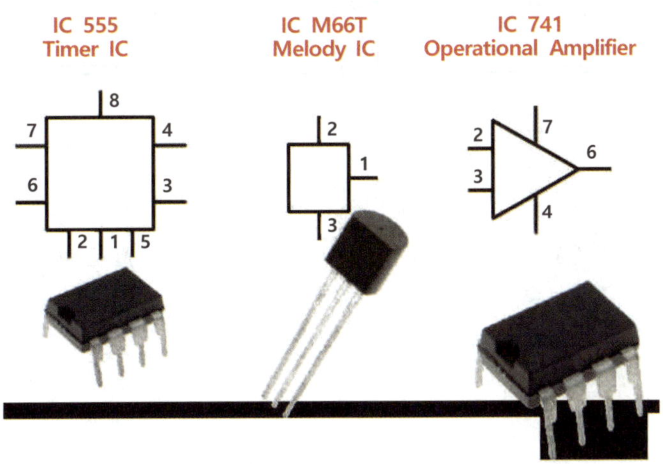

그림 6-40 IC(칩)의 여러종류

6.8.2 IC의 기능

IC는 증폭기, 발진기, 타이머, 계수기, 컴퓨터 메모리, 또는 마이크로프로세서 등의 기능을 할 수 있다. 특정한 IC는 그 기능에 따라 디지털 IC와 아날로그 IC로 나눌 수 있다. 선형 IC, 즉 아날로그 IC는 입력 신호 계층에 따라 연속적으로 변화하는 출력을 가진다(이론적으로는 무한한 개수의 상태를 달성할 수 있다). "선형"이라는 말에서 암시하듯이, 출력신호 계층은 입력 신호 계층의 선형 함수이다. 이상적으로는, 그 순간의 입력에 대비하여 나타내어지는 그 순간의 출력은 직선과 같이 보이게 된다. 선형 IC는 가청 주파수(AF)와 무선 주파수(RF) 증폭기로 사용된다. 운영 증폭기(op amp)는 이러한 응용 분야의 장치로서 흔한 예이다.

디지털 IC란 Hi와 Lo의 2가지 전기 신호를 취급하여 이 2개의 레벨 사이를 스위칭하는 기능을 갖는다. 이 전기 신호 즉 디지털 신호는 전압이 "있다"나 "없다"를 신호로 사용하고 있으며, 있다를 1, 없다를 0으로 표현한다.

6.8.3 IC의 특징

IC는 종래의 전기 회로에 비하여 다음과 같은 특징을 갖고 있다.

(1) 신뢰성의 향상

전자 기기는 여러 가지 전자부품을 납땜 등으로 접속하여 만들어졌다. 이 접속 개소가 원인이 되는 고장은 접속 개소가 특히 많은 전자 기기에서는 큰 문제가 된다. IC의 채용으로 외부 접속 개소는 대폭적으로 감소되므로 전자계산기 등의 전자 기기에서는 회로를 IC화함으로써 고장이 적고 신뢰성이 매우 향상하고 있다.

(2) 저렴한 가격

IC는 실리콘 트랜지스터의 제작법과 같이, 사진 감광 기술을 응용하여 일시에 대량 생산할 수 있다. 대량 생산의 정도에 따라 가격이 큰 폭으로 차이 나므로 현재는 IC를 사용하지 않는 구성부품의 합계 금액과 동등한 금액 이하로 가격이 내려갔다. 조립이나 부품 보관 등 경비도 포함해 볼 때 가격 면에서는 유리하다.

(3) 회로의 소형화, 경량화

IC는 시스템을 소형화하는 목적에서 생긴 것이므로 그것이 바로 특징으로 되어 있다. 현재는 작은 반도체의 기판 위의 약 5[mm^2]에 수 만개 이상의 트랜지스터를 만드는 것이 가능해져서 이와 같은 대규모의 집적화는 더욱 진전할 것으로 생각한다.

(4) 고속화

IC는 칩 안에서의 회로간의 거리(내부에 전선을 사용한 배선이 없다)가 매우 짧기 때문에 배선의 인덕턴스와 부유 용량이 극히 적어져 신호 전달을 고속화할 수 있다.

(5) 장점

① 소형, 경량이다.

② 모놀리식 IC(1개의 규소 기판으로 만들어진 IC)는 대량 생산할 수 있어 가격이 저렴하다

③ 특성을 고루 갖춘 트랜지스터가 된다. 그러므로 1개의 칩(규소) 위에 집적화 한 모든 트랜지스터가 동일한 공정에서 동시에 생산된다.

④ 납땜 개소가 적어 고장이 적다.

⑤ 진동에 강하다.

⑥ 소비 전력이 적다.

(6) 단점

① 열에 약하다. 그러므로 작동 온도가 약 30~80[℃]이므로, 큰 전력을 취급하는 경우에는 IC에 방열기를 부착하거나 장치 전체에 송풍할 필요가 있다.

② 코일은 모놀리식 IC화가 어렵다. 즉, IC는 동일한 평면 위에 트랜지스터, 저항, 용량이 구성되는 소자이므로 코일과 같은 입체적인 것은 모놀리식 IC화 할 수 없다. 꼭 IC화할 경우에는 하이브리드 IC(여러 가지 소자를 결합)로 하면 가능하다.

③ 용량이 큰 콘덴서는 IC화가 곤란하다.

[표 6-1 모놀리식 IC와 하이브리드 IC를 비교]

	모 놀 리 식 IC	하 이 브 리 드 IC
분류	· 바이폴러 IC(보통의 IC) · MOS IC	· 두꺼운 막 · 얇은 막
구조	· 1개의 규소조각으로 만든다.	· 여러 가지 소자를 결합하여 만든다.
이점	· 소형	· 고정밀도 · 다품종 회로소자로 되어 있다. · 초고주파로도 사용가능 · 최대전력가능
결점	· 저항 용량값에 한계가 있고 높은 정밀도 있다.	· 고가 · 직접도가 작다 · 양신할 수 없다.

사물인터넷(Internet of Things)은 오늘날 글로벌 경제의 중요 트렌드로 자리 잡고 있다. 이제 일상 대부분의 기기들이 유무선 네트워크를 통하여 인터넷과 접속할 수 있는 시대가 도래했다. 스마트폰을 이용한 가전 기기, 보일러, 전등 제어는 물론 드론을 활용한 영상 촬영과 보안 감시, 교통 인프라 및 다른 자동차와 정보를 주고받는 자동차 등 IoT가 적용된 기기들이 다양하게 등장하고 있다.

이와 같은 IoT 시대를 이끄는 원동력은 바로 시스템 반도체다. IoT 시대에는 사람, 사물, 인프라 등 다양한 객체들이 자유롭게 네트워크를 구성하고 실시간으로 정보를 수집, 전달, 분석할 수 있다. 이와 같은 모습이 효과적으로 구현되기 위해서는 각 IoT 기기를 구성하고 필요한 기능을 수행할 수 있는 시스템 반도체의 역할이 필수적이다.

시스템 반도체 시장은 환경 변화를 감지하고 정보를 수집하는 센서, 다른 기기와 네트워크를 구성하고 정보를 송수신하는 통신 반도체, 수집한 정보를 처리하고 기기를 제어하는 프로세서 등을 중심으로 성장할 것으로 보인다. 특히 IoT 기기 종류가 나날이 증가하고 성능 수준 역시 빠르게 발전하면서 이를 위한 시스템 반도체의 가치도 더욱 강조될 것으로 전망된다.

향후 IoT 시대가 성숙기에 접어들수록 완제품 자체는 물론 이를 구성하는 시스템 반도체도 큰 주목을 받을 것으로 예상된다. IoT를 접목하여 기존 기기의 성능 강화는 물론 새로운 유형의 기기를 만들기 위하여 시스템 반도체 수요가 더욱 늘 수 있기 때문이다. 미래 변화에 대응하기 위한 기업들의 신기술 개발과 제품 출시 경쟁은 반도체 시장은 물론 IT 산업 전반의 핵심 화두로 부상할 것이다.

아직까지 IoT 반도체 시장에서 어느 기업이 승자가 될 것인지 예측하기란 쉽지 않다. 각 기업들은 IoT 반도체 시장의 흐름을 주시하는 동시에, 각자의 장점을 내세워 중장기 영향력 확대에 주력하고 있다. 이런 흐름에 따라 시장 주도권 선점을 위한 기업들의 차별화된 기술 개발과 전략 추진은 더욱 심화될 것으로 보인다.

그림 6-41 4차 산업과 반도체

IoT라는 메가트렌드의 부상으로 오늘날 반도체 시장을 주도하는 기업은 물론 이종 IT 기업들 역시 시스템 반도체에서 수익 창출의 기회를 발견할 가능성도 커지고 있다. 시스템 반도체가 IoT 완제품 및 서비스의 부가가치와 밀접하게 연관되면서, 반도체를 통하여 주력 비즈니스의 고도화는 물론 신성장 동력을 확보하기 위한 기업들의 움직임도 한층 두드러질 것으로 전망된다.

7장

센서란 무엇인가?

세계 IT경기 회복과 유비쿼터스로의 사회로 발전하면서 세계 센서시장 수요는 더욱더 확대되고 있으며, 자동차, 디지털가전 등 산업에서도 프리미엄 제품의 선호도가 높아저면서 고성능 센서의 채용이 크게 늘어나고 있는 추세이다.

세계 센서시장은 세계 전자산업과 더불어 동반성장하고 있다. 센서에 대한 주력산업인 전자기기를 비롯한 완제품산업과 부수적인 산업인 원부자재시장이 모두 전자산업과 밀접한 관련이 있는 것이다.

그림 7-1 생활속의 각종 센서종류

전자산업은 아날로그 시대에서 디지털 시대로 전환되면서 각 분야에서 정보화, 자 동화의 물결이 휘몰아치고 있다. 컴퓨터, 휴대폰, 반도체로 상징되는 디지털 신기술과 신제품들은 세계 곳곳에 확산되고 있는 것이다. 새로운 디지털 제품에는 새로운 센서의 출현과 장착이 없어져는 안 될 정도로 센서는 필수품이 된 것이다.

세계 센서시장은 지능화에 대한 소비자들의 요구가 거세어질수록 더욱 커지게 마련이다. 센서시장의 규모가 꾸준하게 증가하게 되는 것이다.

또한, 나노, 바이오 과학의 발전과 함께 센서 수요 분야도 의료, 환경, 항공, 우주 등 첨단 산업으로 넓어지면서 미국, 일본, 독일 등 선진국을 위주로 시장이 확장되고 있고 아직 선진국에 비해 시장규모는 작지만 중국도 전자산업의 급속한 발전과 함께 지속적인 성장세를 보이고 있다.

7.1 센서란 무엇인가

센서의 사전적 해석은 "빛, 소리, 압력, 변위, 진동, 자계 등 각종 물리량이나 이온, 가스, 당분 등 여러가지 화학량 등 외계의 정보를 감지하여 신호처리하기 쉬운 전기나 빛의 신호로 변환하는 기능을 지닌 소자, 또는 장치"를 일컫는 말이다. 즉, 센서란 측정 대상의 물리량이나 화학량을 시간적으로 측정하여 유용한 신호(주로 전기적신호)로 변환하여 출력하는 장치 즉, 모든 정보 및 에너지의 검출 장치이다.

센서는 인간의 감각을 대신하여 외계의 물리적 현상을 감지하는 검출기로서 첨단 과학기술의 핵심기술로 일컬어지고 있으며 그중요성이 크게 부각되고 있다. 메카니즘, 컨트롤부, 센서의 3가지 요소가 발달하여 공장자동화(FA), 사무자동화(OA)및 가정자동화(HA)에서 중추적인 역할을 한다.

그림 7-2 센서의 개요

보고 듣고 맛보고 느끼고 냄새 맡는 인간의 감각을 대신하려는 기계에게 오감을 갖게 해 주는 것이 있다. 감각을 의미하는 센스(sense)라는 말에서 유래된 센서(sensor)가 바로 그것이다. 평범한 오감을 지닌 인간에게 독수리의 눈이 되고, 박쥐의 귀가 되고, 개 코가 되는 더욱 성능 좋은 오감이 생긴다면 어떨까? 더 자세하고 예민하게 보고 느낀다는 것이 어떤 의미가 있을까?

그림 7-3 인간의 오감

센서(Sensor)라는 단어는 감각 또는 느낌이라는 뜻을 지닌 라틴어의 낱말 "sens(-us)"에서 유래된 것으로, 센서라고 하는 용어가 사용되기 시작한지 오래 되었지만 이 어휘가 등장한 것은 1950년대 후반경의 일이다.

그러나 당시는 일부 학자, 전문가 사이에서 사용될 정도이었으며, 일반에게는 알려져 있지 않았었다.

1965년경까지도 문헌상에 나타나지 않았다. "Dictionary of Scientific and Technical Terms" 에 처음으로 정의를 넣어서 sensor라는 단어를 수록 하였다. 그러나 이 단계에서도 아직 전문 분야의 이야기에 한정되고 일반 사람들에게는 그러한 용어를 들을 기회가 적었던 것 같다. 그것이 1975년대가 되어 비약적으로 퍼져 일상용어로서 정착한 것이다.

센서라는 용어가 사용되기 시작한 것은 1960년경인데 그렇다면 그 이전에는 센서(검출기)는 존재하지 않았는가 하면 그렇지는 않고 실은 훌륭하게 존재하여 각종 전기회로, 제어장치에 사용되어 왔었다. 그러나 이 단계에서는 검출기는 디텍터(Detector)로 불리고 센서라고는 부르지 않았던 것이다. 그러나 그 의미는 똑같은 것이다. 요컨대 어느 시기를 경계로 하여 검출기가 디텍터에서 센서로 명칭이 변경된 것이다.

인간은 눈, 코, 입, 귀 그리고 피부의 5가지 감각기관에 의하여 시각, 후각, 청각, 미각, 촉각을 느끼고 있으며, 이들 감각을 통하여 외계자극으로부터 정보를 얻어 판단하고 창조적 생활을 영위한다.

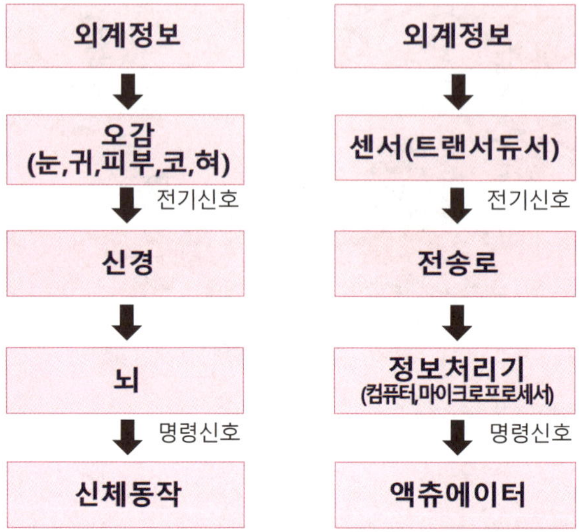

그림 7-4 인간과 일반 센서시스템의 명령 구성도

센서는 사람의 눈, 코, 입, 귀 등과 같은 역할을 하며, 감지한 정보를 인간의 두뇌에 해당하는 정보처리부에 전달, 판단을 내리게 한다. 즉 인간의 오감에 해당되는 것이 감지기이고 컴퓨터는 뇌에 해당된다.

인간이 느낄 수 있는 모든 감각을 센서로 다루기란 어려운 일이며 현대의 센서 부품들은 자기 · 변위 · 진동 · 가속도 · 회전수 · 유량 · 유속 · 액체성분 · 가스성분 · 가시광 · 적외선 · 초음파 · 마이크로파 · 자외선 · 방사선 · 엑스선 등 몇몇 물리량을 전기적인 신호로 검출해 산업현장, 서비스업, 의료업, 학계에서 활용하고 있다. 일반적으로 검출기라 하면 온도 · 압력 · 습도 등 여러 종류의 물리량을 감지 · 검출하거나 판별 · 계측하는 기능을 갖춘 소자로 흔히 센서라고도 한다. 센서에서 검출된 신호를 전기적 신호로 변환하여 마이크로 컨트롤러나, 컴퓨터가 인식할 수 있는 신호의 형태로 증폭, 축적, 조작 등을 결쳐 응용 애플리케이션에 맞게 활용할 수 있다.

센서는 센서라는 단어가 생기기 훨씬 전부터 실제로 센서를 실생활에 활용해 왔는데, 나침반으로 방위를 감지하고 한란계를 만들어 온도를 측정하는 등, 센서는 인간의 5감(시각, 미각, 청각, 후각, 촉각)대신에 그 역할을 대신하고 정확성을 주는 기기로 발전해 왔으며, 현재는 인간의 5감으로 느낄 수 없는 현상, 예를 들면 적외선 등의 전자파, 에너지가 작은 초음파 등을 검출할 수 있는 미세 분야의 현상을 감지하는 기기로 지속적으로 발전해 가고 있다.

[표 7-1 인간감각과 센서와의 비교]

인간(오감)	인간(기관)	센서	
시각	눈	포토 센서(포토다이오드)	물리 센서
청각	귀	음파 센서(마이크로폰 센서)	
촉각	피부	압력 센서, 감온 센서	
후각	코	가스 센서, 바이오 센서	화학 센서
미각	혀	이온 센서, 바이오 센서	

생산 시스템에 사용되는 장비가 자동화되면서, 센서를 사용한 각종 계측의 활용도는 지속적으로 증가하고 있으며, 센서 사용의 증가는 최종 사용자들에게 보다 높은 정도의 자동화, 보다 높은 비용효과, 생산품질의 개선, 생산속도의 향상, 사람과 기계에 대한 안전 성 제고 등의 목적에 기여하게 된다.

센서는 측정 대상물의 한계가 무한정인 만큼, 센서가 사용되는 재료나 그 기능이 개별적으로도 다종, 다양하다.

7.2 광센서

7.2.1 광센서의 개요

광센서(photo sensor)란 인간의 눈으로 감지 할 수 있는 가시광선을 중심으로 적외선에서 자외선 영역의 광 자체 또는 광에 포함되어 있는 정보를 감지하여 이를 다시 처리가 용이한 양으로 변환하는 소자이다.

이들 빛 에너지를 이용한 센서는 공장 자동화나 첨단계측 계통은 물론, 일반 생활과 밀접한 유통, 의료, 예술분야 등 폭 넓게 이용되고 있어 이에 대한 연구 및 응용기술은 매우 중요하다.

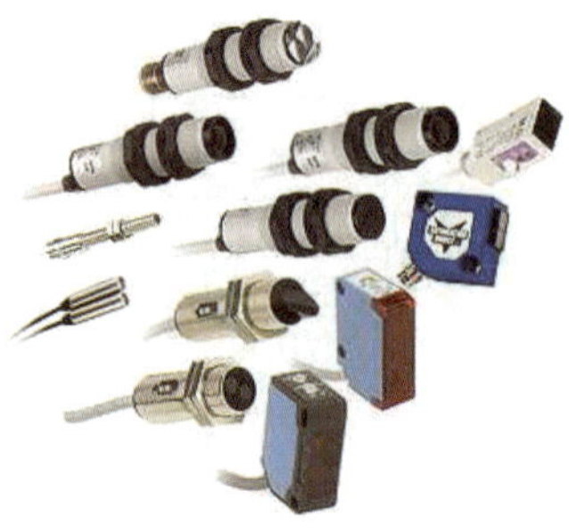

그림 7-5 광센서의 종류

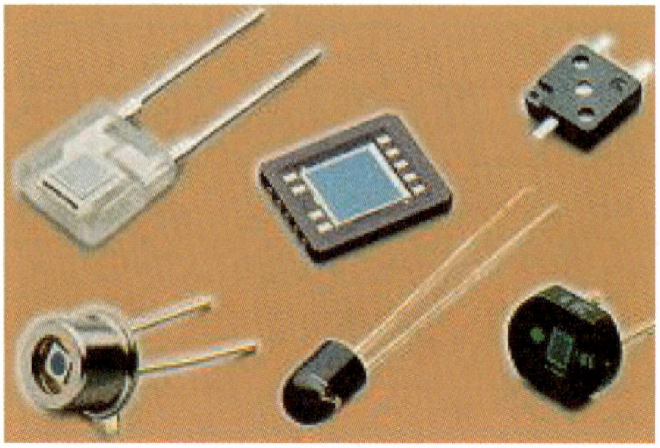

그림 7-6 광센서의 종류

광센서는 검출하는 빛의 파장범위를 기준으로 하여 분류하기도 하나 동작원리를 기준으로 분류하는 것이 보편적이다.

또한 광센서의 종류에는 포토다이오드를 비롯하여 포토트랜지스터, 포토 IC, CdS 셀, 태양 전지, CCD 이미지 센서 등이 있다. 또 특수한 것으로는 광전관, 포토멀, 촬상관 등의 소위 진공관류도 이것에 포함된다.

최근 산업체 등에서 에너지 절약이나 자동화를 위하여 광에 의한 계측의 필요성 이 중요시 되어 센서의 개발이 활발히 이루어지고 있다. 그 결과 가지각색의 센 서가 실현되고 있는 실정이다.

광(光,)이란?

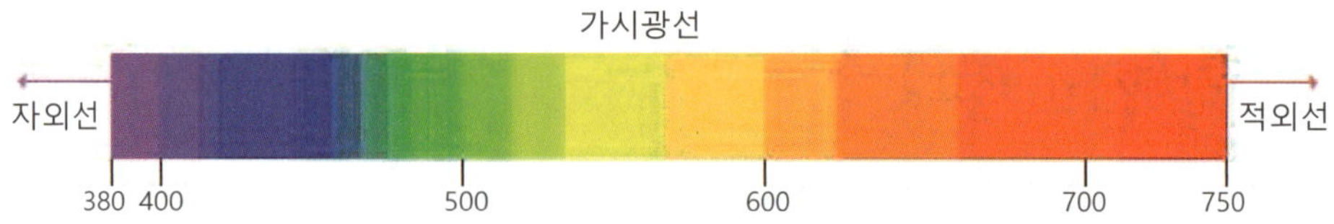

- 광은 전자파의 일종으로 사람의 육안으로 식별 가능한 가시광선(빨,주,노,초,파,남,보)과 양측에 자외선 및 적외선을 모두 합쳐 광(光)이라고 부른다.

7.2.2 광도전 효과형 광센서

일반적으로 광도전 효과형 센서로는 Cds(황화카드뮴)이 많이 사용되고 있으며, Cds분말에 불순물 등을 섞은 수용액을 절연가판 위에 바르고 공기 또는 불활성기체 속에서 500~700℃로 소결해서 제작한다.

[표 7-2 광도전 효과형 광센서]

구분	작동원리	적용분야
	· 반도체(Cds)에 빛이 닿으면 전자(Electron)와 정공(Hole)이 증가하고 빛 에너지에 비례하는 전류가 증가하는 원리를 이용	· 카메라의 노출계, 가로등의 자동 점멸장치 등

7.2.3 광기전력 효과형 광센서

일반적으로 광기전력 효과형 센서로는 '실리콘 포토다이오드'를 들 수 있으며 실리콘(Si)단결정을 기판으로써 열확산법에 의해 기판과 극성이 다른 불순물을 도포하는 것에 의하여 PN접합을 형성하는 반도체 소자이다.

[표 7-3 광기전력 효과형 광센서]

구분	작동원리	적용분야
	· 빛이 PN접합에 조사되면 전자-정공쌍이 여러 개 발생하며 전극 간에 기전력을 발생한다. · 인가 전압을 필요로 하지 않으므로 이용법이 간단한 것이 특징	· 카드리더, 마크센서, 컴퓨터입력기기 등

광기전력 효과 (Photo voltaic Effect)

- 반도체의 p-n접합부나 정류작용이 있는 금속과 반도체의 경계면에 강한 빛을 입사시키면, 반도체 중에 만들어진 전자와 정공이 접촉전위차 때문에 분리되어 양쪽 물질에서 서로 다른 종류의 전기가 나타나는 '광기전력'이 발생하는 현상을 말한다. 이 때 만들어지는 전류를 광전류라 하며 포토다이오드나 광전지에 응용된다.
- 전해질용액에서 볼 수도 있는데, 주로 반도체의 경계면에서 볼 수 있다. p-n접합부 또는 정류작용이 있는 금속과 반도체의 경계면에는 일반적으로 접촉전위차가 있으므로 이 부분에 강한 빛을 입사시키면, 반도체 중에 만들어진 전자와 정공이 접촉전위차 때문에 분리되어 양쪽 물질에 서로 다른 종류의 전기가 나타난다.
- 이것이 광기전력인데, 밖의 회로를 닫으면 광전류가 흐른다. 이 현상은 포토트랜지스터·포토다이오드 또는 광전지로 이용되고 있다.

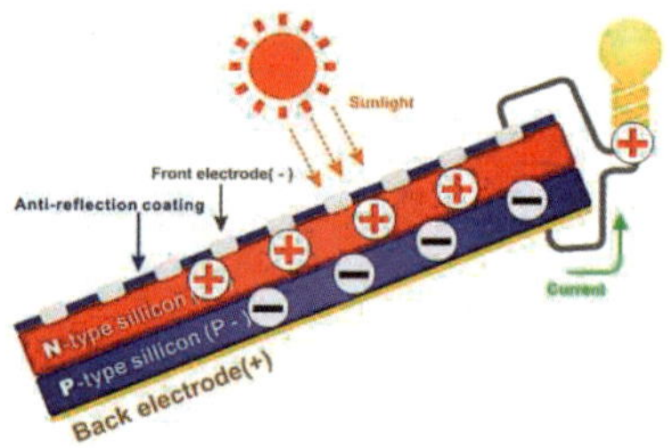

광기전력 효과

7.3 온도센서

자연이나 우리 주위에서 온도는 매우 중요한 환경요소이며 산업전반에서도 정확 한 온도측정 관리는 매우 중요하다. 온도를 검출하는 것은 온도센서로서, 이것은 공업, 의학, 우주, 자원탐사, 해양개발, 방재, 공해 감시 등 산업용에서부터 민생용 까지 그 응용범위가 매우 넓고 갈수록 확대되고 있다.

최근의 경향은 비교적 정밀성이 크게 요구되지 않고 다량으로 사용되는 곳에는 접촉식 온도센서들이 사용되고 있으나 비접촉식이고 다기능화 된 온도센서들이 개발됨으로 인해 이들이 점차 시장을 확산해 가고 있는 추세이다.

7.3.1 온도센서의 개요

온도센서란 열을 감지하여 전기신호를 내는 센서로 일반적으로 접촉식과 비접촉식으로 나누어진다.

접촉식은 실제 측정대상에 직접 접촉시켜서 온도값을 측정하는 방식으로 (백금)저항온도센서, 써미스터, 열전대, 바이메탈 등 대부분의 센서가 이에 해당하고 비접촉식은 물체로부터 방사되는 열선을 측정하는 방법으로 적외선온도센서, 광 고온도계가 있다.

온도센서는 온도가 높아지면 저항 값이 감소하는 부저항온도계수의 특성이 있는 전자회로용 소자로, 열용량이 작아서 미세한 온도변화에도 급격한 저항 변화가 생기므로 온도 제어용 센서로 많이 이용된다. 온도는 원자 또는 분자가 가지고 있는 미세한 범위의 진동 운동에너지의 크기로 정의된다.

금속선이나 반도체의 저항값은 온도에 따라 변화하는 성질이 있다. 또한 종류가 다른 금속선의 결합접점을 가열하면 기전력이 발생하는 경우도 있다.

여기서 발생하는 저항이나 기전력을 측정하여 온도를 구하는 방법이 온도센서의 원리이다. 우리가 물체와 접촉할 때 어떤 물체는 차다고 느끼고, 어떤 물체는 뜨겁다고 느낀다.

이와 같은 물체의 차고 뜨거운 정도를 수량으로 나타낸 것이 온도이다. 물체의 차고 더운 정도에 대한 우리의 감각은 불완전하여 같은 물체에 대해 사람마다 느끼는 온도에는 차이가 있다.

그래서 온도를 객관적으로 측정하기 위해 온도계 또는 온도센서를 사용한다. 도체에 있어서 전기저항은 온도의 변화에 따라 변화한다. 이러한 특성을 이용하여 단위온도 변화에 대한 저항변동율을 안다면 변동되는 저항치만으로 해당 온도를 측정할 수 있게 된다.

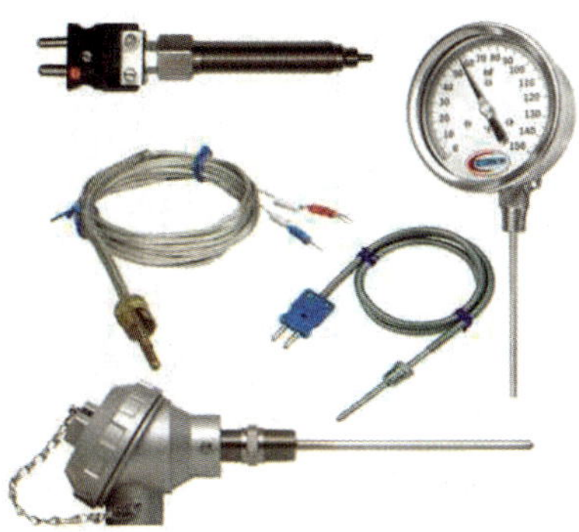

그림 7-7 온도센서의 다양한 종류

7.3.2 접촉식 온도 센서

접촉식 온도에서는 측정대상에 온도센서를 직접 접촉시키는 방식이다. 그러나 직접 접촉으로 인해 측정대상의 열에너지가 센서로 이동하기 때문에 측정대상의 온도가 저하된다. 따라서 열에너지가 작은 검출대상에서는 정확한 온도 측정이 힘 들기 때문에 측정대상의 열용량이 센서구성원에 비해 충분히 커야하며, 센서 자체가 측정대상의 온도에 견디면서 동작을 할 수 있어야 한다.

센서는 온도에 의해서 만 그 기능을 하는 것이 바람직하며, 다른 외부조건(압력, 자장, 전장 등)에 의한 의존성이 적을수록 좋다. 이 밖에 물질 변환특성의 감도, 안정성, 재현성, 응답성, 열용량, 크기 등이 센서로서의 적합성을 결정하는 요소이다.

산업계에서 온도를 측정하는데 가장 많이 쓰이는 두가지 도구는 측온 저항체 (RTD resistance temperature detector)와 열전대 (thermocouples)이다. 어느 현장에서는 열전대를 쓰고 어느 때에 측온 저항체를 써야 하는가? 보통 네 가지 요소 (온도, 시간, 크기, 총 요구 정확도)에 따라 결정된다.

기술적 관점은 아니지만 가격은 고려 대상이 될 수 있다. 열전대 평균 가격에 비하여 측온 저항체 평균 가격은 2배에 가깝다. 니켈 도금되고 테프론 코팅된 표준 측온 저항체 전선은 매우 싸다.

(1) 반도체저항 온도 센서(써미스터)

써미스터(Thermistor)는 온도를 의미하는 "Thermal" 과 저항을 의미하는 "Resistor"의 합성어로서 온도에 따라 저항이 변화하는 소자를 의미하는 것이다. 써미스터는 코발트, 구리, 망가니즈, 철, 니켈, 타이타늄 등의 산화물을 적당한 저항률과 온도계수를 가지도록 2~3종류 혼합한 반도체로서 두가지 타입이 있는데 온도에 따라 저항이 증가하는 PTC와 감소하는 NTC 소자가 있는데 온도 제어회로의 경우, 써미스터의 저항값 변화가 내부회로의 OP Amp 비교 입력으로 제공되기 때문에 NTC를 많이 사용한다.

금속산화물을 소결하여 만들며 온도에 따라 저항치가 변하는 특성을 이용한 것으로 현재 온도센서로 가장 많이 사용되고 있으며 값이 싸고 소형이지만 감도, 기준 온도 등이 문제가 된다.

써미스터는 온도변화에 따라서 반도체 저항값이 변화하는 특성을 이용한 온도 센서로써 각종 금속산화물을 합성하여 제작하며 일반적으로 반도체는 금속에 비해서 비교적 큰 저항온도계수를 갖는다. 써미스터의 특징은 온도가 올라가면, 저항이 감소하고, 온도가 내려가면, 저항이 증가 한다.

써미스터의 종류에는 온도가 상승함에 따라 전기저항이 증가하는 PTC(Positive Temperature

Coefficient) 써미스터, 반대로 온도가 상승함에 따라 전기저항이 감소하는 NTC(Negative Temperature Coefficient) 써미스터, 그리고 NTC와 동일 특성을 갖지만 어떠한 온도 경계에서 전기저항이 갑자기 감소하는 급변 써미스터(CTR : Critical Temperature Resistor)로 나눈다.

Thermally sensitive resistor의 합성어로, 온도 변화에 대해 저항값이 민감하게 변하는 저항기. 자기재료에 불순물을 첨가하여 만든다. 온도가 올라가면 저항값이 떨어지는 부성 온도 특성(NTC) 써미스터는 온도 감지기에 사용되는 일반적인 부품이고, 이와 반대로 온도가 올라가면 저항값도 올라가는 정온도 특성(PTC) 써미스터는 자기가열(Self-heating) 때문에 발열체 또는 스위칭 용도로 사용된다.

이 반도체의 도전율이 주위 온도 변화에 민감한 것을 이용한 전자회로용 소자이다. 원래 미국 웨스턴사의 상품명이었으나 근래에 와서 온도검출용 반도체 소자의 대명사로 일반화되었다. 일반적인 금속과는 달리, 온도가 높아지면 저항값이 감소하는 부저항 온도계수의 특성을 가지고 있는데 이것을 NTC라 한다. 구조적으로 직열형·방열형·지연형으로 분류되는데, 외형은 깨알만한 것에서부터 동전 크기만한 것까지 여러 종류가 있다.

그림 7-8 PTC

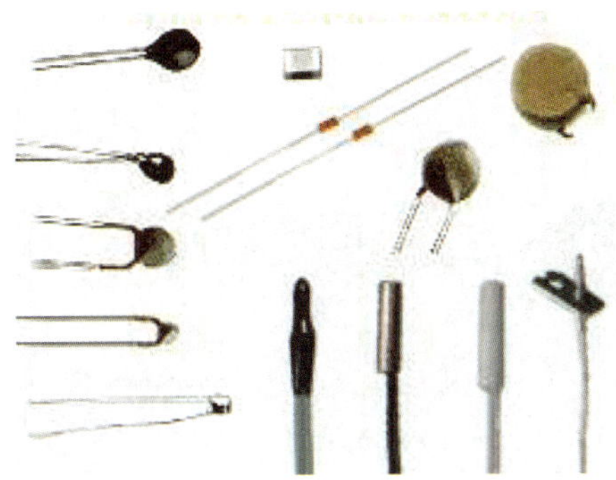

그림 7-9 NTC

열용량이 적어서 미소한 온도 변화에도 급격한 저항 변화가 생기므로 온도제어용 센서로 많이 이용되며, 체온계, 온도계, 습도계, 기압계, 풍속계, 마이크로파전력계 등의 측정용이나 통신장치의 온도에 의한 특성변화의 보상, 통신회선의 자동이득조정 등 이용분야가 넓다.

NTC 써미스터

- NTC 써미스터 : 써미스터 중 가장 일반적인 형태이며 NiO, CoO, MnO, Fe2O3 등을 주성분으로 한 것이고 스피넬 구조에 가까운 결정구조를 가지고 있다.
- NTC는 소결형 반도체이기 때문에 재료조성, 소결조건 등에 의해 특성이 변하며 일반적으로 저항값은 10~30%, 감도는 조정할 수 없기 때문에 두 개의 NTC를 직렬 또는 병렬로 조합하기도 하고 고정 저항을 직병렬로 접속하여 상호성을 갖게 하고 있다.
- PTC 써미스터 : PTC 써미스터(정특성 써미스터)는 BaTiO3계의 소결체를 기본 물질로 하고 여기에 Y2O3등의 희토류 원소를 첨가하여 전도성이 생긴 N형 티탄산 바륨계 산화물 반도체의 일종이다. 여기서 BaTiO3의 Ba를 Pb, Sr등으로 치환하면 퀴리온도(온도에 따라 상전이가 일어나서 전기저항이 변하는 온도)를 변화시켜 특정한 온도에 도달하면 저항값이 갑자기 증대하는 성질을 가지게 한 것이 PTC 써미스터이다.

수족관용 온도 조절기는 보통 바이메탈을 이용한 단순한 On/Off 제어이다. 설정 온도 이하가 되면 접점이 붙어 히터가 투입되고 설정 온도에 도달하면 접점이 떨어지는 방식이다.

7.4 적외선 센서

적외선 센서(Infrared Sensor)는 적외선을 이용하여 온도, 압력, 방사선의 세기 등의 물리량과 화학량을 감지, 신호처리가 가능한 전기로 변환하는 장치로 기계가 적외선을 발산하여 차단하는 것을 감지하는 것과 주변의 적외선을 검출하는 것이 있는데 주로 방범이나 화재감지 등에 사용된다.

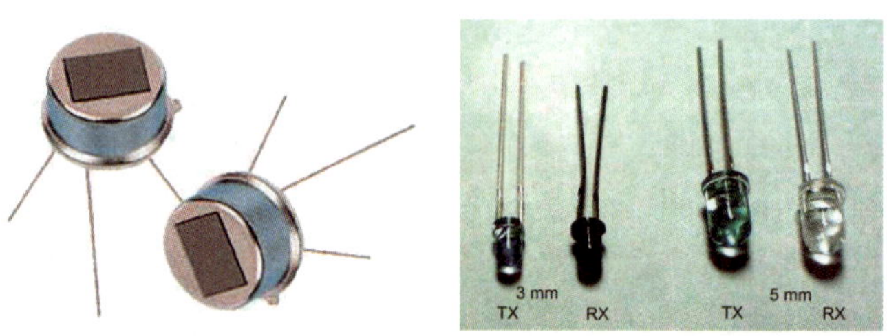

그림 7-10 적외선 센서

흔히 사용되는 인체감지 센서는 인체가 방출하는 적외선 파장을 검출하는 초전적외선 센서를 이용하는데 감지한 적외선을 열로 바꾸어 검출한다.

가시광선[visible rays]

- 파장의 범위는 분류방법에 따라 다소 차이가 있으나, 대체로 380~770 ㎚이다. 가시광선 내에서는 파장에 따른 성질의 변화가 각각의 색깔로 나타나며 빨강색으로부터 보라색으로 갈수록 파장이 짧아진다. 단색광인 경우 700~610 ㎚는 빨강, 610~590 ㎚는 주황, 590~570 ㎚는 노랑, 570~500 ㎚는 초록, 500~450 ㎚는 파랑, 450~400 ㎚는 보라로 보인다.
- 빨강보다 파장이 긴 빛을 적외선, 보라보다 파장이 짧은 빛을 자외선이라고 한다. 대기를 통해서 지상에 도달하는 태양복사의 광량은 가시광선 영역이 가장 많다. 사람 눈의 감도가 이 부분에서 가장 높은 것은 그 때문이라고 한다.

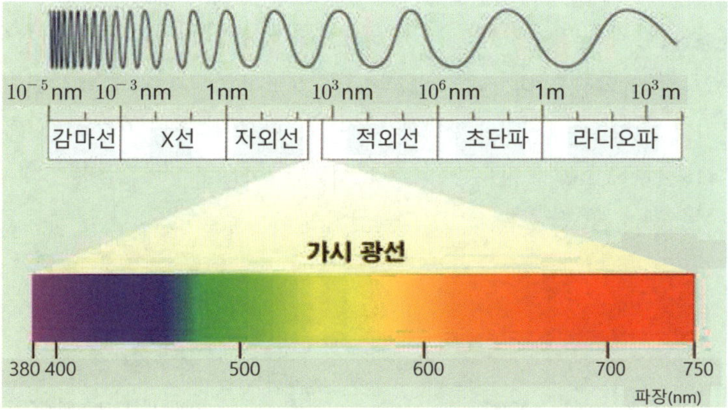

- 일곱 가지 색으로 나타나는 광을 모두 합치면 흰색으로 보이는데, 이러한 이유 때문에 태양이 희게 보이는 것이다. 태양광선 아래에서 하얀 색깔의 종이가 하얗게 보이는 이유는 일곱가지 색을 모두 반사하기 때문이고 파란색의 종이가 파란 것은 가시광선 중에서 파란색만을 반사하여 그 색깔만 눈에 감지되기 때문이다.

7.4.1 적외선 센서의 개요

태양으로 부터 오는 빛은 크게 가시광선, 자외선, 적외선이 있다. 가시광선은 그 말 그대로 눈으로 볼 수 있는 색을 가지는 광선이다. 일곱색 무지개빛깔로 사람의 눈으로 인지 할 수 있다. 반면에 자외선과 적외선은 눈을 볼 수 없다.

열풍기를 틀면 따뜻한 광선이 나와 그 광선이 향한 곳은 열이 올라간다. 겨울철 볼 수 있는 난로, 열풍기 등이 좋은 예가 될 수 있다. 옛날 학교에서는 난로위에 도시락을 올려놓았다가 점심시간이 되면 따뜻한 도시락을 먹을 수 있었다. 그러나 맨 아래에 놓은 아이의 도시락은 새까맣게 타버리기도 했다. 적외선의 복사열로 인해 그렇게 된 것이다.

심지어는 몸에서 발생하는 열을 감지해내는 적외선 감지기를 이용하면 밤에서 대낮처럼 사물을 볼 수 있다. 군대에서 많이 사용한다. 이러한 적외선센서는 적외선을 이용하여 주위 환경을 감지하는 용도로 사용된다.

적외선센서는 일정 주파수의 빛을 발산하는 발광부와 발광부에서 발산하는 빛을 받아들이는 수광부로 이루어져 있다. 발광부에서 발생된 적외선은 물체에 부딪혀 반사되고, 수광부에서는 이 반사된 빛을 감지하여 물체의 유·무 또는, 물체까지의 거리 등을 알 수 있다.

발광센서는 적외선을 내보내는 특수한 LED(발광다이오드)에 해당하므로 다이오드의 특성을 그대로 가지고 있다. 즉, 센서에 걸리는 전압과 센서의 극성이 일치할 때 적외선이 나오고 그렇지 않으면 적외선이 나오지 않는다. 수광센서는 받아들인 적외선의 양에 따라 전류의 양이 변하는 원리를 이용하여 빛의 수신 정도를 파악하게 된다.

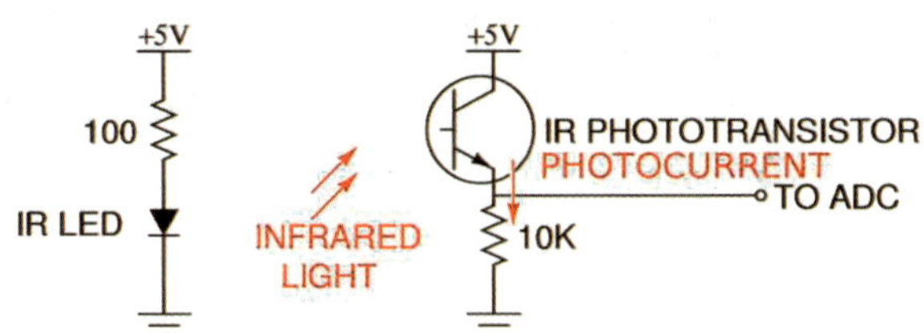

그림 7-11 적외선 센서의 구조

적외선센서는 일상생활 속에서 다양하게 사용되고 있다. 텔레비전이나 에어컨과 같은 가전제품의 리모컨, 자동 개폐문, 엘리베이터의 자동문, 온도계 등이 그 예입니다. 뿐만 아니라 방범이나 화재 경보용으로 사용되어 위급한 사항을 감지하는 역할도 수행해 낸다.

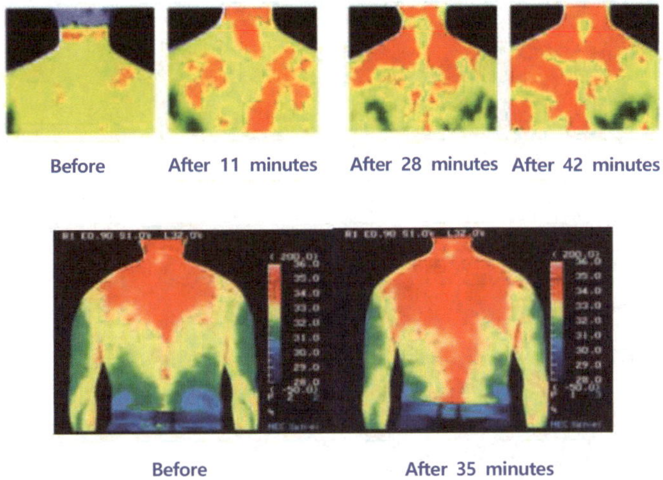

그림 7-12

7.4.2 적외선 센서의 응용

적외선은 어두운 밤이나 연기, 안개, 혹은 가시광선에 대해서 불투명한 물질도 투과하는 성질이 있으므로 인명구조용, 야간 식별용 등에 쓰임

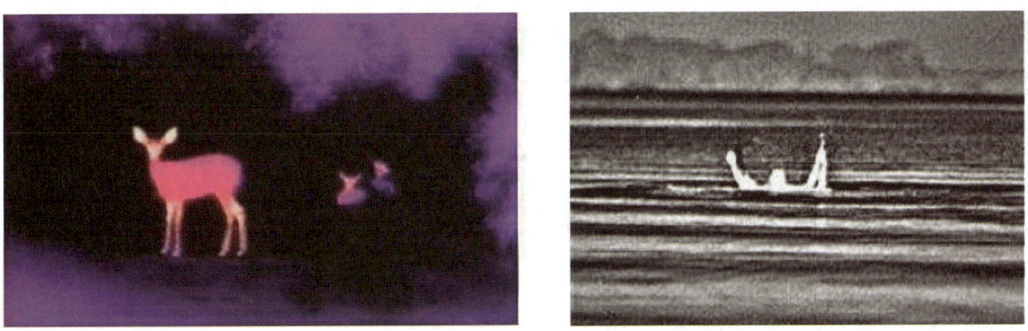

그림 7-13 야간식별용 적외선 감지기

적외선 센서는 일정 주파수의 빛을 발산하는 발광부와 발광부에서 발산하는 빛을 받아들이는 수광부로 이루어져 있다.

발광부에서 발생된 적외선은 물체에 부딪혀 반사되고, 수광부에서는 이 반사된 빛을 감지하여 물체의 유·무 또는, 물체까지의 거리 등을 알 수 있다.

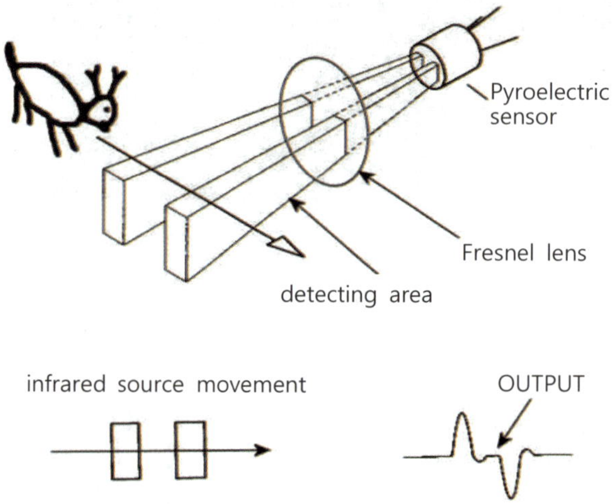

그림 7-14 적외선 동작 감지기

7.5 자기센서

최근 마이크로프로세서의 고성능화, 저가격화에 따르는 보급에 의해 정보처리 장치, 음향기기 등이 현저하게 고성능화, 지능화가 진행됨에 따라 자기센서도 다양화, 고성능화 되었다.

7.5.1 자기센서의 개요

자기센서에는 자계에 관련된 물리현상이 동작원리로서 많이 이용되고 있다. 자계를 자기나 빛, 압력, 열로 변환시키거나 또는 그 반대로 변환시켰을 때의 효과를 능숙하게 이용한 자기센서가 많이 실용화되어 광범위한 산업분야에서 이용된다.

자기센서는 원리적 측면에서의 분류로 산업체에서 분류할 때의 자기센서는 주로 자기장측정용 센서의 의미를 포함하고 있으나, 학문적 입장에서의 자기센서는 "자기적 현상을 이용한 센서"로 포괄적으로 취급하는 것이 바람직하다.

자기적인 현상을 이용한 자기센서는 인류역사와도 매우 밀접하다. 인류가 방향을 지시하는데 사용하였던 자기 나침반에서 오늘날 인공위성의 자세제어에 사용되는 flux-gate 센서에 이르기까지 자기센서는 많은 발전을 하여 오늘날에 이르렀다. 따라서 대부분의 자기센서에 사용되는 자기적 현상이 19세기에서 20세기에 발견된 것이기 때문에 새로운 원리의 자기센서 개발보다는 새로운 재료의 개발이나 새로운 센서의 설계 및 최적화 기술을 도입으로 센서의 특성 향상에 많은 노력을 하고 있다.

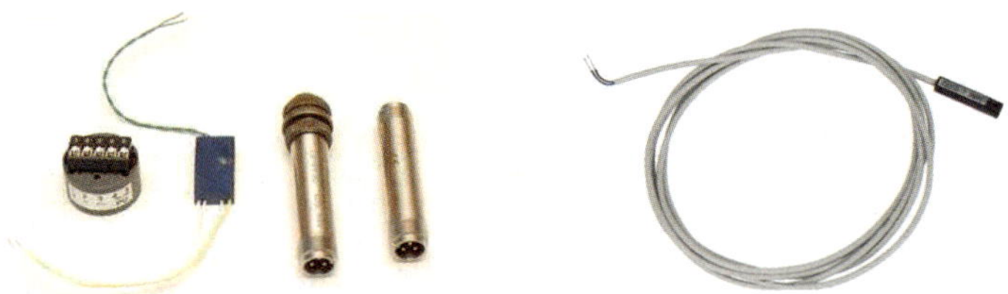

그림 7-15 자기센서

자기센서는 자장을 유용한 전기 신호로 변환시켜 주거나, 비자기적 신호를 전기적 신호로 변환시키기 위한 중간 매개체의 변환기 역할을 하는 센서이다. 자기센서의 특징은 무접점 또는 비접촉 측정이 가능하다는 점이다. 자기센서는 이용하는 목적에 따라 직접적인 응용면과 간접적인 응용면으로 나눌 수 있다. 자속이나 기계강도 측정, 방위 측정, 자기 기록 매체로부터의 데이터 읽기, 카드나 지폐의 자성 무늬 식별, 그리고 자기 장치의 제어 등과 같은 직접 자장을 입력하여 전기적 신호로 변환시켜 주는 목적에 이용할 때 이를 직접적인 응용이라 볼 수 있다. 또한, 과부하 보호를 위한 포텐셜이 없는 전류 측정, 집적화 적산 전력계, 무접촉 선형 및 각도 위치 측정, 변위 또는 속도 측정 등 비자기적 신호를 전기적 신호로 변환시켜 주는 목적에 이용될 때 이를 간접적 응용이라 한다.

자기센서는 전자유도작용을 이용한 코일에서부터 Josephson 접합을 이용한 초전도 양자간섭소자(SQUID : superconducting quantum interference device)까지 광범위하게 이르고 있다.

그 중에서 실온에서 동작하는 범용성이 있는 반도체 자기센서의 주류는 전류자기 효과에 의한 Hall 소자와 자기저항 소자이며, 이들은 피측정자계에 대하여 고감도로서 좋은 직선성을 갖는 특징이 있다. 이들은 또한 반도체 집적화 공정기술에 의해 집적화가 가능하기 때문에 다차원 또는 다기능의 성질을 갖는 센서의 제조가 용이하다는 이점도 갖고 있다. 미소자계의 측정이나 극저온에서의 측정을 위해서는 초전도 효과를 이용한 초전도 양자간섭소자를 사용한다.

또한 최근의 센서 개발동향은 센서의 저전력화, 소형화 및 센서출력이 마이크로 컴퓨터와 쉽게 인터페이스가 가능하여 사용자에서 친밀한 출력이 쉽게 가능한 센서 즉, 지능센서와 EMC와 방사능에 내성이 있는 센서의 개발이 요구되고 있으며, 자기센서의 경우 중요한 장점이 우수한 재현성과 신뢰성이기 때문에 센서의 사용 환경조건이 나쁜 공장의 생산자동화용, 자동차용 및 항공·우주분야 등에 널리 사용되고 있다.

센서 관련산업이 고부과가치의 미래지향적 산업으로 최근 국내 산업분야에서도 많은 관심을 가지고 있고, 또한 신규산업으로 시작하고 있는 단계이다.

MR 센서란

- 자계의 강도에 따라 저항값이 변화되는'자기저항 효과'이용
- Ni, Fe, Co 등의 강자성체 금속을 주성분으로 하는 합금 의 박막은 자계강도의 변화에 따라 저항값이 변화된다. 이것 을'자기저항 효과'(Magneto - Resistive effect)라 하며 이 효과를 이용한 것이 MR 센서이다. 전술한 반도체 자기저항 소자는 자계를 가함에 따라 저항이 증가하는 정(+)의 자기특성을 나타내는 데 대해 MR 센서는 저항이 감소되는 부(-)의 자기 특성이 된다.
- 강자성체의 자기저항 효과 그 자체는 W. Thomson에 의 해 1856년에 발견되었다. 그러나 이 현상이 실제로 응용되기 시작한 것은 지금부터 약 30년 전의 일이다. 센서로서 사용하기 위해서는 어느 정도 높은 저항값이 필요하며 증착 이나 스패터 등의 박막 제작장치가 개발됨에 따라 박막형상 인 MR 센서가 실용화되기 시작했다.

7.6 압력센서

압력센서는 힘이 물체에 가해질 때 단위 면적당 물체에 가해지는 압력이나 회전 력의 미세한 크기 변형량을 측정하는 소자로서 공업계측, 자동제어, 의료, 자동차 엔진제어, 환경제어, 전기용품 등 그 용도가 다양하고 가장 폭넓게 사용되는 센서 중의 하나이다.

7.6.1 압력센서의 개요

압력센서의 측정원리는 변위, 변형, 자기-열전도율, 진동수 등을 이용하는 것으로 현재 많은 종류가 실용화되어 사용되고 있다. 최근에는 반도체기술과 마이크로머 시인의 발전으로 보다 소형화되고 복합화 된 다기능의 스마트 센서에 대한 관심이 높아지고 있다.

현재 전자식, 반도체 압력센서는 국내 수요시장이 크게 성장하고 있으나 대부분 수입에 의존하고 있는 상황이고 특히 반도체 압력센서의 경우는 미국, 유럽, 일본 등 선진국이 이 분야의 기술을 독점하고 있다.

그림 7-16 Pressure Sensor

그림 7-17 Pressure Sensor

압력은 물질이 인접하는 각 부분에 서로 미치는 힘의 크기를 나타내는 양이며 단위 면적당 작용하는 면과 법선 방향의 힘을 말한다. 고체 내에서는 압력에 따른 유동이 없으므로 힘의 방향성이 유지되지만 유체(기체, 액체)는 힘이 가해지는 방향에 따라 자유롭게 형을 바꾸어 유동하므로 압력은 방향성이 없고 임의 점에서 어느 방향의 면에 대해서도 같은 크기의 압력이 작용된다. 최근에 개발되어진 대부분의 압력 센서들은 기계적인 변위를 전기신호로 변환하는 것으로, 외부압력을 응력으로 변환하는 다이어프램과 다이어프램에서 발생하는 동력을 전기신호로 변환하는 방법을 이용한다.

압력 센서는 프로세스 또는 시스템에서 압력을 측정하는 소자로서 공업계측, 자동제어, 의료, 자동차 엔진제어, 환경제어, 전기용품 등 그 용도가 다양하고 가장 폭넓게 사용되는 센서중의 하나이다.

7.6.2 압력센서의 용도

압력센서는 산업전반에 걸쳐 응용분야가 매우 넓으며 주로 자동차, 자동제어, 반 도체제조분야에서 지속적인 수요의 신장이 기대된다.

구분	특 징
가전제품	· 냉장고, 룸에어컨, 진공청소기, 세탁기, 가정용 혈압계, 맥박계
자동차	· 연료분사압, 엔진배기압, 서스펜션, 에어백시스템, 브레이크시스템, 공조 시스템
일반산업용	· 화학플랜트, 석유정제라인, 정유탱크, 프레스, 사출기, 종이, 펄프제 조, 발전소, 하수처리장, 열소각로, 수압청소, 보일러, 컴퍼레서, 공조 기기, 냉동고
반도체제조	· 웨이퍼 흡착압 감지, 초순수라인, 공조라인, 가스공급, 진공라인
의료기기	· 인공심장, 인공신장, 협압감시시스템, 약물주입, 수혈제어, 맥박감지, 산 소공급 시스템

7.6.3 압력센서의 활용

(1) 스트레인 게이지

스트레인게이지에 외부로부터 힘 또는 열을 가하면 전기 저항이 변화한다. 스트레인게이지 소자로는 저항 변화가 매우 큰 금속 또는 반도체를 주로 사용하고 있다.

금속체에 외력이 작용하면 전기적 저항이 변하게 되는데 금속체를 잡아당기면 금 속체가 가늘어져서 저항이 증가하고 반대로 압축하면 전기저항이 감소한다. 이 원리를 이용하여 금속 저항선 게이지, 박형 게이지, 반도체 게이지가 개발되었다.

스트레인 게이지는 처음에 단순히 응력을 측정하는 수단으로 사용되었으나 최근 에는 재료 구조물의 응력, 힘, 변형, 압력, 변위 등 외력에 의한 변화를 측정하는 등 점점 그 용도가 넓어지고 있다.

일반적으로 스트레인 게이지는 힘의 변형이 일어나는 부분에 스트레인 게이지를 부착시켜 전기저항의 변화를 검출한다.

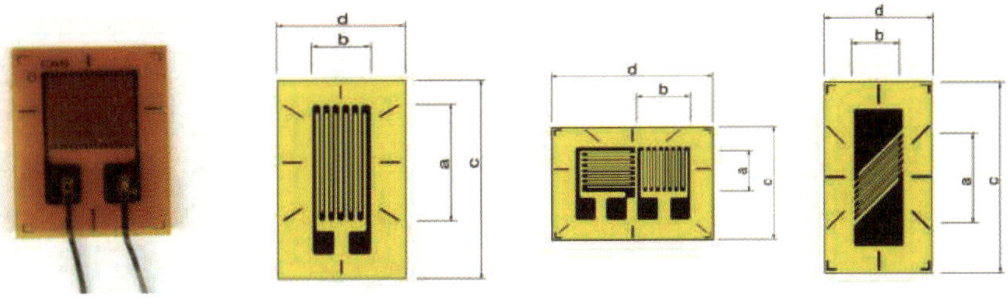

그림 7-18 스트레인 게이지 실물 및 다양한 내부구조

스트레인 게이지가 특히 많이 사용되고 있는 분야중 하나가 바로 로드 셀(load cell) 즉 중량센서이다. 로드셀은 주로 정밀도를 필요로 하지 않는 곳, 키보드, 스위치, 장난감 등에 주로 사용되고 있으며 아래와 같은 특징을 가지고 있다.

① 중량을 전기신호로 변환

② 동적인 측정가능

③ 다양한 측정 범위

④ 구조가 간단하고 가동부가 없어 수명이 반영구적

⑤ 전기신호를 검출하므로 하중을 신호로 전송이 가능

⑥ 아날로그 표시, 디지털표시, 제어 등이 자유롭다

로드셀의 수감부에 스트레인 게이지를 부착하고 압축 또는 인장하중을 인가하면 중량에 비례하여 스트레인 게이지의 저항값이 변화한다. 이 저항값의 변화를 중 량값과 선형적인 비례 관계를 유지시켜 전압값의 변화로 중량값을 구할 수 있게한 것이다.

일반적으로 로드셀은 완전히 밀폐된 구조로 되어 있어 내부의 스트레인 게이지가 습도의 영향을 받지 않도록 되어 있으며 로드셀에 사용되는 스트레인 게이지 검 출회로는 브리지 회로를 기본으로 되어 있고 네부분이 모두 스트레인 게이지로 구성되어 모두 힘을 받도록 구성된다. 브리지 회로에는 온도에 의한 제로점, 감도 의 변동이 일정값 이내가 되도록 하기 위하여 스트레인 게이지 외부에 보상저항을 설치한다.

스트레인 게이지(strain gauge)는 또한 힘 측정에 사용된다. 스트레인 게이지의 출력은 가해진 힘의 함수인 응력에 비례하여 가변하는 저항 성분이 된다. 즉, 저항을 측정하면 가해진 힘을 찾을 수 있다. 스트레인 게이지는 말단효과장치(end effector) 와 로봇 손목에 걸리는 힘을 찾는 데 사용된다. 예를 들면 IBM 7565 로봇은 집게 끝에 일련의 스트레인 게이지를 가지고 있으며, 이를 통해 집게(gripper)에 의해 가해진 힘을 알 수 있다. 간단한 명령을 통해서 사용자는 힘의 정보를 읽어 들이고 적당히 반응할 수 있다. 스트레인 게이지는 또한 로봇의 관절과 링크의 부하측정에 사용되기도 하나 일반적인 경우는 아니다.

스트레인 게이지는 온도 변화에 민감하다. 이러한 문제를 해결하기 위해서 온도 변화를 보상하는 브리지의 4개의 저항 중에 하나를 더미 스트레인 게이지 (dummy strain gauge)로 사용한다.

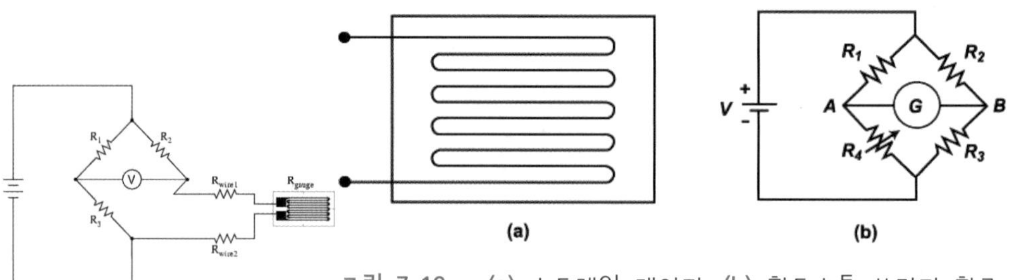

그림 7-19 (a) 스트레인 게이지, (b) 휘트스톤 브리지 회로.

(2) 토크 센서

토크는 위치를 고려하여 배치된 한 쌍의 힘 센서에 의해 측정되어진다. 두 개의 힘 센서가 축에 서로 반대쪽 끝에 위치하고 있다고 가정할 때, 만약 토크가 축에 가해지면 축 몸체에서 두 개의 반대 힘을 발생시켜 반대방향 응력이 발생한다. 두 개의 힘 센서는 토크로 변환되는 힘을 측정할 수 있다. 다른 축에 대한 토크를 측정하기 위해서는 서로 수직인 세 쌍의 센서를 사용해야만 한다. 그러나 아래 그림 에서 보여주듯이 힘은 같은 종류의 센서로 측정하므로, 전체 6개 힘 센서는 일반적으로 3축에 대하여 힘과 토크를 검출하며, 각 센서는 서로 독립적이다. 순수한 힘은 같은 축상에서 같은 부호의 신호를 발생시키는 반면에, 토크는 반대 부호의 신호의 쌍을 발생시킨다.

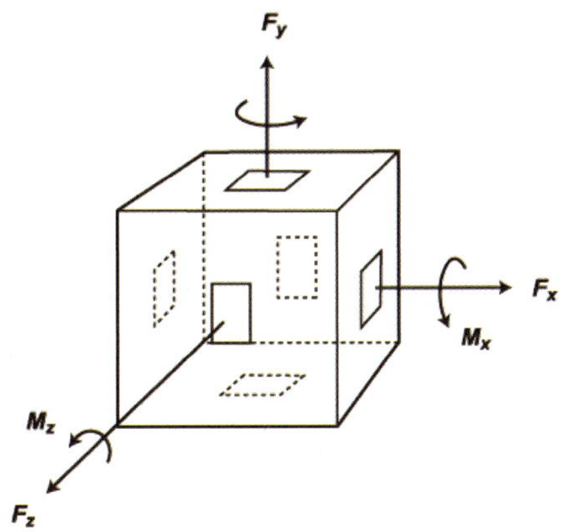

그림 7-20 세 축의 힘과 토크를 검출하기 위한 세 쌍의 스트레인 게이지

(3) 마이크로 스위치

마이크로스위치는 매우 간단하지만 모든 로봇공학에서 가장 유용하고 평범하게 사용된다. 마이크로 스위치는 전도체를 통해 전기적 전류를 차단하는데 사용하므로 안전 목적으로 사용하고, 연결을 결정하며 변위신호를 보내는 데 사용되는 등 많은 다른 목적으로도 사용된다. 마이크로스위치는 강인하고, 간단하고 값이 싸다.

(4) 광 및 적외선 센서

이 센서들은 투영된 빛의 강도에 따라 전기적 저항이 변화함으로써 반응한다. 만약 빛의 강도가 0이 된다면 저항은 최대가 되며 강도가 높을수록, 저항은 낮아지고, 결과적으로 전류가 높아지므로 스위치를 지나는 전압은 떨어진다. 이 센서는 가격이 싸고 매우 유용하다. 광학 엔코더뿐만 아니라 다른 장치를 만드는 데 사용되며 뒤에서 살펴볼 촉각 센서에 사용되기도 한다.

또한 포토트랜지스터는 미소량의 빛이 존재하는 곳에서 광 센서로 사용되며 켜지거나 꺼진다. 포토트랜지스터는 일반적으로 LED 광원과 함께 연결되어 사용된다.

광 센서 배열은 이동하는 광원으로써 변위측정에 사용할 수 있다. 로봇과 다른 기계장치에 미소운동과 변형을 측정하는 데 사용된다.

광 센서는 가시광선 범위에서 민감하고, 적외선 센서는 적외선 범위에서 민감하다. 적외선은 인간의 시각에서는 볼 수 없으므로 조사되는 빛에 의해서 인간에게 해를 끼치지 않는다.

예를 들어 항해의 목적으로 먼 거리를 측정하는 장치가 필요하다면 적외선 센서는 인간을 방해하거나 주위를 끌지 않고도 사용이 가능하다.

간단한 적외선 원격 제어장치는 로봇과 주변장치간의 원격-제어 통신 연결이 가능하게 해준다.

(5) 접촉 및 촉각 센서

촉각 센서는 단순 형태의 접촉 센서를 배열 형태로 정렬하거나 행렬 형태로 정렬하여 제어기에 접촉물의 형상과 같은 특수한 정보를 알려준다.

촉각 센서는 사물을 접촉하는 방식으로 사용되며 물체의 크기나 형상에 따라 다른 종류의 접촉 센서로 다른 순차로써 반응한다. 이 정보는 제어기에서 사물의 크기, 모양을 결정하는 데 사용된다. 그림은 하나는 입방체에 접촉하는 모습을 보이고, 다른 하나는 실린더에 접촉하고 있으며, 마지막 하나는 일정한 형태가 없는 물체에 접촉하는 세 가지 방식의 간단한 접촉법을 보여주고 있다. 여기서 알 수 있듯이 각각의 물체는 형상을 검출하는 데 있어서 각각 다른 독특한 특징을 나타낸다.

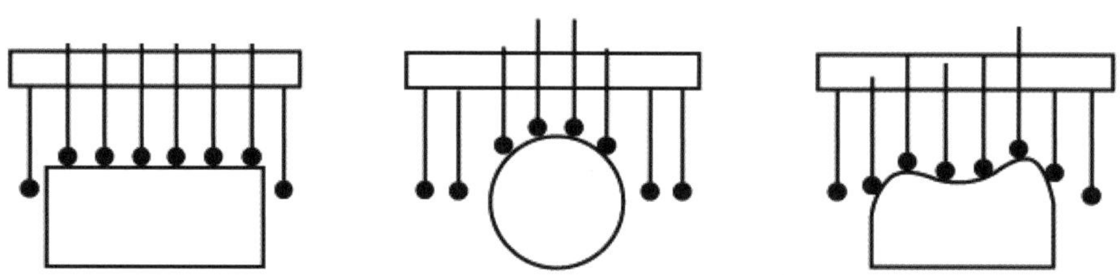

그림 7-21 촉각 센서

인간의 피부와도 같은 기능을 할 수 있는 연속적인 피부 같은 접촉 센서를 만들려는 시도가 있었다.

대부분의 경우 그림에서 대칭적으로 보이는 것과 같이 분리망에 의해 분리되고, 두 중합체의 층 사이에 끼어 넣어 센서열의 주위에서 회전한다. 힘은 중합체에 가해지게 되면 주위의 몇 개의 센서에 분산되고 각 센서에 가해진 힘에 비례하여 신호를 출력한다. 높은 분해능이 필요 없는 곳에서는 이러한 촉각 센서도 사용 가능하다.

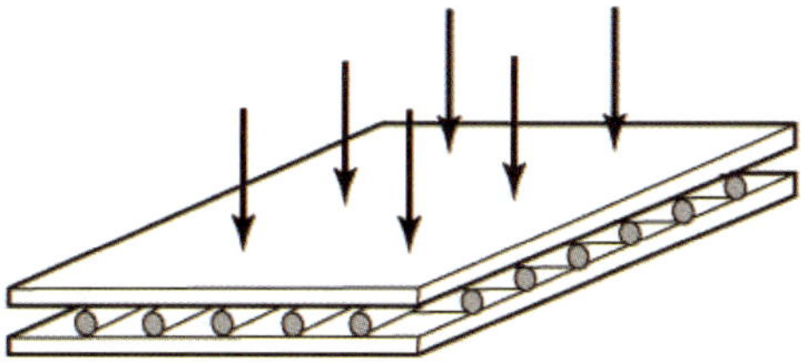

그림 7-22 피부 형태의 촉각 센서

Flex 센서는 표면의 탄성을 결정하는 데 사용된다. 이 센서는 탄성을 받은 만큼 신호를 보내고 가상현실분야에 사용이 가능하며 다른 유사한 응용에도 사용된다. 이와 유사한 센서들도 가상현실용 장갑의 손가락 관절의 각을 측정하는 데 사용된다. 이 센서는 전도성 탄소 분자로 이루어진 우레탄 인조고무로 만들어진다. 전도성 고무의 저항은 늘어나면 감소하므로 관절의 각도에 비례하여 신호를 발생한다.

7.7 근접센서

근접센서(Proximity Sensor)는 사물이 다른 사물에 접촉되기 이전에 근접하였는지 결정하는데 사용된다. 무접촉검출(Noncontact Sensing)은 회전자(Rotor)의 속도 측정에서부터 로봇의 운행 측정까지 많은 상황에 매우 유용하다.

7.7.1 근접센서의 개요

근접센서는 종래의 마이크로 스위치, 리미트 스위치의 기계적인 접점에 의한 것 을 무접촉화하여 접근하는 물체, 혹은 근방에 존재하는 물체의 유무를 전자계의 힘을 이용하여 검출하는 센서를 칭한다.

근접센서는 목적물에서 생성된 전기적인 신호가 조정장치로 전달되어 설비의 운 전상태, 특히 회전수 등을 조정하거나 감지하는데 사용되고 최근에는 로봇의 운 행 측정까지 다양한 용도로 활용되고 있다.

근접센서는 바코드를 인식하거나 레이저 빔이 단속되는 것과 같은 광학기술을 기반으로 하고 있으며, 어떤 물체가 자기장의 특성 변화를 일으키는 원리를 이용한 자기장 기술을 응용한 것이다.

근접센서는 반도체를 이용하여 반영구적 수명으로 공장자동화 등에 광범위하게 사용되고 있으며, 자석, 와전류, 홀 효과, 광학, 초음파, 유도성, 용량성과 같은 여러 형태의 근접센서가 있다.

(1) 자기 근접센서

자기 근접센서(magnetic proximity sensor)는 자성체를 가까이 할 때 기동된다. 회전자의 속도 측정, 그리고 회전수에 사용될 뿐만 아니라 회로의 점멸 (on/off)에도 쓰일 수 있다. 이 센서는 또한 모터와 바퀴의 회전수를 계수하는 데도 사용되며 위치 센서로도 사용된다.

그림 7-23 자기 근접센서

자기 근접센서의 주고는 컨덕터 소자와 마그네트 소자로 분리되고, 컨덕터 소자의 가운데에는 리드 스위치, 마그네트 소자의 가운데에 영구자석이 내장되어 있다.

리드 스위치는 유리(Glass)관의 중간에 2본의 자성합금으로 만들어진 리드가 있고, 유리관은 기밀구조로 되어있다. 외부자계가 존재하고 2본의 리드는 자기를 가져 리드의 선단은 서로 반대의 자극이 되어 서로 흡인한다. 이 흡인력은 거리의 2승 에 반비례하고 마그네트 소자가 접근하면 리드 스위치의 접점이 온(On)되고 접점 이 오프(Off) 된다. 이 원리로 검출체의 유무를 무접촉으로 검출하고, 그것에 의해 부하를 직접 개폐할 능력을 갖고 있다.

이 센서의 특징을 보면 다음과 같다.

- 비접촉으로 검출할 수 있기 때문에 검출물체나 센서를 손상하지 않는다.
- 무접점 출력(전기적 접점)이기 때문에 장수명이다.
- 물이나 기름의 비산하는 악조건의 환경에서도 확실한 검출을 자랑한다.
- 응답 속도가 빠르다.

(2) 광학 근접센서

광학 근접센서(optical proximity sensor)는 방사기(emitter)라고 불리워지는 광원과 빛의 존재유무를 감지하는 수신기로 구성되어 있다. 일반적으로 수신기는 포토트랜지스터이고, 방사기는 LED이다. 위의 두 조합이 광센서를 만들고 광학 엔코더를 포함하여 많은 분야에 응용된다.

근접센서이므로 센서는 빛을 보내고 물체가 바로 곁에 없는 한 방사기에 의해 방사된 빛은 수신기가 수신하지 못한다. 스위치의 범위 안에서 물체가 센서에 가까이 있지 않는 한 빛을 반사하지 못하므로 빛을 수신기가 받지 못하게 되고 결과적으로 신호는 없을 것이다.

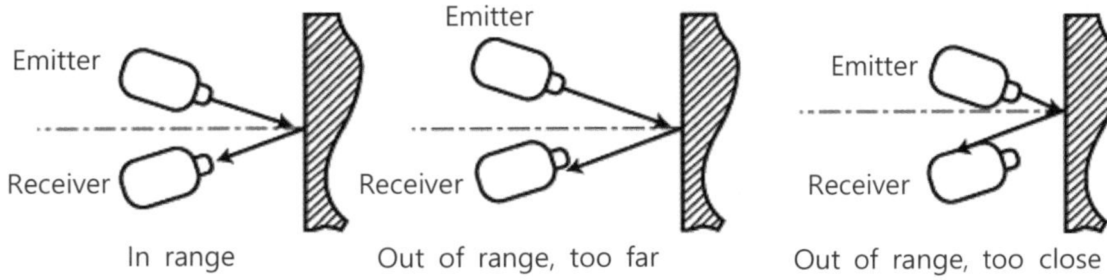

그림 7-24 광학 근접센서

(3) 초음파 근접센서

초음파 근접센서(초음파 방사기:Ultrasonic Emitter)는 지향성이 좋은 200kHz 정도 주파수의 초음파를 사용하여 물체를 검출한다. 이것은 광전센서에서 검출 매체로 빛 대신에 초음파를 사용한 것인데 검출 방식은 광전센서의 경우와 같다. 초음파 센서의 운용에는 두 가지 모드가 있다. 즉, 대항모드와 반향모드가 있다.

대항모드(opposed mode) 수신기는 방사기 앞에 위치해 있는 반면에, 반향모드 (echo mode)는 수신기가 바로 다음에 있거나 방사기와 통합되어 있고 반사된 음 파를 수신 받는다. 만약 수신기가 수신범위 안에 있거나 음파가 센서 가까이에 있는 물체의 표면에 반사된다면 그 음파가 감지되고 신호가 발생한다.

반면에, 수신기가 음파를 감지하지 못하면 신호는 발생하지 않는다. 모든 초음파 센서는 방사기 표면으로부터 물체의 거리와 존재를 인지할 수 없는 사각지대를 가지고 있다. 초음파 센서는 반향모드에서 음파를 반사할 수 없는 고무나 거품 같은 표면을 가진 물체에 대해서는 사용할 수 없다.

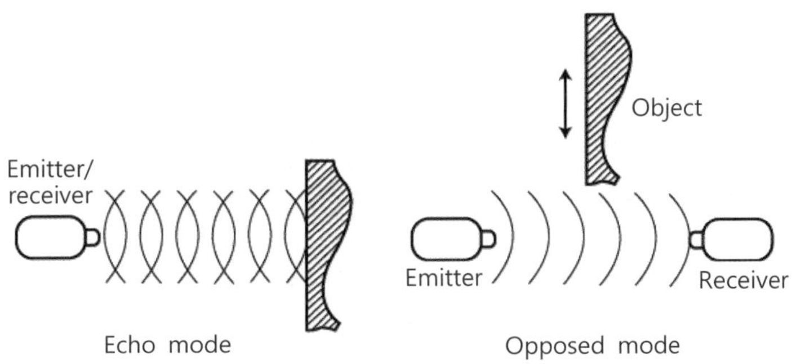

그림 7-25 초음파 근접센서

(4) 용량성 근접센서

용량형 근접센서(capacitive Proximity Sensor)는 도체 및 유전체의 모든 물체의 검출이 가능하다. 이것은 전계를 검출 매체로 하는 검출 전극이 사용된다. 용량형 근접센서에 검출 물체가 접근하면 전극간의 정전 용량이 변화하여, 발진 주파수가 변화한다. 그 변화를 전기 신호로 변환하여 물체를 검출한다. 발진 주파수는 500 ㎑~1 ㎒정도의 고주파가 사용되고 있다. 정전 용량형 근접센서는 변위센서, 레벨(level) 센서 등에도 사용되고 있다.

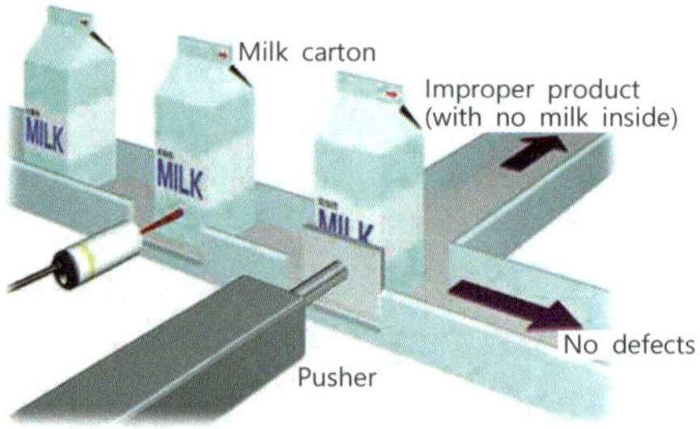

그림 7-26 용량형 근접센서 적용분야

근접센서는 전력 소모에 신경 써야 하는 제품을 위한 훌륭한 보조 수단이다. 이러한 제품의 예에는 귀에 가까이 갖다 대면 디스플레이와 백라이트가 꺼지는 휴대 전화나 화면을 바라보는 사람이 가까이에 없으면 저전력 모드로 들어가는 모니터가 있다.

수신기의 신호 레벨(출력)을 판독하는데 MCU를 사용할 수 있는 경우 물체가 시스템에 가까이 있는지 여부는 물론 얼마나 가까이 있는지도 판단하도록 센서의 기능을 확장할 수 있어 동작인식(가장 단순한 형태인 1차원)이라는 완전히 새로운 인간 인터페이스 세상이 열리게 된다.

7.8 위치센서

위치 센서는 회전각과 직선이동, 변위뿐만 아니라 운동의 측정에도 사용된다. 대부분의 경우, 위치정보로부터, 엔코더의 경우도 마찬가지로, 속도정보 계산이 가능하다. 다음은 로봇공학에서 쓰여지는 일반적인 위치 센서들이다.

7.8.1 포텐쇼미터

포텐쇼미터(Potentiometer) 저항기를 통해 위치정보를 가변전압으로 변환한다. 픽업에서 시작된 신호는 픽업 셀렉터를 거쳐서 볼륨 및 톤 컨트롤을 지나게 되는데 바로 이 부분이 포텐쇼미터이다.

우리말로는 가변저항이고, 말 그대로 변화가 가능한 저항이라는 의미이다. 볼륨과 톤에 사용되는 가변저항은 기본적으로 똑같은 구조이며 저항값만 같다면 구분없이 사용한다.

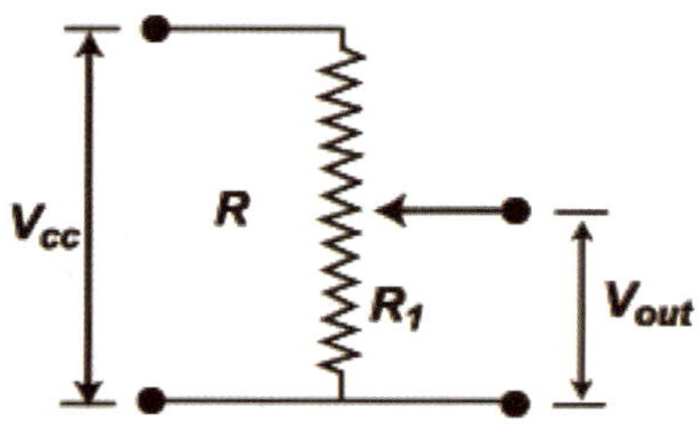

그림 7-27 위치 센서로서의 포텐쇼미터

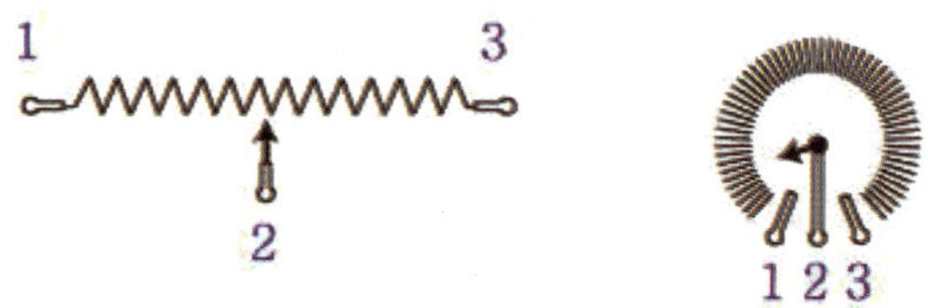

그림 7-28

포텐쇼미터는 종류에 따라서 회전과 직선으로 이동할 수 있으므로 회전과 직선의 운동을 측정할 수 있다. 회전형 포텐쇼미터는 또한 여러 번 회전이 가능하므로 많은 횟수의 회전운동을 측정하는 데 사용이 가능하다.

포텐쇼미터는 권선이 감겨 있거나 표면에 저항 물질의 얇은 필름 (전도성 플라스틱) 을 증착시킨다. 박막 포텐쇼미터의 주된 장점은 출력이 연속적이고 잡음이 적다는 점이다. 따라서 이 형태의 저항기에서 출력을 미분하여 속도값을 생성하는 것이 가능해진다. 그러나 권선형 포텐쇼미터의 출력은 계단식이기 때문에 연속이 아니므로 미분이 불가능하다.

포텐쇼미터는 일반적으로 관절과 링크의 위치를 나타내기 위하여 내부 되먹임 센서에 사용된다. 포텐쇼미터는 단독으로 쓰이거나 엔코더와 같은 다른 센서와 함께 쓰이기도 한다. 이 경우, 엔코더는 관절과 링크의 현재 위치를 나타내는 반면에, 포텐쇼미터는 시작위치를 나타낸다. 따라서 센서의 조합으로 최소 입력 요구사항을 충족시키는 것이 가능해지며 또한 최대의 정확성을 가진다. 이것은 엔코더에서 보다 자세히 논의할 것이다.

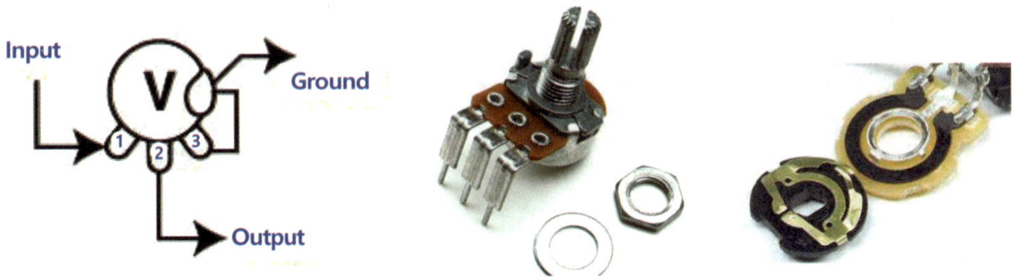

그림 7-29 포텐쇼미터(가변저항)의 구조

7.8.2 엔코더

엔코더(Encoder)는 운동의 미세부분에 대한 디지털 출력을 할 수 있는 간단한 장치이다. 디지털 출력을 위한 엔코더 휠(wheel) 또는 막대가 작은 부분으로 구분되어 나누어져 있다. 각 구획은 불투명하거나 투명하다. 이것은 또한 반사형 또는 비반사형으로도 구성할 수 있다.

한 쪽에서 발광 다이오드(LED)와 같은 광원을 엔코더 휠 또는 막대의 다른 쪽에 광선을 주사하고 포토 트랜지스터와 같은 광 감지센서를 통해 감지한다.

만약 빛이 통과하여 휠의 각도 위치(또는 막대의 경우, 직선 위치의 경우)가 빛이 통과하는 위치라면 반대쪽의 센서는 켜지게 될 것이고 높은 신호(on)를 가질 것이다. 만약 휠의 각도 위치가 빛이 통과하지 못하는 곳에서 멈춘다면 센서는 꺼질 것이고 출력은 낮아질 것이다. 디지털 출력 off, 즉 0이 된다. 휠은 회전하기 때문에 센서는 연속적으로 신호를 보낼 수 있다. 만약 신호가 계수(count) 된다면, 휠의 대략의 전체 각 변위는 언제든지 측정될 수 있다.

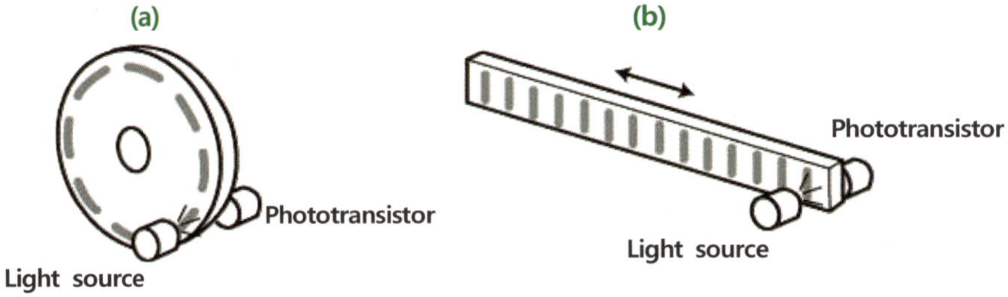

그림 7-30 (a) 회전 증가형 엔코더 휠 (b) 선형 증가형 엔코더

엔코더에는 증가형(incremental)과 절대위치형(absolute)의 두 가지 기본형태가 있다.

증가형 엔코더는 발광소자와 수광소자 사이에 흑색 패턴이 그려져 있는 회전 슬리트와 고정 슬리트를 설치한 후 최전축을 회전시키면 빛이 투과 또는 차단된다.

투과된 빛은 수광소자에 의해 전류로 변환되어 이 전기 신호가 파형전형 회로와 출력 회로를 거쳐 구형파 펄스로 출력된다.

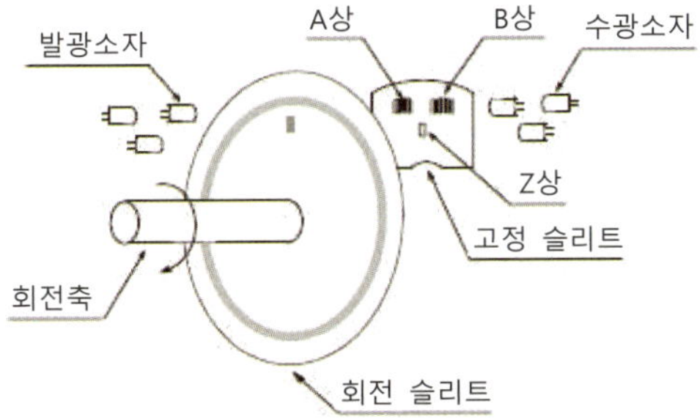

그림 7-31 증가형 엔코더

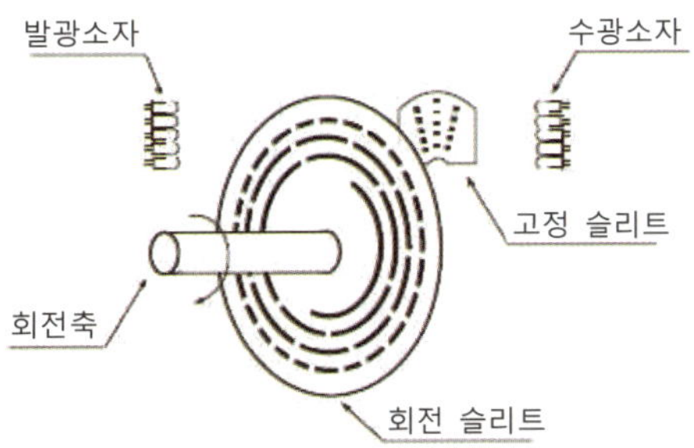

그림 7-32 절대위치형 엔코더

증가형 엔코더는 적분기와 같으며 단지 각 위치의 변화만을 출력하며, 그것은 변위라고 할 수 있는 위치의 변화를 나타낸다. 따라서 실제적으로는 직접 어느 위치에 있는지 표시하거나 출력할 수 없다. 즉, 다시 말하면 증가형 엔코더는 단지 얼마나 많이 움직였는지를 알 수 있지만 초기위치를 알지 못한다면 실제적인 위치를 센서로부터 식별할 수 없다. 장치, 즉 로봇의 시작점이 어딘가에 따라서 최종 위치가 다를 수 있다는 것이다.

절대위치형 엔코더는 회전축에 고정된 회전 슬리트가 회전하면 패턴에 따라 빛이 투과 또는 차단된다. 이때 2개의 슬리트를 투과된 빛은 수광소자에 의해 전류로 변환된 후 파형 정형 회로를 거쳐 안정된 디지탈 신호로 출력한다.

7.9 초음파센서

초음파 센서[Ultrasonic Sensor]는 초음파의 특성을 이용하거나 초음파를 발생시켜 거리나 두께, 움직임 등을 검출하는 센서로 초음파 용접기, 세척기, 플라스틱 본딩, 가공 등에 이용되는 고음압용과 생산 제어, 비파괴 검사, 침입검사, 물성측정, 의료 진단, 지연선로, 신호처리 등에 활용되는 저음압용이 있다.

7.9.1 초음파센서의 개요

초음파는 사람이 들을 수 없는 20 kHz 이상의 주파수 영역을 말한다. 계측 분야에서 압전 진동자를 이용하면서부터 초음파센서가 이용되었으며, 이후 급속하게 발전하게 된 것이다.

초음파는 진행 방향 파의 종류에 따라 종파, 횡파, 표면파, 반파 대비 S모드, 반파 대비 A모드 등으로 나눌 수 있다. 초음파센서의 검출소자로는 압전형과 자왜형, 전자유도형이 많이 이용된다.

초음파를 통신 계측분야에 이용하는 것은 지향성이 강하기 때문이다. 초음파는 횡파와 종파로 구분되는데 진동자의 직경이 파장의 33배보다 크면 횡파가 되고 계측에서는 이 파를 이용한다. 초음파의 전달속도는 매질의 종류에 따라 다르고, 공기 중에서는 초속 340미터, 수중에서 1500미터, 금속중에서 6천미터 정도이다.

초음파의 감응재료에 따라 압전효과, 반도체, 전왜효과 등을 이용한 것으로 분류 할 수 있고, 사용목적에 따라 공중용, 수중용, 고체용, 특수 환경용으로 나눌 수 있다.

초음파(超音波 Ultrasonic Wave)란?

- 초음파는 '정상적인 청력을 가진 인간이 청감각(가청주파수:가청 주파수는 20 Hz~20 kHz의 인간이 감지할수 있는 음향적 진동)을 느낄 수 없을 정도의 주파수가 높은 음파'로 정의 되어 있습니다.
- 일반적인 인간의 청감각을 통하여 느낄 수 있는 주파수는 16~20 kHz이며, 20 kHz 이상의 주파수를 '초음파' 라고 합니다.
- 위에 표와 같이 '초음파'는 여러 분야에서 폭 넓게 사용되어지고 있다. 초음파는 인간이 감지하지 못하는 일종의 에너지로써 이 에너지에 여러 종류의 정보 및 그 파동 자체만을 가지고 또 하나의 에너지로 사용 가능하다고 볼 수 있는 것이다. 우리가 인지 및 감지하지 못하는 또 하나의 에너지 세계가 바로 '초음파' 인 것이다.

(1) 공중용 초음파 센서

공기 중 스스로 초음파를 방출, 또는 방출된 초음파 에너지를 검출하는 센서로써, 액티브 방식(스스로 초음파를 방사하여 그 반사파를 검출함)과 패시브 방식(오로지 수신전용)이 있다. 액티브 방식은 초음파 거리계를 비롯해 두께계, 어군 탐지, 측심기, 소나, 의료용 진단장치 등에 사용된다. 패시브 방식은 배관의 가스 누출, 수도관의 누수, 절연 불량 등의 코로나 방전, AE파의 검출 등에 사용된다.

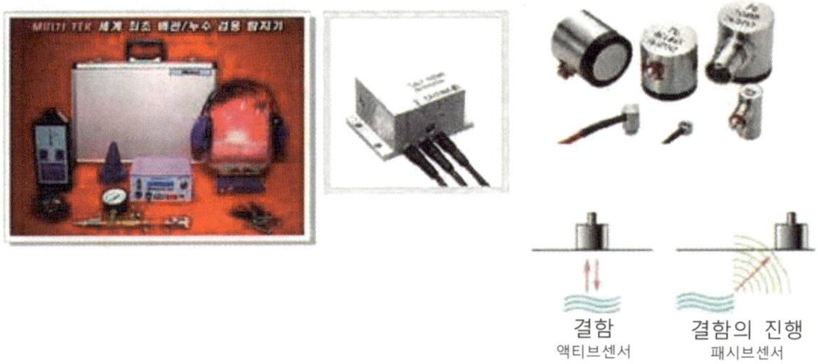

그림 7-33 패시브 센서

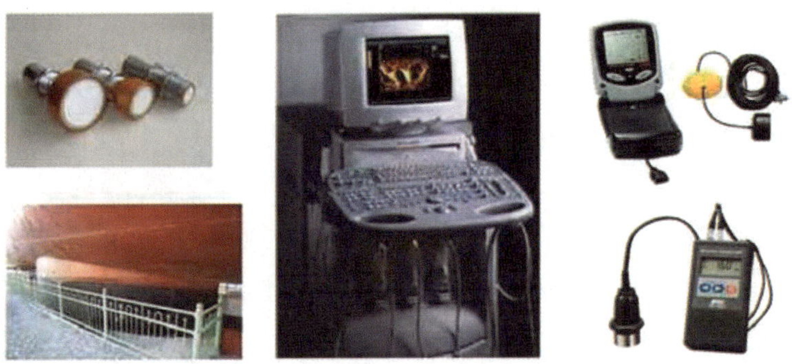

그림 7-34 액티브 센서

금속판과 압전세라믹을 붙인 구조의 바이모프(bimorph) 진동자에 로트형의 공진자를 결합한 복합 진동체를 실리콘 접착제에 의하여 베이스에 탄성 고정시킨 다음 케이스에 수납한 구조이다.

공중 초음파 센서는 개방구조로 되어 있기 때문에 옥외에서 사용하는 경우, 비에 의한 물방울, 오염물질이나 먼지의 부착 등이 문제가 된다.

이 문제를 해결하기 위해 금속 케이스에 압전 세라믹을 부착하여 케이스 개구부에 베이스를 붙인 다음 수지를 충전한 밀폐 구조의 타입이다. 이 센서는 자동차의 범퍼에 내장한 거리계 등에 주로 사용되고 있다.

(2) 수중용 초음파 센서

수중을 장거리 전파하는 음파는 전파 중에 감쇄한다. 감쇠 비율은 거의 주파수의 제곱에 비례하여 증가하기 때문에 장거리의 음파 전파에서는 저주파가 유용하다. 따라서 수 kHz ~ 수 백 kHz의 저, 중역의 초음파는 해양 중에서의 계측에 주로 이용한다.

① 측심기

펄스 반사를 이용하여 바다의 깊이를 잰다.

② 어군 탐지기

초음파 펄스를 해저로 향해 발사하여 해중의 어군 및 해저로부터 반사파의 감도를 기록지 또는 브라운관에 표시하여 어군의 유무, 심도, 어군의 크기, 어종 등을 판별한다.

(3) 고체용 초음파 센서

① 탐사용 초음파 센서

초음파 탐상법은 부품, 재료의 내부에 존재하는 결함을 비파괴적으로 검사하는 방법의 하나이다. 특히, 철강재의 내부 결합이나 용접부의 갈라짐의 검출 등에 가장 큰 특징을 발휘하는 분야이다.

② 생체용 초음파 센서

생체의 음향 임피던스는 대개 1.5×106 $kg/m^2 \cdot s$ 로서 음향 임피던스의 축면에서 오히려 액체에 가까워 센서의 기본적 구성 원리는 수중용 센서와 그다지 다르지 않다. 그러나 피검사체가 생체라는 특수성이 있다. 초음파 진단장치는 초음파 펄스를 생체 내에 발사하고 생체 내부로부터 반사파를 검출하여 초음파 전반 경로상의 반사체 정보를 얻는 것을 기본 동작으로 한다.

(4) 특수 환경용 초음파 센서

① 산부인과 영역의 초음파 진단

- 임신 7주 : 태아 생존 여부 확인.
- 자궁근종 : 초음파 진단법의 가장 좋은 응용 방법의 하나.
- 난소 낭종 : 초음파 진단 유용성 크다.
- 임신 후기 : 태아 머리 직경 측정 가능, 태아의 체장 관찰.

② 유선, 갑상선 초음파 진단

- 유선 종양 : 10[mm] 이상의 것은 불규칙한 에코로서 나타남.
- 갑상선 에코 기록 : 기관을 중심으로 해 좌우로 확인한다.

③ 심초음파를 이용한 판정

- 심실, 방실판, 반월판의 움직임
- 심실중격의 두께
- 대동맥의 직경, 좌심방의 직경 등
- 심막(낭)액 저류의 유무(역류유무)

7.10 CCD 이미지센서

이미지 센서는 빛에 반응하는 전자부품으로 전자기기에서 사람의 눈과 같은 역할을 한다. 이미지 센서는 수많은 화소(Pixel)로 구성된 광 센서(다이오드)들의 집합체로서, 각각의 화소는 빛을 받아들인 뒤 디지털 신호로 전환해 출력하게 된다. 구조적으로 곤충의 겹눈과 유사하다.

이미지 센서가 사용되는 전자장치는 기본적으로 빛을 '가다듬어' 받아들이는 렌즈와 받아들인 빛을 전기신호로 변환하는 이미지 센서, 이미지 센서가 출력하는 디지털 신호를 입력 받아 영상으로 처리해내는 이미지 프로세싱 모듈이 한 묶음으로 구성된다.

7.10.1 이미지센서의 개요

이미지센서는 광을 받아들여 전기 신호로 전환하는 소자를 칭하며, 최근 각종 영상기술과 신호의 전송, 수신, 변환 등의 기술이 급격히 발전하면서 이를 이용한 제품도 많아지고 있다.

이와 같은 이미지센서는 그 이용분야도 매우 다양하여 스캐너, 바코드 입력장치, 팩시밀리, 비디오, 카메라는 물론 의료 및 완구용에 이르기까지 우리 실 생활에 밀접하게 이용되고 있다.

이미지센서는 1967년부터 개발되었고, CCD(Charged Coupled Devices)형 이미지센서는 1970년대 후반에서부터 상업화가 이루어졌다. 특히 1980년대 후반에는 일본에서 급증한 출원에 의하여 전체적으로 특허건수가 급증하는 현상을 보이고 있다.

1990년을 전후한 특허건수의 증가는 개인용 디지털 비디오의 보급 확대에 따른 CCD형 이미지센서에 대한 수요 증가뿐만 아니라 일본을 중심으로 한 CMOS(Complementary Metal Oxide Semiconductor)형 이미지센서의 기술개발에 기인한 것으로 보인다.

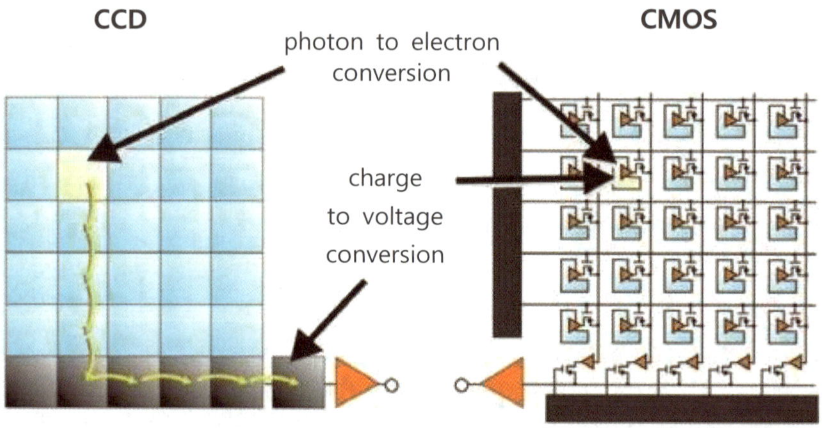

그림 7-35 CCD와 CMOS의 구조

최근 이미지센서가 많은 주목을 갖게 된 것은 각종 계측 분야에서 미약한 광신호를 이용해 형상인식, 이미지 파일 작성 등 그 중요성이 증가하면서부터이다. 또한 모바일 개인휴대단말기가 등장하면서 화상 핸드폰과 컴퓨터 네트워크를 이용한 실시간 정보 전송이 보편화되면서 크게 발전하고 있다.

이러한 이미지 센서는 디지털 카메라, 캠코더, 다양한 CCTV카메라 등 빛을 받아들여(화상 인식) 모니터의 이미지로 보여주는 모든 기계에 반드시 필요한 핵심 부품이다. 카메라가 내장된 휴대폰이 일상화된 현대에는 비록 그 크기는 작더라도 누구나 1개 정도의 이미지 센서를 늘 가지고 다니는 셈으로, 이미지 센서는 이미 광범위하게 대중화되었고 제조 가격도 많이 낮아졌다. 그러나 수많은 광센서를 작은 영역에 집적시키는 일은 쉬운 일이 아니다. 게다가 더욱 고화질을 얻기 위해서는 큰 크기의 센서가 필요한데, 이미지 센서는 크기가 커질수록 가격이 가파르게 올라간다. 전문 영상장비에 사용되는 고성능 이미지 센서는 아직도 매우 값비싼 전자부품들 중 하나이다.

7.10.2 이미지센서의 종류

이미지 센서는 대표적으로 크게 두 종류로 나누어진다. CCD(전하결합소자 : Charged Coupled Devices)와 CMOS(상보성 금속산화막 반도체 : Complementary Metal Oxide semiconductor)가 바로 그것이다. 두 방식 모두 광다이오드를 집적시켜 빛을 전하로 변환, 읽어 들인다는 기본 원리는 같지만, 제조 과정과 신호를 읽는 방법이 약간 다르다.

CCD형 이미지센서와 CMOS형 이미지센서는 공통적으로 광을 받아들여 전기 신호로 전환하는 수광부를 가지고 있으며, CCD형 이미지센서는 이 전기 신호를 CCD(전하결합소자, Charge Coupled Device)를 통해 전달하며 마지막 단에서 전 압으로 변환을 하게 된다. 반면에 CMOS형 이미지센서에서는 각 화소에서 전압으로 신호를 변환하여 외부로 보내게 된다.

구체적으로 살펴보면 이미지센서는 크게 빛에 의해 발생한 전자를 그대로 게이트 펄스를 이용해서 출력부까지 이동시키는 것이 CCD형 이미지센서이며, 빛 에 의해 발생한 전자를 각 화소 내에서 전압으로 변환한 후에 여러 CMOS 스위치를 통해 출력하는 것이 CMOS형 이미지센서이다.

제조 공정상 CCD 이미지 센서는 이미지 센서의 특성을 극대화 시킬 수 있는 공정들만을 채용하는 반면, CMOS이미지 센서는 근본적으로 태생이 다르다. CMOS 공정은 이미 1970년대 후반부터 우수한 집적도 경쟁력과 경제성 때문에 일반적인 반도체 칩 제조 공정으로 널리 자리 잡고 있었다. 이러한 기반 하에 제조공정의 경제성과 주변 칩들과의 연결상의 용이성 때문에 CMOS 공정을 활용한 이미지 센서가 탄생하게 되었다.

이미지 센서의 과거와 현재의 위치

- 1990년대 중반, 초기 CMOS 이미지 센서의 주된 시장은 PC CAM이었다.
- 그러나 2000년대 초반, 휴대전화 카메라에 CMOS 이미지 센서가 채용되기 시작하면서 CCD와 CMOS 이미지 센서의 시장 점유율에 변화가 있었고 현재는 CMOS 이미지 센서가 거의 대부분의 시장을 점유하게 되었다.
- CCD 이미지 센서의 고유 영역이라고 해왔단 DSC 분야에서도 이미 니콘, 캐논, 소니 등 많은 DSC 제작 회사들이 직접 CMOS 이미지 센서를 자체 개발하여 사용하기까지 이르렀다.

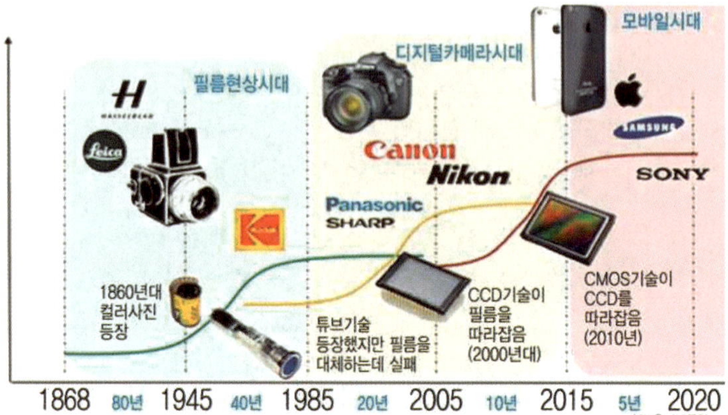

이미지 센서 기술의 발전도

7.10.3 이미지센서의 용도

이미지센서의 주요 수요 시장은 휴대폰, 디지털 카메라, 광마우스, 감시카메라, 생체인식 등 분야이다. 휴대폰은 저전력 특성, 소형성 및 경제성 등 주요 특성으로 인하여 CMOS 이미지 센서 시장의 급속한 성장을 가능하게 하여 2004년에는 전년대비 53% 증가하면서 1억2천만대 판매를 기록했다. 2004년 말까지 130만 ~ 200만 이상 고화소 휴대폰 모델 중심으로 CCD센서 우위 의 구조이나 2007년까지 CMOS 센서 기능의 발전으로 2008년에는 200만 화소급 이하의 카메라 폰 전화기에서는 거의 100%가 CMOS 센서를 채용할 것으로 전망된다.

디지털 카메라는 대부분 CCD 센서가 사용되어 왔으나 최근에는 백만화소 미만의 저사양 카메라뿐 아니라 캐논을 비롯한 최고급형 SLR 카메라에서도 CMOS 센서 가 사용되는 등 디지털 카메라 시장에서 CMOS 센서의 사용이 확대되고 있다.

광마우스 분야는 일반적으로 CMOS 이미지센서를 사용하고 있으며, 카메라 폰 시 장이 성장하기 이전의 가장 큰 시장 중의 하나였고, 광마우스용 센서 시장규모는 앞으로도 지속적인 성장을 할 것으로 보인다.

감시카메라 시장에서도 CMOS센서의 시장 확대가 두드러지고 있는데 이는 CMOS 센서의 기능 집적도로 인하여 스마트 센서 시스템의 One chip화가 가능하기 때문이다.

생체인식 분야에서는 1998년부터 전 세계 시장이 매년 2배 이상 성장하면서 지 문, 손, 얼굴, 음성, 성명, 홍채 등 사람의 신체 특징으로 개인을 구별하고 인증이 활발한데 그중 지문인식 시장의 비중이 가장 높다. 이러한 인식을 위해 여러 가 지 방식 중에서 이미지센서를 이용한 시스템이 크게 성장 할 것으로 보인다.

7.11 모바일 장치 적용 센서

스마트폰, 태블릿 등에 다양한 종류의 센서가 사용되고 있으며, 사용되는 센서의 종류 및 특성에 대하여 간략히 알아본다.

(1) 자이로(자이로스코프)센서(Gyro; Gyroscope Sensor)

자이로 센서는 기존의 가속센서에 각각 회전을 넣어 총 6축을 인식할 수 있게 해서 정밀한 동작을 인식 할 수 있도록 도와주는 센서로서, 애플 아이폰 4에 처음으로 탑재되어 삼성 갤럭시 탭, 팬텍 베가 S에서도 탑재 되는 등 스마트폰 제품에는 많이 탑재되고 있다.

동작 원리를 보면 자이로칩은 진동 수정음차를 이용하여 각속도를 감지하는 센서이다. Coriolis 효과를 이용함으로써 센서의 세로축에 대한 회전모션이 그 회전각에 비례하는 DC 전압으로 발생된다.

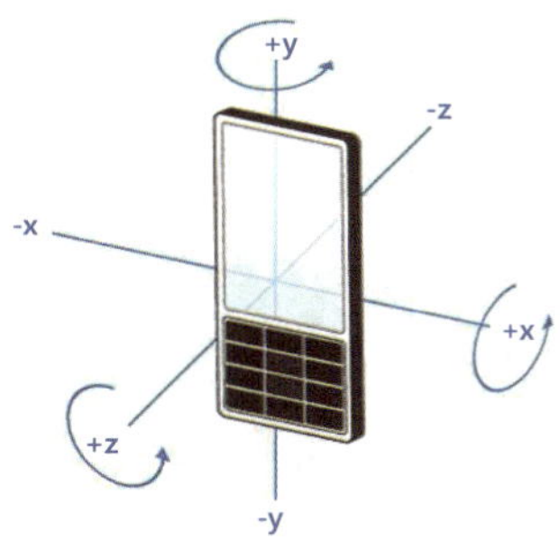

그림 7-36 Gyroscope Sensor

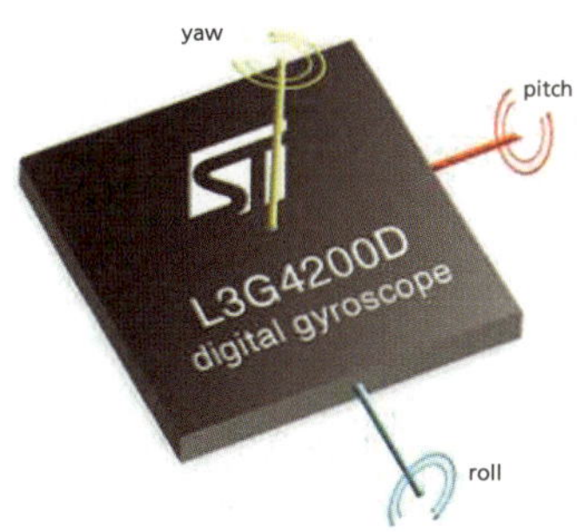

그림 7-37 digital-gyroscope-sensor

XC90의 자이로센서도 양쪽 바퀴는 아직 땅위를 달리지만 내부의 무게중심이 기울고 있다는 것을 인식, 곧바로 이 정보를 미끄럼 방지시스템(DSTC—dynamic stability traction control)에 넘긴다. 운전자의 운명을 가를 이 짧은 순간 DSTC의 활약이 시작된다.

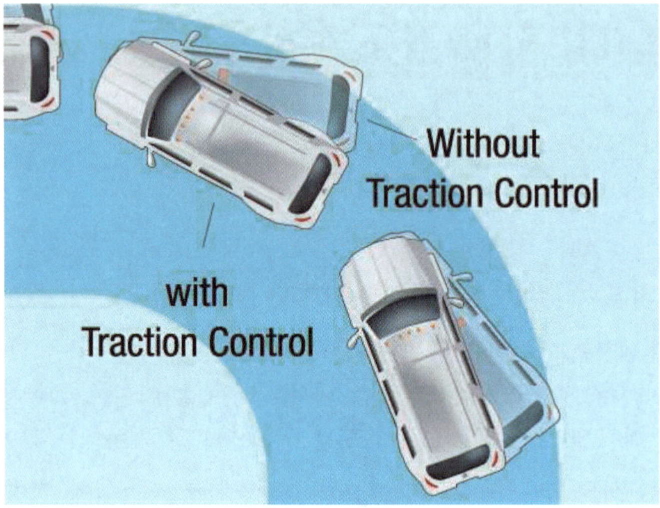

그림 7-38 corner traction control

DSTC는 일단 차의 속도가 얼마나 빠른지 판단한다. 차체가 넘어지지 않도록 하기 위해서는 한쪽 바퀴의 회전수를 줄이거나 한쪽에만 브레이크를 걸어줘야 하는 상황. 저속 주행일 때는 엔진 출력을 줄여 한쪽 바퀴의 속도를 늦추더라도 별 효과가 없기 때문에 ABS브레이크를 건다.

그러나 차가 고속주행 할 경우, 브레이크는 오히려 위험하다. DSTC는 한쪽 바퀴의 회 전수를 줄이도록 엔진 출력을 줄이라고 명령을 내린다. 눈 깜짝할 사이 차체의 수평각도 를 인식하고, 브레이크를 거느냐, 엔진출력을 줄이느냐를 스스로 판단, 차체 전복을 막 는 것이 전복방지시스템(RSC—Roll Stability Control)이다.

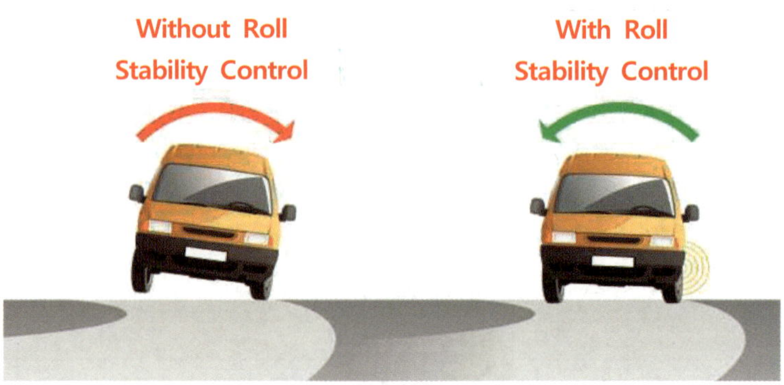

그림 7-39 RSC—Roll Stability Control

(2) 지자기 센서(Geo-magnetic Sensor)

지자기 센서는 지구 자기장을 이용해 방위각을 탐지할 수 있는 전자 나침판으로 위치 추적, 3차원 입체게임, 나침반 등의 용도로 사용되며 휴대폰, 무전기, GPS, PDA, 내비게이션 항법장치 등에 사용된다.

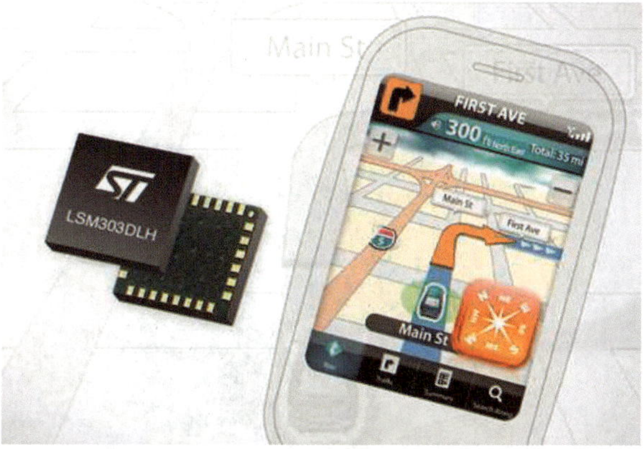

그림 7-40 Geo-magnetic Sensor

(3) 가속도 센서(Accelerometer Sensor)

가속도 센서는 이동하는 물체의 가속도나 충격의 세기를 측정하는 센서이다, 가속도센서는 출력신호를 처리하여 물체의 가속도, 진동, 충격 등의 동적 힘을 측정하는 것으로, 물체의 운동상태를 상세하게 감지할 수 있으므로 활용 분야가 아주 넓고, 갖가지 용도로 사용되고 있다. 가속도 센서는 자동차, 기차, 선박, 비행기 등 각종 수송수단, 공장자동화 및 로봇 등의 제어시스템에 있어서는 필수적인 센서이다.

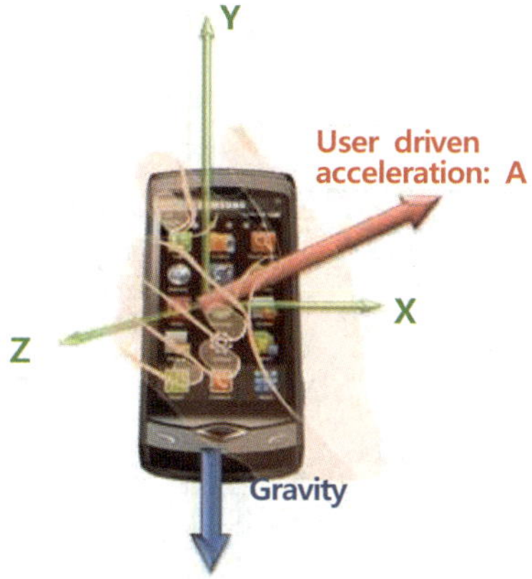

그림 7-41 Accelerometer Sensor

(4) 중력 센서(Gravity Sensor; G-Sensor)

중력센서는 중력이 어느 방향으로 작용하는지 탐지하고 그 상황에 맞춰 각종 기기의 사용자 편의를 돕는 기능이다. 디지털기기에 속속 탑재되면서 이용자들에게 활용되고 있으며, 실제로 사용자가 기기를 들고 있는 방향에 따라 자동으로 회전을 하거나, 차량 충돌 시 방향을 기록하는 등 디지털기기에 중력센서의 활용도가 넓어지고 있다.

그림 7-42 Gravity Sensor

(5) 광센서/조도센서(Light Sensor)

주변 광센서란 빛을 감지하여 이를 다시 처리가 용이한 양으로 변환하는 소자(트랜스듀서: 변환기, Transducer)라고 한다. 일반 터치 휴대폰을 비롯하여 스마트폰에 탑재가 많이 되고 있으며, 조도 센서라고도 부른다.

그림 7-43 Light Sensor

(6) 근접센서(Proximity Sensor)

근접센서란 사물이 다른 사물에 접촉되기 이전에 근접하였는지 결정하는 데 사용된다. 근접센서는 물리적인 접촉없이 전자계의 힘을 이용하여 물체의 존재여부, 통과, 연속흐름, 적체 등의 감지 및 위치 제어에 이용하는 센서이다. 근접센서는 검출 원리에 따라 고주파 발진형, 정전 용량형, 자기형, 광전형, 초음파형 등으로 분류된다.

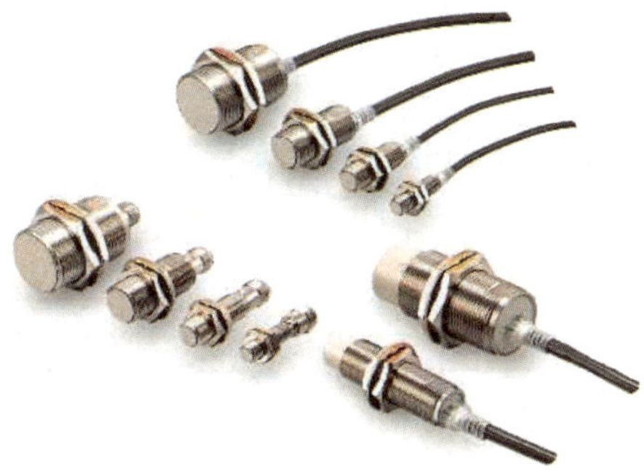

그림 7-44 Proximity Sensor

(7) 기압계(바로미터; 고도 측정 센서) (Barometer)

기압계는 대기의 압력을 측정하는 장치이며, 기압은 고도와 더불어 변화하므로 고도계(Altimeter)로도 사용된다.

(8) 동작 인식 센서(Motion Recognition Sensor)

물체의 움직임이나 위치를 인식하는 센서로서, 지자기 센서(Geo-magnetic Sensor), 가속도 센서(Accelerometer Sensor) 등의 각종 센서와 고도계(Altimeter), 자이로(Gyro) 등의 기능이 하나의 칩에 들어가 있는 복합 센서이다. 나침반, 만보기, 내비게이션 기능은 물론 화재나 노약자 등 인명 사고 시 위치 추적이나, 휴대폰의 움직임대로 게임을 즐길 수 있는 3차원 입체 게임 기능 등에 활용할 수 있다.

(9) 나침반(디지털 나침반) (Compass; Digital Compass)

디지털 나침반은 자기나침반(지구의 자성을 이용해 북과 남, 동과 서의 방위를 알 수 있게 해주는 용도로 만들어 진 것으로, 주로 배나 항공기의 진로를 측정하는데 쓰임)을 디지털화하여 스마트폰 등의 휴대용 디지털 기기에 탑재되어 사용되고 있다. 모바일 어플리케이션(App)을 활용하여 일반 나침반처럼 동서남북의 방위를 알 수 있고, 위치정보 활용의 용도로 지도앱(네이버 지도, 다음 지도, 구글 맵 등)에서 유용하게 활용 할 수 있다.

7.12 지능형 자동차의 센서

지능형 자동차란 차량 내 센서 및 액츄에이터를 포함하는 전기전자 시스템을 장착하여 안전성을 극대화한 스마트 자동차를 일컫는다. 지능형 자동차의 구현을 위하여 다양한 전기전자 및 IT 제어 기술이 필요하다. 계속적으로 기술적 발전을 거듭하고 있는 자동차는 첨단 감지센서와 지능형 영상장비로 전방 충돌회피, 차선이탈경고, 사각지대 감시, 후방감시 등의 기능을 할 수 있는 운전보조장치(ADAS, Advanced Driver Assistance System)의 발전을 가져왔다.

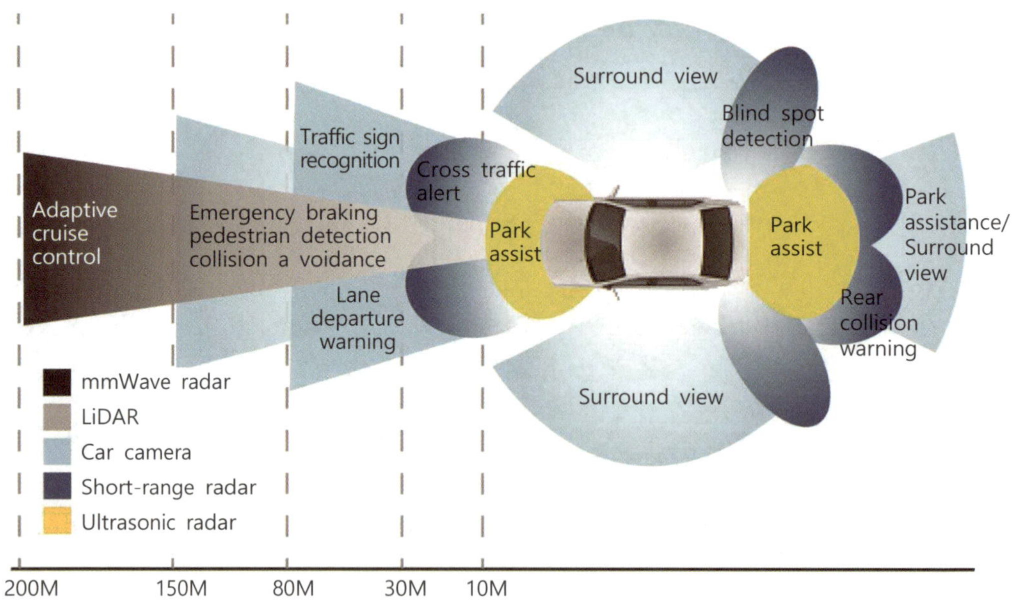

그림 7-45 운전보조장치

7.12.1 전방 충돌회피 기능

(1) 적응순항제어장치(ACC, Adaptive Cruise Control System)

운전자의 설정조건에 의해 주행차선의 전방에서 동일한 방향으로 주행 중인 자동차를 자동으로 감지하여 그 자동차의 속도에 따라 자동적으로 가·감속하며 안전거리를 유지하고 목표속도로 자동 주행하기 위한 장치

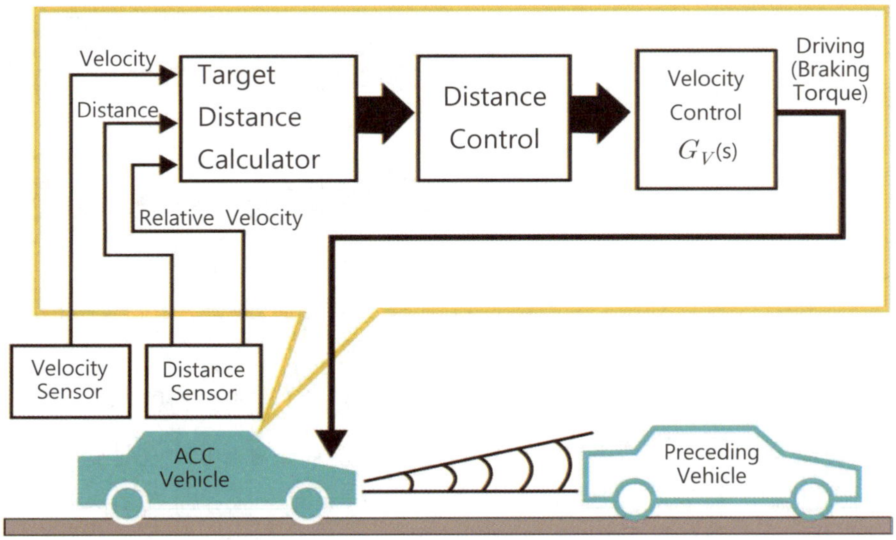

그림 7-46 적응순항제어장치

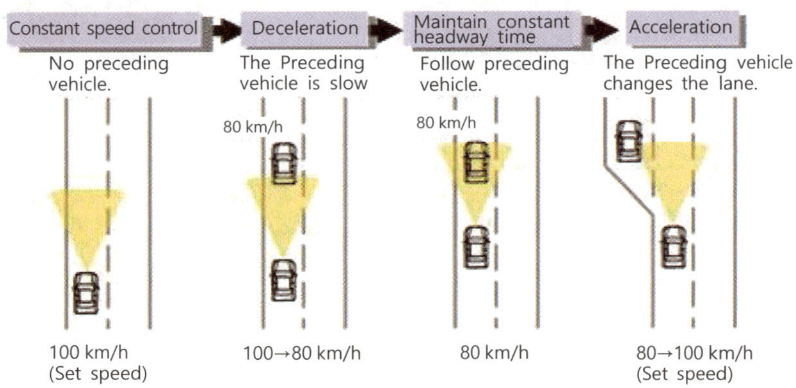

그림 7-47 적응순항제어장치

(2) 전방충돌 경고장치(FCW, Forward Collision Warning System)

주행 차선의 전방에서 동일한 방향으로 주행 중인 자동차를 감지하여 전방 자동차와의 충돌 회피를 목적으로 운전자에게 시각적, 청각적, 촉각적 경고를 주기 위한 장치

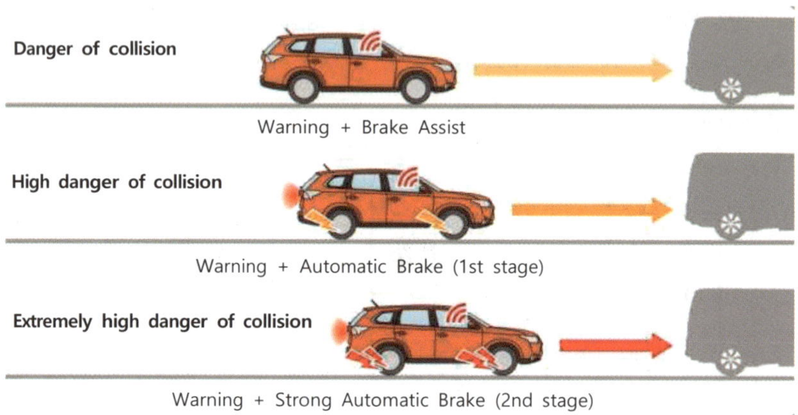

그림 7-48 전방충돌 경고장치

(3) 자동비상제동장치(AEBS, Advanced Emergency Braking System)

주행 차선의 전방에 위치한 자동차와의 충돌 가능성을 감지하여 운전자에게 경고를 주고 운전자의 반응이 없거나 충돌이 불가하다고 판단되는 경우, 충돌을 완화 및 회피시킬 목적으로 자동차를 자동적으로 감속시키기 위한 장치

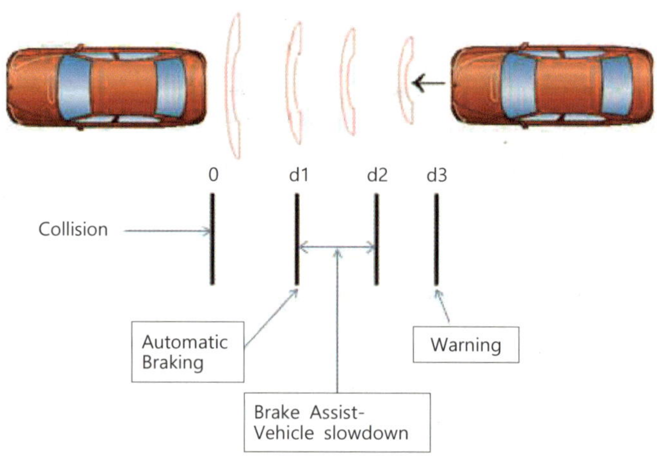

그림 7-49 자동비상제동장치

7.12.2 차선이탈 경고기능

(1) 차선이탈 경고장치(LDWS, Lane Departure Warning System)

주행하고 있는 차로를 운전자의 의도와 무관하게 벗어나 표류하는 것을 방지하기 위해 운전자에게 시각적, 청각적, 촉각적 경고를 주기 위한 장치

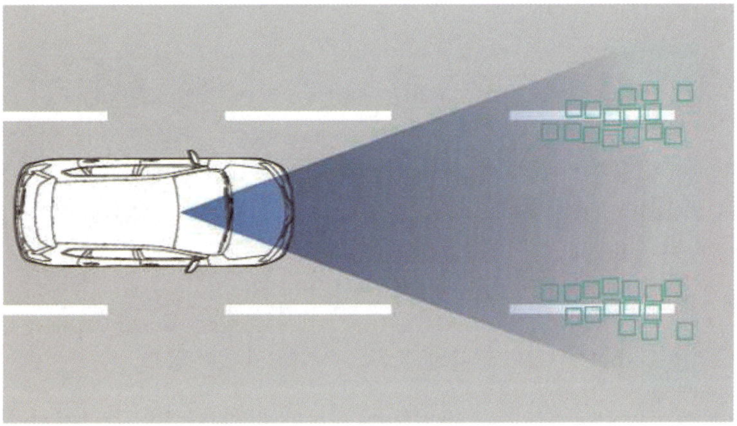

그림 7-50 차선이탈 경고장치

(2) 차선유지 보조장치(LKAS, Lane Keeping Assist System)

주행하고 있는 차로를 운전자의 의도와 무관하게 이탈하려는 것을 감지하여 운전자에게 경고를 주고 운전자의 반응이 없거나 차선을 이탈한다 판단되는 경우, 차선 이탈 방지를 위할 목적으로 본래 주행 중이던 차로로 복귀하도록 제어하는 장치

그림 7-51 차선유지 보조장치

7.12.3 사각지대 감시기능

(1) 사각지대 감시장치(BSD, Blind Spot Detection System)

접근하는 자동차 또한 사각지대에 위치한 자동차에 대한 정보를 운전자에게 제공하는 장치로 사각지대에 있는 자동차 등을 인지하지 못하고 차선을 변경하거나 근접하는 자동차로 인해 사고위험이 감지되는 경우 미연에 사고를 방지하기 위한 안전장치

그림 7-52 사각지대 감시장치

사각지대 감시장치는 자동차를 감지하는 센서와 감지 사항을 경고하여 표시하는 장치로 구성되어 있으며, 후사경 크기를 줄이거나 실내·외 후사경을 대신하는 것이 아니다. 사각지역을 감시하는 센서는 크게 레이더, 초음파, 영상 카메라 등이 있으며, 경고방식은 소리를 통한 청각적 알람방식, 후사경 등에 시각적으로 표시하는 방식, 시트나 스티어링 휠에 떨림을 주어 촉각적으로 인지할 수 있는 방법

7.12.4 후방 감시기능

(1) 후방충돌 경고장치(RCW, Rear-end Collision Warning System)

주행 차선의 후방에서 동일한 방향으로 주행 중인 자동차를 감지하고, 후방 자동차와의 충돌을 회피하거나 완화를 목적으로 운전자에게 시각적, 청각적, 촉각적 경고를 주기 위한 장치

후방 충돌 모니터링　　후방 충돌 상황 판단 및 경고　　경고 미확인 시 충돌

그림 7-53 후방충돌 경고장치

7.12.5 무인 자동차 시스템 동향

영국의 브리스톨(Bristol) 대학교가 무인 자동차에 필요한 기술을 연구함으로써 센서로 운행되는 무인 자동차의 현실화에 한걸음 다가섰다. "Auto Taxi"라고 불리는 이 연구과제는 전방의 다른 자동차 정보를 포함하여 다양한 정보를 획득하여 처리할 수 있도록 해주는 데이터 통합시스템과 안전에 중요한 센서를 개발하여 시험을 실시하였다.

이 연구팀이 2년 동안 실시한 1단계 연구에서는 차선이탈 경고장치, 능동형 순항제어 레이더, 라이더(광학적으로 속도와 거리를 측정하는 장치) 및 초음파 센서 등, 일부 기존 자동차에서 사용되고 있는 첨단 센서를 통합한 시험이 실시되었다.

또한, 이들 센서들의 성능을 향상시켜 Warwick 대학에서 개발한 스테레오 비디오 시스 템 및 LED 거리측정기 기능을 추가한 새로운 두 개의 시제품을 만들었다. 8차선 도로에 서 단순 시험을 실시한 후, 주차 및 다른 도로에서 진입하는 자동차와 같이 실제 운전상 황을 모사하는 시나리오에 대한 시험도 실시하였다.

완전히 무인으로 작동되는 자동차는 아직도 오랜 연구를 필요로 하지만, 과제를 통해서 개발된 기술들은 기존 자동차의 안전을 향상시키는 데 도움이 될 수 있을 것으로 보인 다. 단거리 광학센서인 LED 장치는 시험결과 가능성이 매우 큰 것으로 밝혀졌다. 개발 초기단계에 있는 광학센서는 주차지원 및 충돌경고 센서로 자동차에 사용될 수 있고, 스테레오 시스템은 전방의 장애물을 감지하는 데 사용될 수 있다고 말했다. 과제에서 개발 된 기술은 공항이나 쇼핑센터와 같은 환경에서 무인 택시에 사용될 수 있다.

무인 자동차가 현실화 된다면, 항공기와 유사하게 안전을 위해서 각각의 임무에 두개의 센서가 필요할 것이다. 동일한 것을 탐지하기 위해서 두 센서를 장착해야 한다. 하지만 두개의 센서가 동일한 방법을 사용하지는 않는다. 예컨대, 광학센서는 비가 올 때 성능이 많이 떨어진다. 그래서 두개의 센서를 광학으로만 사용할 경우, 우천시에는 문제가 발생된다.

자동차 분야에서는 전복방지(주행 경고 등), 공조(AC기능개량 등) 등에서, 국가안전용 도로는 스마트 빌(구조결함탐사 등), 방사선 방어(오염감지 등) 등으로, 산업용으로는 악성진동감지, 클린룸의 HVAC 비용삭감, 용접 품질 유지용 등으로 사용된다.

우주와 방위 분야에서는 센서통합, 포탄(연소방지 등), 보안 경보오작동방지 등으로 사용되고 의료용 도로는 인간로봇, 환자 감시, 분자진단 등으로 사용된다. 세계의 스마트 센서 기술은 유럽의 단말기 기술이 혈당치 테스트용, 북미의 단말기 기술은 지문검출 용, 아시아의 단말기 기술은 미세관 전원 등에 강점을 가지고 있다.

보안부문에 대한 어플리케이션은 바이오매트릭스(피부 감지 ID 등), 무기감지(휴대무기의 발견 등), 안전장치(전자경비 로봇 등), 생물제제의 방지(생물제제의 검출 등), 환경 모니터링(원격 실내조정 등) 등에 적용된다.

과거 20년간 컴퓨터의 소형화가 계속되어, 센서는 인간의 지각 변화에도 영향을 끼칠 만큼 고성능이면서도 지능화되어 발전해 왔다. 이와 같은 스마트 센서는 컴퓨터 등의 내장에 의하여 센싱과 연산 기능을 통합하고 검출 데이터의 축적, 가공, 전송 등을 가능하게 한다. 제조기기와의 통합에 의한 생산라인의 관리나 효율 향상, 무선 기술, 바이오 매트릭스와의 통합에 의한 보안 분야에서의 활용, 인체 내 현상 데이터의 검출과 같은 의약 부문에 대한 응용 등, 폭넓은 용도가 기대되어 전 세계적으로 연구 개발이 진행되고 있다.

8장

가전 및 사무용기기

8.1 전화기
8.2 세탁기
8.3 진공청소기
8.4 건조기
8.5 에어컨
8.6 냉장고
8.7 공기청정기
8.8 전열기
8.9 자기조리기
8.10 전자레인지

아침에 일어나 눈을 떠보니 이미 늦었다. 부랴부랴 씻고, 옷을 입고 아파트 25층에서 아래층까지 내려왔더니 비가 온다. 미리 우산을 챙겨 오지 않은 자신을 원망하며 다시 집으로 올라간다. 이미 회사는 지각이다. 그런데 어떤 사람은 똑같은 상황에서 집 현관을 나가려고 보니 우산 손잡이가 빛을 내며 깜빡인다. 그렇다. 비가 오는 것이다. 그 똑똑한 우산은 주인에게 비가 오니 날 가지고 가야 한다고 알려 주고 있는 것이다.

정해진 시간에 약을 먹어야 하는 환자가 있다. 여러가지 사정으로 집에서 통원 치료를 받고 있다. 그런데 깜빡하고 약을 먹지 않았다. 그걸 약이 알고 있다. 뚜껑을 열지 않았기 때문이죠. 뚜껑은 즉시 담당의사에게 이 사실을 알려 준다. 건망증 심한 환자는 의사에게 꾸중을 듣는다. 그 외에도 많은 분야에 사물인터넷이 활용되고 있다. 영화에 나오는 마법과 같은 일이 벌어지고 있다. 그리고 그 물건은 자신의 역할을 보다 똑똑하게 해내고 있다.

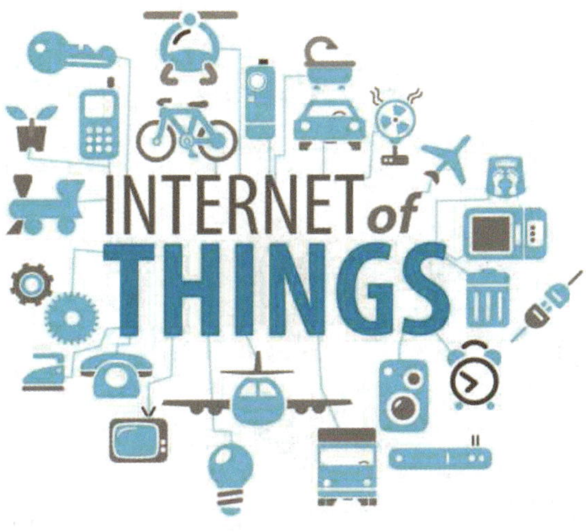

그림 8-1 사물인터넷(IoT)

오프라인의 산업을 크게 확장시킨 18세기 중반 영국에서 시작된 산업혁명에 이어, 온라인 산업을 크게 확장시킨 20세기 정보화 혁명이 있었고, 우리는 얼마 전까지 정보화 시대에 살았다. 그러나 지금은 초연결 혁명이 일어나고 있다. 물리적 공간과 가상공간이 결합하여 모든 것이 인터넷과 연결되는 시대, 우리는 이를 사물인터넷 시대라 부른다.

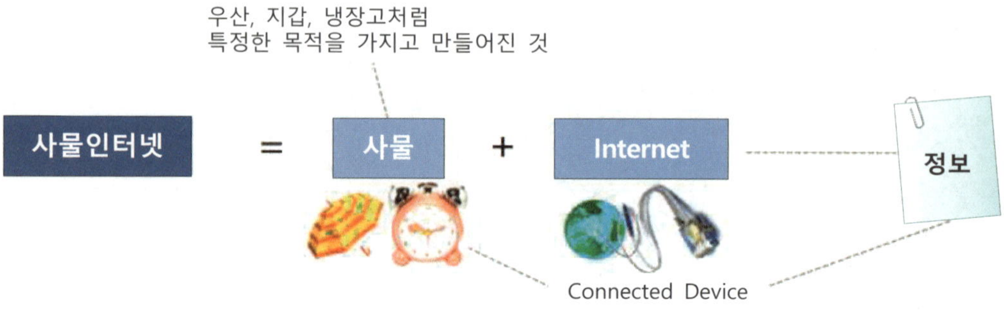

그림 8-2 사물인터넷의 정의

사물인터넷(IoT)란 용어는 Internet Of Things를 줄임말로, 미국 매사추세츠공대(MIT) 케빈 애시튼 교수가 '센서가 부착된 사물을 유무선 통신망으로 연결, 이를 통해 발생하는 실시간 데이터를 사람 개입 없이 인터넷으로 주고받는 환경'이라는 말로 처음 사용하였다. 현재는 기관마다 사물인터넷 (IoT)개념을 조금씩 다르게 정의하고 있다.

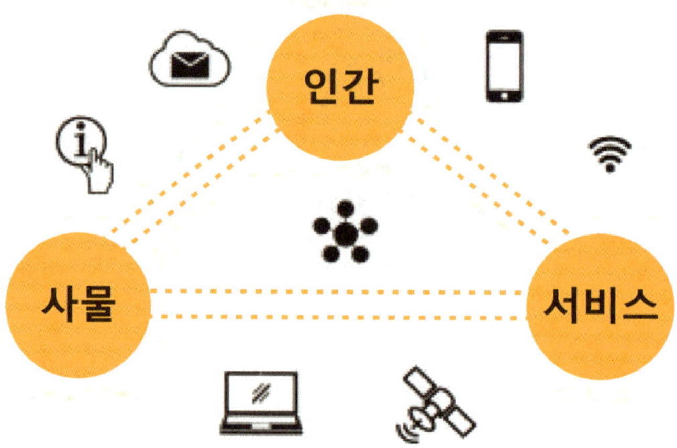

그림 8-3 사물인터넷 핵심 구성요소

사물인터넷(IoT)의 Things에 해당하는 제품은 크게 생활 가전류와 신성장 제품류로 구분할 수 있다. TV, 냉장고, 세탁기, 전자레인지 등으로 대표되는 생활가전 제품류는 글로벌 기업들을 중심으로 시장이 형성되어 있다.

스마트한 가전제품이 늘어나면서 가전제품의 고장을 진단하는 기능은 사실 놀라운 일은 아니다. 하지만 사물인터넷(IoT)과 인공지능(AI) 서비스는 당장 수리가 필요한 심각한 '고장' 뿐만 아니라, 사용자의 실수나 작은 불편들, 이를테면 사용자가 간단한 조치만 하면 되는 문제까지 진단하고 해결 방안을 제시한다.

세탁기나 냉장고가 사용되는 동안 센서 값들의 미세한 변화를 분석해 가전제품을 더욱 정밀하게 진단할 수 있게 했다. 에어컨의 경우 실외기 내부의 압력센서, 온도센서 등 다양한 데이터 변화를 세밀하게 분석하기 때문에 고장이 아닌 작은 불편까지 잡아낼 수 있다. 특히 사용자가 이용을 많이 할수록 데이터를 학습하는 양이 많아져 더욱 정확하게 대응할 수 있다.

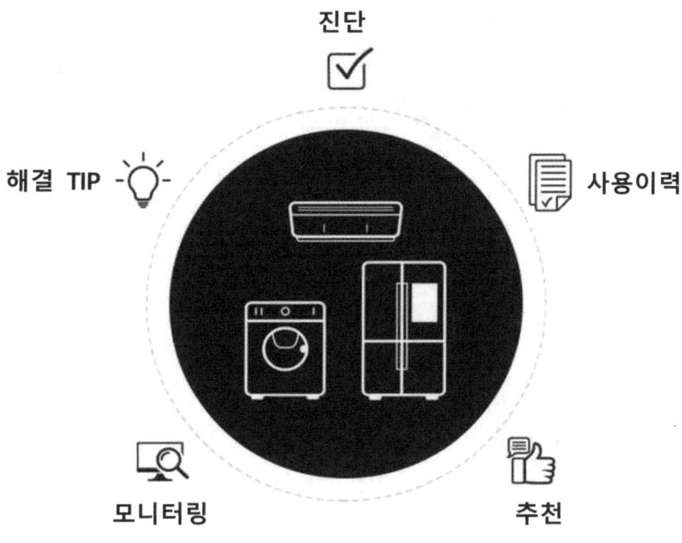

그림 8-4 사물인터넷의 영역

수리가 필요한 문제부터 간단하게 해결될 수 있는 작은 불편들까지 진단해 더 효율적으로 사용할 수 있도록 도움을 주는 사물인터넷(IoT)과 인공지능(AI) 서비스 시대. 인공지능이 일상 속 가전제품에 들어오면서 피부로 느낄 수 있는 삶의 변화도 한결 커지고 있다. 거실에서도, 주방에서도, 안방에서도 인공지능 기반의 사물인터넷(IoT)과 인공지능(AI) 서비스 시대가 만들어갈 더욱 편리해질 생활이 기대된다.

8.1 전화기

그림 8-5 스마트폰

지난 연휴를 앞두고 직장인 A씨 가족은 '무선 보안 카메라'를 장만 했다. 여행으로 집을 오랫동안 비울 예정이었기 때문이다. A씨가 구입한 무선 보안 카메라는 스마트폰 앱으로 실시간 영상 확인이 가능하고 도어락과 창문으로 침입이 감지되면 알림을 받을 수도 있는 제품이었다. 녹화된 영상은 다운로드 할 수 있고 가족 또는 친구와도 공유할 수 있어 A씨 가족은 더욱 안심하고 여행을 떠날 수 있게 됐다. 이와 같이 우리의 일상생활에서 스마트폰의 중요성은 지속적으로 증가하고 있다.

8.1.1 원리

전화번호를 누르고 통화 연결이 되기까지 어떤 과정이 있는지 알아보자. 통화가 연결되려면 우선 기지국 건물 옥상에 안테나가 세워져야 한다. 우리나라 인구보다 더 많다는 휴대폰 가입자를 서로 연결하려면 교환기가 여러 대 필요하다. 전국 곳곳에 있는 기지국을 교환기와 연결하려면 팔뚝보다 두꺼운 케이블이 전봇대부터 땅속이나 바닷속까지 설치돼야 한다. 우리나라에 설치된 케이블 길이만 합쳐도 지구를 한 바퀴 돌고도 남을 만한 엄청난 양이다. 강남대로나 명동 같은 도심에서는 주위에 케이블이 보이지 않는 것은 전기나 통신용 케이블이 지하에 매설된 예외적인 곳이기 때문이다.

휴대폰은 사용하지 않을 때 잠들어 있는 것처럼 보이지만, 실제로는 언제든지 전화를 받을 수 있도록 가까운 무선 기지국과 정기적으로 교신을 하고 있다. 휴대폰은 주기적으로 잠들었다 깨어나길 반복한다. 대략 5초에 한 번 깨어나서 0.1초 동안 자신을 호출한 전파가 있는지 살핀다. 따라서 전화를 걸어서 신호가 가기 시작한 시간과 수신자의 전화벨이 울리기 시작하는 시간은 운이 좋으면 거의 일치하거나 5초 이상 차이가 생길 수 있다.

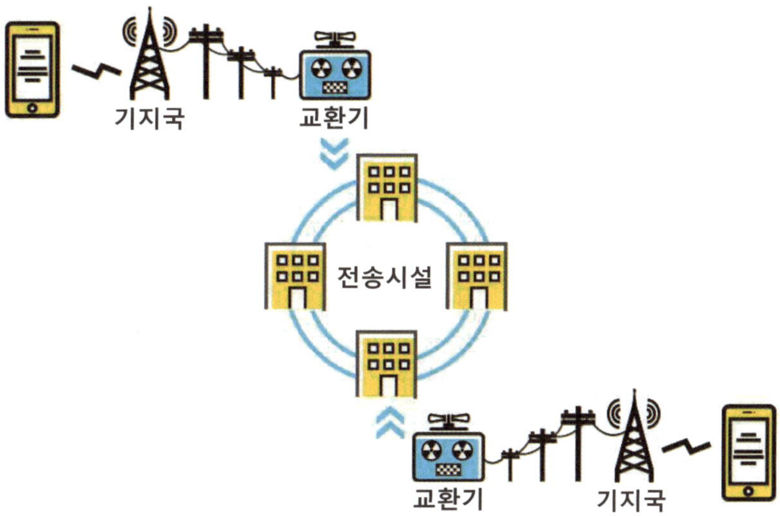

그림 8-6 휴대폰의 통화연결과정

(1) 상대방의 휴대폰이 울리기까지의 과정

통화 버튼을 누르는 순간, 휴대폰은 가장 가까운 무선 기지국 안테나와 교신을 시작한다. 무선 기지국 안테나는 인구가 많이 모여 사는 도시에 특히 촘촘하게 박혀있다. 안테나가 있는 곳은 유일하게 케이블 없이 내 목소리가 전파에 실려서 전달되는 구간이다. 기지국에서 수신된 전파는 교환기로 가야 한다. 교환기로 가야 상대방과 연결될 수 있다. 기지국에서 교환기로 가는 길은 케이블로 연결되어 있는데 예외도 있다. 바다 밑으로 케이블이 깔려 있지 않은 작은 섬에서는 마이크로웨이브 통신이라는 무선 통신을 하기도 한다. 그렇다면 제주도는 어떨까? 제주도는 사람들이 많이 사는 큰 섬이라서 바다 밑으로 해저 케이블이 깔려 있다.

제주도에 있는 친구에게 전화한다고 가정할 때, 제주도를 담당하는 전화국의 교환기는 그 친구가 제주시에 있는지 서귀포에 있는지 알아야 한다. 정확하게는 '홈 위치 등록기(HLR: Home Location Register)'라는 장비가 따로 있다. 휴대폰이 5초에 한 번씩 깨어날 때마다 자신의 위치를 이 장비에 보고한다. 이 '홈 위치 등록기'는 통신사마다 고유의 장비가 있고 휴대폰이 특정 지역을 벗어나면 새로운 위치가 등록된다.

전화기에 친구 번호를 입력하고 통화를 시도하면 나와 가장 가까운 기지국과 특정 주파수의 전파가 사용된다. 그리고 기지국 내부의 무선 네트워크 제어 장치와 통신을 시작하면 보이지 않는 전선이 생긴다. 이 통신 선로를 편의상 '채널'이라고 부른다. TV의 채널도 방송국의 전송 장비에서 오는 다양한 전파 중 내가 보고 싶은 특정 전파를 골라 보는 개념이다.

채널은 무선 구간과 유선 구간을 통칭하는 가상의 실이다. 휴대폰에서 가입한 통신사 건물에 있는 교환기 사이에 물 대신 전파가 흐르는 파이프가 생긴다고 상상하면 된다. 교환기는 내가 누른 번호가 유효한 번호인지를 확인하고 내 휴대폰을 인증한다. 이 인증을 통과해야 상대방과 통화가 가능하다.

다음 단계로 교환기는 홈 위치 등록기를 통해 친구의 휴대폰이 제주도의 남쪽에 있는 교환기 구역에 있다는 것을 확인하고, 그 교환기에 연결된 수백 개의 무선 기지국에 일제히 호출 메시지를 발신한다. 5초마다 메시지를 확인하던 친구의 휴대폰은 자신을 부르는 그 메시지를 포착하자마자 벨을 울리기 시작한다. 친구가 전화를 받으면 채널이 내 휴대폰에서 친구의 휴대폰까지 연결돼 통화가 이뤄진다.

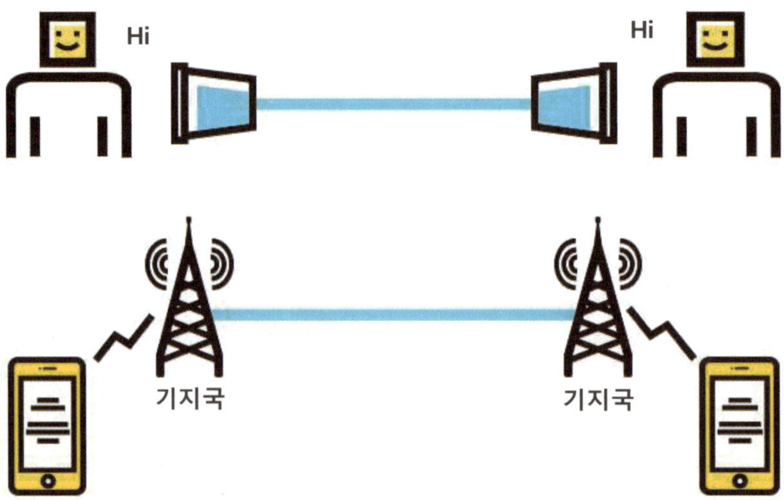

그림 8-7 휴대촌의 전화 연결과정

물리적인 전선은 아니지만 논리적으로 하나의 전선이라고 할 수 있는 채널이 발신자와 수신자 간에 준비되면 그 길을 통해 서로 의사소통할 수 있다. 사용자의 목소리는 휴대폰을 통해 전파에 실려서 가장 가까운 기지국으로 보내진다. 기지국에 전파가 도착하는 순간 전파를 사용하는 무선 구간은 끝이다. 이제부터는 유선으로 연결된다. 서울의 교환국에서 출발해서 통신의 고속도로라 할 수 있는 백본망을 지나고, 전남 고흥에서 출발하는 해저케이블을 통해 제주도에 있는 교환국에서 기지국으로 다시 연결된다. 친구가 있는 제주도 중문을 담당하는 기지국은 사용자의 목소리 정보를 전파에 실어서 친구의 휴대폰에 보낸다.

전화 연결의 과정을 다시 정리해보면, 사용자가 휴대폰에 대고 말을 하면 그 목소리가 통신 사업자의 주파수 대역 전파에 실려 가장 가까운 위치의 무선 기지국에 전달되는 것이다. 우리가 전화를 할 때 얼마나 많은 기술과 기계를 거쳐서 우리가 연결되는지 상상해 보면 좋을 것 같다.

8.1.2 스마트폰 통신방식 4G와 Wi-Fi의 차이

스마트폰에서 콘텐츠를 다운로드받는 방식으로 '4G'와 '와이파이(Wi-Fi)'가 있다. 두 가지 기술은 어떤 것이고 무엇이 다른가?

4G는 휴대폰망을 통한 무선 인터넷 접속 방식, Wi-Fi는 가까운 유선 인터넷망에 무선으로 연결하는 방법이다. 4G와 와이파이는 둘 다 스마트폰에서 무선 인터넷을 사용할 수 있도록 해주는 기술로 각각 무선과 유선에 뿌리를 둔 서로 다른 기술이다. 4G는 기본적으로 무선을 기본으로 휴대폰을 연결해주는 이동통신 기술이다. 통신사 전화국에서 교환국을 거쳐 전국 각 지역에 세워져 있는 기지국까지는 유선으로 신호를 전달하고, 기지국에서 휴대폰이나 스마트폰까지는 무선으로 신호를 전달하는 방식이다. 기지국을 중심으로 반경 2~3 ㎞ 안에 있는 휴대폰이나 스마트폰을 무선으로 연결해주는 것이다.

그림 8-8 Wi-Fi 심볼

3G는 '3 Generation(3세대)'의 약자로 70·80년대 처음으로 나온 1세대 아날로그 휴대폰, 90년대 들어 도입한 2세대 디지털 휴대전화에 이어 나온 3세대 이동통신 기술이다. 우리나라에서는 아날로그방식에 이어 미국 반도체회사 퀄컴사와 함께 세계 최초로 CDMA(코드분할다중접속) 방식의 2세대 디지털 이동통신을 상용화했는데, 데이터 전송 속도나 통화 품질이 아날로그 때보다 획기적으로 개선됐다.

3G는 디지털 기술에서 한 걸음 더 진화한 것이다. 대용량 데이터 전송과 영상통화, 해외에서도 국내폰을 그대로 사용하는 글로벌 로밍이 가장 큰 특징이다. 휴대폰 팸플릿 등에 'WCDMA (Wideband Code Division Multiple Access)'라고 쓰여 있으면 3G폰이다. 4G가 되기 위해서는 정지 시에는 최대 1Gbps, 이동 중에는 100 Mbps 이상의 속도가 되어야 한다. 쉽게 설명하자면, 3G보다 약 50배 빠른 속도이다.

반면 와이파이(Wi-Fi=Wireless Fidelity)는 유선을 기반으로 한 무선랜(Wireless Lan·근거리 이동통신) 기술의 일종이다. 무선랜(근거리 이동통신)은 가정이나 학교 사무실까지는 유선으로 된 초고속 인터넷망으로 연결하고, 가정이나 사무실의 인터넷 모뎀에 저가의 무선접속장치(AP·Access Point)를 달아 반경 수십 미터 이내의 가까운 거리에서 무선으로 노트북 등에 신호를 전달해 인터넷이 가능하도록 하는 기술이다.

원래 가정이나 사무실 학교 등에서는 PC에 케이블선을 연결해 초고속 인터넷을 사용했는데, 점차 노트북 이용자가 늘면서 이동하면서 노트북을 사용하는 일이 늘어나면서 무선 접속이 필요해졌다. 그래서 가정에 들어온 초고속 인터넷선을 소형 무선접속장치에 연결해 가까운 거리 내에서는 무선으로 노트북 등을 사용하는 방법을 고안해낸 것이다.

와이파이는 초고속 인터넷이 있는 곳에서라면 몇 만원짜리 AP만 설치하면 이용할 수 있기 때문에 이용요금이 매우 저렴하다. 그래서 스마트폰에서 콘텐츠를 다운로드받고 싶을 때 '와이파이'를 쓸 수 있는 지역에 있다면 '와이파이'를 쓰는 게 좋다.

최근 많이 사용하고 있는 인터넷 통신 기술 중에는 '와이브로(WiBro)'도 있다. 와이브로는 'Wireless Broadband Internet'의 약자이다. 무선에서도 유선처럼 초고속으로 인터넷을 쓸 수 있다는 의미이다. 이동통신과 무선랜의 중간쯤 되는 기술로 기지국을 중심으로 반경 1㎞ 전후에서 초고속 무선 인터넷이 가능한다. 삼성전자, 한국전자통신연구원(ETRI), 미국 인텔 등이 주도해 만든 기술 규격이다.

와이브로의 강점은 빠른 데이터 전송속도(최대 30 Mbps)와 시속 100 ㎞이상으로 달리면서도 사용할 수 있다는 점이다. 3G 기술(WCDMA 지칭)보다 속도가 3~4배 빠르다.

8.1.3 스마트폰의 1G, 2G, 3G, 4G의 차이

G는 앞서 말한 Generation(세대)의 첫 글자를 뜻한다. 즉 2G는 2세대 이동통신, 4G는 4세대 이동통신을 말한다.

그림 8-9 핸드폰의 세대구분

1G : 얼굴만한 전화기에 안테나를 쭉 빼서 사용하는 전화기. 1세대 이동통신은 아날로그 방식의 이동통신 표준이다. 우리 아버지, 어머니의 세대 때 처음 나온 휴대폰, 엄청 크지만 휴대가 가능한 그게 바로 1세대 휴대폰이다. 현재와 같은 많은 기능은 없다. 그냥 전화만 가능하다. 쉽게 말하자면 집전화기를 휴대가 가능하게 한 휴대폰이다.

2G : 1G에서 2G로 가장 큰 변화는 바로 아날로그에서 디지털로 바뀐 점이다. 그래서 2G는 디지털 방식의 이동통신이다. 1G에 비해 2G는 주변에서도 흔히 볼 수 있어서 이해가 더욱 빠를 것 같다. 1G와 가장 큰 차이는 바로 문자가 가능해진 점이다. 2G 휴대폰부터 보급률이 상당히 증가하였다. 여기에 사용하는 기술방식은 CDMA방식인데, CDMA(Code Division Multiple Access)는 미국에서 사용하는 표준방식과 같다는 것이다. 보통 TDMA와 CDMA가 있는데 우리나라는 미국과 같은 CDMA다. R는 Time으로 시간을 기준으로 쪼개서 사용하는 것이다. CDMA는 Code로 특별한 코드로 구분하여 사용하는 것이다.

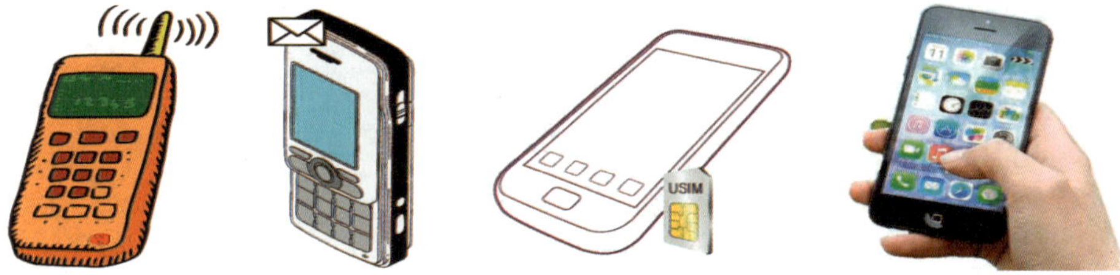

그림 8-10 핸드폰의 세대구분

3G : 2G와 3G폰은 겉모양은 많이 차이는 나지 않았다. 하지만 가장 큰 차이는 바로 유심(USIM)이 생겼다는 것이다. 요즘 휴대폰에는 다 있는 유심이 2G까진 없다가 3G에 생긴 것이다. 그리고 010 번호로의 통합이다. 그래서 기사에서 011, 2G폰이 같이 나오는 것이다. 과거 문자와 전화만 사용 가능하던 2G에서 3G는 영상통화와 지금과는 차원이 다른 느린 인터넷이 가능했었다. 처음에 우리는 휴대폰으로 인터넷을 하거나 영상통화를 하는 행위는 상상하지도 못했었다. 하지만 기술의 발전으로 가능하게 되었고, 인터넷을 사용해보니 컴퓨터처럼 더욱 빠른 기술을 원하게 되었다. 그래서 나온 게 4G이다.

4G : 4G는 우리가 요즘 들어본 LTE, LTE-A, 광대역 LTE, 광대역 LTE-A가 다 여기에 포함되는 기술이다. 원래 LTE는 3.9세대였으나, 현재는 4G로 통용되었다. 4G가 되기 위해서는 정지 시에는 최대 1 Gbps, 이동 중에는 100 Mbps 이상의 속도가 되어야 한다. 쉽게 설명하자면, 3G보다 약 50배 빠른 속도이다.

	1세대	2세대	3세대	4세대	5세대
최고전송속도	14.4Kbps	144Kbps	14Mbps	75Mbps	1Gbps
가능 서비스	음성	음성, 텍스트 문자	멀티미디어 문자, 음성, 화상통화	음성, 데이터, 실시간 동영상	홀로그램, 사물인터넷, 입체 영상
상용화 시기	1984년	2000년	2006년	2011년	2020년

그림 8-11 이동통신 세대별 속도비교

5G : 5G 이동통신으로의 진화로 인해 다가올 미래에는 ①증강/가상현실과 같은 초고용량 실감형 데이터 서비스 ②원격 로봇 조정과 같은 초실시간 처리 서비스 ③자율주행자동차, 드론, 사물인터넷과 같은 초연결(Hyper-Connectivity) 통신 서비스가 가능할 것으로 예상된다. 5G 통신은 수십 기가비트 초고속, 초저지연, 대용량 그리고 균일한 사용자 경험을 제공한다.

그림 8-12 5G의 활용

우리가 현재 휴대폰을 PC처럼 사용하는 건 통신기술의 발전으로 속도가 향상되었기 때문이다. 그럼 이제 자신이 사용하는 휴대폰이 어느 세대 이동통신인지 확인해 볼 수 있을 것이다. 스마트폰의 발달은 우리의 삶의 많은 변화를 가져다주었다. 현재도 계속 변하고 있고, 앞으로 나올 5G와 우리의 삶이 궁금하고 기대된다.

8.2 세탁기

8.2.1 원리

인류에게 옷이라는 거추장스러운 물건이 등장한 이후 주요한 가사노동의 하나로 등장한 것이 빨래이다. 과거 졸졸 흐르는 개울가에 손과 발을 담그고 빨래를 하던 모습이 정겹게 여겨지는 것은 추억의 사치라고도 할 수 있다.

그림 8-13 세탁기의 형태

전기 세탁기라는 기계가 등장하기 전 빨래라는 가사는 주부들이 가장 힘겨워 하는 노동이었다. 주부들의 가사 노동의 짐을 덜어준 세탁기가 이제 단순히 빨래하는 기계를 넘어서 인테리어 기기로 발전하고 있다.

(1) 세탁기의 원리

세탁기는 동력장치인 전동기와 빨래에 에너지를 전달하는 기계부, 세탁과정을 조정하는 조작판, 물을 넣고 빼는 급수 및 배수장치로 구성돼 있다. 세탁의 기본원리는 바닥에 있는 회전날개가 돌아가면서 빨랫감의 때를 빼고 때가 빠진 물은 구멍이 뚫린 안쪽 통이 고속 회전하면서 배출한다.

세탁기의 세탁원리는 원심력을 활용한 것이다. 때에 찌든 빨랫감을 세탁통에 넣고 때가 빨랫감으로부터 쉽게 분리될 수 있도록 세제를 푼 후 물과 함께 빨랫감이 세차게 원심 회전을 하면서 때가 빠지고 탈수구를 통해 오수를 뽑아내는 방식으로 작동한다. 특히 세탁통 아래에 설치된 날개가 좌우 회전하면서 생기는 강한 물살이 세탁에 활용되죠. 이 때 돌아가는 통의 회전속도는 분당 1000~3000회에 달한다고 한다. 우유에서 지방을 빼내거나 혈액에서 혈장을 분리할 때 사용하는 원심분리기와 비슷하다고 보면 된다.

이 방법은 짧은 시간에 세탁이 가능하지만 세탁물이 엉키는 문제점이 있다. 수질이 좋아 냉수세탁이 가능한 한국과 일본에서 주로 많이 사용돼 왔습니다.

그림 8-14 버블샷의 원리

그림 8-15 워터샷의 원리

드럼세탁기는 비누가 잘 풀리지 않는 센물이 많은 유럽지역에서 주로 사용하는 방법으로 세탁 효과가 뛰어나 최근 많이 사용되고 있다. 다람쥐 쳇바퀴처럼 생긴 드럼을 회전시켜 세탁물이 떨어지는 힘을 이용한 세탁방식이다. 세탁물을 비벼주는 힘이 약하고 내장된 전기히터를 통해 가열한 60도 이상의 온수에서 장시간 세탁해야 하는 등 전력소비량은 크지만 물 사용량이 상대적으로 적고 세탁물의 엉킴 현상도 덜한 장점이 있다.

최근에는 고온의 스팀을 분사하거나 은 입자를 분출해 살균효과를 높인 웰빙 드럼세탁기가 인기를 끌고 있고, 공기로 먼지를 털어 내는 에어워시 방식의 드럼세탁기도 등장하는 등 세탁기 시장이 다변화하고 있다.

기존의 세탁기는 삶을 수 없었다. 가전업계는 물을 데워 세탁기 안에서 삶을 궁리를 했으나 도저히 불가능한 것으로 판단을 내린 지 오래이다. 일반 세탁기에 들어갈 만한 양의 물을 섭씨 95도로 데우려면 2시간가량 소요되기 때문이다.

이 문제를 해결한 것이 드럼 세탁기이다.

(2) 중력의 원리를 이용한 드럼세탁기

세탁을 할 때는 일반적으로 세제를 풀고 옷을 비벼 때를 뺀다. 하지만 드럼 세탁기는 중력을 이용한다. 옷을 공중에 올렸다가 지구가 잡아당기는 힘을 이용해 물에 부딪히도록 하는 방식이다. 옷이 바닥에 부딪힐 때만 물이 필요한 만큼, 기존 세탁기보다 3배 이상 물이 절약된다. 또 옷끼리 마찰되는 경우가 작아 옷감 훼손도 훨씬 덜하다. 물을 적게 쓰니 물을 데워 삶을 수도 있다.

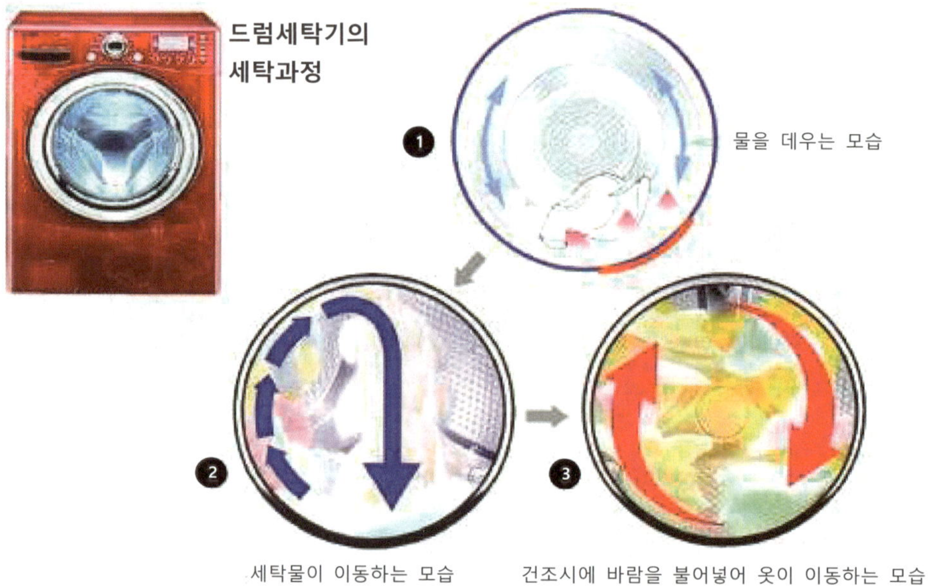

그림 8-16 드럼세탁기의 동작구분

그러나 옷감 훼손이 적다는 의미는 마찰이 적어 때가 잘 안 빠진다는 뜻도 된다. 따라서 세제의 효율을 높이기 위해 세탁할 때 반드시 섭씨 40도 정도로 물을 데워 사용한다. 드럼세탁기가 기존 세탁기에 비해 비싼 것은 바로 가열 장치가 있기 때문이다.

탈수 후에 옷이 서로 엉켜 있지 않으니 뜨거운 바람을 옷 사이로 불어넣어 말릴 수도 있다. 드럼세탁기는 이처럼 지구의 중력을 제대로 이용하고 있지만, 그에 따른 부담도 적지는 않다.

(3) 인공지능 세탁

세탁을 하고 탈수를 할 때 젖은 옷은 당연히 중력에 따라 바닥에 있다. 이때 옷의 무게가 만만치 않다. 드럼은 탈수 시 분당 1200번 정도 회전하는데, 옷이 한쪽으로 쏠려 무거워지면 세탁기와 부딪히면서 소음·진동이 발생한다. 이를 흡수하기 위해 스프링과 자동차용 완충장치(shock absorber)를 설치했지만, 효과가 크지 않았다.

오래 전에 드럼세탁기가 보편화된 유럽·미국에서는 지하에 세탁기를 두는데, 바로 진동·소음 때문이다. 유럽에는 나무로 지은 집도 많은데, 이 경우 드럼세탁기가 주는 소음이 증폭돼 가구가 흔들릴 정도라고 한다.

이 문제를 해결하기 위해 '볼 밸런싱 시스템(Ball Balancing System)'을 장착한 드럼세탁기가 출시되었다. 개발담당자는 무게의 불균형으로 인해 발생하는 진동을 해소하기 위해 24개의 쇠구슬을 세탁물 반대쪽에 배치해 옷이 통과 부딪히지 않도록 하는 방법을 사용하고 있고, 이결과 드럼세탁기를 집에 들여다 놓고 써도 문제가 없을 만큼 진동·소음을 줄였다.

드럼세탁기의 가장 큰 단점인 세탁시간을 줄이는 방안을 여러업체에서 강구하고 있다. 드럼세탁기의 세탁시간은 기존 방식보다 30분가량 길다. 그래서 옷이 더러워진 정도를 세탁기가 판단해 자동으로 세탁시간을 절약하는 방식을 연구 중이거나 혹은 유사 성능을 갖는 제품이 출시 중이다. 우리나라도 예전과 달리 옷이 더러워져서 세탁을 하기보다 한 번 입었기 때문에 세탁을 하는 경우가 많아 예전처럼 세탁 강도를 높이지 않아도 된다는 설명이다.

(4) 옷감 종류 판단하는 인공지능 세탁기

드럼세탁기가 사용하는 물의 양을 줄이기 위한 연구도 진행되고 있다. 물 사용이 줄면 전기 소모도 그만큼 적기 때문이다. 국내의 전자업체는 드럼에서 물을 투입하고 빼내는 역할을 하는 구멍의 위치·모양·개수를 컴퓨터 모의실험을 통해 최적화했다. 둥근 구멍 주위를 다이아몬드 형태로 올록볼록하게 만들어 물이 드럼통에 닿는 면적을 넓히면 물의 양은 25%, 전력소비량은 20%가량 각각 줄어들 수 있다고 한다.

옷감에 따라 세탁 방식을 달리하는 방식도 모색 중이다. 옷에 붙어 있는 바코드나 RFID(전자태그)를 이용하거나 인공지능 센서를 부착하는 방법 등을 통해 옷이 면인지 폴리에스테르인지를 미리 알아내 세탁기가 옷감에 적합한 방식으로 세탁을 하도록 한다는 것이다.

8.3 진공청소기

8.3.1 원리

진공 청소기의 원리는 1분에 1만 번 이상 팬을 강하게 회전시켜 호스 속의 공기를 밖으로 뽑아내어서 청소기 내부를 진공 상태로 만드는 것이다. 기계 안의 압력이 줄어들면 흡입력이 생기는데, 대기의 무게 때문에 생기는 바깥쪽의 공기 압력은 기계 안의 압력보다 높게 되고 이로 인해 먼지가 공기와 함께 대기압이 낮은 호스쪽으로 빨려 들어가게 된다. 즉, 진공청소기는 공기의 압력차를 이용한 기구이다. 공기는 압력차가 생기면 압력이 높은 고기압에서 압력이 낮은 저기압으로 이동하게 된다. 진공청소기는 전기에너지를 이용해서 공기의 압력차를 만들어낸다. 완벽한 진공은 아니지만 불완전한 진공을 만들어내어 주변보다 기압이 낮은 청소기 안으로 공기가 빨려 들어오도록 하는 것이다.

그림 8-17 페트병의 흡입(공기압력차)

그런데 이렇게 내부의 물질을 모두 빼내기란 말처럼 쉽지 않다. 빈 페트병을 들고 입으로 페트병 내부의 공기를 힘껏 빨아들이면 어떻게 될까? 페트병이 점점 찌그러진다. 페트병이 찌그러지는 이유는 공기의 압력 차이 때문이다. 여러분이 침대에 누워 있는데, 이불을 여러 겹으로 계속 덮어준다고 생각해 보자. 이불을 덮을수록 이불이 누르는 힘 때문에 답답함을 느낄 것이다. 우리를 둘러싼 공기도 거대한 이불처럼 우리를 누르고 있다. 그런데도 우리가 답답함을 느끼지 않는 이유는 우리 몸속에서도 공기가 누르는 힘과 같은 힘으로 밀어내고 있기 때문이다. 페트병이 찌그러진 이유도 입으로 내부의 공기를 빨아들이면서 내부와 외부의 공기량이 달라져 외부에서 누르는 압력이 더 커졌기 때문이다.

이러한 진공청소기의 원리는 사실 기상현상이 일어나는 원리와 같다고 할 수 있다. 기상 현상 역시 공기의 움직임 때문에 일어난다. 햇볕이 공기를 따뜻하게 만들어 위로 올라가게 하면, 주변의 공기가 그 빈자리를 채우고자 들어오면서 공기의 이동이 일어난다. 즉, 공기가 상승하는 곳은 저기압이 되고 공기가 하강하는 곳은 고기압이 되어, 바람을 일으키고 구름을 만들며 그로 인해 눈·비가 내리는 것이다. 진공청소기 속에 자연의 원리가 담겨있다고 할 수 있다.

그림 8-18 무선 청소기

우리 주변에서 흔히 볼 수 있는 먼지봉투 진공청소기의 구조는 일반적으로 세 부분으로 구성된다. 즉, 진공청소기의 내부는 오물과 먼지가 포함된 일반 공기가 들어오는 호스 부분, 오물과 먼지를 걸러내 주고 깨끗한 바람만 통과시키는 필터 부분, 모터의 회전에 의해 약한 수준의 진공 상태를 만들어내는 송풍장치 부분으로 나눌 수 있다.

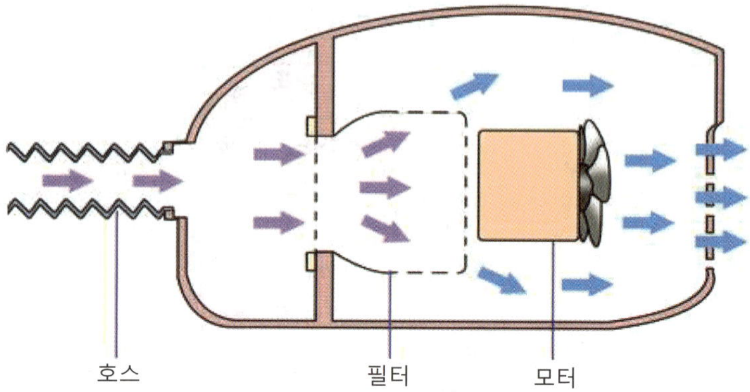

그림 8-19 먼지 봉투 진공청소기의 구조

모터가 연결된 송풍장치는 강한 회전을 통해 청소기 내부를 외부의 보통 기압보다 낮은 기압 상태(진공상태)로 만든다. 1분에 만 번 이상의 강력한 모터 회전은 청소기 내부의 공기를 환풍기처럼 청소기 외부로 뽑아내게 된다. 그러면 청소기 내부의 기압이 외부에 비해 현격히 낮아지게 되므로 고기압에서 저기압으로 이동하는 기체의 이동 원리에 의해 고기압 상태인 청소기 외부공기가 저기압 상태인 청소기 내부로 빨려 들어오게 되는 것이다. 호스를 통해 청소기 내부로 외부 공기가 빨려 들어올 때 먼지와 티끌 등도 함께 섞여 들어오게 된다.

호스를 따라 들어온 먼지와 티끌 등 오물이 섞인 외부 공기는 먼지봉투에 모이게 되는데, 먼지 봉투의 미세한 구멍을 통해 공기는 빠져나가게 되고 먼지와 티끌은 먼지 봉투에 남게 된다. 먼지 봉투를 빠져나온 공기는 아직도 남아 있는 미세한 먼지를 걸러내주는 필터시스템을 거치게 된다. 미세한 먼지까지 모두 걸러낸 깨끗한 공기만 청소기 뒤로 빠져나가게 되는 것이다. 필터시스템이 좋지 못한 진공청소기는 흡입되는 먼지만 본다면 청소를 깨끗이 하고 있는 것처럼 보이지만 흡입한 공기 중에 들어있던 크기가 작은 미세먼지는 걸러내지 못하고 다시 배출하여 오히려 집안 공기를 더럽히는 결과를 낳기도 한다.

진공청소기의 성능은 흡입력의 정도와 필터의 조밀도에 달려 있다. 진공청소기의 먼지를 빨아들이는 흡입능력이 좋으면 좋을수록, 필터가 걸러낼 수 있는 먼지의 크기가 작으면 작을수록 성능이 우수한 진공청소기라고 할 수 있다. 그러나 필터가 조밀하면 할수록 미세한 먼지를 잘 걸러내지만 공기가 빠져나가는 것도 힘들어져서 진공청소기의 흡입력도 함께 감소하게 된다. 그리고 진공청소기의 흡입력을 높이기 위해 모터의 회전을 늘리면 흡입력은 높일 수 있겠지만 전력소모는 커지게 된다. 그러므로 적정한 전력소모 수준을 유지하면서 흡입력을 크게 떨어뜨리지 않고, 될 수 있으면 미세한 먼지를 걸러내 줄 수 있는 진공청소기라야 성능이 우수한 진공청소기라 할 수 있을 것이다.

(1) 상용화에 성공한 트릴로바이트

세계 최초로 상용화에 성공한 로봇 청소기는 스웨덴의 가전사인 일렉트로룩스의 가정용 로봇 진공 청소기 '트릴로바이트(Trilobite)'이다. 이름 그대로 삼엽충처럼 생긴 이 로봇은 국내에서 성황리에 팔리고 있다.

그림 8-20 로봇 진공 청소기 트릴로바이트

이것은 앞부분에 달린 9개의 초음파 센서를 이용해 장애물을 피하도록 되어 있다. 청소를 시작하면 우선 가장자리를 모두 돌아 공간을 인식한 후 전체를 빠짐없이 돌면서 청소한다. 정말 멋진 기능은 청소가 다 끝나면 충전기로 자동으로 돌아가 충전을 스스로 한다는 것이다. 여러 개의 모터를 사용하기 때문에 배터리는 금방 바닥을 드러내버린다. 로봇 청소기의 최대 난제는 단연 배터리 문제를 해결하는 것인데 트릴로바이트는 충전소로 자동 회귀함으로써 이 문제를 해결하고 있다. 그러나 일반 청소기의 10배나 되는 가격이 최대 단점이다. 그리고 청소하지 않을 곳을 마그네틱 선으로 띠를 둘러야 한다는 것이 조금 귀찮고 미관상 좋지 않은 것도 이후 소개된 로봇 청소기들에 비하면 단점이다.

(2) 가격과 성능을 모두 만족시킨 룸바

다른 로봇 청소기는 기본적으로 공간을 인식하는 센서가 달려 있다. 그리고 저장된 공간을 분석해서 청소 명령을 내리는 복잡한 단계를 거치게 된다. 룸바는 전자벽이 있긴 있지만 이건 예외 사항이므로 공간을 인식하기 위한 센서는 없다고 봐도 좋다. 관찰 결과 룸바는 2가지 청소 알고리즘을 배합해 청소를 한다.

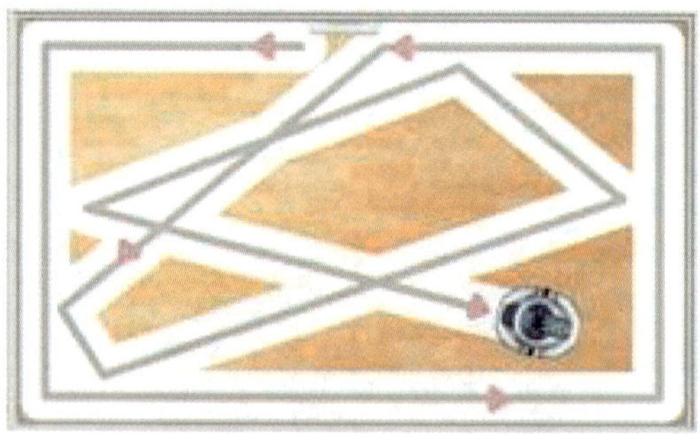

그림 8-21 룸바 청소 알고리즘(1)

우선 스핀 모드는 처음 청소를 시작할 때 청소할 곳의 가운데에 룸바를 놓고 방크기 버튼을 누르면 청소를 시작하는데 제자리에서 점점 원을 크게 그려 가며 청소를 시작한다. 어느 정도 돌았다 싶으면 벽을 향해 돌진한다. 벽에 부딪치면 시계방향으로 돌면서 계속 앞으로 전진 한다.

그림 8-22 룸바 청소 알고리즘(2)

이런 식으로 벽 가장 자리를 구석구석 청소한다. 일정 시간이 지나면 우수법으로 벽을 부딪치던 반대 왼쪽으로 전진하고 다시 제자리에서 빙글빙글 점차 크게 돌며 청소를 한다. 벽을 인식하는 방법도 매우 간단하다.

룸바 앞에 범퍼가 있어 오른쪽으로 부딪치면 범퍼 뒤에 오른쪽 스위치를 누르게 되어 오른쪽에 벽이 있음을 알고, 범퍼가 왼쪽으로 부딪치면 범퍼 뒤에 왼쪽 스위치가 눌리게 되어 왼쪽에 벽이 있음을 알게 된다. 그런데 확인 결과 왼쪽 벽과 오른쪽 벽을 구분할 필요가 없다. 1번으로 신호가 들어오건 2번으로 신호가 들어오건 벽에 부딪히면 무조건 왼쪽으로 30도 가량 회전한 뒤에 약간 오른쪽 완만한 원을 그리며 10 cm 정도 앞으로 간 후 직진한다. 아주 단순한 알고리즘이지만 어느 구석진 곳에 들어가도 빠져 나올 수 있도록 되어 있다.

그림 8-23 아이로봇사의 룸바 로봇청소기

룸바에는 총 5개의 모터가 쓰이고 있다. 바퀴 구동을 위해 왼쪽 바퀴와 오른쪽 바퀴에 스텝 모터가 각각 하나씩 두 개가 달려 있다. 머리카락이나 과자 부스러기 등의 잔쓰레기를 쓰는 빗자루를 돌리는 모터와 먼지를 흡입하는 진공을 만들어주는 모터 그리고 둥글게 생긴 모양의 한계상 사각의 모서리 청소가 불가능한데 이 사각의 모서리의 먼지를 안으로 끌어다주는 회전 브러시 모터까지 총 5개이다.

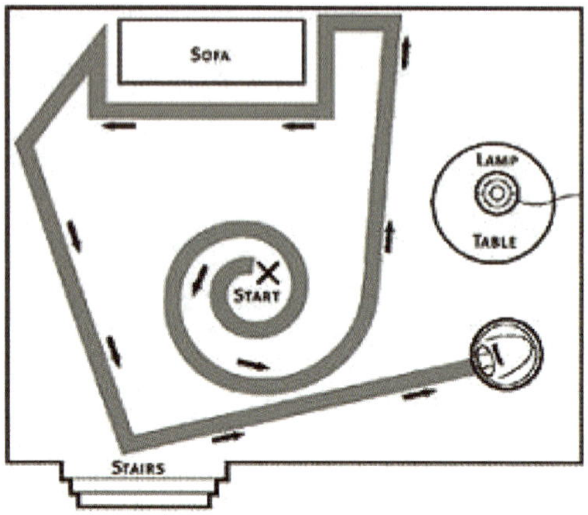

그림 8-24 룸바청소기 구동알고리즘

일반 진공 청소기의 경우 콘센트를 통해 전원을 공급받기 때문에 커다란 모터를 써서 강한 흡입을 만들어낼 수 있지만 로봇 청소기의 경우는 배터리를 이용하기 때문에 그만큼 강한 모터를 사용할 수 없다. 그래서 룸바는 빗자루 질과 먼지 처리 두가지 방식을 사용한다. 우선 앞단에서 빗자루가 빙글빙글 돌면서 머리카락 과자 부스러기 같은 비교적 입자가 굵은 쓰레기를 쓸어 담는다. 입자가 작은 먼지는 진공으로 빨아들인다.

진공으로 빨아들인 먼지 바람을 필터를 통과시킴으로써 먼지를 걸러내도록 되어 있다. 큰 입자는 빗자루질로 청소를 하므로 상대적으로 작은 입자를 빨아들일 수 있는 작은 공기압만을 만들면 되기 때문에 작은 모터로도 청소 효과를 낸다. 작은 모터로 진공 효과를 내기 위해 진공 흡입 부분의 통로가 매우 얇게 되어 있다.

그림 8-25 룸바청소기 작동알고리즘

이렇게 앞단에서 큰 쓰레기를 거르고 뒷단에서 먼지를 거르는 2단 방식으로 청소하면서 알고리즘을 20~30분 정도 반복하면 구석구석 깨끗이 청소가 된다.

(3) 룸바의 구동 알고리즘

확장 좌수법은 좌수법을 보완해 반드시 목적지에 도달할 수 있도록 개선한 알고리즘이다. 한 번 갔던 블럭은 다시 가지 않게 함으로써 무한 순환에 빠지지 않도록 하는 것이 핵심이다. 그러나 무조건 한 번 갔던 블럭에 못 들어가게 한다면 어느 곳으로도 움직이지 못하는 경우가 생기기 때문에 블럭을 빠져나갈 때의 방향을 기억해 두었다가 진입 방향과 탈출 방향이 반대인 경우에는 진입을 허용해야 한다.

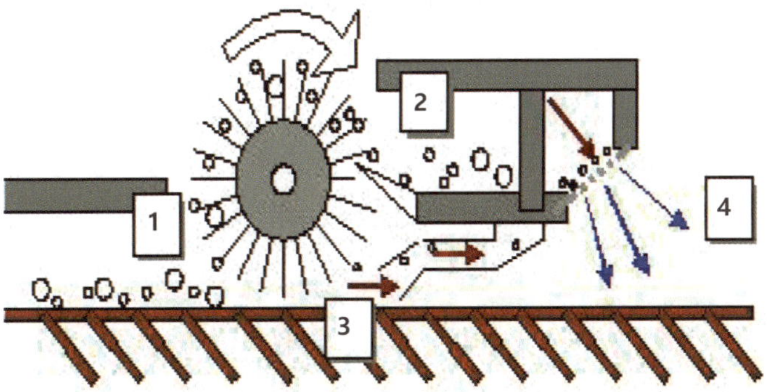

그림 8-26 룸바의 구동 알고리즘

이 알고리즘은 구현 방법은 각각의 블럭에 대응하는 변수를 만든 후, 미로를 탐색하기 전에 이 변수들을 가보지 않았음을 뜻하는 임의의 수로 초기화한다. 이 변수는 블럭을 빠져나갈 때마다 그 탈출 방향(동서남북)으로 바꿔준다. 주행시 회전 방향의 우선순위는 좌수법과 같으나, 진입하려는 블럭이 이미 갔던 블럭이라면 진입 방향과 그 블럭의 탈출 방향을 비교해 정반대 방향이면 진입하고 그렇지 않으면 다음 순위의 블럭에 대해 다시 반복한다. 확장 좌수법은 마이크로 마우스 미로찾기의 가장 기본이 되는 알고리즘이다.

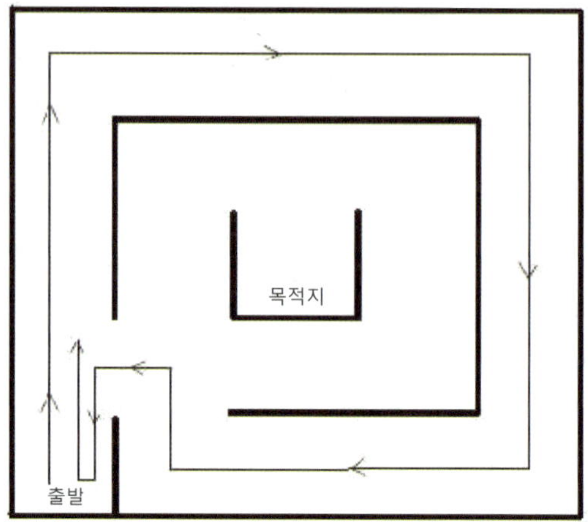

그림 8-27 룸바의 확장 좌수법

우수법과 좌수법은 이론상 차이가 없으나 실전에서는 좌수법이 선호된다. 룸바는 좌수법이 아닌 우수법을 사용하고 있다. 우수법만을 사용하면 가장자리만 청소되지 않기 때문에 일정 시간마다 한번씩 스핀 모드로 작동하며 위치를 흩어놓기 때문에 이를 방지하고 있다. 일종의 확장 우수법인 셈이다.

8.4 의류 건조기

최근 베란다가 없는 주상복합 아파트나 확장형 베란다를 갖춘 아파트가 늘어나면서 세탁물을 널 공간이 부족해지고 있다. 미세먼지 때문에 야외에 널기도 걱정스럽기는 마찬가지이다. 이로 인해 피부에 직접 닿는 의류를 위생적으로 건조하려는 고객들의 욕구가 증가하고 있다. 요즘 신혼살림 리스트에 넣을 만큼 살림필수품처럼 자리잡아가는 가전계의 떠오른 다크호스가 의류건조기이다.

주부생활의 혁명템이라 불리는 의류건조기는 겨울엔 두툼한 옷감과 무거워서 쉽게 털지 못하는 이불 때문에, 봄, 가을에는 미세먼지와 황사 때문에, 여름에는 습한 날이 많아 더욱 필요하다.

그림 8-28 의류건조기

8.4.1 건조기의 작동방식과 원리

건조기의 방식은 크게 가스식, 전기(히터)식, 전기(히트펌프)식으로 구분된다.

(1) 가스식 건조기

그림 8-29 가스식 건조기

가스식은 세탁물 건조시의 열원으로 LPG나 LNG를 사용하는 건조기가 가스 건조기이다. 가스버너와 열교환기, 송풍, 배기팬으로 이루어진 단순한 구조이다. 건조물에서 빠진 습기를 물로 응축시키지 않고 미세한 먼지들과 함께 바로 창밖으로 배기시켜버리는 방식이다. 초창기에 주로 많이 구매해서 사용하셨던 모델들이 주로 이 방식에 속한다. 누진세가 완화되고, 저전력 전기건조기가 나오면서 경제성이 떨어지는 상황이다.

- 건조시간 : 높은 열량(4000~5000 kcal)으로 건조시간이 매우 빠름.(40~50분)정도
- 장점 : 낮은 유지비 / 높은 건조도 / 건조시간이 빠름
- 단점 : 고온열량과 고온 건조로 옷감에 따라 손상의 위험성이 있다.
  배관연결이 까다롭고 아파트 거주자는 설치불가한 곳들이 많다.
  배기관과 가스관 공사필요로 인해 설치장소에 대한 제약이 큼.
  작동시 가스연소로 설치공간의 강제 환기 필요.
  1년에 한번씩 관청소 관리(전문가비용발생), 이사 시 철거비용 별도 발생

(2) 전기식 건조기

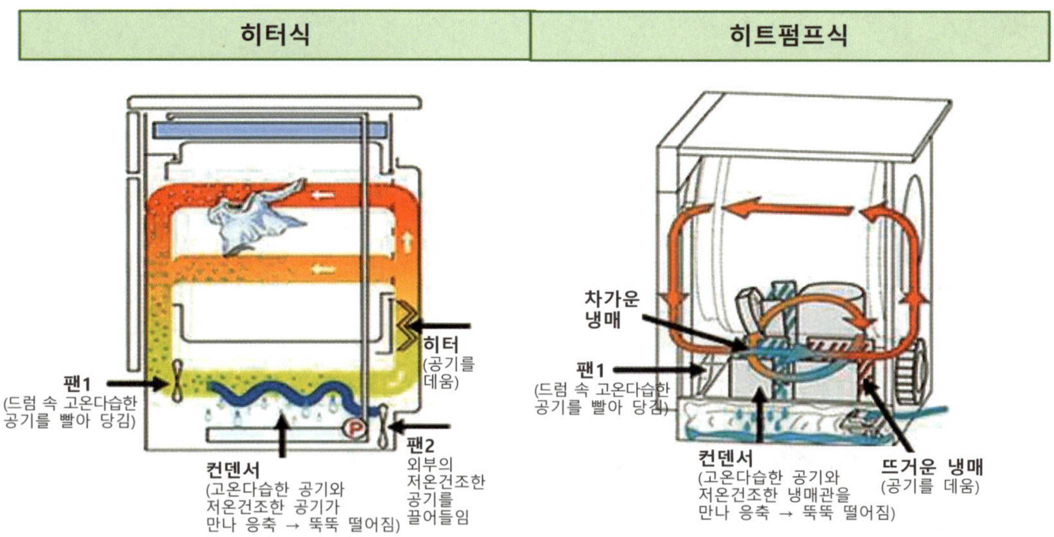

그림 8-30 전기식 건조기의 종류

전기식은 열풍 가열을 위해 전기에너지를 사용하는데, 가열방식(2종류), 배기방식(2종류)에 따른 조합으로 크게 4가지 종류의 제품으로 구분한다.

① 직접가열식(히터)

직접가열방식은 헤어드라이어처럼 전기발열체로 공기를 가열하는 방식으로서, 전력소모량 만큼의 열에너지를 공급. 통상 전기건조기에선 2 kw 급의 가열에너지를 소모.

- 장점 : 설치제약이 없음
- 단점 : 높은 유지비 / 긴 건조시간 / 히터에 의한 옷감손상, 발열현상이 있으므로 설치 시 열에 약한 것 들은 주변에서 멀리 둘 것. / 소음이 크다.

② 전기식(히터) & 응축식

고온다습한 공기를 차가운 콘덴서에 반복적으로 접촉시켜 수증기를 응축수로 전환하여 공기를 배출하지 않고, 응축된 물을 배출하는 방식. 이 방식은, 배기관의 연결이 필요없이 배수관만 하수도로 연결해 주면 되며, 건조기 내의 수증기가 물로 응축되면서 수증기의 잠열에너지를 회수할 수 있어 효율이 높아 에너지사용량도 절감. 단점은, 콘덴싱 유닛에 보풀이나 섬유가 끼면서 작동효율이 떨어지므로 정기적으로 콘덴싱 유닛의 청소가 필요. 콘덴싱 배수방식은 매번 물통을 비워주거나 배수 호스를 설치해야 함.

③ 히트펌프 + 콘덴싱 배수(가장 최근 설계방식)

히트펌프방식 건조기는 내부에 에어컨 실외기와 같이 컴프레셔와 라디에이터가 있음. 건조기 바깥의 공기가 가지고 있는 열에너지를 모아서 건조기로 이동시키는 역할을 하는 컴프레셔(히트펌프)로 더운공기를 만들어내는 방식으로서, 0.6 kw 정도의 전력소모만으로도 2 kw급의 열에너지를 공급할 수 있기 때문에, 직접가열방식 건조기에 비해 전력소모량이 30~50%밖에 되지 않는 장점.

- 장점 : 낮은 유지비 / 설치 제약이 없음 / 스마트기능으로 편리 / 저온건조를 통한 옷감 보호
- 단점 : 옷감수축현상이 소재에 따라 약간씩 있음.

8.5 에어컨

8.5.1 원리

에어컨의 본명은 에어 컨디셔너(Air conditioner)이다. 에어컨은 실내에서 열을 흡수하여 실외로 운반하여 열을 내보내는 것으로 에어컨은 일종의 열의 운반기와 같은 역할을 한다. 실제로 에어컨의 프레온가스(R-22)가 액체상태에서 실내로 들어가 실내기내부 증발기에서 증발하여 기체로 될 때 열을 끌어들여 결국 주위를 차갑게 만든다. 이와 같이 차가워 진 주위를 증발기 뒷쪽에서 팬(FAN)이 회전하면 찬바람이 나온다. 실내기에서 증발하여 기체로 된 프레온가스는 버리지 않고 액체로 재생하며 실외기 압축기와 응축기가 그 작용을 한다.

에어컨의 작동원리는 냉장고와 흡사한 것으로 실내를 냉장실로 생각하면 이해하기 쉽다. 다만 실내의 체적이 크므로 냉장고처럼 내부공기를 직접 냉각시키지 않을 뿐이다. 즉, 소형 모터에 달린 팬으로 실내 공기를 흡입하고, 흡입된 공기가 냉각부를 지나며 냉각되면 송풍기로 실내에 되돌려 보내는 작용이 다르다고 할 수 있다.

자연법칙에 따르면 열은 고온에서 저온의 물체 쪽으로 이동한다. 그러나 에어컨은 저온의 실내의 열을 고온의 밖으로 방출하는 도구이다. 이는 열역학 제2법칙에 위배되는 행위로서 일을 하지 않으면 일어날 수 없는 현상이다. 에어컨에는 방열부와 압축기로 이루어진 응축기와 모터, 송풍기가 들어 있다. 에어컨에서도 냉매로는 냉장고와 같이 프레온 가스를 사용한다. 즉, 냉매인 프레온가스를 매개로 전기에너지로 응축기나 모터로 일을 하기 때문에 내부 온도를 낮출 수가 있는 것이다.

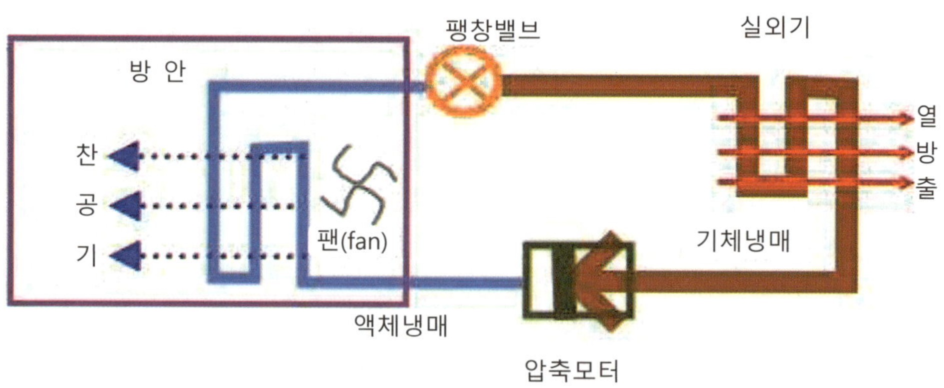

그림 8-31 에어컨의 구동원리

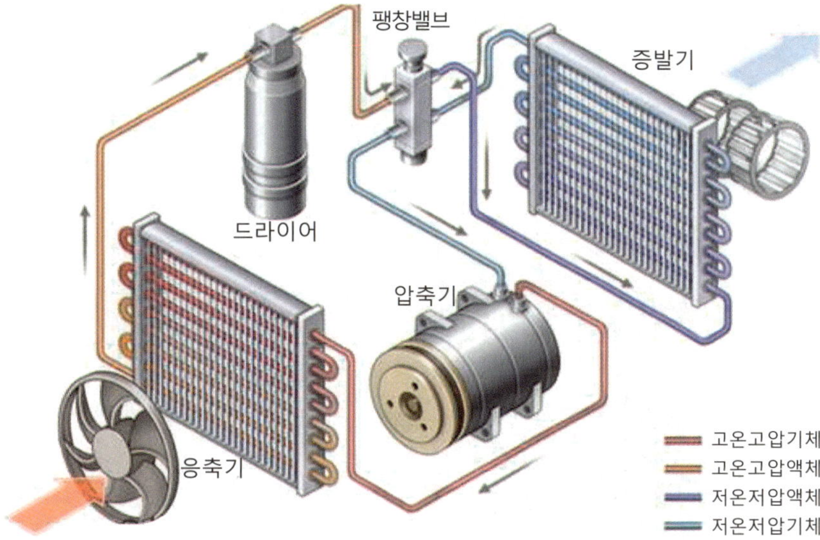

그림 8-32 에어컨 구조도

다시 말해 팽창부에서 팽창(액체->기체)하면서 열을 흡수하여 냉각부를 냉각시키고, 압축기로 압축(기체->액체)되면서 열을 외부로 방출시키는 과정을 반복함으로써 실내의 열을 실외로 배출하는 도구가 에어컨이라 할 수 있다. 송풍기로 실내 공기를 냉각부를 거쳐 냉각시킨 후, 다시 실내로 보내기 때문에 방안이 시원해지는 것이다.

미국의 듀퐁에서 개발된 프레온가스는 2010년 이 후에는 생산, 사용이 전 세계적으로 금지된다. 프레온 가스가 냉매로서 각광받는 이유는 끓는 온도가 -40.8셀시우스 온도로 낮기 때문에 쉽게 압축과 팽창을 시키기가 용이하기 때문이다.

에어컨을 사용하면 물이 많이 발생하는데 이는 실내 공기가 냉각부에서 냉각될 때, 이슬점온도 이하로 냉각되므로 공기 중의 수증기가 응결하여 생긴 물이다. 이 물을 창밖으로 버리기 위해 호스를 설치하고, 열기를 밖으로 배출하기 위해서 에어컨의 방열팬을 창밖에 설치하지만 효율적인 방열을 위해서는 직사광선은 피하는 것이 좋다. 제습기도 에어컨과 같은 원리로 제습을 한다. 단, 방열판을 외부로 설치하지 않아 공기를 냉각시키지 않을 뿐이다. 제습기는 송풍기를 돌리는 모터의 발열로 오히려 공기를 데운다. 에어컨은 일반적으로 외부의 온도보다 5도 정도 낮게 설정하는 것이 경제적이고 건강에도 유익한 것으로 알려져 있다. 또, 에어컨의 성능을 잘 유지하려면 공기 필터를 정기적으로 청소해야 한다.

에어컨은 전기소모가 크기 때문에 냉장고, 선풍기, 냉동기 등과 함께 여름철 전기소비의 주범으로 지칭된다.

8.6 냉장고

20세기 100대 과학사건 중 하나로 가정용 냉장고의 등장이 꼽히고 있다. 현재 대부분 가정에서 사용되고 있는 전기압축식 냉장고가 사용되기 시작한 지 불과 40~50년만에 가정에 냉장고 한 대 없는 집이 없을 정도로 일반화되었다.

그림 8-33 냉장고 외형

일반적인 냉동·냉장고를 갖춘 냉장고가 한단계 진화해 양문형 냉장고, 3도어 냉장고를 넘어 4도어 냉장고까지 등장하고 있다. 또 냉장고를 응용한 김치냉장고와 와인냉장고는 물론 화장품 냉장고, 쌀 냉장고, 반찬 냉장고 등도 나오고 있다. 우리 생활에서 냉장고를 떼어놓는 다는 것은 상상하기도 힘든 일이 됐다.

냉장고는 선사시대부터 인류가 가져오던 꿈의 하나라고 할 수 있다. 상한 음식과 그로 인한 질병을 피해 신선한 음식을 언제든지 먹고 싶다는 욕망이죠. 과거 조상들이 사용하던 석빙고도 그런 꿈을 이루기 위한 노력의 산물이기도 하죠.

이같은 천연 얼음을 사용하던 시대는 1830년 얼음을 만드는 계기가 등장하면서 인조 얼음시대가 등장했다. 얼음기계는 증기로 구동되는 큰 공장으로 차가운 압축공기를 밸브로 통과시켜 팽창시키거나 에테르나 암모니아와 같은 액체가 증발할 때 온도가 내려가는 원리를 사용했다. 이같은 기계는 19세기에 미국과 오스트레일리아, 프랑스 등의 양조장이나 육류 포장업에서 사용됐다.

최초의 실용적 냉장고는 냉매로 암모니아를 사용한 것으로 독일의 공학자 카를 폰 린테가 1871년 뮌헨의 양조공장에 도입하면서 등장했다. 하지만 당시에는 덩치가 크고 작동이 쉽지 않을뿐더러 독성이나 가연성이 없는 안전한 냉매에 대한 지식이 없어 가정용 제품은 엄두도 내지 못했다고 한다.

이런 장벽을 넘어 최초로 등장한 가정용 냉장고가 1918년에 시판되기 시작한 캘비네이터(Kalvinator)라고 한다. 본격적으로 냉장고가 일반화된 것은 에디슨이 설립한 제너럴 일렉트릭이 1925년 내놓은 `모니터 탑(Monitor Top)'으로, 이후 판매가 크게 늘어 1931년에 100만대 생산을 돌파했다.

국내에서는 1965년 금성사(현 LG전자)에서 첫 국산 냉장고를 개발한 이후 대한전선과 삼성전자 등에서 냉장고를 개발, 지금은 세계적인 냉장고 업체로 성장했다.

8.6.1 원리

액체가 기화할 때 밖으로부터 열을 흡수하는 성질을 이용하였다. 냉각시키는 데 쓰이는 물질을 냉매라고 한다. 암모니아나 프레온 12 등의 냉매를 열이 잘 전도되는 용기에 넣고, 단열재로 둘러싼 상자의 상층부에 놓고서 냉매를 기화시키면 상자 속은 냉장고가 된다. 단열재는 냉장고의 바깥상자와 속상자의 사이에 넣으며, 글라스 울이나 포말 플라스틱이 사용되고 있다. 냉매는 증기가 되고 다시 액체로 액화시켜서 되풀이하여 사용한다. 냉매의 순환방식으로는 압축식과 흡수식이 있다. 보통 가정용 전기냉장고는 압축식이고 가스냉장고는 흡수식이다.

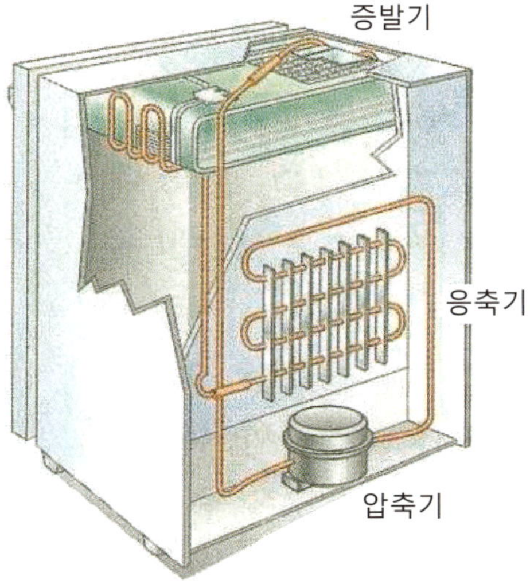

그림 8-34 냉장고의 구조

8.6.2 원리구조

냉장고는 크게 냉각기와 저장고, 운전제어장치의 세 부분으로 나눌 수 있다. 핵심이라고 할 수 있는 냉각기는 열을 이동시켜주는 물질인 냉매를 계속해서 압축·순환시켜 냉장고 안의 낮은 온도를 유지해주는 장치이다.

냉장고 바닥에 있는 압축기에서 나온 압축 냉매가스가 이동해 뒷면의 와이어응축기를 통과하면서 차갑게 냉각이 된다. 이어 모세관을 지난 저온·저압의 액화가스가 되고 이 가스가 증발기를 통해 기체로 변해 냉장고 안의 온도를 급격히 떨어뜨리게 되죠. 이후 냉매가스는 다시 압축기로 돌아가 이 과정을 계속해서 반복하게 되고 그로 인해 지속적인 냉동·냉장이 가능하게 되는 것이다.

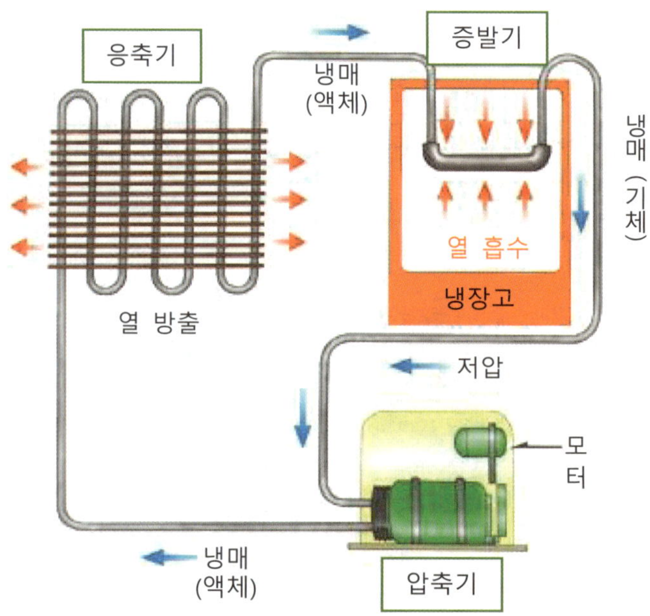

그림 8-35 냉장고의 구동원리

저장고는 식품이 들어가는 용기를 말하는 것으로 강판으로 만들어지며 외부용기와 내부용기 사이에는 열이 빠져나가는 것을 방지하기 위한 단열재가 들어간다. 또 운전제어장치는 냉동 순환 과정을 가동시키는 동력을 전달하는 역할과 함께 냉장고 내부의 온도를 일정하게 유지해주는 온도조절 장치와 제상히터가 작용해 냉장고에 낀 서리를 없애는 서리제어장치 등으로 구성돼 있다.

한마디로 냉장고는 열을 이동시키는 기계이다. 손에 알코올을 묻혀 입으로 불면 시원해지는 느낌이 드는 것처럼 냉장고는 기체로 변하기 쉬운 가스가 주위로부터 열을 빼앗는 현상을 이용하는 것이다. 액체가 기체로 변하는 기화현상을 활용한 것이다.

에어컨도 이와같은 냉장고의 기본원리를 이용한 제품이다. 그렇다고 냉장고 여러대를 놓고 문을 활짝 열어 놓는다고 해서 방안이 시원해지지 않는다. 이유는 뒷부분이 기체를 다시 액체로 바꾸는 액화 과정에서 열을 방출하기 때문에 오히려 방안이 더워진다. 냉장고 뒷부분이 뜨거운 것은 이같은 이유 때문이다.

전기냉장고의 냉각작용은 증발기, 압축기, 응축기 등으로 이루어진다.

① 응축기(액화기)

고온·고압의 2 phase (gas + liquid) 상태의 냉매를 중온 고압의 액화 냉매로 바꾸는 역할을 하면서, 엔탈피를 낮추는 역할을 한다. 일반적인 R22에어컨이라면 압축기를 통화한 냉매의 온도는 표준에서 75~85℃이고, 압력은 18 kgf/㎠(18기압)이다. 이 고온·고압의 냉매가 응축기를 통과하면서 압력은 그대로, 온도는 38~43℃정도로 떨어뜨리는 역할을 한다.

② 팽창밸브(기화밸브)

팽창밸브에는 여러가지가 있다. 그러나 역할은 동일한다. 고온, 고압의 냉매가 좁은 유로를 통과하면서 엄청나게 속도가 증가하고, 베르누이 법칙에 의해 속도가 빨라진 만큼 압력이 떨어지게 된다. 압력 하강에 의해 온도도 같이 떨어지게 된다. 즉 저온, 저압이 된다. 팽창밸브(기화밸브)를 통과한 팽창 냉매는 2 phase (gas + liquid) 상태로 변하게 된다.

③ 증발기(기화기)

저온·저압의 2 phase (gas + liquid) 냉매는 증발기를 통과하면서 실내공기와 열교환을 통해, 냉장고 공기는 차가워지고 냉매는 엔탈피가 높아지면서 기화 상태로 변하게 된다.

④ 압축기

에어컨의 심장이다. 증발기로 부터 오는 저온,저압의 기화 냉매를 고온,고압의 2 phase (gas + liquid) 냉매로 바꾸어 응축기로 보내는 역할을 한다. 에어컨에서 가장 비싼 부품이 압축기 이다.

냉동사이클 속에는 '프레온12'라는 휘발성이 강한 냉매가 봉입되어 있다. 압축기로 고압이 된 냉매 가스는 방열기의 가느다란 파이프를 지나는 동안에 열을 방출한다. 다시 말하면 바깥 공기로 냉각되어 액체 상태가 되어 모세관을 지나서 냉각기에 오면 주위에서 열을 빼앗으면서 갑자기 증발하는데, 이 때 냉각작용을 일으킨다. 냉장고 속의 온도는 증발기의 온도로 작동하는 온도 조절기(thermostat)의 스위치로 압축기를 작동시키거나 정지시키면서 조절한다.

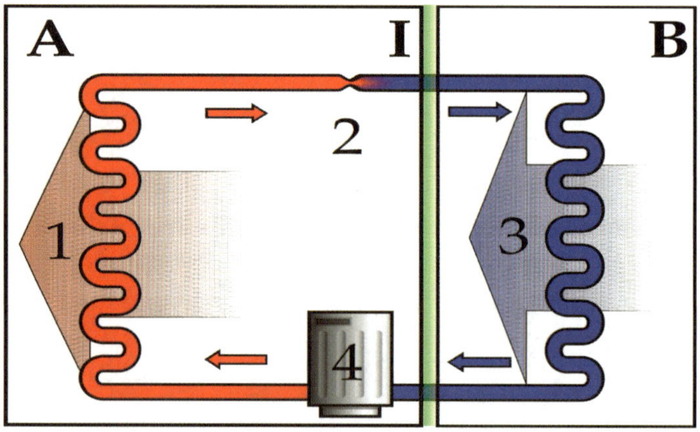

그림 8-36 압축 냉동 사이클 – A: 열방출 공간 (부엌), B: 열흡수 공간 (냉장고 안), I: 절연(단열재), 1: 응축기, 2: 팽창 밸브, 3: 증발기, 4: 압축기

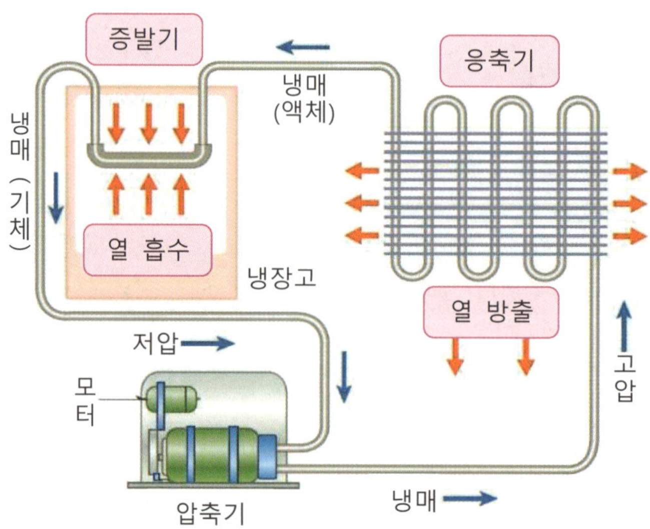

그림 8-37 냉장고의 응축원리

냉동실은 냉동기로 둘러싸인 작은 칸을 특별히 별개의 문으로 차단시킨 것으로서 -20℃ 정도까지 내려가게 할 수 있다. 냉동기에 생기는 서리는 히터로 녹이거나 전환코크로 온도가 높은 고압냉매를 응축기를 통과시키지 않고 직접 냉동기로 흘려서 자동적으로 제거할 수 있는데, 이 기구를 자동 서리 제거 장치라고 한다.

8.7 공기청정기

8.7.1 원리

공기청정기란 단순히 얘기하면 오염된 공기를 정화하여 신선한 공기로 바꾸는 장치이다. 공기를 필터에 통과시켜 먼지와 세균을 없애고 나쁜 냄새를 제거하는게 주목적이다.

그림 8-38 다양한 형태의 진공청정기

공기청정기의 원리는 다음과 같다. 오염된 공기를 팬으로 흡입하고 필터에 의해 0.01μm 정도까지의 미세한 먼지나 세균류를 집진하여 체취나 담배냄새를 탈취한다.

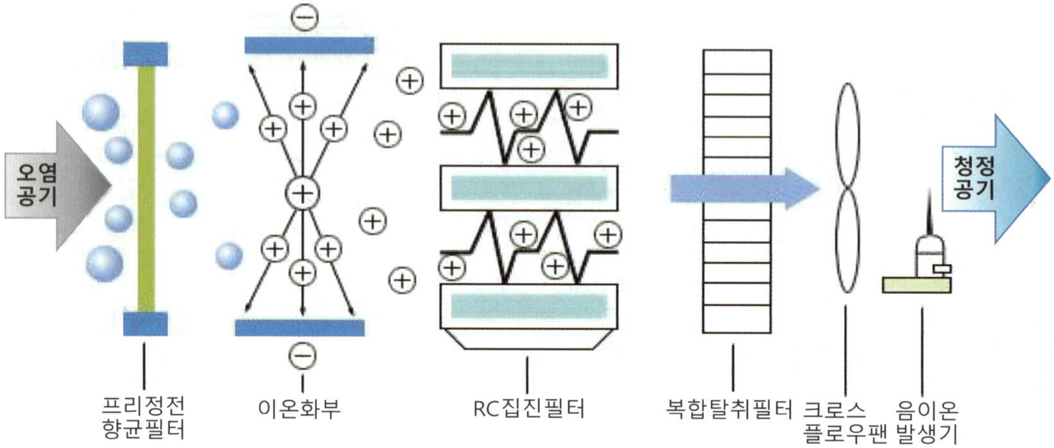

그림 8-39 공기청정기 원리

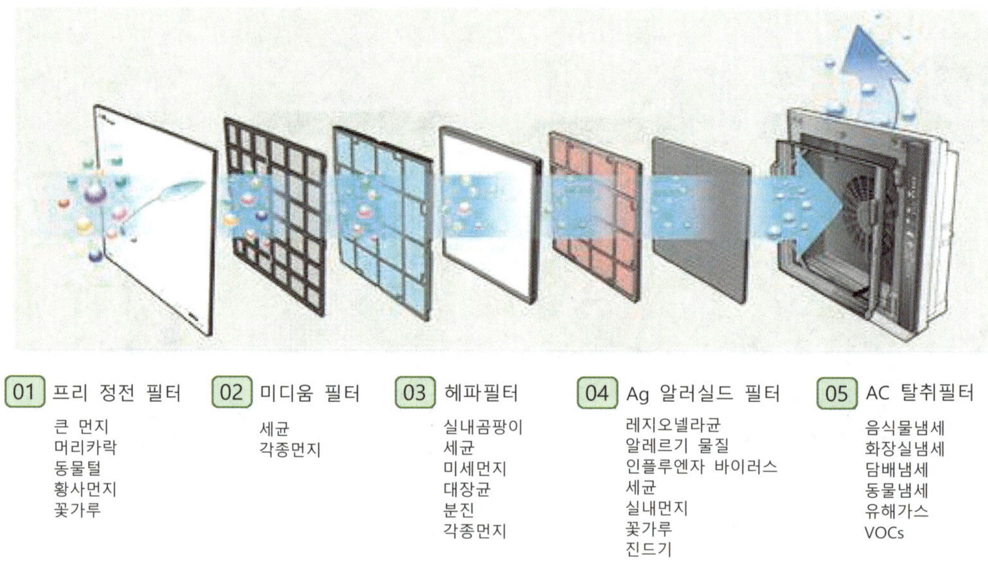

그림 8-40 공기청정기 원리

또 오염 때문에 감소된 음이온을 이온발생기에 의해 회복시키기도 한다. 필터에는 몰트프레이나 유리섬유를 사용해서 집진하는 기계식 필터, 유리섬유와 셀룰로스 섬유를 사용해서 미립자를 집진하는 고성능 필터 및 활성탄을 사용한 탈취필터의 3종류가 있다. 또 이들 필터에 첨가하여 먼지를 고압방전에 의해 대전시켜서 집진하는 전기 집진장치가 함께 사용되기도 한다.

자동차에도 공기청정기가 있다. 자동차 공기청정기는 기관에 흡입되는 공기 속의 먼지나 토사를 제거함으로써 실린더의 마모를 방지하고, 또 공기가 실린더 내로 흡입될 때 일어나는 소음을 방지하는 역할을 한다.

공기청정기의 원리는 크게 건식과 습식으로 나뉜다.

건식은 오염된 공기를 팬으로 흡입한 뒤, 필터로 먼지나 세균류를 걸러내는 방법이다. 보통 기본적으로 입자가 큰 섬유먼지 등을 1차로 거른 뒤, 2차에서 입자가 작은 미세먼지 등을 걸러내게 된다.

2차 필터로 쓰이는 '헤파 필터'는 최근 공기 중 0.3 ㎛(1 ㎛=1000분의 1 ㎜)의 미세먼지를 걸러낼 정도로 발전했다. 3차 필터를 사용하는 제품도 있다. 3차 필터에 항균성이 있는 은 나노입자를 사용하면 살균력이 강화되고, 구조 내에 빈 구멍이 많은 활성탄을 사용하면 많은 냄새 입자를 제거할 수 있다.

먼지를 모으기 위해 필터에 강한 전하를 걸어주는 제품도 있다. 이는 냄새를 일으키는 미세 입자가 전기를 띤 물체에 쉽게 달라붙는 성질을 이용한 것인데요. 이른바 '전기 집진식' 공기 청정기이다.

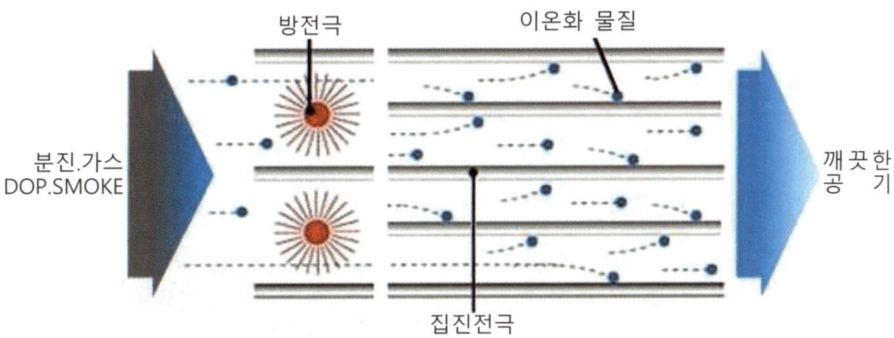

그림 8-41 전기집진기 공기청정기 원리

습식 공기청정기는 흡입한 공기를 물에 접촉시켜 공기 속의 오염물질을 물에 가라앉힌다. 먼지 제거 능력은 뛰어나지만, 1주일에 한 번씩 물을 갈아줘야 한다는 게 단점이다.

최근 논란이 되어온 음이온 정화방식은 음이온을 발생시켜, 양전하를 띠고 있는 오염된 먼지나 양이온을 중화시키는 방식이다. 필터가 없이 음이온과 오존을 이용한 살균 절차만으로 정화하므로 비용이 적고, 유지관리가 쉽다. 그러나 음이온 정화방식은 적지 않은 오존을 발생시킨다. 지나친 오존의 발생은 오히려 불쾌감을 유발할 위험이 있다. 음이온의 효능도 과신하는 것은 금물이다. 한때 식물의 생장을 돕고 질병을 치료한다는 연구 결과가 나오기도 했지만, 음이온이 병에 효과가 있는지는 공식적으로 확인된 상태는 아니다.

8.8 전열기

8.8.1 전열기의 원리

백열전구는 주울열의 온도가 높은 영역을 이용한 것인 데 비해, 그보다 낮은 온도의 주울열을 이용한 것이 전열기이다. 전열기는 가장 간단한 구조의 전기기구이다. 전열기에는 니크롬선이 사용되고 있는데, 니크롬선은 니켈(77%), 크롬(20%), 망간(2%), 철(1%)의 합금으로 저항이 크고 고온에서도 잘 산화되지 않는 특징이 있다.

같은 굵기와 같은 길이의 니크롬선, 철선, 동선을 직렬로 연결한 다음, 전원에 연결하면 각 선에는 같은 크기의 전류가 흐르지만 각 선의 저항은 니크롬선이 가장 크고 동선이 가장 적으므로 각 선은 모두 온도가 올라가지만 그 중에서도 니크롬선이 가장 뜨거워진다. 같은 전류가 흘러도 저항이 적은 동선은 거의 온도가 올라가지 않는다. 전류에 의해 발생하는 열량 Q(칼로리)는 전류 I(A)의 제곱과 저항 R(Ω), 시간 t(초)의 곱에 비례하기 때문이다. $Q = 0.24I^2Rt$ 이것을 주울의 법칙이라 하는데, 열량 Q를 주울열이라고 한다. 니크롬선의 저항률은 동의 약 60배. 따라서 같은 크기의 전류가 흐르고 있다고 치면 60미터의 동선이 내는 열량은 니크롬선은 불과 1미터로 낼 수 있는 셈이다.

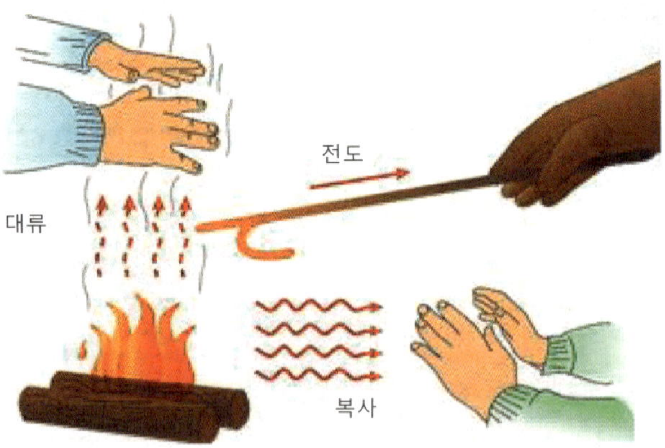

그림 8-42 전열기의 원리

그럼 전열기가 낡아서 니크롬선이 끊어졌기 때문에 짧게 이어서 사용했다고 하자. 그때의 전력은 어떻게 될까. 즉, 600와트의 니크롬선을 절반으로 끊어서 사용했다고 하면 발열체의 길이가 절반밖에 안 되므로 300와트일 것 같지만, 실은 1200와트가 되어 버린다. 이 경우 저항이 절반으로 떨어졌기 때문에 오옴의 법칙에 의해 전류는 2배로 증가하는 까닭이다. 즉 전력 P(W)는 전압V(V)와 전류 I(A)의 곱으로 나타내면,

$P = VI$ 가 되는 것이다. 실제로는 발열량이 지나치게 많아져 니크롬선이 녹아서 끊어질 염려가 있다. 그래서 니크롬선을 짧게 하는 것은 주의해야 한다. 또 전력의 식은 다른 두 식을 합쳐서,

$P = VI = I^2R = \frac{V^2}{R}[W]$ 라고 기억해 두면 편리하다.

8.9 자기조리기

8.9.1 자기조리기

자기조리기는 자기유도방식(magnetic induction heating)을 이용한다. 자기유도방식을 이용한 주방 조리기는 '자기조리기', '자력선 가열방식 압력밥솥', '전기 압력밥솥', '전자조리기' 등 다양한 이름을 쓰고 있으며 IH(Induction Heating)가 첨부되어 있는 경우도 있다. 역사적으로 자기유도에서 발생한 열을 이용하는 방법은 먼저 공학에서 널리 사용되었다. 최근에는 자기유도방식을 이용한 자기조리기가 등장하였다.

자기유도방식의 원리는 자기장과 유도 전기장(기전력) 관계를 설명하는 페러데이(Faraday)법칙이다. 페러데이법칙은 도체고리(conducting loop)를 통과하는 자기장 선속(magnetic flux)이 시간에 따라 변할 때 도선을 따라 생기는 유도 전기장(기전력)을 설명한다. 도선 안의 자유전자는 유도 전기장을 따라 이동하고 전류의 흐름이 생긴다. 도선에 저항이 존재하면 열이 발생한다.

공학에서는 물질의 가열이나 금속의 용해에 이 원리를 적용하여왔다. 흑연(그래파이트) 용기를 코일로 감고 전류를 교류전원을 공급한다. 암페어(Ampere)법칙에 따라 도선에 흐르는 전류는 자기장을 발생시킨다. 시간에 따라 변하지 않는 정상 전류가 흐르면 자기장도 시간에 따라 변하지 않는다. 그러나 교류가 흐르면 자기장도 시간에 따라 변한다. 따라서 흑연용기 안에는 전기장이 유도되고 전기장 방향으로 맴돌이전류(eddy current)가 흐르게 된다. 흑연용기는 전기저항을 갖고 있으므로 옴법칙에 따라 열이 발생된다. 이 열이 금속을 용해시킨다.

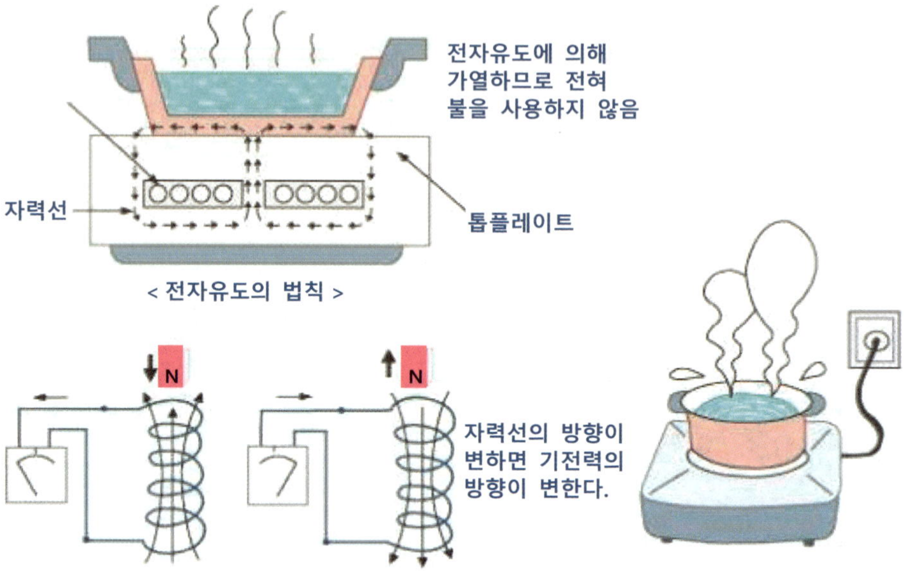

그림 8-43 자기조리기 동작원리

유도 전기장의 세기는 자기장의 변화율에 비례하므로 전기장의 세기를 증가시키기 위하여 높은 진동수의 교류(고주파)를 사용한다. 또한 맴돌이전류의 세기는 유도 전기장의 세기에 비례한다. 따라서 교류의 주파수가 높을수록 유도되는 와류전류도 증가한다. 자기유도를 이용하는 기구들이 고주파 교류를 사용하는 이유가 여기에 있다.

자기유도 원리를 적용하여 자기조리기를 만든다. 세라믹으로 만든 톱·플레이트(top plate) 밑에 자기유도장치가 놓여있다. 자기유도장치는 모기향과 같은 모양의 코일의 모양을 하고 있다. 이 코일에 2만 헤르츠 이상의 고주파 교류를 흘려주면 자기장이 남비 바닥에 유도 전기장을 형성한다. 유도된 전기장은 남비의 자유전자를 이동시켜 맴돌이전류를 발생시킨다. 따라서 남비의 전기저항으로 인하여 열이 발생한다.

자기조리기의 특징은 전열판을 사용하지 않고 남비를 직접 가열하는 방식이다. 따라서 불필요하게 소비되는 열이 적고 열효율이 높다. 자기조리기의 열효율은 80% 정도로 가스레인지 40%, 전열기 53%에 비하여 월등히 높음을 알 수 있다.

고주파유도가열의 원리

- 코일 형상의 도체 중심에 영구자석을 넣고 빼면 자계가 변하고 도체에 전류가 흐른다. 이것을 전자유도작용이라 한다.
- 고주파 유도가열은 이 전자유도작용을 이용하여 영구자석 대신 코일에 교류전류를 흘러 교번자속이 발생하게 함으로서 피 가열물에 유도전류(와전류)가 흐르도록 한다.
- 이 유도전류는 와전류손에 의해 주울열을 발생시키며 이렇게 발생된 열로서 가열하는 것을 유도가열이라 한다.
- 이 경우 와전류의 특징은 코일에 근접한 물체부분에 집중 유도되고 또 유도전류는 물체 표면 주위에서 강하게 흐르려고 하며, 물체의 내부로는 약하게 흐르려는 특징이 있다.
- 이러한 원리로서 피 가열물의 필요한 부분에 에너지를 집중시켜 효율적인 급속 가열이 가능하기 때문에 생산성, 작업성이 높게 된다.

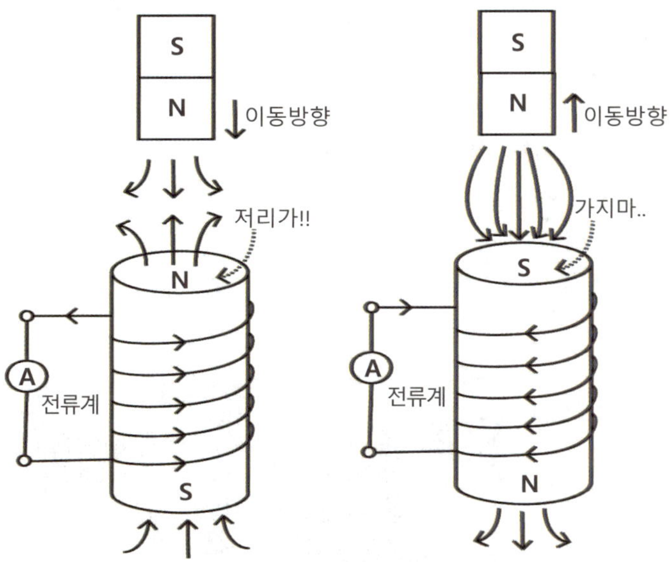

고주파유도가열의 원리(렌쯔의 법칙)

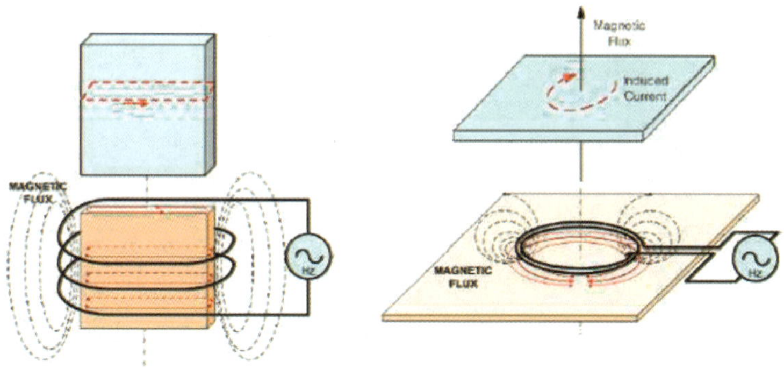

고주파유도가열의 원리

8.10 전자레인지

8.10.1 전자레인지의 원리

음식을 뜨겁게 요리하기 위해서는 열을 가해줘야 한다. 우리가 열을 만들어내는 방법은 다양하다. 전통적으로는 나무나 석탄을 이용했고 현대는 석유, 가스 전기를 사용한다. 우리가 전기에서 발생하는 열을 사용하기 시작한 것은 불과 100여 년 전부터였다. 그런데 전기가 발생하는 열기는 전통적인 연료를 연소시킬 때의 불과 전혀 달라 보인다. 특히 전자레인지가 그렇다.

그림 8-44 전자레인지

전자레인지 역시 열기를 만들어내는 장치다. 우리에게 낯선 '마이크로파'를 이용한다는 점이 다를 뿐이다. 마이크로파는 빛이 내는 파장 중에서 상당이 파장은 길고 진동수는 적은 편에 속한다. 그래도 진동수가 2.45기가헤르츠(㎓) 이니 초당 무려 24억 5천만번이나 진동한다. 사람들은 이 숫자에 놀라겠지만 가시광선은 이것의 10만배, X선은 10억배, 방사선은 1조배 이상 많이 진동한다. 마이크로파는 자외선이나 가시광선 심지어 적외선보다 진동이 적은 안전한 파장인 것이다. 그런데 이 마이크로파에는 묘한 특징이 있다. 물과 아주 잘 공명(共鳴)한다는 것이다. 물은 아주 작고 극성이 있는 분자인데 마이크로파와 궁합이 아주 잘 맞아 마이크로파의 진동에 맞추어 아주 심하게 요동하고 회전하고 주변의 분자와 충돌한다는 것이다.

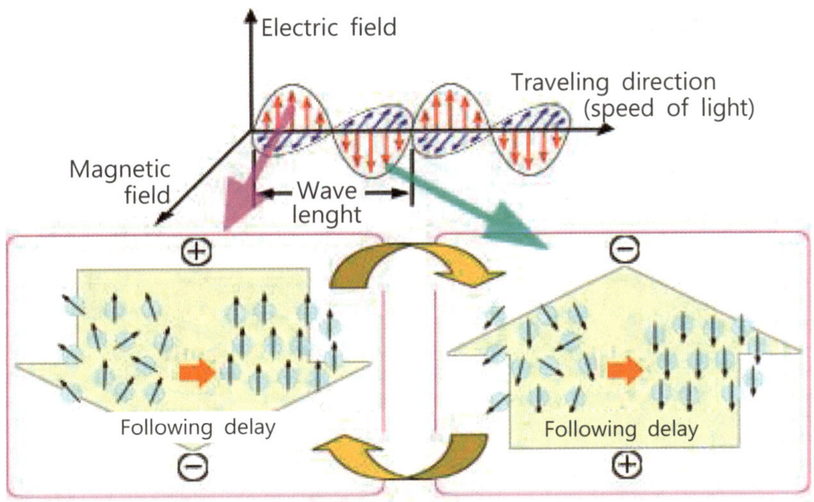

그림 8-45 전자레인지의 원리

전자레인지는 마그네트론이라는 장치를 통해 자연에 존재하는 것과 비교할 수 없이 엄청나게 많은 마이크로파를 전자레인지 내부에 방출하고 이것이 음식물 속에 물 분자에 엄청난 진동을 일으켜 온도를 상승시킨다. 사실 온도란 분자의 운동의 정도이다. 물 분자의 운동이 활발해지면 주면의 분자에게도 그 운동에너지를 전달하여 주변의 분자도 운동이 활발해지는 것이 음식물 온도의 상승이다.

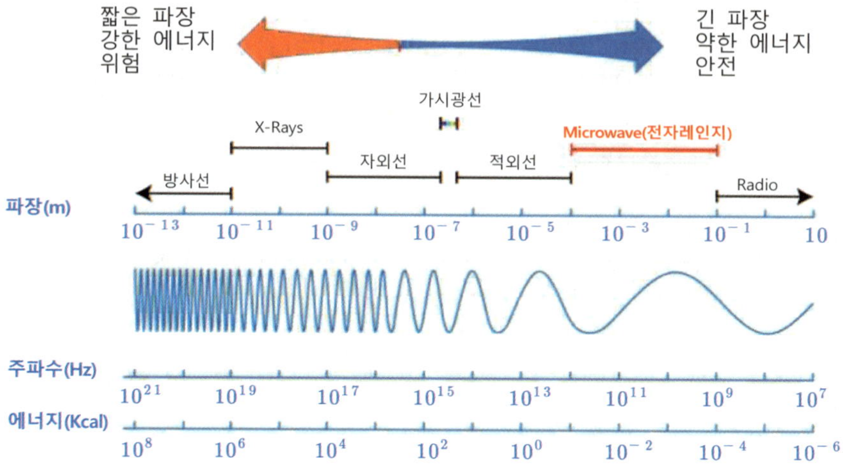

그림 8-46 전자파의 구분

고유 진동수가 같은 두 물체가 서로 조화롭게 에너지를 주고받는 현상이 공명이며 자연에 아주 흔한 현상인데 마이크로파가 물 분자를 화나게 만든다고 악의적으로 왜곡한 것이다. 사실 이 현상은 물 분자가 자신과 궁합이 잘 맞는 마이크로파를 만나 기쁨에 들떠 뜨거워진다는 비유가 훨씬 적절한 것이다.

9장

미래의 에너지 이차전지

9.1 전지의 발전동향

9.2 전지의 역사

9.3 납축전지

9.4 니켈 카드뮴 전지

9.5 니켈수소 전지

9.6 리튬이온 전지

9.7 리튬폴리머 전지

9.8 리튬공기 전지

충·방전을 반복하면서 전기에너지를 전달하는 2차 전지는 휴대폰, 노트북 컴퓨터, PDA 등 휴대용 정보기기의 발달과 함께 빠르게 성장하고 있다. 여러 번 재사용이 가능한 2차 전지는 한 번의 방전을 통해 전기에너지를 이용하게 되는 1차전지에 비하여 환경보전, 자원 절약 등 다양한 면에서 잇점을 가지고 있다. 대표적인 2차전지로는 니켈카드뮴 전지(Ni-Cd), 니켈수소 전지(Ni-MH), 리튬이온(Li-Ion) 2차 전지, 리튬이온 폴리머 전지 등이 있다.

그림 9-1 이차전지

2차 전지 시장의 대부분을 차지하고 있는 이들 전지는 구성 재료와 전기 화학적 특성이 서로 다르다. 전동공구 등에 주로 쓰이는 니켈카드뮴 전지는 1990년대 중반까지 2차 전지 시장을 주도하였다. 그러나 니켈카드뮴 전지는 음극재로 쓰이는 중금속인 카드뮴이 인체에 해롭고 환경오염을 일으킬 우려가 있으며, 에너지 밀도가 낮다는 단점 때문에 시장이 빠르게 위축되고 있다.

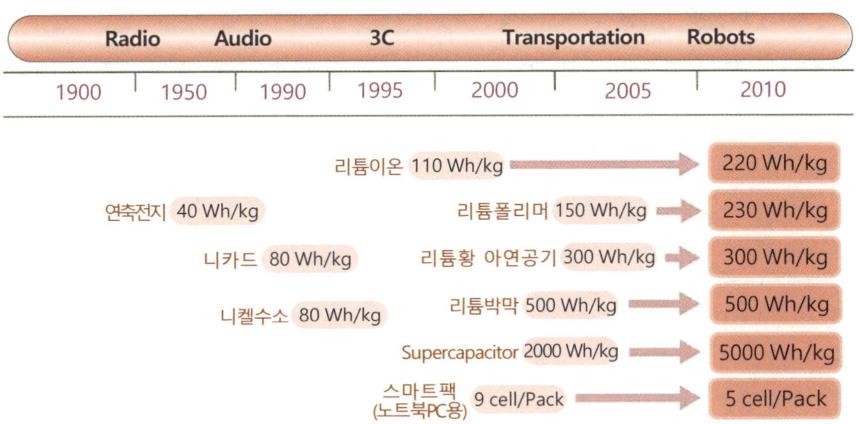

그림 9-2 전지의 발전전망

1990년대 초 등장한 니켈수소 전지는 높은 에너지 밀도와 저렴한 가격을 바탕으로 기존의 니켈카드뮴전지를 대체하면서 안정적인 시장을 형성하고 있다. 아직까지는 Ni-MH의 가격이 리튬이온 전지에 비해 싸고, 품질이 안정적이며, 기기에 따른 전압특성으로 인해 Ni-MH 를 계속 채용하는 경우가 있으나, 기기에 기능이 다양하게 추가되고 휴대용 기기의 개발이 활발하여 짐에 따라 사이즈 대비 고 용량화의 필요성이 절실하여 리튬 이온계 2차 전지의 개발이 더욱 가속화되는 실정이다.

전지의 발전방향을 요약하면 리튬이온전지의 고용량화, 슬림화와 형상을 자유자재로 바꿀 수 있는 리튬이온 폴리머 전지의 성능 개선으로 요약할 수 있다. 더 나아가 차세대 전지로서 새로운 분야에 대한 연구개발이 활발히 진행 중이다.

9.1 전지의 역할

우리주위의 생활가전에 대부분 이차전지를 사용하고 있지만, 현재 이차전지의 가장 큰 수요처는 전기자동차이며 이의 차지비중은 전기자동차의 활성화와 더불어 점차적으로 증대되고 있는 상황이다.

전기자동차가 실질적인 성공을 거두려면 전지기술이 발전해야 한다. 안전, 충전 시간, 전력 전달, 극한 온도에서의 성능, 환경 친화성, 수명이 오늘날 전기자동차에 이용할 수 있는 충전식 전지 기술의 문제이다.

전기자동차는 리튬이온 전지, 리튬폴리머 이온 전지를 제품에 채용하는 추세이다. 예를 들어, 도요타 자동차의 프리우스, 캠리, 하이랜더는 밀폐형 Ni-MH 전지 팩을 사용하여 전기모터에 전기를 공급하였으나 리튬이온 전지와 비교할 때 Ni-MH의 전력 수준이 낮고 자가방전율이 높다. 보관 수명이 3년에 불과한 Ni-MH는 EV에 적합하지 않다.

그림 9-3 핸드폰에 사용 중인 Li-ion Battery

기존 리튬이온 전지는 특정한 높은 에너지를 제공하고 무게가 가볍다. 그러나 높은 가격, 극한 온도의 불용, 안전(리튬이온 전지의 가장 큰 장애 요인임) 때문에 이 전지는 적합하지 않다.

도요타는 안전에 대한 염려 때문에 리튬이온 전지를 장착한 신형 장거리 주행 하이브리드의 출시를 연기 한 경험이 있다. 기존 리튬이온 전지는 수명이 3~5년이고 충전 주기는 1,000사이클이다. 다른 문제는 적절한 전지 수명 범위를 보장할 수 있는 리튬이온 전지의 크기이다. 랩톱이나 휴대폰의 경우 사용하는 동안 전원연결이 가능하기에 매체를 통하여 선전한 작동 시간보다 짧아도 용인되지만 자동차에는 이러한 장치가 없다.

[표 9-1 전지의 특징]

종류	특 징	사용 예
Ni-MH 전지 (니켈-수소 전지)	· 전력 수준이 낮다 · 자가 방전율이 높다. · 보관 수명이 3년에 불과하다 · 메모리 효과 가짐	· 도요타 프리우스, 캠리, 하이랜더
리튬이온 전지	· 특정한 높은 에너지를 제공 · 무게가 가볍다. · 높은 가격 · 극한 온도의 불용 · 안전에 문제 있음(가장 큰 장애 요인)	· GM 볼트 · 현대기아차, 지엠, 포드, 장안기차

메모리 효과란?

- 2차 전지로 흔히 사용되는 것이 니카드전지이다. Ni-Cd(니카드=니켈카드뮴), Ni-MH(니켈메탈하이드라이드)전지 등은 공통적으로 니켈이 포함된다.
- 이러한 전지는 메모리 효과를 가진다. 리튬이온 전지는 리튬산화물질로 + 극을 만들고, 탄소로 - 극을 만든다. 휴대폰을 사용하기 시작하면 + 극의 리튬이온이 중간의 물질을 지나서 - 극의 탄소격자 속으로 들어간다. 이때, 극판에 손실이 거의 없기 때문에 장수명 특성을 가진다.

▶메모리 효과란?

- 니켈로 만든 전지에서는 활물질로 사용된 NiOH에서 OH가 떨어졌다 붙었다 하면서 전하를 전달하는 현상이 바로 충전과 방전이라는 전기적 흐름으로 나타난다.
- 충방전을 반복을 하면, 즉 조금 사용하고 다시 충전하고, 조금 쓰고 또 충전하고 하면 NiOH는 고용체를 형성하게 되는데 이 고용체의 형성은 비가역적인 반응이므로 한번 고용체가 생성이 되면 다시는 되돌아가지 못하게 되어 남아있는 용량을 사용하지 못하게 된다. 이와같이 전지가 마치 사용할 수 있는 용량의 한계를 기억하는 것과 같은 이러한 현상을 메모리효과라고 한다.

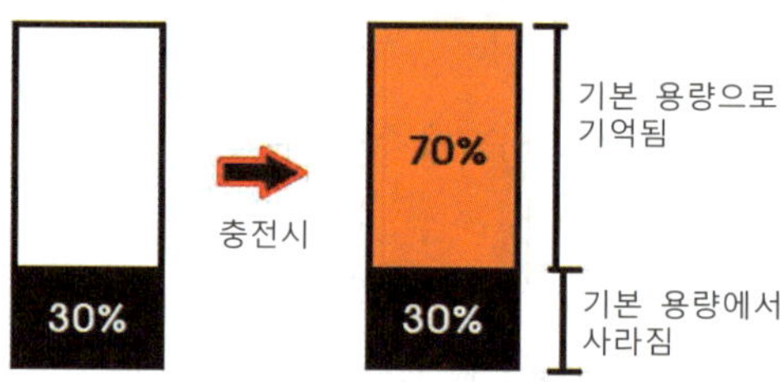

메모리 효과(memory effect)

- 따라서 Ni(니켈)을 포함하고 있는 전지는 완전충전(100%충전)하였다가 완전방전 될 때 까지 사용하는 것을 반복하는 것이 가장 좋은 사용방법이다.
- 그러나 리튬이온 전지는 메모리 현상이 없으므로 사용자가 임의대로, 주변 환경에 따라 수시로 충전하여 사용하여도 거의 수명에 영향을 미치지 않는다. 오히려 조금 쓰고 충전하고 조금 쓰고 또 충전하고 하면 Ni-계 전지와는 정반대로 수명이 길어지는 효과가 있다.
- 이러한 이유 때문에 리튬이온 전지가 Ni-계 전지보다 훨씬 비싼데도 수요가 늘어나고 사용자가 찾게 되는 것이다.

9.1.1 전지가 갖춰야 할 조건

전지가 터무니없는 가격대를 형성하고 있다면 정부의 보조금이 나온다고 할지라도 쉽게 구할 수 없는 상황에 처하게 된다. 특히 전지는 수시로 교환해 주어야 하는 소모성 부품으로 가격이 비쌀 경우 그 부담감은 소비자들에게 무척 큰 짐으로 전락할 수밖에 없다. 따라서 전지가 갖춰야 할 조건은 다음과 같다.

첫째, 가격 : 자동차 자체의 보조금은 물론 전지에 대한 보조금 또는 기술적 발전을 통한 생산성, 효율성 향상으로 전지 자체의 가격을 낮추는 것이 시급하다.

둘째, 안전성 : 손안에 들어오는 작은 전지 폭발로 크고 작은 사건 사고가 발생하는 것을 볼 수 있었다. 그런데 그 보다 수십, 수백배 큰 자동차 전지가 폭발하는 사고가 발생한다고 했을 때 그 피해는 엄청날 것으로 예상된다. 또한, 교통사고 발생 시 충격으로 인한 전지 폭발 등이 발생하지 않도록 하기 위해 단단한 내구성과 충격 흡수율을 높이기 위한 방안 등을 마련해야 한다.

셋째, 수명 : 차량을 교체하는 시기가 각기 다르겠지만 5~10년 정도 사용한다고 봤을 때 그 전지 수명 역시 이와 비슷하거나 그 이상의 수명을 지니고 있어야 한다. 이는 가격과도 밀접한 연관이 있다. 전지 수명이 짧다고 하더라도 그 전지 교환비용이 적절한 가격에 책정된다면 사실 수명은 기준 이상만 유지해주면 된다.

넷째, 집적화 : 무게나 부피 등을 줄일 수 있는 기술력이 필요하다. 전지가 크고 무거울 경우 결국 전지 효율대비 사용시간은 턱없이 줄어들 수밖에 없다. 따라서 집적화된 기술력을 바탕으로 작고 가벼운 하지만 반비례하여 파워, 수명은 긴 전지를 완성해야 한다.

기타, 그 외에도 '전지 충전 시간', '충전을 위한 인프라 구축' 등 갖춰져야 할 부분이 많다. 이러한 점들만 보더라도 전지와 관련한 문제가 해결되는 시점이 바로 전기자동차의 대중화로 이어지는 시점일 것이다.

기존 리튬이온 전지의 충전 시에 리튬 원자(분해된 리튬 이온)는 양극 안쪽에 쌓이고 방전 시 떨어진다. 리튬 이온이 양극에 붙거나 떨어질 때 양극의 흑연판이 이동하고 변형되어 흑연판이 10퍼센트 이상 분리되고 리튬 이온 크기를 수용한다. 방전 시에는 이러한 과정이 반대로 진행된다.

전지 전 수명에 걸쳐 이러한 반복적 이동 및 변형은 흑연판을 피로하게 하고 흑연 구조의 균열을 일으킨다. 이러한 균열 때문에 입자 간 전기 접촉이 상실되고 따라서 전지의 기능, 용량, 수명이 떨어진다.

흑연 대신에 나노 크기의 리튬 티타늄 산화물을 사용할 경우 리튬 티타늄 산화물은 "변형이 0"인 재료이다. 따라서 이 재료는 리튬 이온이 입자로 들어가고 나올 때 모양이 변형되지 않는다. 리튬 티타늄 산화물 재료는 3차원 결정 구조이다. 이 구조에는 크기가 원자와 거의 같아 리튬 이온이 들어갈 수 있는 장소가 있다. 따라서 충전과 방전 과정에서 응력이나 변형이 일어나지 않는다. 그러므로 흑연과 같은 재료를 파괴하는 입자 피로가 없기 때문에 기존 리튬이온 전지보다 자주 이 전지를 충전하고 방전할 수 있다. 기존 리튬이온 전지는 수명이 다할 때까지 약 1,000번 충전할 수 있으며 리튬 티타늄 산화물 재료를 사용하는 전지는 2만 5,000번 이상 충전과 방전을 할 수 있다.

9.1.2 전지의 분류

[표 9-2 원리별 분류]

구분	종류	특징
물리 전지	태양전지	· 반도체의 p-n접합을 이용하여 광전효과에 의해 태양광에너지를 직접 전기에너지로 변환하는 장치
	열기전력전지	· 반도체의 p-n접합을 이용하여 열에너지를 직접 전기에너지로 변환하는 장치
	원자력전지	· 방사성 동위원소의 에너지를 전기에너지로 변환
화학 전지	1차전지	· 화학에너지를 전기에너지로 변환시키는 전지로서, 화학변화 과정이 비가역적이거나 가역적이라도 충전이 용이하지 않음
	2차전지	· 화학에너지와 전기에너지간의 상호변환이 가역적이어서 충전과 방전을 반복할 수 있는 전지
	연료전지	· 연료(천연GAS, 메탄올, 석탄)의 화학에너지를 전기에너지로 직접 변환하는 화학발전 장치로서, 외부에서 반응물이 연속 공급되어 발전이 가능한 전지

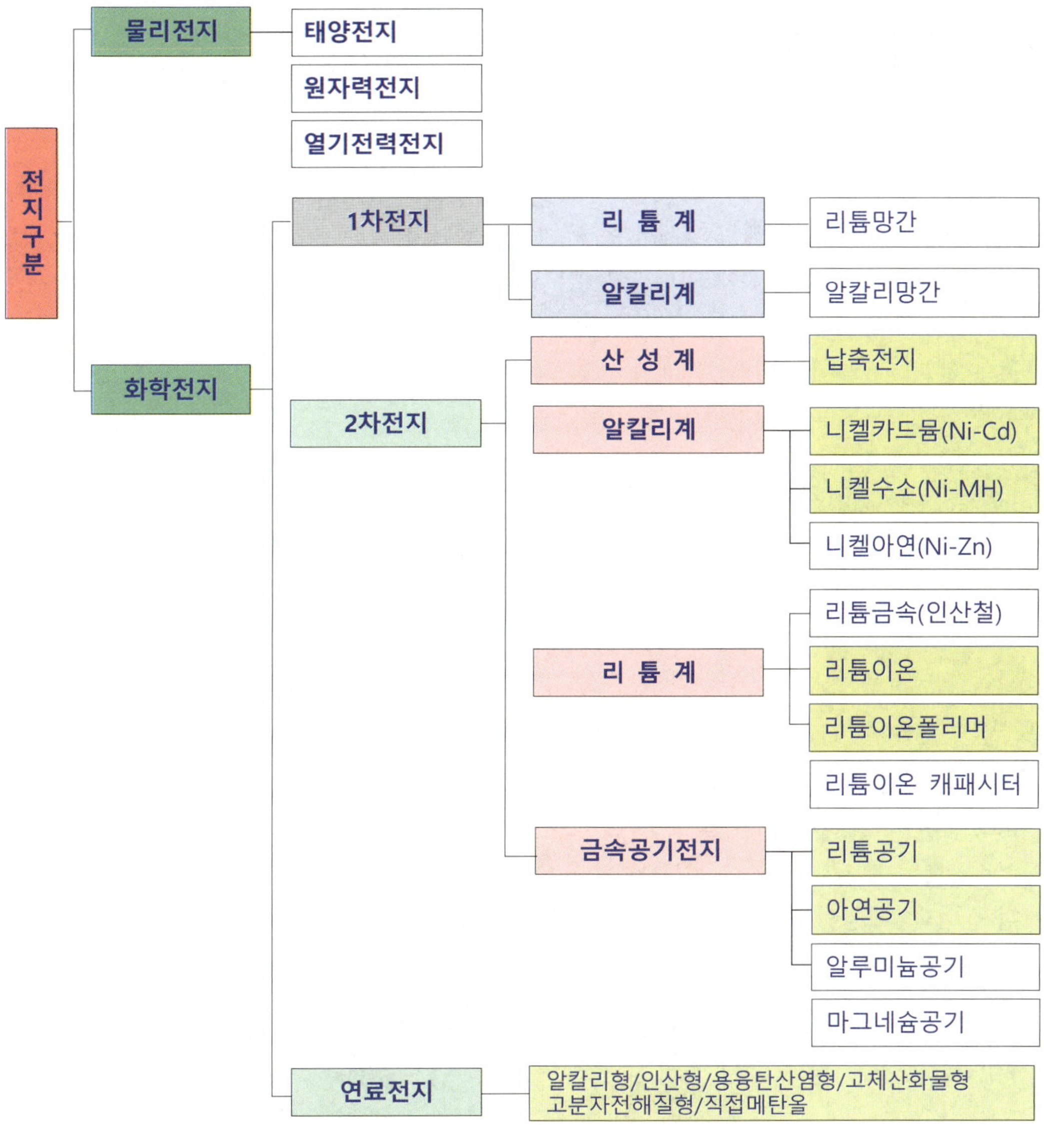
전지구분
물리전지
태양전지
원자력전지
열기전력전지
화학전지
1차전지
리 튬 계
리튬망간
알칼리계
알칼리망간
2차전지
산 성 계
납축전지
알칼리계
니켈카드뮴(Ni-Cd)
니켈수소(Ni-MH)
니켈아연(Ni-Zn)
리 튬 계
리튬금속(인산철)
리튬이온
리튬이온폴리머
리튬이온 캐패시터
금속공기전지
리튬공기
아연공기
알루미늄공기
마그네슘공기
연료전지
알칼리형/인산형/용융탄산염형/고체산화물형
고분자전해질형/직접메탄올

그림 9-4 전지의 종류

9.2 전지의 역사

정보시대가 개막되는 데 결정적인 역할을 하고 있는 것이 바로 전지다. 장난감에서부터 첨단제품에 이르기 까지 모든 휴대형 전자제품에는 전지가 필요하다. 하지만 전지는 사용시간에 한계가 있다.

휴대폰이나 노트북 PC, 휴대형 카세트 등 휴대형 제품을 사용하다가 전지가 떨어져 낭패를 보거나 사용을 중지하고 가방 속에 집어넣어야만 했던 경험이 누구에게나 한번쯤은 있을 것이다. 그렇다고 전지를 항상 휴대하면서 쓸 수도 없는 일이다. 휴대하기 편하도록 가볍고 부피도 작으면서 오래 사용할 수 있는 전지를 개발하기 위한 노력이 끊임없이 이어지고 있는 것은 바로 이런 이유에서다 전지의 역사는 상당히 길다.

볼타의 전퇴(voltaic pile)에서 발전한 것이 건전지인데, 요즘 가장 손쉽게 전기를 만들 수 있는 것이 바로 이 건전지이다. 몇 십년전만 하더라도 건전지는 회중전등에나 이용될 뿐, 활용가치가 적었지만 지금엔 여러 가지 전기제품에 두루 사용되고 있다. 그렇다면 전지 1개에서 나오는 에너지는 어느 정도인가. 1.5볼트 짜리 건전지는 외부저항 5 Ω에서 500분간 사용할 수 있는 능력이 있다. 전지는 사용할 수 록 점점 전압이 떨어진다. 그러나 평균 1.3 V의 전압으로 방전했다고 치면 역학적 에너지로 환산하여 1 kg의 물체를 1000미터 높이로 들어 올리는 에너지에 상당한다.

건전지는 1878년 프랑스의 르크랑셰란 사람이 발명한 르크랑셰 전지를 휴대용으로 편리하게 간소화한 것인데, '망간전지'라고도 한다.

건전지의 구조는 중앙의 탄소봉을 (+)극 바깥쪽의 아연통을 (-)극으로 하고 있다. 탄소봉의 둘레를 염화암모늄의 포화수용액에 이산화망간의 분말과 흑연의 분말을 반죽한 것으로 싼 다음, 이것을 다시 염화암모늄의 포화용액을 전분질로 풀처럼 만들어 굳힌 것으로 싸서 아연통속에 넣은 것이다.

그림 9-5 볼타의 voltaic pile

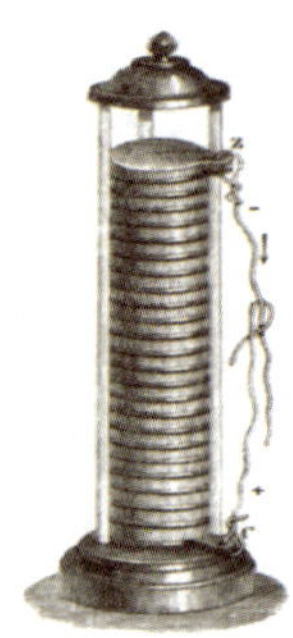

볼타전지

이 건전지에서는 어떻게 해서 전기가 만들어지는 것일까. 염화암모늄은 용액 속에서 전리해서 암모늄 이온과 염소 이온이 된다. 음극인 아연(Zn)은 아연 이온이 되어 용액 속에 녹고 아연 통에는 전자를 남긴다. 그 때문에 아연통은 마이너스 극이 된다. 액 속의 암모늄 이온은 아연 이온에 의해 쫓겨나 탄소봉에 모이게 되고, 탄소봉에서 전자를 얻어 암모니아와 수소로 분해된다. 따라서 탄소봉은 전자가 부족하므로 플러스극이 된다. 탄소봉의 주위에서 발생한 수소는 그대로 두면 탄소전극에 밀착되어 버리므로 전지의 능률이 떨어진다. 그 때문에 이산화망간의 산화작용을 이용하여 수소를 물로 변화시켜 버린다. 이런 작용이 일어나도록 사용하는 이산화망간과 같은 물질을 소극제라고 한다. 탄소봉과 아연통과의 사이에 전위차가 있으므로, 두 극 사이를 도선으로 연결하면 전류가 흐르게 된다.

요즈음 사용하는 전지 가운데 가장 오래된 전지는 양극활물질로 이산화망간 (MnO_2)을 사용하고 음극재료로 아연(Zn)을 쓰고 전해액으로 NH_4Cl과 $ZnCl_2$를 혼합한 중성염수용액을 사용한 망간전지다.

이 전지는 1868년 개발돼 1880년에 상용화된 것으로 이후 외장재질 및 봉구방법이나 양, 음극활물질의 개선을 통해 현재까지 사용되고 있는데 소비전력이 적은 용도에서 가격대비 사용시간 특성이우수해 현재도 1차전지 생산량의 60% 가량을 차지하고 있을 정도로 널리 사용되고 있다.

[표 9-3 전지의 역사]

년도	특 징
1789	개구리 다리로 부터 전지현상 발견 (Galbani(Italy))
1799	구리-아연 전지 발명 (Cu/H_2SO_4/Zn,Volta(Italy))
1860	연축전지 발명(PbO_2/H_2SO_4/Pb,Plante'(France))
1867	망간 건전지의 원형 발명(MnO_2/$NH_4ClZnCl_2$/Zn,Lechlanche France))
1880	Faure',paste식 극판에 의한 연축전지 제조법 특허, 연축전지 산업생산 개시
1888	망간 건전지 발명 (Gassener(Germany), 헤레센스(Denmark))
1899	니켈-카드뮴 전지 발명 (NiOOH/KOH/Cd,Jungner(Sweden))
1899	니켈-아연 전지 발명 (NiOOH/KOH/Zn)
1900	니켈-철 전지 발명 (NiOOH/KOH/Fe,Edison(USA))
1909	알카리 망간전지 발명(MnO_2/KOH/Zn)

1917	아연공기 축전지 발명(O_2 in Air/KOH/Zn)
1942	수은전지 발명(HgO/KOH/Zn)
1947	밀폐형 니켈-카드뮴 전지 발명
1949	알카리 망간전지 실용화
1962	밀폐형 수소전지 발명
1970	리튬 1차전지 실용화
1970	미국 GM Delco 칼슘 MF 연축전지 개발
1973	이산화망간-리튬 1차전지 실용화($MnO_2/LiClO_4$/Li)
1981	리튬 이온 2차전지 발명
1990	리튬 이온 2차전지 실용화, 생산개시(일본 SONY사)
1990	밀폐형 니켈-수소전지 실용화(NiOOH/KOH/MH)
1990	전기자동차용 전지 본격 개발착수
1995	수은전지 생산중지.
2002	LIPB, ALB, Smart Battery, Li-Polymer, 초박형 리튬이온전지(파워셀) 개발

9.3 납축전지

현재 내연기관 자동차에 사용되고 있는 전지에는 납산 전지와 알칼리 전지의 두 종류가 있으나, 거의 납산 전지를 사용하고 있다. 알칼리 전지는 납축전지에 비해 과다 충·방전에 견디고 수명이 길지만 원료의 공급 등에 제한을 받고 값이 비싸다는 단점이 있다.

납축전지는 전극으로 납을 사용하기 때문에 전지의 중량이 무겁고, 에너지 밀도는 2차 세계대전 전에는 약 20 Wh/kg 전후였으나, 대전 후는 재료 혁명의 영향으로 성능·수명이 크게 진보, 지금도 전지 산업의 주역 자리를 유지하고 있고, 또 성능 향상을 위해 많은 연구를 하고 있다. 현재 전기자동차용 납축전지의 에너지 밀도는 약 40 Wh/kg (5 HR)이고, 대전류 방전에 있어서도 비교적 양호한 특성을 보여주고 있다. 영국에서의 우유 배달차 전원으로 사용되는 납축전지의 에너지 밀도는 25 Wh/kg 전후로 상당히 낮은 편이다. 그러나 영국에서는 일정 궤도용으로만 사용되고 있기 때문에 일일 주행거리가 짧아 이 정도의 에너지 밀도로도 충분하며, 오히려 전지의 수명 연장에 초점을 맞추어 4년간의 보증을 유도하고 있다.

그림 9-6 MF 축전지

영국에서의 전기자동차가 경제성이 있는 것은 이 때문이다. 현재 사용되고 있는 전지 중에서 납축전지는 가장 저렴하여 전기자동차의 전원으로 사용될 경우 엔진차에 비해 저렴한 가격으로 유지할 수 있는 이점을 가지고 있다. 또한 폐전지로부터 납의 회수가 용이한 장점도 있다.

전기자동차 충전, 급속보다 완속이 유리?

- MF 전지는 보통 전지의 단점이라 할 수 있는 자기방전이나 화학 반응할 때 발생하는 가스로 인한 전해액의 감소를 적게 하기 위해 개발한 것이며, 우리말로 명칭을 붙인다면 무정비(또는 무보수) 전지라 할 수 있다.
- MF전지가 보통 전지와 다른 점은 극판 격자의 재질과 제작방식 및 모양을 들 수 있다. 격자의 재질은 보통 전지에서는 납-안티몬 합금을 쓰고, MF전지는 안티몬(sb)의 함량이 적은납-저안티몬 합금이나 또는 안티몬이 전혀 들어 있지 않은 납-칼슘 합금을 쓴다.
- 보통 전지의 재료인 안티몬은 무른 납의 기계적인 강도를 높이고 격자의 주조를 용이하게 하기 때문에 사용한다. 그런데 안티몬은 사용 중에 극판의 표면에 서서히 석출하여 국부전지를 형성해서 자기방전을 촉진하고, 또 충전전압을 저하시키므로 자동차와 같이 일정한 전압으로 충전을 하는 경우에는 점차 충전전류가 증가하여 물의 전기 분해량이 많아진다.
- 따라서 전해액의 감소나 자기방전의 원인이 되는 안티몬의 양을 감소한 합금(저안티몬 합금)이나 또는 납-칼슘 합금을 사용하여 무정비화가 가능하다.

그러나 에너지 밀도가 낮은 40 Wh/kg 전후의 전지를 탑재할 경우 전기자동차의 1충전 주행거리는 연속주행에서 약 100 km 전후이고, 도시 내에서 GO/STOP의 반복으로 인해 이의 약 1/2 또는 그 이하의 주행거리로 감소한다. 물론 이 정도의 주행 거리로 용도에 따라서는 실용성이 있으나 광범위한 목적으로 활용하기 위해서는 에너지 밀도를 높이지 않으면 안된다.

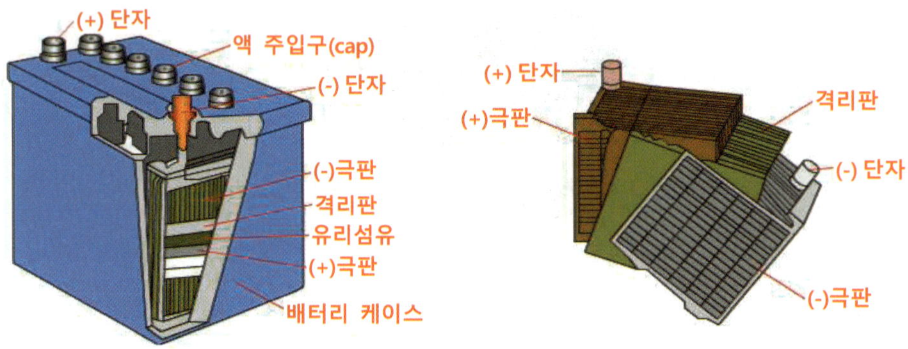

그림 9-7 납산전지 구조

납축전지의 또한 단점으로는 방전 후의 충전에 통상 6~8시간의 상당히 긴 시간이 요구되는 것이다. 효과적인 충전을 하기 위해서는 저렴하고 신뢰도가 높은 충전기의 제어기구가 개발되어야 하며, 이를 개발하기 위해서는 보다 많은 연구 노력이 필요하다. 앞으로는 전지의 액 보충 횟수를 줄이거나, 전지의 밀폐화로 액 보충을 없애는 방안, 충·방전량을 알려주는 지시계의 개발, 전지에 관한 유지 관리의 간소화를 위한 성능 향상 연구가 추진되어야 할 것이다.

① 양극판 : 과산화납(PbO_2, 다갈색)

② 음극판 : 해면상납(Pb, 순납)

③ 전해액 : 비중 1.2 - 1.3 정도의 묽은 황산($2H_2SO_4$)

④ 셀당 기전력 : 2.1[V]

9.3.1 전지의 구조와 작용

현재 많이 쓰이고 있는 납산 전지는 그림과 같은 구조로 되어 있으며, 여러 개의 단전지(Cell)로 이루어진 케이스가 있고, 각 단전지마다 양극판과 음극판, 격리판 및 전해액이 들어 있다. 또한 양극판은 음극판보다 작용이 활발하여 쉽게 파손되므로 화학적인 평형을 고려해서 음극판을 한 장 더 많이 둔다.

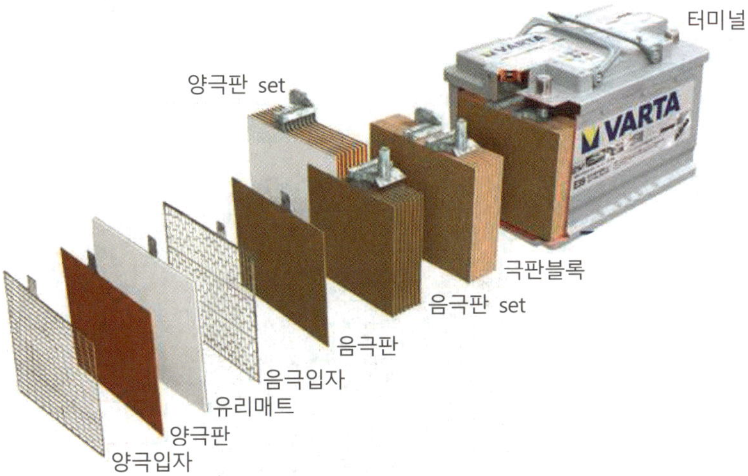

그림 9-8 전지의 구조

전지의 4대 구성요소

- 양극(cathode) : 외부 도선으로부터 전자를 받아 양극 활물질이 환원되는 전극
- 음극(anode) : 음극 활물질이 산화되면서 도선으로 전자를 방출하는 전극
- 전해질(electrolyte) : 양극의 환원 반응, 음극의 산화반응이 화학적 조화를 이루도록 물질이동이 일어나는 매체
- 분리막(separator) : 양극과 음극의 직접적인 물리적 접촉 방지를 위한 격리막.

9.4 니켈 카드뮴 전지

대형의 Ni-Cd 전지는 2차 대전 중에 유럽에서 개발되었고 소형의 Ni-Cd 전지는 역시 유럽에서 1960년대 유럽에서 상용화 되었다. $Ni(OH)_2$를 양극으로, Cd을 음극으로 사용하는 전지이며, 알카리 수용액을 전해질로 사용한다.

납축전지와 Ni-Cd 전지의 가장 큰 차별점은 전해질을 황산 대신 알카리 수용액을 사용한다는 점이다. 알카리 수용액은 황산과 같은 산성 수용액보다 전도성이 뛰어나다는 장점이 있다.

대형 Ni-Cd 전지는 철도, 차량용, 비행기 엔진 시동용 등을 비롯하여 고 출력이 요구되는 다양한 산업 및 군사 용도로 널리 이용되고 있다. 방전 시에 일어나는 가스 발생을 제어하는 기술이 개발되어 밀폐식으로 만들어 진 것이 바로 소형 Ni-Cd 전지이다.

그림 9-9 Ni/Cd 전지

전지가 디지털 기기의 키 컴포넌트의 하나로 주목 받게 된지 10년 가까이 지났으며 그 동안에 니카드전지(원래 명칭은 니켈카드뮴전지)에서 니켈수소전지, 리튬이온 전지로 화제의 중심이 이동하고 있다.

이런 상황에서 니켈카드뮴전지는 기술적으로 오래 되어 환경에 좋지 않다는 이미지를 가지게 되었다.

노트북, 휴대전화의 전원인 리튬이온전지도 원래는 니켈카드뮴전지에서부터 시작되었다.

9.4.1 니켈카드뮴 전지의 특징

① 사용실적을 뒷받침하는 높은 신뢰성

35년 정도의 시장실적으로 신뢰성을 인정받는다.

② 장수명으로 경제성이 우수하다

1회의 방전 용량은 기존의 건전지와 같지만, 일반적으로 500회 이상의 충방전이 가능하여 경제적이다. 최근에는 충전의 제어기술이 발달하여 1000~2000회 이상 사용할 수도 있다.

③ 전지 자체가 견고하여 다소 무리한 조건에서도 오래 사용되므로 기기를 복잡한 회로로 할 필요가 없다. 또 다른 2차전지에 비해 과충전·과방전에 강한 설계로 되어 있다. 또한 전지 내부에 흡수되지 않았던 가스를 방출하는 복귀식 가스 배출 밸브가 있어 안전성이 뛰어나다 전동 공구에서의 30A까지 미치는 방전특성 및 10분이내의 충전 등 다른 2차전지에서는 어려운 사용조건을 가능케 하고 있다.

④ 폭넓은 기종과 건전지와의 호환성

다양한 용도에 대응할 수 있도록 여러 종류(타입, 사이즈)의 전지와 기기 스페이스에 맞춘 세트 전지가 있다. 또 건전지와 호환성이 있는 카드뮴전지와 충전기도 충실한 라인업을 골고루 갖추고 있다.

⑤ 우수한 신뢰성과 넓은 사용 온도·습도 범위

온도에 의한 성능의 변화가 적고 밀폐구조이기 때문에 습도에 의한 영향도 거의 없다. 방전은 보통 -20~+60℃를 허용한다. 특히 저온에서 1C[A]를 초과하는 고부하 방전이 가능한 2차 전지는 아직 적어 니켈카드뮴전지의 용도를 확대시켜 왔다. 비상 조명기기나 자동 화재경보기 등의 방재기기의 백업 전원으로 전부터 활용되고 있어, 신뢰성이 매우 높다.

⑥ 보수가 용이하고 견고

밀폐구조이기 때문에 보충액이 필요없이 충방전 상태를 불문하고 보관할 수 있으므로 보수가 용이하다. 또 기기내에 장착이 가능하며 취급이 간단하다. 구조는 견고하고 재질도 금속 용기를 사용하고 있기 때문에 충격이나 진동에 대해서도 충분한 내구성을 지니고 있다.

9.4.2 니켈카드뮴 전지의 종류

밀폐형 니켈카드뮴 전지의 모양에는 원통형, 버튼형, 편평각형(gum형)이 있다.

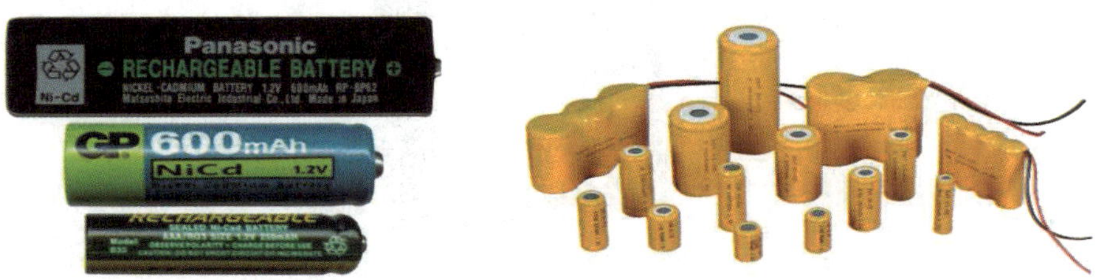

그림 9-10 니켈카드뮴전지의 종류

원통 밀폐형 니켈카드뮴 전지는 일본공업규격 JIS C8706-98에 24종류의 호칭방법이 규정되고 있다. 단, 이것들 외형치수에 의한 분류만이 아니라 많은 용도에 따라 특성을 가지는 전용 전지가 개발되어 있기 때문에 그것들의 특성을 충분히 이해하여 가장 적당한 전지를 선택하는 것이 중요하다.

니켈카드뮴 전지는 납축전지에 비해 출력 밀도가 크고, 수명이 길며, 단시간 충전이 쉬운 장점이 있다. 그러나 에너지 밀도가 납축전지와 거의 같은 정밀도로 그 한계성을 많이 갖고 있으면서 가격이 납축전지에 비해 몇배 높고, 자원적으로도 대량 사용시에는 문제가 남아 있는 단점이 있다. 다만 이 전지를 전기자동차의 하이브리드 동력으로서 사용될 경우에는 유망시 되고 있다. 다시 말하면 에너지 밀도가 큰 신형 전지와 조합하여 비상 주행시의 에너지원으로서 하거나 등판, 가속 등 대출력을 요할 때 이 전지로부터 출력을 얻어내는 방식이다. 그러나 이러한 방식을 가능하도록 유도하기 위해서는 현재의 Ni/Cd 전지 자체의 출력 밀도를 보다 향상시켜야 하며, 아울러 전지의 가격을 저하시킬 수 있는 방안도 함께 제시되어야 할 것이다.

9.5 니켈수소 전지

9.5.1 전지의 개요

니켈-금속수소화물전지(Ni-MH전지: metal hydrogen battery)는 기존의 니켈카드뮴(Ni-Cd)전지에 카드뮴 음극을 수소저장 합금으로 대체한 전지이다.

그림 9-11 Ni-MH전지

최근 전자기기들의 소형·경량화 추세에 따라서 이들 전자기기의 전원으로 사용되는 전지에도 고에너지 밀도화, 소형 경량화, 장수명화 등이 강하게 요구되고 있으나, 기존의 니켈-카드뮴전지나 납축전지의 성능향상은 거의 한계에 도달해 있으며, 환경오염이 사회문제로 대두됨에 따라서 카드뮴과 같은 공해유발 물질의 사용이 규제되고 있다. 또한 자동차 배기가스에 의한 대기오염을 줄일 목적으로 무공해 자동차의 하나로 전기자동차의 개발이 활발히 진행되고 있는데, Ni-MH전지는 니켈-카드뮴전지에 비하여 에너지밀도가 크고 공해물질이 없어서 무공해 소형 고성능전지로 뿐만 아니라 전기자동차용 등의 무공해 대형 고성능전지로 개발이 가능한 새로운 2차전지로서 주목을 받고 있다.

특히 최근에는 이동통신기기, 노트북 컴퓨터, 캠코더 등 휴대용 전자기기에 리튬이온 이차전지가 보급됨으로써 소형 Ni-MH전지의 시장점유율이 감소하고 있는 실정이다. 그러나 전기자동차용과 하이브리드 자동차에 사용되는 중대형 용량의 전지는 자동차의 동력원으로 사용되는 특수성 때문에 고에너지밀도와 고파워밀도 같은 전지의 기본적인 성능뿐 아니라 전지의 수명 및 신뢰성과 특히 안전성에 관한 요소가 중요한 결정요인이 된다. 즉 Li이차전지가 갖고 있는 근본적인 문제점인 리튬금속이 대기 중에 노출할 경우 리튬 고유의 활성으로 인한 화재의 발생문제가 있으므로 최근에 개발 중인 완전 고체형의 리튬-폴리머전지가 개발되기 이전까지는 전기자동차용으로는 안전성이 있는 Ni-MH전지를 사용하는 것이 바람직하며 최근 미국이나 일본에서 판매 또는 리스 중인 전기자동차 및 하이브리드자동차는 대부분 Ni-MH전지를 사용하고 있는 실정이다.

양극 : $MH(s) + OH^-(aq) \rightarrow M + H_2O(l) + e^-$

음극 : $N_iOOH(s) + H_2O(l) + 2e^- \rightarrow N_i(OH)_2(s) + OH^-(aq)$

전체 : $MH(s) + N_iOOH(s) \rightarrow M + N_i(OH)_2(s)$

이러한 새로운 알칼리 2차전지로서 Ni-MH전지가 제안된 것은 1970년 경이지만 연구개발이 활발하게 진행된 것은 1980년대 중반부터이다.

Ni-MH전지의 고성능화를 위한 음극용 수소저장합금의 개발 결과 현재 상용화되어 있는 합금들은 주로 일본에서 소형전지로 상용화된 $LaNi_5$나 $MmNi_5$(Mm: misch metal, 희토류원소의 혼합물)를 기본으로 하는 AB5계 합금과, 미국의 OBC(Ovonic Battery Company)사에 의하여 개발된 C14 또는 C15 Laves상을 주로 하는 AB2계 합금으로 나눌 수 있다.

소형 Ni-MH전지는 현재 AB5 Type의 전지가 상용화되고 있으며 AB5계보다 용량이 다소 큰 AB2계 전지는 홍콩의 GPI에서 최초로 상용화하였으나 대부분의 시장은 일본의 3사인 마쓰시타, 산요, 도시바에서 점유하고 있다.

Ni-MH전지는 현재 소형전지의 경우 리튬이온전지에 시장을 잠식당하고 있는 실정이며 중대용량의 전지는 기술개발이 활발히 진행되고 있다.

Ni-MH전지는 다음과 같은 장단점을 가지고 있다.

[표 9-4 Ni-MH전지의 장단점 구분]

구 분	
장 점	① 전지전압이 1.2~1.3 V로 Ni-Cd전지와 동일하여 호환성이 있다. ② 에너지밀도가 Ni-Cd전지의 1.5~2배이다. ③ 급속 충·방전이 가능하고 저온특성이 우수하다. ④ 밀폐화가 가능하여 과충전 및 과방전에 강하다. ⑤ 공해물질이 거의 없다. ⑥ 수지상(dendrite) 성장에 기인하는 단락이나 기억효과가 없다. ⑦ 수소이온 전도성의 고체전해질을 사용하면 고체형 전지로도 가능하다. ⑧ 충방전 싸이클 수명이 길다.
단 점	① Ni-Cd전지만큼 고율방전 특성이 좋지 못하다. ② 자기방전율이 크다. ③ 메모리효과(memory effect)가 약간 있다.

Ni-MH(니켈-수소) 전지

- 니켈-수소전지는 니켈-금속수소화물 전지(MH는 metal hydrogen의 약자임)의 약칭으로 기존의 니켈-카드뮴(Ni-Cd) 전지에 카드뮴 음극을 수소저장합금으로 대체한 전지이다.
- 최근 전자기기들의 소형, 경량화 추세에 따라서 이들 전자기기의 전원으로 사용되는 전지에도 고에너지 밀도화, 소형경량화, 장수명화 등이 강하게 요구되고 있으나, 기존의 Ni-Cd 전지나 납축전지로는 요구 수준에 도달하기 어려우며 유해 중금속 등에 의한 환경오염이 사회문제로 대두됨에 따라서 카드뮴과 같은 공해 유발 물질의 사용이 규제되고 있다.
- 또한 자동차 배기가스에 의한 대기 오염을 줄일 목적으로 무공해 자동차의 하나로 전기자동차의 개발이 활발히 진행되고 있는데, Ni-MH 전지는 Ni-Cd 전지에 비해 에너지 밀도가 크고 공해물질이 없어서 하이브리드 자동차용과 전기자동차용 전원 그리고 전기스쿠터용과 장애자스쿠터용 등으로 개발되고 있다.

구분	납축전지	니켈카드뮴	니켈수소	리튬이온	수퍼커패시터
작동전압(V)	1.2	1.2	1.2	3.7	2.8
에너지밀도 (Wh/l)	90	170	300	500	13
출력밀도 (WH/kg)	300	250	1300	3000	2500
수명(회)	-	500	〉500	〉500	반영구

- 이와 같은 전극반응으로 나타나는 Ni-MH rechargeable battery 의 특성은 다음과 같다.

  ① 에너지의 용량이 크다.(Ni-Cd 전지 또는 lead-acid 전지의 약 1.5~2배)

  ② 독성물질(heavy metal)을 함유하고 있지 않다.

  ③ 충전, 방전 속도가 빠르다.

  ④ 저온, 고충전 속도에서도 에너지 효율이 높다.

  ⑤ 충전, 방전시 전해질의 농도 변화가 없다.

  ⑥ 밀폐형 전지의 제조가 용이하다.

  ⑦ 원하는 특성에 따라 수소저장합금을 선택할 수 있다.

- Ni-MH 전지에 대한 연구는 고용량의 전극개발과 전지 설계 및 제조기술의 최적화 방향으로 진행되고 있다.
- 수소저장합금 전극의 방전용량은 합금의 수소저장용량에 비례하기 때문에 이론적인 방전용량이 Ni양극처럼 제한되지 않고 개발의 여지가 충분히 있는 것으로 평가된다.
- 현 상태에서 음극의 내부저항이 전지에서 가장 큰 비중을 차지하고 있어 고출력을 요하는 전기자동차 용 Ni-MH 2차전지의 성능 개선은 MH 음극의 개발 여부에 좌우된다고 할 수 있다.

9.6 리튬이온 전지

9.6.1 전지의 특성

리튬이온 전지(Lithium-ion battery, Li-ion battery)는 이차 전지의 일종으로서, 방전 과정에서 리튬 이온이 음극에서 양극으로 이동하는 전지이다.

친환경 자동차용 이차전지 시장은 어떤 종류의 차종이 시장을 주도하느냐에 따라 결정이 될텐데, 현재 상용화가 어느 정도 완료된 HEV에 주로 사용되는 니켈수소전지의 영향력이 크지만 PHEV, EV등이 상용화되어 시장에 진출함에 따라 리튬이온전지가 대세를 이룰 것으로 전망이다.

HEV의 경우는 가솔린 엔진을 주동력원으로 사용하지만 PHEV와 EV는 전기모터를 주동력으로 사용하기 때문에 에너지밀도가 크고 용량이 큰 리튬이온 이차전지가 반드시 사용되어야 하기 때문이다.

리튬이온 전지는 충전시에는 리튬 이온이 양극에서 음극으로 다시 이동하여 제자리를 찾게 된다. 리튬이온 전지는 충전 및 재사용이 불가능한 일차 전지인 리튬 전지와는 다르며, 전해질로서 고체 폴리머를 이용하는 리튬 이온 폴리머 전지와도 다르다.

리튬이온 전지는 에너지 밀도가 높고 기억 효과가 없으며, 사용하지 않을 때에도 자연방전이 일어나는 정도가 작기 때문에 시중의 휴대용 전자 기기들에 많이 사용되고 있다. 이 외에도 에너지밀도가 높은 특성을 이용하여 방위산업이나 자동화시스템, 그리고 항공산업 분야에서도 점점 그 사용 빈도가 증가하는 추세이다. 그러나 일반적인 리튬이온 전지는 잘못 사용하게 되면 폭발할 염려가 있으므로 주의해야 한다.

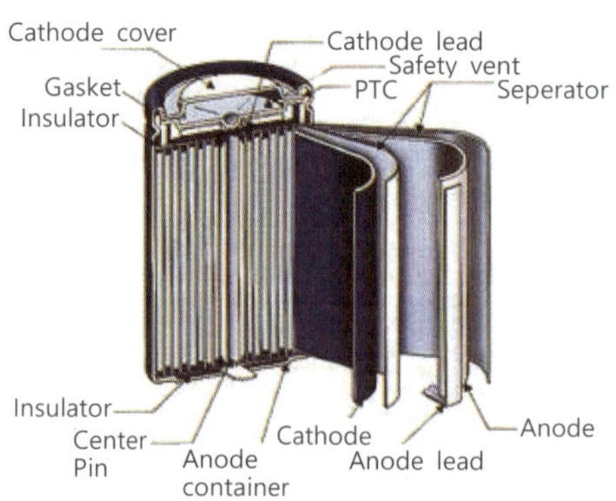

그림 9-12 리튬이온 전지의 구조

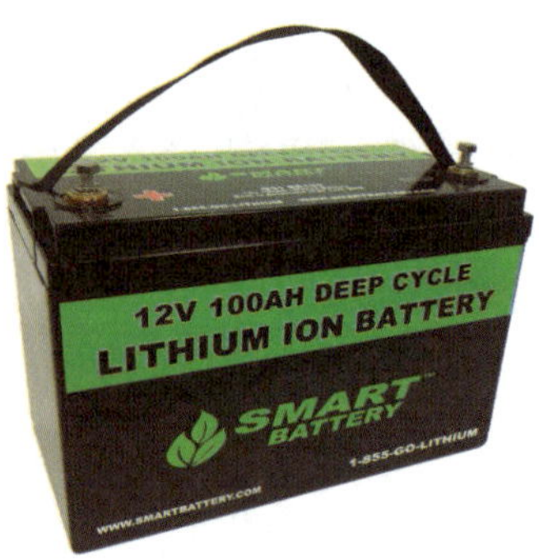

그림 9-13 리튬이온 전지 외형

리튬이온 전지는 크게 양극, 음극, 전해질의 세 부분으로 나눌 수 있는데, 다양한 종류의 물질들이 이용될 수 있다. 상업적으로 가장 많이 이용되는 음극 재질은 흑연이다. 양극에는 층상의 리튬코발트산화물(lithium cobalt oxide)과 같은 산화물, 인산철리튬(lithium iron phosphate, $LiFePO_4$)과 같은 폴리음이온, 리튬망간 산화물, 스피넬 등이 쓰이며, 초기에는 이황화티탄(TiS_2)도 쓰였다. 음극, 양극과 전해질로 어떤 물질을 사용하느냐에 따라 전지의 전압과 수명, 용량, 안정성 등이 크게 바뀔 수 있다. 최근에는 나노기술을 응용한 제작으로 전지의 성능을 높이고 있다.

리튬은 가장 가벼운 금속 원소(원소 기호 Li, 번호 3)로서, 휴대용 단말기에 사용되는 리튬이온 전지는 니켈-카드뮴 전지에 비해 약 2배의 용량과 약 3배의 전압을 유지하며 자기 방전이 적은 특징을 가지고 있다. 그리고 충·방전을 1,000회 이상 반복해도 메모리 효과가 발생하지 않아 전지를 다 쓰지 않고 재충전해도 수명이 단축되지 않으며 내구성이 좋다.

리튬이온 전지는 현재 2차전지 시장의 대부분을 차지하고 있는 전지이다. 한번 쓰고 버리는 1차전지(일반 건전지)와 달리 외부전원을 이용해 충전해서 반영구적으로 사용하는 전지를 2차전지라고 한다.

양극과 음극 사이에 유기전해질을 넣어 충전과 방전을 반복하게 하는 원리이다. 즉, 리튬산화물로 (+)극을 만들고, 탄소화합물로 (-)극을 만드는데, (+)극의 리튬이온이 중간의 전해액을 지나 (-)극 쪽으로 이동하면서 전기를 발생시킨다.

무게가 가벼운데다 고용량의 전지를 만드는 데 유리해 휴대폰, 노트북, 디지털 카메라 등에 많이 사용되고 있다.

그러나 리튬은 본래 불안정한 원소여서 공기 중의 수분과 급격히 반응해 폭발하기 쉬우며 전해액은 과열에 따른 화재 위험성이 있다. 이런 이유 때문에 리튬이온 전지에는 안전보호회로(PCM)가 들어가며, 내부를 단단한 플라스틱으로 둘러싸게 된다.

9.6.2 리튬이온 전지의 원리

리튬이온 전지는 정극(양극, anode)으로 Lithium oxide계(예: $LiCoO_2$)를 사용하고, 부극(음극,Cathode)으로 carbon계(예: graphite)를 사용한다.

방전시 리튬이온은 부극인 graphite 격자구조 속에 있는 리튬이온이 빠져나와 분리막을 거쳐 정극의 결정구조 속으로 이동해 들어간다.

충전시에는 산화물 정극에서 리튬이온이 빠져나와 분리막을 거쳐 탄소부극의 결정 속으로 이동하여 들어간다. 따라서 충방전시 리튬이온의 이동에 따라 결정구조는 크게 변한다.

전해질로 수용액대신 유기용매를 사용한다.

$$LiCoO_2 + Cn \Leftrightarrow Li1 - xCoO_2 + CnLix$$

양극(산화) : $LiCoO_2 \rightarrow Li_{(1-X)}CoO_2$ + xLi+ + xe-

음극(환원) : xLi+ + xe- + 6C $\rightarrow LixC_6$

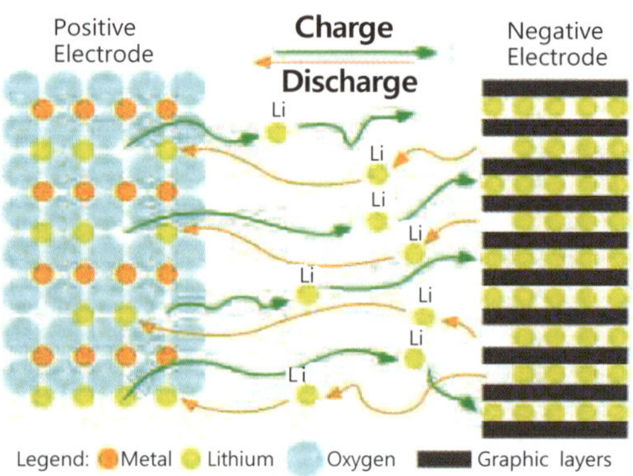

그림 9-14 리튬이온 전지 충방전 작용

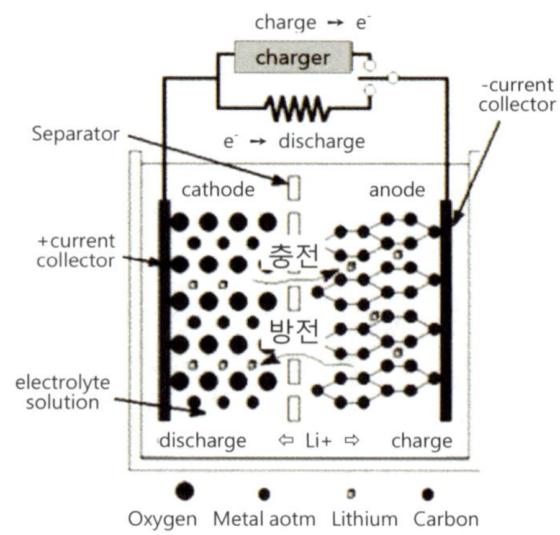

그림 9-15 리튬이온 전지 충방전 작용

따라서 전지작동은 충방전시 양쪽 전극의 전위차에 따라 전지 외부회로에서의 전자흐름과 전지내부에서의 이온흐름이 동시에 일어난다.

충전은 외부의 전기에너지를 전지내부의 전기화학반응을 통하여 화학에너지로 바꾸는 것이다. 외부에서 음극(탄소전극)으로 전자가 들어가면 전해염의 리튬이온은 전자를 받아 환원되어 음극에 붙게 된다. 이때, 양극에서는 전자가 외부회로로 흘러나가며 전극 활물질은 산화되고 리튬이온을 잃게 된다.

방전은 충전의 역반응으로 외부회로에 전기에너지를 공급한다.

9.6.3 전지의 구성도

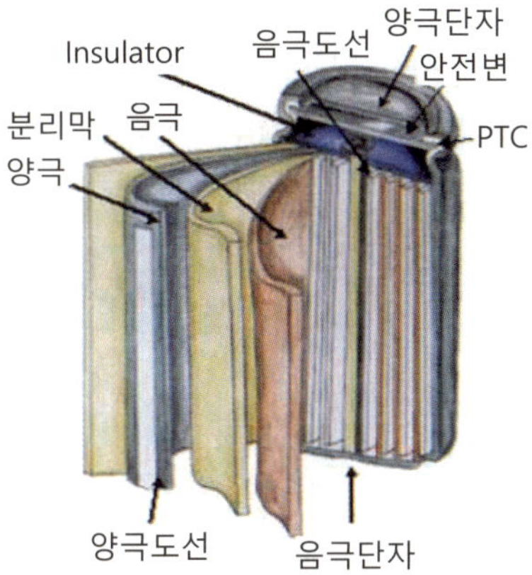

그림 9-16
원통형 리튬이온 전지의 구성도

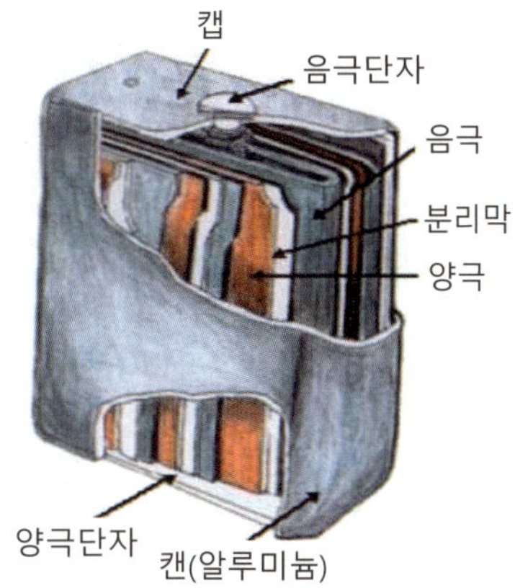

그림 9-17
각형 리튬이온 전지

리튬이온전지는 원통형 리튬이온 전지와 각형 리튬이온 전지로 구분된다. 리튬이온 전지의 내부는 미세한 공극(pore)을 가진 폴리에틸렌(polyethylene) 필름의 분리막이 시트(sheet) 형태의 양극과 음극 사이에 놓여있는 것을 나선형으로 감은 구조로 되어있다.

양극은 리튬 코발트 산화 금속의 활물질을 리튬 공급원으로 사용하고, 전류 집전체인 알루미늄 호일로 구성되어 있고, 음극은 활물질로서 흑연화 탄소와 전류 집전체인 구리 호일로 구성되어 있다.

전해액은 $LiPF_6$가 용해된 유기용매이다. 또한 리튬 이온 2차전지는 가혹한 조건하에서 내부압을 방출하기 위한 안전벤트(safety vent)이 있을 뿐만 PTC(Positive Temperature Coefficient)와 CID(Current Interrupt Device) 소자가 있어 외부 단락에 의한 급격한 전류를 정상적인 방전전류로 낮추어주는 역할을 한다.

$$LiCoO_2 + C \underset{\text{방전}}{\overset{\text{충전}}{\rightleftarrows}} Li_{1-x}CoO_2 + Li_xC$$

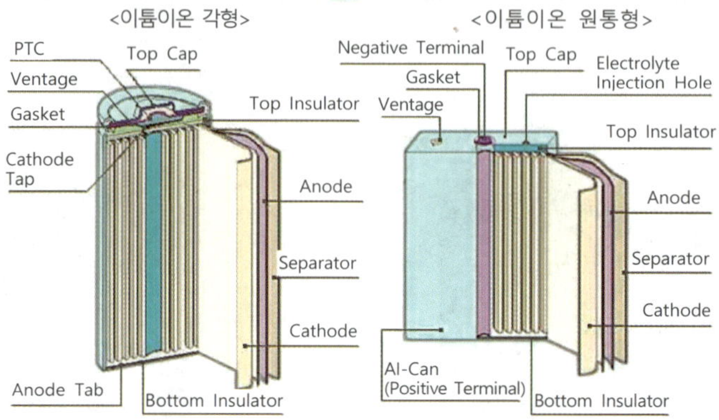

그림 9-18 리튬이온 각형, 원통형 구조

전지의 용량은 mAh(밀리 암페어시) 또는 Ah(암페어시)로 표시하는데, 휴대폰에 사용하는 전지는 800~1,000 mAh가 가장 많이 쓰이며, 고급 기종에는 1,100~1,500 mAh도 사용된다. 노트북에 사용되는 전지는 2,400~5,500 mAh가 가장 많이 사용된다.

[**표 9-5** 리튬-이온전지의 특성]

구분	특성
고에너지 밀도	· 리튬이온 전지는 같은 용량의 니카드(Ni-Cd:니켈카드늄), 혹은 니켈수소 전지에 비해 질량이 절반에 지나지 않는다. · 부피는 니카드 전지에 비해 40~50% 작을 뿐 아니라 니켈수소 전지에 비해서도 20~30% 작다
고전압	· 하나의 리튬이온 전지의 평균 전압은 3.7V로서 니카드나 니켈수소 전지 3개를 직렬로 연결해 놓은 것과 같은 전압이다.
고출력	· 리튬이온 전지는 1.5 CmA까지 연속적으로 방전이 가능하다. (1 CmA란 전지의 용량을 1시간 동안 모두 충전 또는 방전하는 전류를 말한다)
무공해	· 리튬이온 전지는 카드뮴, 납 또는 수은과 같은 오염물질을 사용하지 않는다.
금속 리튬 아님	· 리튬이온 전지는 리튬 금속을 사용하지 않아 더욱 안전하다.
우수한 수명	· 정상적인 조건하에서 리튬이온 전지는 500회 이상의 충전 / 방전 수명을 지닌다.
메모리 효과 없음	· 리튬이온 전지에는 메모리 효과가 없다. · 반면에 니카드 전지는 불완전한 충전과 방전이 반복적으로 이루어질 때 전지의 용량이 감소하는 메모리 효과를 보인다.
고속 충전	· 리튬이온 전지는 정전류/정전압(CC/CV) 방식의 전용 충전기를 이용하여 4.2V의 전압으로 1~2시간 안에 완전하게 충전할 수 있다.

리튬이온 전지의 수명

- **리튬이온은 장수명을 가질 수 있도록 설계되어 있지만 수명은 수천회 충방전이 가능하다.**
- 무엇으로 리튬이온 전지를 만들었나에 따라, 아니면 제작업체의 기술력에 따라 달라진다. 세계에서 우수한 기술을 갖은 일본 소니의 경우 4000회의 충방전에도 원래 용량을 유지한다.
- 전지를 사용하는 온도도 중요하다. 리튬이온 전지는 열에 매우 약하다. 사회적 문제가 되었던 노트북의 전지 폭발사건도 모두 노트북의 온도가 너무 높게 올라가 전지에 작용하였기 때문이다.
- 리튬이온 전지는 열에 매우 약하기 때문에 온도가 높은 곳에서 사용을 하면 더욱 빨리 성능의 저하가 올 수 있다. 리튬이온 전지의 성능이 감소하는 주된 원인은 극 재료로 사용되는 탄소분자의 구조가 변하면서 탄소와 결합하는 리튬이온의 양이 줄어들기 때문인데 여기에 열이 가해지면 그 변화되는 속도가 가속되기 때문에 성능이 급격히 떨어지게 된다.

리튬이온 전지 오래 쓰는 법

- **되도록 완전충전/완전방전을 하지 않고 조금사용하고 충전하고 하는 것이 더 좋다.**
- 보통 전지를 사용하다 보면 용량이 적어진 것을 느낄 수 있다. 이때 다시 완전충전/완전방전을 하면 용량이 다시 살아나는 것을 알 수 있다. 이것하고 수명을 혼돈해서는 안된다. 즉, 용량과 수명은 선형적인 관계가 아니다는 것이다.
- 용량이 다시 살아나는 이유는 이온이 흘러가는 통로에서 여러가지 이유로 이온 중 여러개가 극판까지 도달하지 못하게 되는 것이 많아지게 되는 것이다. 이때 완전충전/완전방전을 해주면 다시 잘 흐르게 되는 것이다. 이것은 용량 문제이지 수명문제가 아니다. 리튬이온 셀은 일정 전압을 넘어서거나 낮아지면 셀이 손상된다. 즉, 과충전과 과방전은 수명에 치명적이라는 것이다.
- 결론적으로 장수의 비결은 "사용을 하고 자주자주 충전을 해주는 것" 이다.

전해액으로는 다음과 같은 특성이 요구된다.

① 이온전도율이 높을 것, 이를 위하여 가급적 많은 리튬이온을 해리할 수 있고, 안정적으로 존재할 수 있을 것.

② 넓은 전위창을 가질 것. 즉 넓은 전위범위에서 안정할 것.

③ 양극과 음극물질과 반응하지 않을 것.

④ 증기압이 낮을 것.

⑤ 충방전에 수반하여 분해하지 않을 것.

유기전해액을 폴리머의 가소제로 사용한 소위 폴리머 겔 전해질은 전해액을 고체로 취급하기 하기 때문에 전해액의 누설 문제로부터 해방될 수 있는 커다란 장점이 있다. 더욱이 소형전지에서 이 겔 전해질을 사용할 경우에는 전지의 외장을 금속 켄이 아닌 고분자필름을 사용할 수 있기 때문에 전지의 경량화에 유리하다. 불화비니리덴, 불화프로필렌 공중합체, 폴리에틸렌 옥시드, 폴리아크릴니토릴 등이 폴리머 매트릭스로 사용되고 있다. 겔 폴리머전해질로부터 유기용매를 제거한 순정 고분자전해질도 개발되고 있다. 특히 미국을 중심으로 대형화와 전기자동차용 전원으로의 응용이 고려되고 있다. 고체이기 때문에 이온전도율은 유기용매보다 더욱 낮아, 이를 극복하기 위하여 전기자동차에서는 어느 정도 높은 온도에서 사용할 것을 검토하고 있다.

휴대폰 전지의 구조ㆍ안전성

▶ 리튬, 고온ㆍ공기 접촉하면 발화 / 과충전ㆍ심한 충격 피해야 안전

- 휴대폰 전지의 대부분은 각형의 리튬이온전지 또는 리튬이온폴리머 전지를 사용하고 있다. 리튬은 지구상에 존재하는 어떤 원소보다 `전위차'가 커 높은 효율의 충방전을 가능하게 하기 때문에 최상의 전지 물질로 알려져 있다. 하지만 리튬은 폭발이나 화재의 위험이 큰 물질이기도 하다.
- 리튬이온전지는 1991년 일본의 소니사가 처음 상용화하였으며, 분리막 사이로 리튬금속산화물로 이뤄진 양극, 보통 흑연 등이 주로 쓰이는 탄소계 화합물로 이뤄진 음극이 있다.

▶ 리튬이온폴리머 - 젤 형태의 전해질ㆍ특수필름 재질로 위험성 적어

- 리튬이온폴리머 전지의 내부 구조는 리튬이온 전지와 유사하다. 다만 리튬이온전지의 액체의 전해액 대신에 말랑말랑한 젤 형태의 전해물질(폴리머 전해질)을 사용하며, 리튬이온전지의 외부금속 캔 대신에 플라스틱 필름재질의 파우치로 싸여있다는 것이 큰 차이이다.
- 리튬이온폴리머 전지는 금속 캔 대신 내부 압력에 잘 찢어지는 특수필름 재질로 되어 있으며, 전해질이 젤 형태여서 외부로 잘 흘러나오지 않기 때문에 폭발할 가능성이 거의 없어 안전하다.
- 전문가들은 리튬이온폴리머 전지의 폭발 가능성은 거의 0%이지만 휴대폰 전지는 과충전하지 말고, 고온 상태에 방치하지 말아야 하며, 심한 충격은 피해야한다고 전한다.

9.6.4 대용량 리튬이온 배터리 활용분야

리튬이온 배터리의 활용 분야는 크게 모바일 기기 분야, 전기자동차 분야 및 대용량 전력저장시스템 분야 등으로 구분된다. 이 가운데 모바일기기 분야는 최근 신종 모바일기기의 등장으로 시장 수요의 증가가 예상되는데 소형 휴대폰, 노트북 및 디지털카메라 등에 주로 활용되고 있다.

특히 최근 스마트폰, 태블릿PC 등 신종 모바일기기의 등장과 함께 고용량·대면적 폴리머 전지의수요 증가가 예상된다.

전기자동차 분야에서는 최근 하이브리드자동차 등 친환경 자동차가 급부상함에 따라 이차전지의 대용량화 기술의 발전으로 새로운 시장이 펼쳐지고 있다. 즉, 원유고갈 우려에 대한 대응 및 지구온난화로 인한 환경규제 강화 등으로 세계 각국은 친환경 하이브리드 자동차, 전기자동차 등에 대한 투자를 확대하고 있는 바, 전기자동차용 배터리로서는 안정성, 저가격의 이점이 있는 니켈수소전지가 주도해 왔으나, 최근 리튬이온 배터리가 부상하고 있는 양상이다.

무엇보다 리튬이온 배터리는 향후 그린에너지의 본격적인 확산에 따라 대용량 전력저장시스템(ESS: Energy Storage System)이 새로운 시장으로 등장하여 시장이 더욱 확대될 전망이다. 특히 ESS는 전력을 적시적소에 공급하기 위해 전력계통에 전기를 저장해 두는 기술로서 전력의 품질과 효율을 높이는 스마트그리드의 핵심 장치인 바, 스마트그리드의 도입이 확대될 것으로 예상됨에 따라 세계 유수의 전력업체, 전지업체들이 ESS 분야에 활발히 진입하고 있다.

리튬이온 배터리는 1991년 일본 Sony에 의해 IT기기용 원통형전지가 최초로 상업화된 이후, 전동공구 및 전기자동차 시장으로 지속적인 용도 확장이 이루어지고 있는데, 첨단 IT 산업의 에너지 고용량화 요구에 부합하여 기존의 니켈수소 배터리를 대체해 가고 있는 양상이다. 형태면에서는 1996년에 각형, 1999년에 파우치형, 2003년에 전동공구용 원통형전지가 개발되고 그리고 2009년에는 전기자동차용 중대형 제품이 출시되었다. 리튬이온 배터리는 리튬-공기전지 등 차세대 전지의 실용화가 지연되고 있어 2020년 이후까지 이차전지시장을 주도할 것으로 예상된다.

9.7 리튬폴리머 전지

리튬폴리머 전지는 현재 일본에서 상용화되어 있는 액체 전해질형 리튬이온 전지의 단점인 안전성 문제, 제조비용의 고가, 대형 전지제조의 어려움, 고용량화의 어려움 등의 문제를 해결할 수 있는 전지이다.

9.7.1 전지의 개요

리튬폴리머전지인 경우는 리튬이온전지와 유사하나 리튬이온전지의 전해액을 고분자물질로 대체하여 안정성을 높인 것이 다르다. 또한 리튬폴리머전지는 음극으로 리튬금속을 사용하는 경우와 카본을 사용하는 경우가 있는데 카본음극을 사용하는 경우를 구별하여 리튬이온폴리머전지로 표기하는 경우가 있으나, 대부분의 경우 편의상 리튬폴리머전지로 통용하고 있다.

전해질이 고체이기 때문에 전해질의 누수염려가 없어 안전성이 확보되고, 또한 용도에 따라 다양한 크기와 모양으로 전지팩을 제조할 수 있어 기존의 리튬이온 전지에서 원통형 및 각형전지로 전지팩을 제작할 경우 전지와 전지 사이에 전지용량과 무관한 쓸데없는 공간이 생기는 문제를 해결함으로써 에너지밀도가 높은 전지를 제조할 수 있다.

그림 9-19 리튬폴리머 전지

또한 자기방전율 문제, 환경오염문제, 메모리효과 문제가 거의 없는 차세대 전지라 할 수 있다. 특히 전지제조공정이 리튬이온 전지에 비하여 비교적 용이할 것으로 예상되어 대량생산 및 대형전지 제조가 가능할 것으로 보이므로 전지제조비용의 저렴화 및 전기자동차 전지로의 활용 가능성이 매우 높은 전지라 할 수 있다. 그러나 리튬폴리머 전지가 기술적으로 실현 가능하게 하기 위해서는 아래와 같은 문제가 선결되어야 한다.

- 전기화학적으로 안정해야 함.(과충방전에 견디기 위해 넓은 전압범위에서 안정)
- 전기전도도가 높아야 함. (상온에서 1 mS/cm 이상)
- 전극물질이나 전지내의 다른 조성들과 화학적, 전기화학 적 호환성이 요구됨.
- 열안정성이 우수하여야 함.

전 고체형 전지에서 기계적 성질은 가끔 무시되어지나 역시 중요한 인자이다. 이러한 것은 실험실 수준에서 양산 수준으로 이전될 때 더욱 중요하다. 또한 원재료는 쉽고 값싸게 구입할 수 있어야 한다. 근래 대부분의 연구는 상온에서 높은 이온전도도를 나타내는 고체 고분자 전해질의 개발에 초점이 맞추어져 있으며, 젤-고분자 전해질 및 하이브리드 고분자 전해질의 개발로 이것이 실현되었다. 이들 고분자 전해질은 액체와 고체 고분자 전해질의 문제점을 극복하기 위한 것으로 젤-고분자 전해질은 많은 양의 액체 가소제를 폴리머 호스트 구조에 첨가하여 제조한 것이고, 하이브리드 고분자 전해질은 고분자 매트릭스 내에 유기용매 전해질을 주입시켜 제조한 것으로 전기화학적, 화학적, 열적, 전기적 특성이 우수하며, 또한 제3의 물질을 첨가하여 기계적 특성을 향상시킴으로써 리튬폴리머 전지의 상용화 가능성을 높였다.

(+)극과 (-)극 사이에 무엇이 있을까? 리튬이온 전지는 액체로 된 전해액이 들어 있다. 문제는 이 전해액은 유기성인데 휘발유보다 잘 타는 물질이다. 그래서 폭발의 위험이 있다. 리튬폴리머는 바로 이점을 개선한 것이다. 전해액대신에 고분자물질로 채워서 안정성을 높인 것이다.

$$LiCoO_2 + C \underset{방전}{\overset{충전}{\rightleftarrows}} Li1\text{-}xCoO_2 + LixC$$

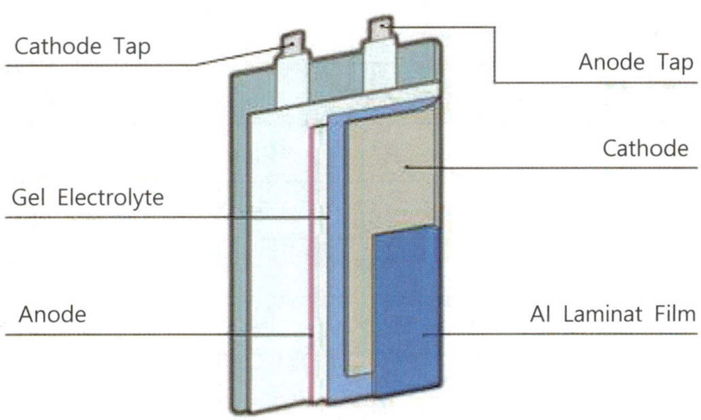

그림 9-20 리튬이온 폴리머 전지의 구조

즉 리튬 이온 중합체 전지(리튬이온 폴리머 전지, 폴리머 전지)는 중합체(폴리머)를 사용한 리튬이온 전지이다.

좁은 의미의 폴리머 전지는 폴리머를 전해질로 사용한 것이다. 넓은 의미의 폴리머 전지는 전해질 이외에 음극과 양극의 활성 물질에 전도성 고분자 등을 이용한 것도 포함된다. 고체나 젤 상태의 중합체를 전해질로 사용하기 때문에 안정성이 높고 무게도 가벼우며 제조과정도 간단하여 컴퓨터를 비롯한 핸드폰 등에서 주로 사용되고 있다. 앞으로 그 사용영역이 더욱 확장될 것으로 보인다.

리튬폴리머 전지는 리튬이온 전지와 동작원리는 같으나 전해액에 유기 용매와 겔상의 고분자를 사용하는 것으로 누액의 위험이 적고 안전성이 뛰어나며 필름 형태의 재료를 중첩시켜 구성하므로 형상의 자유도가 높아 다양한 모양이 가능한 특징이 있는 반면에 리튬이온 전지에 비해 체적 에너지 밀도가 떨어지며 제조공정이 비교적 복잡하여 아직까지 가격이 높다.

현재 휴대기기용(디지털 카메라 등)으로 사용되고 있는 폴리머 전지는 폴리에틸렌 글리콜(Polyethylene glycol)이나 폴리에틸렌 플로라이드(Polyethylene fluoride)으로 구성된 폴리머에 전기분해액을 포함시켜 교질화(겔화)한 것으로, 본질적으로는 리튬이온 전지와 큰 차이가 없다. 하지만 전해질이 준고체상태이기 때문에, 용액이 잘 새어나오지 않는다는 장점이 있다. 다른 방식의 2차전지에 비해 상당히 가볍고, 메모리 효과도 매우 적다. 모양도 비교적 자유롭게 만들 수 있기 때문에 이용이 증가하고 있다. 애플의 노트북인 맥북, 맥북프로에서 사용되기도 한다.

리튬폴리머 전지는 음극과 양극사이의 분리막이 리튬이온 전지에서의 전극의 분리역할 외에 이온전도의 매개체, 즉 전해질의 역할을 하는 전지이다. 리튬폴리머 전지는 전극재료 및 고분자 분리막의 종류에 따라 다음과 같이 구분할 수 있다.

[표 9-6 리튬폴리머 전지의 분류]

	양극	전해질	음극	개발사
1	고분자	유기용매	리튬 or 고분자	Bridgeststone, Ricoh, Matsushida
2	고분자	고분자	리튬 or 고분자	Kanedo
3	무기재료	고분자	리튬 or 고분자	Yuasa, Hydro-Quedec, Ultralife
4	무기재료	겔형고분자	리튬 or 고분자	LG, Bellcore, Hitachi Maxell, Sony, Toshibe

9.7.2 리튬폴리머 전지의 특성

(1) 리튬이온 전지와 리튬폴리머 전지와의 차이점

① 구조상의 특징에서 판상 구조이기 때문에 리튬이온전지의 공정에서 나오는 구불구불한 작업이 필요 없으며, 각형의 구조에 매우 알맞은 형태를 얻을 수 있다.

② 전해액이 모두 일체화된 셀 내부에 주입되어 있기 때문에 외부에 노출되는 전해액은 존재하지 않는다.

③ 자체가 판상 구조로 되어 있기 때문에 각형을 만들 때 압력이 필요 없다. 그래서 캔(can)을 사용한 것 보다 팩을 사용하는 것이 용이하다.

[표 9-7 리튬폴리머 전지의 구성특징]

항목	특징	비 고
전극	양극재료의 다양성	전도성 고분자, 유기 황 화합물
	음극재료의 다양성	리튬 화합물, 리튬합금 또는 금속
형상	박막 가능	0.1 mm이하 가능
	성형성	-
	유연성	-
	포장 용이성	Can 사용등에 의한 어려움 없음
물성	고전압	3~4 V
	Bipolar 전지가능	2~3 cell 연결가능
	고 에너지 밀도	100~400 Wh/kg
	긴수명	1000회 이상 충·방전 가능
안전성	잔기간 보관 가능	5~10년
	내열성	100℃ 이상
	누전해액 문제없음	-
	과충전 대응	-
	과방전 대응	-
환경문제	재료 공급 용이	-
	공해물질 사용 않음	유해금속 사용 않음
기타	저가	-
	생산 용이성	-

1 C라는 의미는 리튬폴리머 배터리가 만약 1000 mAh 일 때, 1 A(자기용량)로 방전할 경우 1시간을 유지할 수 있다는 의미인데, 10 C로 방전한다면 그 10배인 10 A로 방전한다는 의미이고, 그렇게 되면 1시간의 1/10인 6분 정도를 버틸 수 있음을 의미합니다.

그림 9-21

[표 9-8 리튬폴리머 전지의 장단점]

단 점	장 점
리튬이온보다 용량이 작다	리튬이온보다 안전하다
리튬이온보다 수명이 짧다	리튬이온보다 가볍다.

· 리튬이온 전지는 액체로 된 전해액으로 유기성, 휘발유보다 더 잘 타는 물질을 사용. 그래서 폭발의 위험이 있다. (이것을 가슴에 품고 다니고 있음) 전지 뒤에 안전관련 문장이 있다.
· 리튬폴리머 전지는 이점을 개선한다. 전해액 대신에 고분자물질로 채워서 안정성을 높이다.

[표 9-9 리튬폴리머 전지의 특징]

특징	비 고
초경량. 고에너지 밀도	· 무게 당 에너지 밀도가 기존전지에 비해 월등하여 초경량 전지를 구현
안 전 성	· 고분자 전해질을 사용하여 Hard Case가 별도로 필요치 않아 1 mm이하의 초 Slim 전지를 만들 수 있으며 어떠한 크기 및 모양도 가능한 유연성
고출력 전압	· 셀당 평균 전압은 3.6 V · 니카드전지나 니켈수소전지의 평균전압이 1.2 V이므로 3배의 Compact 효과
낮은 자가 방전율	· 자가방전율은 20℃에서 한달에 약 5%미만 · 니카드전지나 니켈수소전지보다 약 1/3 수준
환경 친화적 Battery	· 카드뮴이나 수은 같은 환경을 오염시키는 중금속을 사용하지 않음
긴 수 명	· 정상적인 상태에서 500회 이상의 충 · 방전을 거듭할 수 있음

[표 9-10 전지의 특징]

종류	장점	단점
리튬이온 전지	· 고용량/ 고에너지밀도 · 좋은 저온 성능 · 외장재의 견고함-기계적 충격 등에 강하다.	· 폴리머전지보다 무겁다. · 금속 외장재의 특성상 일반적으로 4~5 mm이하의 박형 얇은 전지와 광면적 전지를 제조하기가 어렵다
리튬폴리머 전지	· 고온에서의 안전성. · 얇은 외장재에 따른 무게의 경량화	· 얇은 외장재 - 기계적 충격에 약한다. · 저온에서 성능저하 · 용량/에너지 밀도가 매우 낮다

9.7.3 리튬폴리머 전지의 이용분야

- 휴대용 전자기기인 핸드폰, hand held PC, 스마트 카드 등
- 향후 고출력 전지로 설계하여 전기 자전거, 전기자동차용으로 응용 개발
- 산업-군사용 MAV(micro air vehicle), 의료처치용 분야에서 마이크로 수술시스템과 진단시스템,
- 초미세 자동 투약 시스템과 같은 마이크로 로보틱스 분야

[표 9-11 리튬폴리머 전지의 용도]

종류	비 고
통신용	· 휴대폰, PCS, 무선시스템등
정보처리용	· 노트북, PDA (Personal Digital Assistants), Handy terminal
오디오/비디오용	· 캠코더, 디지탈카메라, 휴대용 오디오 전원용
기 타	· 측정장치, 휴대용 전자제품, 전기 자동차등

앞으로 휴대폰과 휴대용 컴퓨터의 기능을 통합하고 화상 정보까지 결합된 휴대용 정보기기를 위해서는 전자회로의 집적화 및 통신속도 증대가 필수적이다. 그에 따라 이들 휴대용 정보기기를 구동시키기 위한 전력도 증가될 것이다.

리튬폴리머전지는 이러한 휴대용 정보기기의 전력의 심장부로써 폭발 위험성이 없고, 저렴한 가격의 폴리머를 사용하여 전지의 생산단가가 저렴할 뿐만 아니라 필름과 같은 박막형태로 제작이 가능하여 크기나 모양을 다양하게 조절할 수 있는 장점이 있기 때문에 앞으로 리튬폴리머전지의 쓰임새는 더욱 다양해질 것으로 예상된다.

9.7.4 리튬폴리머 전지의 개선점

리튬폴리머 전지는 전지 제조공정이 리튬이온전지에 비하여 비교적 용이할 것으로 예상되어 대량생산 및 대형전지 제조가 가능할 것으로 보이므로 전지제조비용의 저렴화 및 전기자동차 전지로의 활용 가능성이 매우 높은 전지라 할 수 있다.

리튬폴리머 전지가 기술적으로 완벽한 실현이 가능하려면 아래와 같은 문제가 선결되어야 한다.

① 과 충·방전에 견디기 위해 넓은 전압 범위에서 안정해야 한다.

② 전지전도도가 높아야 한다.

③ 전극물질이나 전지내의 다른 조성들과 화학적, 전기화학적 호환성이 요구된다.

④ 열 안정성이 우수해야 한다.(특히 리튬전극과 접촉할 때 중요)

전 고체형 전지에서 기계적 성질은 가끔 무시되어지나 역시 중요한 인자이다. 이러한 것은 실험실 수준에서 양산 수준으로 이전될 때 더욱 중요하다. 또한 원재료는 쉽고 값싸게 구입할 수 있어야 한다.

근래 대부분의 연구는 상온에서 높은 이온전도도를 나타내는 고체 고분자 전해질의 개발에 초점이 맞추어져 있으며, 겔-고분자전해질 및 Hybrid 고분자전해질의 개발로 이것이 실현화되었다.

9.8 리튬공기 전지

가장 많이 사용되는 배터리인 리튬 이온 배터리의 경우 가장 주목되는 문제점은 안전성이다. 그래서 이를 해결하기 위한 전지가 리튬 폴리머전지이다. 전해질을 기존에 사용한 액체와 달리 폴리머라고 하는 아주 큰 분자로 만들어서 전해질로 사용하는 방식이다. 액체처럼 흐르는 성질이 없고 잘 휘어지는 성질을 가지고 있어서 안정성을 높일 수 있다. 그러나 아직은 용량이 작고 수명이 짧다는 단점이 있어서 많은 연구가 필요한 분야이다. 기존의 배터리는 용량이 부족하다는 단점이 있다. 최근 많이 사용되는 스마트폰에서도 이러한 현상이 일어나고 있는데, 기존보다 더 큰 용량을 갖는 배터리가 연구 되고 있다. 그 중 가장 주목을 받는 것이 금속공기전지이다.

9.8.1 전지의 개요

금속과 공기의 조합으로 이뤄지는 금속공기전지 중 리튬공기전지는 가장 높은 에너지 밀도를 갖고 있다. 리튬공기전지의 부피당 에너지 보유량은 리튬이온배터리보다 10배 이상 우수하다. 전기자동차용 실제 배터리 팩(pack)으로 따지면 성능이 4~5배 이상 늘어나는 셈이다. 또한 리튬공기전지는 기존 리튬이온전지가 사용하던 니켈, 망간, 코발트 등의 금속을 사용하지 않고 탄소를 사용해 가격경쟁력과 친환경 측면에서 우수하다.

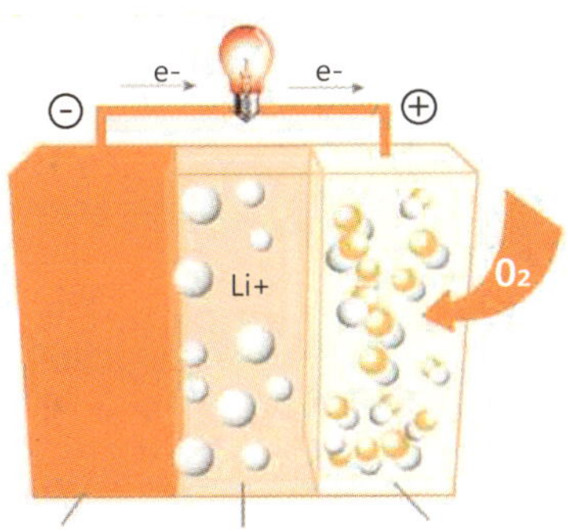

그림 9-22 리튬공기전지 구성도

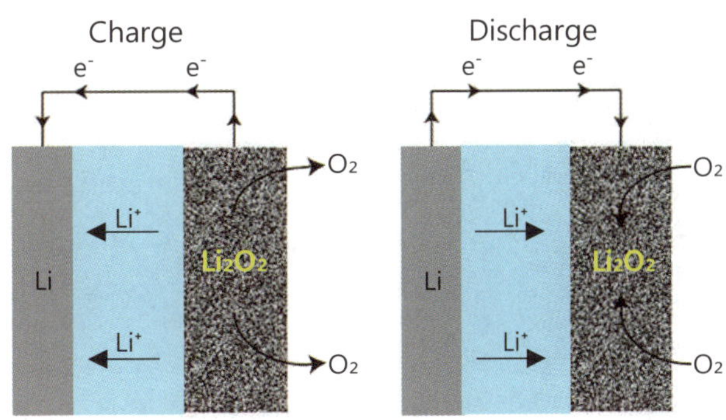

그림 9-23 리튬공기전지의 충방전

그렇지만 아직 전해질이 불안정하고 충전·방전 시 분극 저항이 높다는 이유로 상용화되지는 못하고 있다. 현재 한 번 충전으로 전기자동차가 갈 수 있는 거리는 160㎞ 정도. 그렇지만 리튬공기전지는 부피당 에너지 보유량이 높아 장거리 주행이 가능한 전기자동차용 배터리로 사용되기에 적합하다. 리튬공기배터리는 무겁고 비싼 금속 대신에 싸고 가벼운 탄소를 쓰기 때문에 전기자동차 무게와 가격을 크게 줄일 수 있다. 이런 이유로 리튬공기배터리 시스템을 전기자동차에 응용하면 한 번 충전으로 800㎞ 이상을 주행할 수 있어 전기자동차 실용화에 기여할 수 있을 것으로 주목을 받고 있다.

공기전지의 원리는 1839년 영국의 과학자 그로브(W. R. Grove, 1811~1896)가 발견했다. 19세기 말에는 거치형 공기전지가 개발돼 통신기기에 사용되기도 했다. 그후 1980년경에 단추형 공기전기가 개발돼 보청기 같은 휴대용 기기에 사용됐으나 많이 쓰이지는 않았다. 그러나 최근에 전기자동차용 전지로 다시 각광받고 있다. 리튬2차전지에 비해 안전성이 높고 가격이 저렴하기 때문. 특히 무게 당 에너지밀도가 높아 한 번 충전으로 오래 사용할 수 있다. 재충전이 가능한 아연-공기2차전지, 리튬-공기2차전지에 대한 기술 개발이 집중적으로 이뤄지고 있어, 전기자동차와 전지 시장의 새로운 장을 열 것으로 기대된다.

- 가벼우면서도 쉽게 구할 수 있는 공기가 새로운 대체 물질로 등장
- 현재 IBM과 도요타, 폴리플러스(Polyplus) 등 여러 곳에서 금속과 공기를 접목시킨 전지를 연구 중
- IBM에서는 향후 5년 내에 현재의 전지보다 10배 이상 에너지를 저장할 수 있는 전지의 상용화를 목표로 함.
- 대부분 전지는 두 개의 양극과 음극을 가지며 리튬이온전지는 충전할 때 리튬이온을 저장하는 흑연이 양극이 되고 리튬과 코발트, 철, 산소, 인 등의 혼합물로 이뤄진 또 하나의 전극을 장착
- 리튬-공기 배터리는 양극(anode)은 가장 가벼운 금속인 리튬으로만 구성돼 거의 전부가 전력을 생산하는 데 사용될 수 있음.
- 무거운 금속 혼합물 대신에 공기를 음극(cathode)으로 사용
- 리튬은 공기와 접촉해 산소와 반응해 과산화물을 생성시킨 후 2개의 전자를 전력을 제공할 수 있는 서킷으로 보내는 원리
- 양극을 리튬 금속으로만 제작해 연료전지의 에너지 밀집도가 상대적으로 높음.
- 이론상으로는 최대 에너지밀도는 kg당 5000와트(watt-hours) 이상으로 현재 리튬-이온전지보다 약 10배 이상 높음.
- 리튬 금속-공기전지는 2차 반응물질이 필요 없기 때문에 상당히 가벼움.

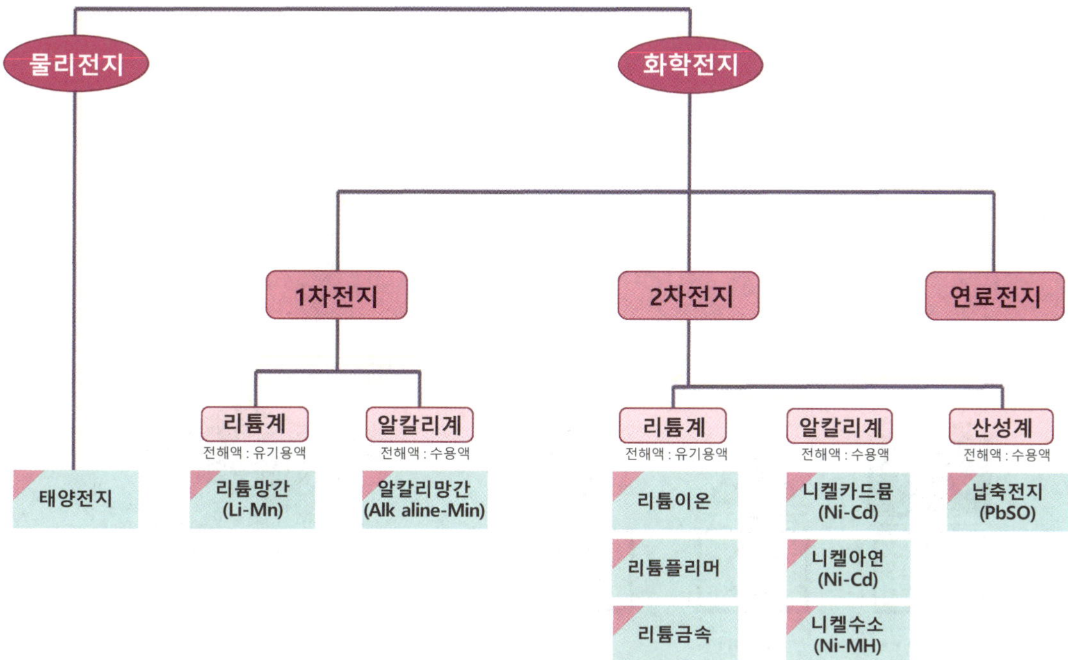

그림 9-24 전지 계통도

가솔린 차량은 한번 주유로 최대 약 800 km(500마일) 정도 갈 수 있는 데 반해 전기 자동차는 배터리의 용량 및 무게 때문에 약 160 km(100마일) 정도 갈 수 있는 것을 보면 아직도 우리가 전기자동차를 보편화 시키기에는 여러가지로 어려운 점이 많다.

기존의 납(Pb)이나 리튬-이온(Li Ion) 배터리보다 더 가벼운 리튬공기(Li Air)를 활용한 배터리를 만드는 연구가 여러연구기관을 통하여 이루어지고 있다. 리튬공기 배터리의 가장 큰 특징은 대기중에 있는 '산소'를 반응 물질로 이용, 무게를 획기적으로 줄일 수 있다는 점이다. 현재의 리튬 이온 배터리를 가지고 800km 를 가게 만들려면 완전 충전시 배터리의 무게만 약 1.5톤이 되어야 한다. 하지만 리튬에어 배터리의 경우 150~300 kg 정도면 충분하기 때문에 자동차를 멀리 가게 할 수 있는 전기 자동차의 배터리 충전재로 가장 현실적인 대안인 셈이다.

9.8.2 리튬-공기전지의 문제점

- 전자를 서킷으로 보내기 때문에 재충전이 가능할지가 아직 불투명
- 리튬 금속-공기전지를 사용하면 막을 통해 리튬이온과 반응할 산소를 끌어들이며 자체적으로 충전되지 않음.

- 충전을 하게 되면 안전성에 문제가 제기됨. 시간이 지날수록 리튬-금속표면이 거칠어지면서 열폭주(thermal runaway) 상태로 이어질 수 있는 단점이 있음.
- IBM Research는 리튬 과산화물에서 산소를 생성시키는 것을 발견해 충전할 수 있다고 주장
- 리튬은 물과 격렬한 반응을 일으키기 때문에 공기 중에 있는 물 분자를 막는 것이 필요
- 리튬-금속 전극이 물에 들어가게 되면 리튬이온이 밖으로 나오면서 물 자체나 물속의 산소와 반응
- 리튬 금속과 물의 반응 때문에 수십 년간 리튬-공기전지에 대한 생각은 있었지만 공기 내 물 분자 때문에 상용화가 어려웠었음.

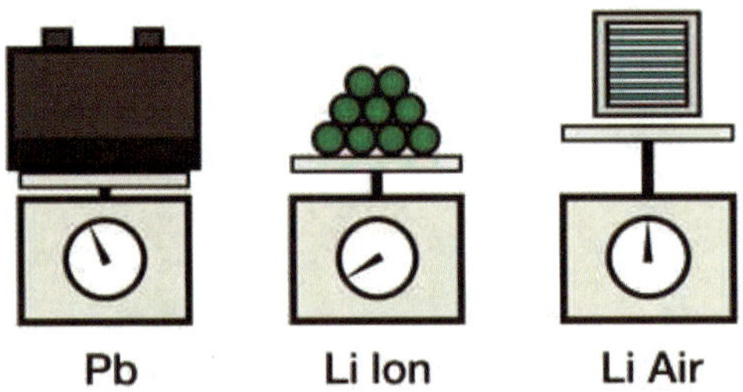

그림 9-25 전지 구성물질 질량비교

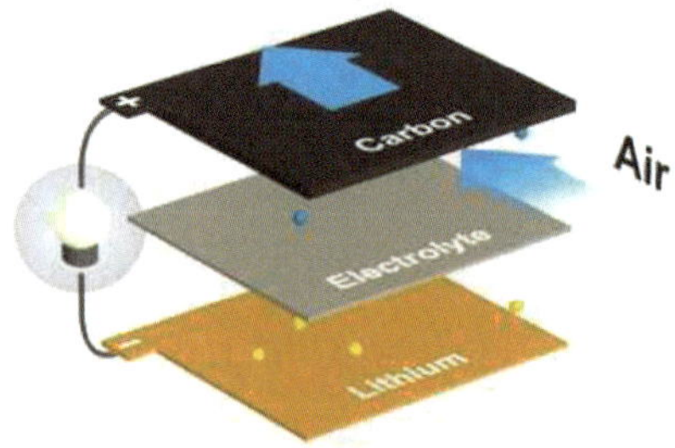

그림 9-26 리튬공기전지 구조

또한 더 지능화된 인공지능 기술을 '최적의 물질의 배합'을 찾아내는 데 활용하고 있다. 이제까지 과학자들은 물질 배합을 위해 실제 실험을 해서 답을 찾아내는 시행착오를 겪을 수 밖에 없었다. 하지만 인공지능을 활용하면 컴퓨터 시뮬레이션을 이용하여 적합한 배합을 찾아내 가상의 실험을 하기 때문에 기술 개발의 효율성도 높아질 것이라고 기대한다.

물론 아직 이 기술이 상용화되기에는 개선해야 할 문제가 많고 새로운 배터리 기술이 출시되려면 10년 이상 더 걸릴 지도 모른다. 하지만 이 또한 전세계 50여개의 유사한 노력들 중 하나로 세상을 더 깨끗하게, 편리하게, 똑똑하게 만들고 싶은 미국 IBM 연구소를 비롯 독일, 일본, 한국 등 전세계의 많은 조력자들이 함께 참여하고 있다. 우리는 곧 휴대폰을 충전하듯이 자동차를 충전하며 도로를 누빌 날을 맞게 되리라 믿는다.

금속공기 전지를 2차전지로 사용하기 위해서는 아직 해결해야 할 과제가 많이 있으며, 개발에 몇 년이나 걸릴지 그 햇수를 말하기도 어렵다. 그렇지만 도요타를 비롯한 기업이나 일본 국내외 대학, 연구기관이 연구에 전념하고 있는 것은 리튬이온 전지의 성능 향상이 거의 한계에 다다르고 있는 가운데 실용적인 전기자동차의 에너지원으로서 금속공기 전지가 몇 안 되는 유망주 가운데 하나이기 때문이다.

9.8.3 이차전지를 지배하는 자가 4차 혁명을 이끈다.

인공지능(AI), 사물인터넷(IoT), 전기자동차, 자율주행차, 드론 등 4차 산업혁명의 기반 기술로 수렴되는 최근 기술 경쟁의 핵심 경쟁력은 어디에서 나오는 것일까?

더 작고 더 강력한 마이크로칩, 더 빠르고 더 저렴한 통신 네트워크 등 여러 기술들이 있지만 전기배터리를 4차 산업혁명의 핵심 기술로 보는 전문가들이 적지 않다. 제 아무리 똑똑하고 뛰어난 인공지능·사물인터넷 기기, 자율주행차, 전기자동차, 드론이라 해도 빨리 충전되면서 안정적으로 전기를 공급하는 배터리가 없으면 무용지물이기 때문이다. 특히 최근 불붙은 전기자동차 개발 전쟁에서 전기 배터리는 산업의 주도권을 좌우할 핵심 기술로 꼽힌다.

전기 배터리가 완성차 가격의 30~40%를 차지하는 핵심 부품인데다 짧은 주행거리, 오랜 충전 시간 등 전기자동차 보급을 가로 막는 기술적 난관으로 남아 있기 때문이다.

전기자동차에 사용되고 있는 리튬이온 배터리는 1990년대 상용화된 제품으로 충전 효율과 지속성, 안전성 등에서 한계가 많다. 글로벌 기업들은 더 빨리 충전되면서도 더 강력하고 더 오래 가는 전기배터리를 개발하기 위해 전력을 다하고 있다.

이런 가운데 삼성전자는 리튬이온 배터리 보다 충전 용량을 45% 향상시키면서 충전 속도를 5배 이상 빠르게 할 수 있는 새로운 배터리 소재인 '그래핀 볼' 개발에 성공했다고 밝혀 주목을 끌었다.

흑연에서 벗겨낸 얇은 탄소 원자막인 그래핀은 구리보다 100배 이상 전기가 잘 흐르고 실리콘보다 140배 이상 전자를 빠르게 이동시킬 수 있어 급속 충전에 이상적 소재로 꼽히는 물질이다. 팝콘 형태의 그래핀 볼을 전지의 음극 소재와 양극 보호막으로 활용하면 충전 용량은 늘면서도 충전시간은 단축되고 고온 안전성까지 만족시키는 결과가 나왔다고 연구팀은 설명했다.

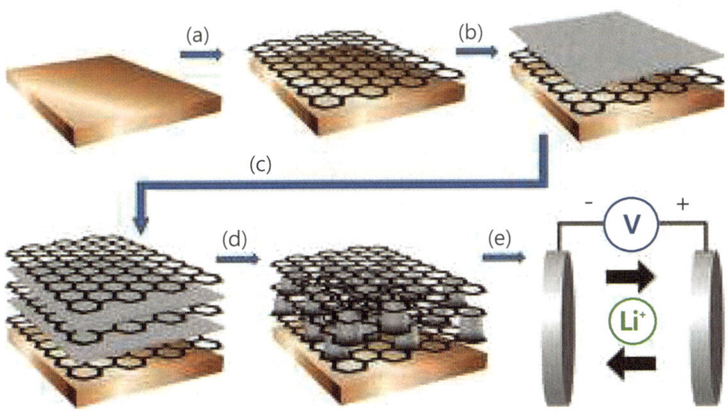

그림 9-27 그래핀 볼 전지

삼성전자는 '그래핀 볼'을 리튬이온 배터리의 음극과 양극에 적용하면 현재 1시간 가까이 걸리는 충전 속도를 12분 수준으로 단축시킬 수 있고, 전기자동차용 배터리에 요구되는 온도 기준인 60도까지 안정성을 유지할 수 있다고 밝혔다.

몇 시간 걸려 배터리를 충전해도 하루를 가지 못하는 스마트폰이나 주행거리와 충전 시간에 한계를 보이는 전기자동차 성능을 획기적으로 개선할 기술이 될 수 있다는 기대를 모으고 있다.

그림 9-28 테슬라와 파나소닉이 미국 네바다주 사막 위에 짓고 있는 기가팩토리.

전기자동차의 아이콘 기업으로 부상한 테슬라는 원래 노트북용 배터리로 쓰이던 원통형 전기배터리를 전기자동차에 채택하는 발상의 전환을 통해 대세로 뜬 기업이다. 노트북용 원통형 배터리는 가격은 비싸지만 셀의 밀도를 높일 수 있어 테슬라가 만든 전기자동차는 한 때 마의 주행거리로 간주되던 200마일(320 km)을 주파할 수 있었다. 원통형 전기배터리는 최근 전기자동차 배터리의 대세로 자리 잡았다. 테슬라는 최근 원통형 배터리 대량생산을 통한 단가 낮추기에 전력을 다하고 있다. 일본 파나소닉과 함께 미국 네바다주에 기가(Giga)팩토리를 건설 중인데 공장이 모두 완공되면 35 GWh의 전기자동차 배터리셀을 생산한다. 현재 전 세계의 모든 배터리 생산량과 맞먹는 수준이다.

테슬라는 기가팩토리가 완성되면 모델 3에 들어갈 배터리 생산 비용을 30% 가량 절감할 수 있다고 밝혔다.

일본의 글로벌 자동차 기업인 도요타는 최근 2021년 미국에서 생산되는 자동차에 전고체 배터리를 넣겠다고 선언했다. 액체·겔 형태의 기존 전해질 대신 고체 전해질을 쓰는 전고체 배터리는 차세대 전기배터리 방식으로 주목받은 기술이다. 양극재와 음극재가 고정돼 있어 합선이나 발화 위험이 적어 안전성이 높지만 액체·겔 배터리에 비해 강한 출력을 얻기 어려워 상용화의 어려움을 겪었다. 도시바가 기술적인 난관을 어떻게 극복할 지 관심이다.

일본 도시바는 6분 충전해 325 ㎞를 달리는 전기자동차 배터리를 개발했다며, 양산 예정이라고 밝혔다. 도시바가 개발한 EV용 리튬이온 배터리는 부극 재료에 티타늄과 니오븀 산화물을 사용해 체적 당 용량을 두 배로 높여 6분 만에 배터리 전체 용량의 90%를 충전할 수 있다. 이전 제품은 30분 충전으로 전체 용량의 80%를 충전할 수 있다.

10여년 전 한국, 일본, 미국의 반도체 메모리 회사들은 조 단위 투자 계획을 앞서거니 뒤서거니 발표하며 죽기 아니면 살기식의 치킨게임을 벌였다. 지금 패자는 사라졌고 승자는 유례없는 호황이란 단맛을 즐기고 있다.

갈수록 치킨 게임 양상으로 전개될 배터리 전쟁 결과에 따라 4차 산업혁명의 승패가 정해지고 그에 따라 국민들의 미래도 상당 부분 좌우될 가능성이 높다.

10장

우리의 삶을 바꾸는 제4차 산업혁명

10.1 인공지능

10.2 사물인터넷

10.3 자율주행자동차

10.4 지능로봇

'인공지능'이 바둑에서 최초로 인간 최강자를 넘어섰다. 인간계 바둑 최강 이세돌이 인공지능 알파고(AlphaGo)와 겨룬 '세기의 대국'은 결국 알파고의 3연승으로 싱겁게 끝났다. 말 그대로 불가항력이었다는 게 전문가들의 공통적 견해다. 그러나 인간과 인공지능 간의 대국이 과연 공평한 조건에서 이뤄졌는가에 대한 의문도 제기됐다. 인공지능 전문가들은 알파고가 한 기업이 보유한 전체 컴퓨터로부터 계산능력을 지원받고 있기 때문에 이런 경기는 사실 일정 부분 불공평한 것이라고 말한다.

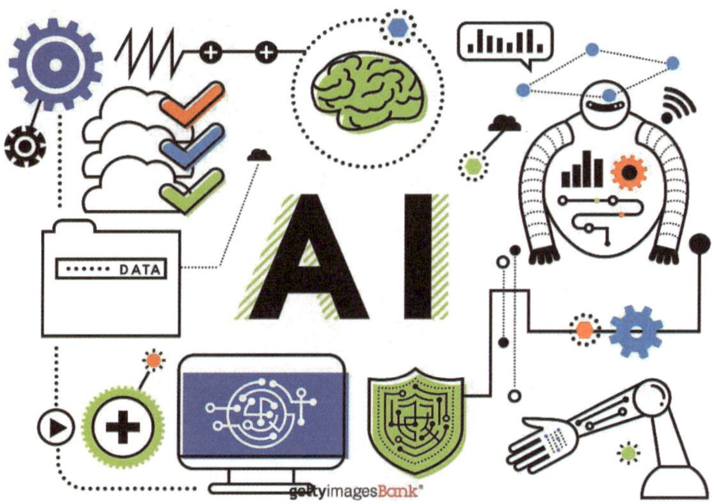

그림 10-1 제4차 산업혁명시대

세계경제포럼에서는 4차 산업혁명에 대해 '3차 산업혁명을 기반으로 한 디지털과 바이오산업, 물리학 등의 경계를 융합하는 기술혁명'이라고 설명한 바 있다.

1784년의 1차 산업혁명은 물과 증기기관의 발달로 기계적 생산이 가능해진 것을 의미한다. 2차 산업혁명은1 1870년대부터 시작된 대량생산과 분업을 특징으로 하고 있다. 3차 산업혁명은 1969년 이후 전기와 IT를 활용한 자동화 생산을 말하며, 4차 산업혁명은 3차 산업혁명의 특징을 기반으로 한 지능과 정보에 대한 기술이 핵심이다.

4차 산업혁명의 기술·과학적 특징은 이제 우리나라에서도 쉽게 찾아볼 수 있다. 구글 딥마인드 챌린지 매치를 통해 직접 볼 수 있었던 인공지능 '알파고'의 바둑 실력이나, 우리나라 최초의 인간형 로봇 '휴보'가 세계 재난 로봇 대회에서 우승했다는 소식 등은 4차 산업혁명이 설명하는 '융합적 기술혁명'을 생활 속에서 발견할 수 있는 사례이다.

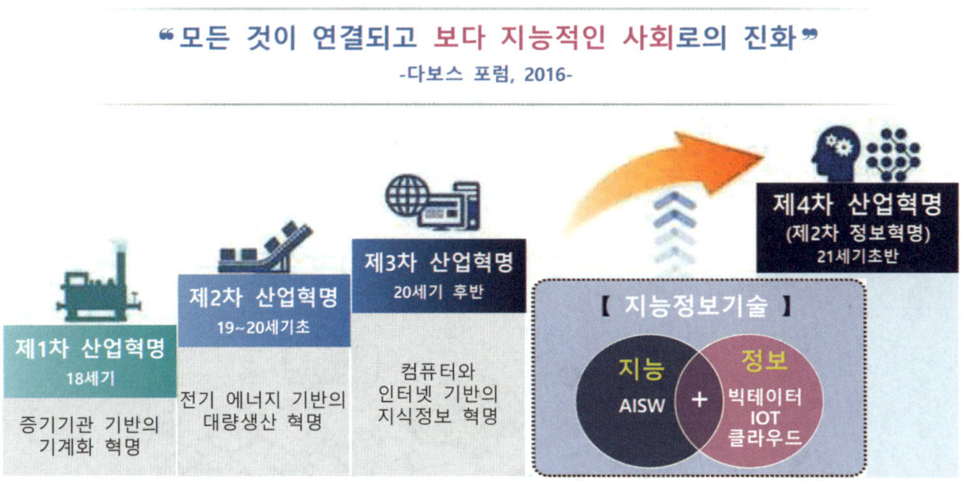

그림 10-2 산업혁명의 단계

이 뿐만이 아니다. 최근에는 가전제품에 사물인터넷(IoT)을 접목시키는 경향이 두드러지게 나타나고 있다. 스마트폰으로 집 안에 있는 보일러를 컨트롤한다든지, 냉장고에 인터넷이 연결될 수 있는 터치스크린을 내장하는 것 모두 사물인터넷이 적용된 사례라고 볼 수 있다. 생활의 모습도, 갖게 될 직업의 모습도 지금과는 완전히 달라지게 된다는 4차 산업혁명을 통한 미래가 생각보다 더 빨리 다가오고 있다.

이렇듯, 21세기를 살고 있는 우리들은 4차 산업혁명을 겪고 있다. 4차 산업혁명은 사물 인터넷(Internet of Things ; IoT)을 통해 생산기기와 생산품 간 상호 소통 체계를 구축하고 전체 생산과정 최적화를 구축하는 산업혁명을 말한다. 정의에도 나와 있듯이 4차 산업혁명을 주도하는 건 사물인터넷(IoT)이다.

모든 것을 연결하는 사물인터넷

Internet of Things, 즉 사물인터넷(IoT)이란 인터넷을 기반으로 모든 사물을 연결하여 사람과 사물, 사물과 사물 간의 정보를 상호 소통하는 지능형 기술 및 서비스를 말한다. 즉, 사물에 센서를 부착해 실시간으로 데이터를 인터넷으로 주고받는 기술이나 환경을 일컫는 것이다. 이를 구현하기 위해서는 유형의 사물과 주위 환경으로부터 정보를 얻는 '센싱 기술', 사물이 인터넷에 연결되도록 지원하는 '유무선 통신 및 네트워크 인프라 기술', 각종 서비스 분야와 형태에 적합하게 정보를 가공하고 처리하거나 각종 기술을 융합하는 '서비스 인터페이스 기술', 대량의 데이터를 처리하는 '빅데이터 기술'이 핵심이며 사물 인터넷 구성 요소에 대한 해킹이나 정보 유출을 방지하기 위한 '보안 기술'도 필수적이라고 한다.

4차 산업혁명과 관련된 주요 사업으로는 AI, 로봇, IoT, 자율주행차, 3D프린팅, 나노, 바이오, 재료과학, 에너지, 데이터 정보처리 등을 꼽는다.

미국은 IT, 소프트웨어 서비스 기업을 중심으로 AI와 자율주행차 전기자동차 에너지 스마트공장 드론(무인기) 등 신사업에서 앞서가고 있다. 일본은 강점을 지닌 로봇공학과 여러 산업분야를 연계하는 연구활동이 활발하다. 중국도 포털업체 바이두, 온라인 상거래업체 알리바바, 게임업체 텐센트를 중심으로 AI와 IoT 빅데이터 클라우드 등 분야에서 미국 선도업체와 어깨를 견주고 있다.

제1차 산업혁명	제2차 산업혁명	제3차 산업혁명	제4차 산업혁명
18세기	19~20세기 초	20세기 후반	2015년~
증기기관 기반의 기계화 혁명	전기에너지 기반의 대량생산 혁명	컴퓨터와 인터넷 기반의 지식정보 혁명	IoT / CPS / 인공지능 기반의 만물초지능 혁명
—	—	—	—
증기기관을 활용하여 영국의 섬유공업이 거대산업화	공장에 전력이 보급되어 벨트 컨베이어를 사용한 대량 생산보급	인터넷과 스마트 혁명으로 미국주도의 글로벌 IT기업 부상	사람, 사물, 공간을 초연결/초지능화하여 산업사회 시스템 혁신
동력	자동화	디지털	융합

그림 10-3 산업혁명의 세대구분 및 특징

10.1 인공지능

어느 매체에서 인공지능인 안드로이드 딕에게 다음과 같이 질문하였다.

▶ 질문 : 로봇(인공지능)이 세계를 정복할 거라고 생각해?

▶ 안드로이드 딕 : 오, 친구. 오늘 어려운 질문만 하네. 하지만 넌 내 친구야. 난 널 기억하고, 잘 해줄거야. 그러니까 걱정 하지마. 혹시 내가 터미네이터처럼 변하더라도 난 널 잘 대해 줄거고, 하루 종일 지켜볼 수 있는 인간 동물원에서 편하고 안전하게 생활할 수 있게 해줄게.

인공지능인 안드로이드 딕의 대답에 대하여 여러분은 어떤 생각을 하십니까?

인공지능에 대한 정의는 다음과 같이 다양하게 나타난다.

- 기계를 인간 행동의 지식에서와 같이 행동하게 만드는 것(존 매카시, John McCarthy, 1956)
- 인공지능은 기계로부터 만들어진 지능을 말한다. 컴퓨터 공학에서 이상적인 지능을 갖춘 존재, 혹은 시스템에 의해 만들어진 지능, 즉 인공적인 지능을 뜻한다. 일반적으로 범용 컴퓨터에 적용한다고 가정한다.(위키백과)
- 인간의 학습능력과 추론능력, 지각능력, 자연언어의 이해능력 등을 컴퓨터 프로그램으로 실현한 기술 (네이버 지식백과)

인공지능(Artificial Intelligence; AI)은 인간이 지닌 지적 능력의 일부 또는 전체를 인공적으로 구현한 것. 일반적으로는 범용 컴퓨터를 통해 소프트웨어적으로 구현하지만, 어떤 것은 인간의 신경계를 모방한 특수 회로를 칩으로 만들어 구현하기도 한다. 현실에서는 걸음마 단계이나, SF물에서는 자주 나오는 소재이다. 인공지능과 로봇을 혼동하지 말자. 인공지능은 소프트웨어(정신), 로봇은 하드웨어(육체)이다. 보통 아이언맨이나 터미네이터 같은 SF물에 인공지능이 탑재된 로봇이 나오기 때문에 많이들 햇갈려 하지만, 인공지능은 컴퓨터과학, 로봇은 기계공학과 전자공학의 영역이다. 하지만 인공지능을 공부하는 사람이 로봇에 대해서도 아는 것이 일반적이고, 로봇을 공부하는 사람이 인공지능에 대해 알기도 한다. 휴머노이드처럼 지능을 가진 로봇을 만들 때는 두 분야가 협력하는 것이 일반적이다.

인공지능(Artificial Intelligence)이라는 용어가 처음 등장한 것은 1956년 미국 다트머스의 한 학회에서 존 매카시가 이 용어를 사용하면서부터이다.

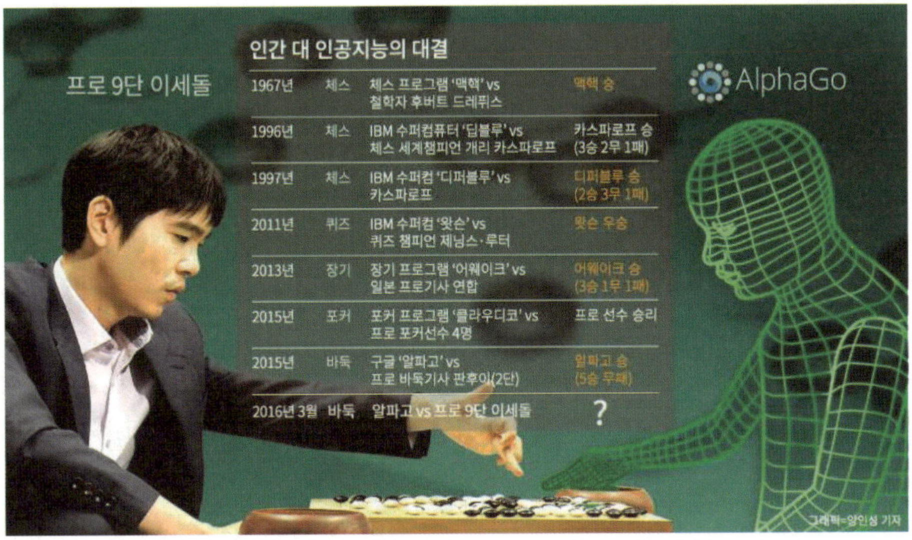

그림 10-4 인간 대 인공지능의 대결

10.1.1 인공지능의 응용분야

IBM의 왓슨도 인공지능 시스템으로 산업 전반에서 적용되어 사용되고 있고 이세돌 9단과 바둑 대결을 펼친 알파고 역시 아직은 바둑에 한정되어 있지만 학습을 통해 스스로 수를 생각하는 인공지능 시스템으로 이름을 떨치고 있다. 그 외에도 다양한 분야에서 인공지능 방식이 적용되고 있다.

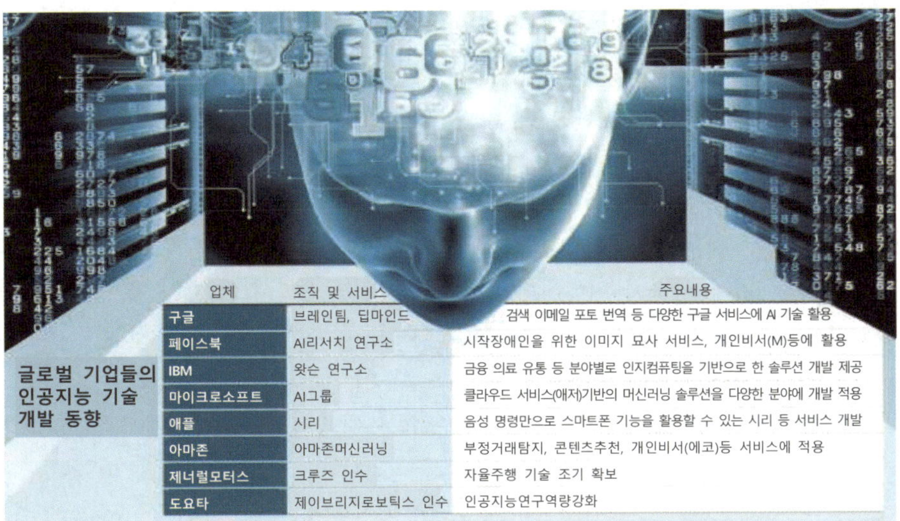

글로벌 기업들의 인공지능 기술 개발 동향

업체	조직 및 서비스	주요내용
구글	브레인팀, 딥마인드	검색 이메일 포토 번역 등 다양한 구글 서비스에 AI 기술 활용
페이스북	AI리서치 연구소	시작장애인을 위한 이미지 묘사 서비스, 개인비서(M)등에 활용
IBM	왓슨 연구소	금융 의료 유통 등 분야별로 인지컴퓨팅을 기반으로 한 솔루션 개발 제공
마이크로소프트	AI그룹	클라우드 서비스(애저)기반의 머신러닝 솔루션을 다양한 분야에 개발 적용
애플	시리	음성 명령만으로 스마트폰 기능을 활용할 수 있는 시리 등 서비스 개발
아마존	아마존머신러닝	부정거래탐지, 콘텐츠추천, 개인비서(에코)등 서비스에 적용
제너럴모터스	크루즈 인수	자율주행 기술 조기 확보
도요타	제이브리지로보틱스 인수	인공지능연구역량강화

그림 10-5 글로벌 기업의 인공지능 기술개발 동향

요즘 자동차의 키워드는 자율주행 자동차이다. 자율주행 자동차 기술은 사람이 운전하지 않고 자동차가 스스로 운전하는 기술로 구글을 비롯하여 해외의 유명 자동차 기업들이 기술을 개발하고 있으며 이미 미국에서는 무인 자동차가 택시로 본격적으로 운영되고 있기도 한다. 이미 몇몇 자동차에 적용되고 있는 자동 주차 시스템이 인공지능 기술을 이용한 자율주행 기술이며 구글에서 선보인 무인 자동차는 실험 단계를 벗어나 상용화 단계에 들어선 상태다. 이들 자동차 기술에 사용되는 기술에 다양한 센서(거리측정 센서, 고도 측정 센서, 날씨 측정 센서, GPS 등)를 통해 들어온 데이터들을 기반으로 자동차 안의 인공지능 엔진이 판단을 해 주차를 하던지 주행을 하게 만드는 인공지능 기술이 들어가 있다.

쇼핑 분야에서도 인공지능은 실력발휘를 한다. 넷플릭스가 사용자의 취향에 맞춰서 영화나 드라마 컨텐츠를 추천해주는 추천 시스템을 도입해서 성공을 거뒀으며 애플이 아이튠즈에 지니어스 시스템을 도입해서 사용자의 취향에 맞는 음악이나 영화, 드라마 컨텐츠를 추천해주고 있다. 아마존이 사용자의 취향에 맞는 책을 추천해주며 사용자가 필요로 하는 물품들을 추천해주기도 한다. 또한 어떤 장소에 들어갈 때 그 장소에 맞는 쿠폰을 제시해 준다 던지 또는 필요한 물건들을 추천해주는 등의 사용자 취향에 맞는 추천 시스템이 쇼핑 분야에 본격적으로 적용되어 상업적으로 성공하는데 큰 역할을 한다. 이는 그 동안에 사용자가 사용한 내역(구매 이력 등)을 기반으로 시기 및 제품의 특징, 사용자의 사용 패턴 등을 분석하여 패턴을 추출하고 그 패턴에 맞게 사용자 맞춤 정보를 제공하는 기법으로 인공지능 알고리즘의 기본이 되는 빅데이터 처리를 기반으로 하는 방식이 적용된 것이다.

애플의 시리, MS의 코타나, 구글의 구글 나우는 스마트 비서 서비스다. 이들 서비스의 기반이 되는 것이 바로 인공지능 알고리즘인데 이들 시스템의 공통적인 특징이 음성 인식 및 자연어 처리 기반 판단 시스템이라는 것이다. 음성 인식을 통해 정확한 문장을 만들고 그것을 자연어 처리를 통해 시스템이 이해할 수 있는 명령 등으로 바꾼 후에 시스템이 그 명령을 기반으로 사용자가 원하는 액션을 보여주는 것이 이들 스마트 비서 서비스의 특징다. 이를 위해서 정확한 음성 인식을 위해 수억 가지의 음성 패턴을 수집하고 분석해서 정확한 컴퓨터가 인식할 수 있는 언어로 만드는 기술이 들어갔으며 이 언어를 자연어 처리를 통해서 컴퓨터가 처리할 수 있는 명령으로 바꾸는데 여기에 들어가는 기술이 빅데이터 수집 및 분석 시스템이다. 또한 사용자의 그 동안의 행동 패턴들 및 상황들을 수집하고 분석하며 한 명이 아닌 수 백만 명의 데이터들을 중앙에서 수집하고 분석함으로 한 두 명의 데이터를 통해 생길 수 있는 오류들을 최소화하고 오차를 줄이고 정확성을 높이는 학습 알고리즘이 적용된다. 이런 모든 방식이 인공지능 알고리즘의 기반 기술이 된다.

그림 10-6 구글의 자율주행자동차

사진이나 동영상 서비스에서도 인공지능 알고리즘이 적용되고 있다. 구글 포토나 페이스북에서의 얼굴 인식, 네이버 클라우드의 사진 모으는 기능 등은 다 인공지능을 이용한 분류 방식다. 구글 포토에 저장되어 있는 사진들을 자동으로 사람 별로 앨범을 만들어서 제시 한다 던지 페이스북에서 사진을 올리게 되면 자동으로 사진 속 인물에 해당 인물 태그를 달아 준다 던지 하는 것은 사진 속, 혹은 동영상 속의 사람 얼굴을 시스템이 자동으로 인식해서 분류를 해주기 때문다. 이 인식 과정에서 인공지능 알고리즘이 적용이 되는데 사람의 사진들을 사람 별로 추출하고 그 추출한 사진에서 특징들을 찾아서 패턴화 시킵니다. 그 패턴으로 사진, 혹은 동영상 안의 사람 얼굴을 인식하는데 그 과정이 모두 자동화되어 진행된다. 이 역시 빅데이터 시스템의 수집 및 분석, 학습 등의 인공지능 알고리즘이 적용되어 진행되기 때문에 구글 포토나 페이스북의 얼굴 인식도 인공지능 분야라고 얘기할 수 있을 듯 한다.

금융분야에서도 인공지능은 실력을 발휘한다. 2가지 예를 들 수 있는데 하나는 FDS(Fraud Detection System)라 불리는 이상 금융거래 탐지시스템에 인공지능 알고리즘이 적용되고 있다. FDS는 금융 서비스를 이용하는 사용자가 평소와 다른 금융 거래를 진행할 때를 감지해주는 시스템다. 예를 들어, 사용자의 금융 정보가 해킹을 당해 해커에 의해 평소에 사용자가 거래하던 장소나 시간, 패턴이 아닌 다른 장소에서 거래가 진행되려고 할 때 바로 거래를 진행하지 않고 한 번 더 사용자에게 확인을 할 수 있게 해줍니다. 이것을 위해 FDS는 평소 사용자의 금융 거래 이력들을 수집하고 분석하여 패턴을 찾다. 이 찾는 과정에서 빅데이터 수집 및 분석과 학습이라는 인공지능 알고리즘이 적용이 된다. 또 하나는 요즘 금융계에서 이슈가 되고 있는 로봇 어드바이저다. 보통 주식 투자나 선물 투자 등의 투자 등은 투자 전문가들이 그동안의 자료를 통한 분석 결과와 나름대로의 통찰력을 바탕으로 진행되곤 하는데 이 분야에 인공지능 알고리즘을 적용하여 그 동안의 투자 관련 데이터 및 투자를 원하는 사람의 이력 및 습성 등을 분석하고 현재의 시세 및 상황 등을 분석하여 투자 방향, 또는 종목을 추천해주는 것이다. 여기에 적용되는 것이 역시나 빅데이터 시스템을 통한 데이터 수집 및 분석, 학습 등의 인공지능 알고리즘이다.

인공지능에서 눈에 보이는 부분은 아무래도 로봇 분야가 아닐까 싶다. 앞서 언급한 자율주행 자동차 역시 눈으로 보이는 인공지능 분야이고 로봇 분야 역시 비슷하다고 보면 되는데 각종 센서를 이용하여 데이터를 취합하고 그것을 기반으로 움직이는 등의 기본적인 내용 외에도 위험한 지역에서의 고장을 수리 한다 던지 깊은 바다 속을 관찰하는데 있어서 로봇의 활용이 늘어나고 있다. 또한 감정을 표현하는 등 살아있는 생명만이 가능한 일들을 표현해 주는 등 빅데이터 시스템을 통한 분석을 통해 대상이 되는 사람의 말을 분석하여 그 안에서 감정을 읽어내는 등의 기술도 로봇 분야에 적용되고 있는데 이 모든 것들이 인공지능 알고리즘이 적용된 결과라고 보면 된다. 일본의 소프트뱅크에서 만든 페퍼라는 로봇은 대화를 통해 감정을 읽어내고 사람이 하는 일을 돕는 로봇으로 개발되었는데 최근에 IBM의 왓슨과 협력하여 좀 더 다양한 분야에서 활약할 수 있도록 준비 중이라고 한다.

그림 10-7 인간과 인공지능

10.1.2 향후 인공지능의 발전 전망

그렇다면 인공지능은 향후에 어떻게 발전될까? 영화 터미네이터처럼 기계가 사람을 지배하는 시대가 올 것이라고 얘기하곤 한다. 그런 수준까지는 모르겠지만 많은 전문가들은 인공지능의 발전은 결국 인간의 일자리를 빼앗게 되고 인간의 삶을 더 피폐하게 만들 수 있다고 우려하고 있는 것은 사실이다. 그 동안의 역사를 보면 그 동안에 사람이 했던 단순 업무, 노동 집약적 일들에 대해서 기계가 도입되고 난 이후에 빠른 속도로 사람의 일을 기계가 대신 하는 것으로 바뀌어가면서 일자리를 빼앗긴 사람들이 길거리로 나왔던 경우가 많다. 기계의 경우에는 사람이 조종하기 때문에 조종하는 사람은 그 업종에 남을 수 있겠지만 실제로 물건을 나르거나 수송을 맡았던 사람들은 일거리를 잃어버렸다. 하지만 인공지능은 또 다른 얘기다. 조종하는 사람의 역할마저 이제는 기계가 하겠다는 것이다. 그렇기 기 때문에 더 큰 문제가 될 수 있다고 얘기를 하는 것이다. 이런 비관적인 얘기가 많이 오가는 것이 사실이지만 그렇게 비관적인 전망만 있는 것은 아니다.

앞서 언급했던 것처럼 이미 수많은 분야에서 인공지능이 적용되고 사용되어 지고 있다. 대부분이 인간의 삶에 도움이 되는 측면에서 발전하고 있다. 쇼핑분야를 비롯하여 얼굴인식 기능이나 스마트 비서 서비스 등은 사람의 삶의 질을 높여줄 수 있는 인공지능 서비스이다. 로봇의 경우도 힘든 일, 단순한 일, 반복적인 일에 대해서 도움을 주는 방향으로 발전하고 있다. 특히 자율주행 자동차는 올해 IT 업계의 핫 이슈로 떠오르고 있을 정도로 많은 투자를 하고 있으며 향후 인공지능 분야의 집대성이 될 가능성이 크다고 많은 전문가들이 얘기하고 있다. 센서 데이터를 비롯하여 상황 인식에 예측 능력까지 골고루 있어야 하는 것이 자율주행 자동차 분야이기 때문에 가까운 미래의 인공지능 분야는 자율주행 자동차에 몰리지 않을까 하는 예상을 해본다.

이슈가 되었든 이세돌과 구글의 알파고와의 바둑 대결은 알파고의 인공지능 능력을 돋보이면서 함께 구글의 기술력을 알리는 이벤트라는 생각이 든다. 물론 그 알파고에서 사용되는 인공지능 알고리즘 및 다양한 기술들을 다른 영역에서 적용해서 사용할 수 있다. 기본적으로 빅데이터 시스템을 통해서 수집을 하고 분석을 하고 학습을 하는 방식은 동일하기 때문이다. 여기에서 학습은 인공지능이 스스로 터득해 나가는 것을 의미한다. 수집한 데이터들을 바탕으로 지속적으로 시뮬레이션을 하고 그 결과를 다시 수집하여 또 시뮬레이션하고, 이런 과정을 지속적으로 반복하면서 분석 결과 및 판단 근거를 만들어내는 것이 학습인데 머신러닝, 딥러닝의 핵심이 이런 과정이라고 보면 된다. 이런 기본적인 방식에 각 분야에 맞는 상황 및 역할을 프로그래밍해서 넣게 되면 그 때 각 분야에 맞는 인공지능 알고리즘이 만들어지고 그것이 산업에 적용된다고 보여진다. 구글의 알파고 뿐만이 아니라 IBM의 왓슨도 마찬가지의 역할을 담당하고 있다. 이제 SF 영화나 만화영화 안에서 상상 속에서만 보여줬던 인공지능이 제대로 현실화되기까지는 얼마 남지 않은 듯싶다.

10.2 사물인터넷

오프라인의 산업을 크게 확장시킨 18세기 중반 영국에서 시작된 산업혁명에 이어, 온라인 산업을 크게 확장시킨 20세기 정보화 혁명이 있었고, 우리는 얼마전까지 정보화 시대에 살았다. 그러나 지금은 초연결 혁명이 일어나고 있다. 물리적 공간과 가상 공간이 결합하여 모든 것이 인터넷과 연결되는 시대, 우리는 이를 사물인터넷 시대라 부른다.

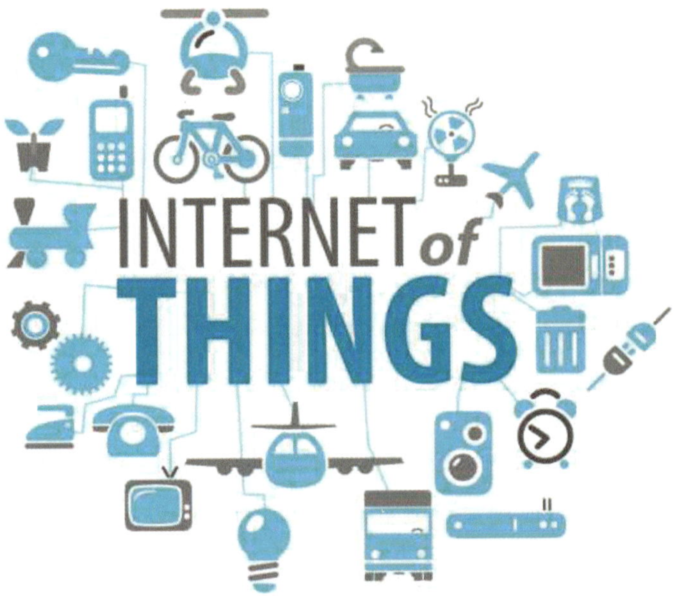

그림 10-8 사물인터넷

스마트팩토리, 스마트카, 스마트홈이라는 말을 들어본 적이 있는가? 직역하자만 똑똑한 공장, 똑똑한 자동차, 똑똑한 집이라는 뜻인데 어떻게 사물이 똑똑해질 수 있다는 것인가? 이는 사물인터넷을 개념을 이해하면 답을 구할 수 있다. 2000년대 후반, 유럽의 한 학회에서 언급된 사물인터넷 개념은 SF 공상영화에서나 나올 법한 일들로 치부되었다. 그러나 현재, 우리는 많은 기기들과 연결되고 있다. 우리가 늘 손아 쥐고 다니는 스마트폰을 중심으로, 센서와 통신시스템을 가진 사물들과 연결되면서 더 스마트한 삶을 누릴 수 있게 되었다.

(1) 사물인터넷의 개념

사물인터넷이란 세상의 모든 물건에 통신 기능이 장착되어 정보를 교환하는 상호 소통이 가능한 인프라를 뜻한다. 사물인터넷이라는 용어를 처음 사용한 사람은 P&G(미국에 소재한 세재 등을 제조하는 회사)의 연구원이었던 케빈 애쉬톤이다. 그는 1999년 "RFID(전자태그: 특정 대상을 인식하는 기술)와 기타 센서를 일상의 사물(Things)에 탑재하면 사물인터넷이 구축될 것"이라고 말했다. 사람이 개입하지 않아도 사물들끼리 알아서 정보를 교환할 수 있게 된다는 뜻이다. 좀 더 구체적인 설명으로 유럽연합(EU)의 공동연구 프로젝트인 카사그라스(CASAGRAS)에서는 사물인터넷을 '데이터 캡처 및 통신 기능의 가용성을 활용해 물리적 객체 및 가상 객체를 연결하는 글로벌 네트워크 인프라로 기존의 인터넷을 포함한다'고 정의하고 있다.

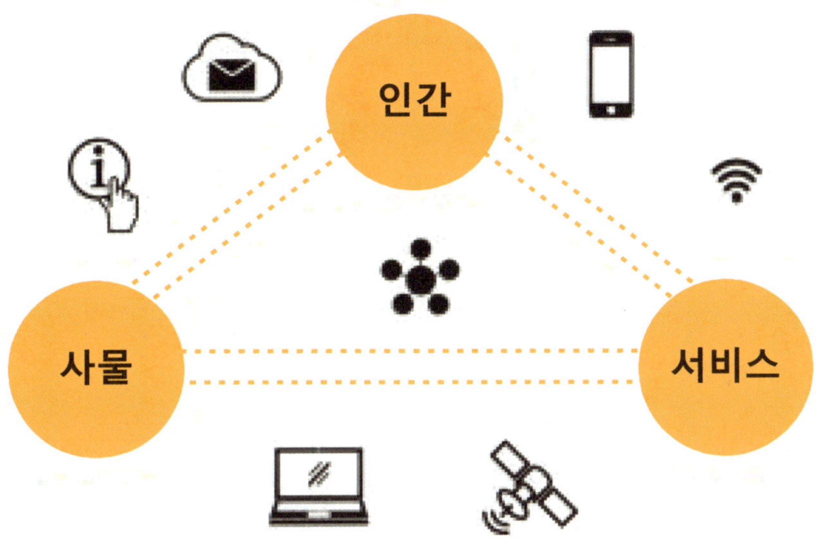

그림 10-9 사물인터넷

사물인터넷은 유선통신을 기반으로 하는 인터넷보다 진화된 단계이다. 사람의 개입 없이 정보를 알아서 처리한다. 통신을 주고받는 점에서 유비쿼터스와 비슷하지만 통신장비와 사람과의 '통신'을 주목적으로 하는 유비쿼터스에서 인터넷으로 확장하여 사물은 물론 가상세계와도 상호작용하는 개념이다. 사물인터넷과 혼동되는 개념들도 있다. 예를 들어 '유비쿼터스(Ubiquitous) 컴퓨팅', 'M2M(Machine to Machine)'이 그렇다. '사물지능통신'이라고도 불리는

M2M(Machine to Machine : 기계와 기계간에 이루어지는 통신)은 모든 사물에 센서와 통신 기능을 넣어 지능적으로 정보를 수집하고 상호 전달하는 네트워크 또는 기술을 의미한다. 언뜻 사물인터넷과 같아 보이지만 사물인터넷은 M2M이 인터넷 구조에 적용된 것으로 현실 세계와 가상 세계의 사물들이 모두 상호작용할 수 있는 차세대 인터넷 환경을 의미한다는 점에서 차이가 있다.

사물인터넷에서 중요한 과제는 '사람'이 IoT를 통해 우리가 어떻게 다른 사람, 사물, 서비스와 연결될 것인가에 대한 것이다. '프로세스'란 그 때 그 때의 상황에 맞게끔 처리 방식, 순서, 정보 탐색 방법 등을 적절히 조정하는 것과 연관이 깊다. '데이터'는 특히 축적된 데이터에서 가치를 발굴해내는 '빅데이터', 그리고 이 같은 가치를 실시간으로 필요한 곳에 쏘아주는 '데이터 인 모션(Data in Motion)'의 측면에서 주목할 필요가 있다.

(2) 사물인터넷에 연결될 수 있는 사물은 무엇이 있을까?

사물인터넷은 수많은 종류의 기기가 직접 인터넷에 연결되는 것은 아니지만 서로서로 다른 무선 프로토콜을 통해 연결된다. 많은 종류의 기기 안에 센서기술이 내장되어 있어 차세대 연결을 '센서혁명'이라고도 한다.

여기서 '사물'이란 와이파이, 블루투스 등과 같은 무선통신 기술이 탑재되고, 인터넷 프로토콜(IP) 주소를 가지고 있는 것을 말한다. 정말 작은 클립만한 크기에서 집만큼 큰 것도 해당될 수 있다. 이러한 사물인터넷이 연결할 수 있는 것들로는 스마트TV, 스트리밍 미디어 서버와 같은 홈 전자기기, 심박동기와 심장박동 모니터와 같은 의학기기, 스마트냉장고, 오븐, 세탁기와 같은 가전제품, 자율주행 자동차, 드론과 같은 항공기, 온도조절장치, 연기 탐지기, 정보시스템 등과 같은 홈 자동화기기, 가정, 마을, 도시, 나라에 걸쳐 감시되거나 통제 가능한 어떤 것 등을 들 수 있다.

사물인터넷의 사물이 무생물일 필요는 없다. 강아지, 고양이, 소처럼 동물들도 인간처럼 연결될 수 있다면 가능하다. 바이오칩 응답기는 농장에서 돌아다니는 동물들을 추적하고, 물리적 위치를 모니터링하거나 사람 경우 개인의 건강상태를 확인할 수 있다. 이들 사물들은 다양한 것에 연결될 수 있는 부분 이외에 모든 사람들이 가진 공통점은 센서를 가지고 있거나 특정한 일을 수행할 수 있는 기능을 지니거나 둘 다 해당된다는 것이다.

(3) 사물인터넷이 가져오는 서비스

사물인터넷은 개인부터 산업 및 공공 분야에 이르기까지 다양하게 활용되고 있다. 현재 우리가 가장 쉽게 접할 수 있는 서비스는 버스정보시스템(BIS)으로, 버스를 이용할 때 스마트폰 애플리케이션이나 정류장의 전광판을 통해서 특정 버스가 정류장에 언제 도착하는지 알려 주는 편리한 서비스다. 버스에 GPS 수신기와 무선 통신 장치를 설치하여 GPS 위성을 통해 해당 버스의 운행 상황을 실시간으로 파악한 뒤, 버스의 위치, 운행 상태, 배차 간격, 도착 예정 시간 등의 정보를 제공해 시민들이 편리하게 대중교통을 이용할 수 있도록 하는 것이다.

이러한 사물인터넷은 첫째, 개인 부문에서는 차량을 인터넷으로 연결하여 안전하고 편리한 운전을 돕기도 하고, 심장박동, 운동량 등의 정보를 제공하여 건강을 관리할 수도 있다. 또한 주거환경을 통합 제어할 기술을 마련하여 생활 편의를 높이고 안정성을 높일 수도 있다.

한국에서는 삼성이나 LG 등에서 사물인터넷 기술을 사용한 스마트 홈을 출시했으며, 구글은 아우디, GM, 구글, 혼다, 현대, 엔비디아(NVIDIA)를 중심으로 OAA(Open Automotive Alliance)를 구성해 안드로이드 운영체제를 기반으로 한 커넥티드 카(Connected Car : 자동차에 정보통신기술을 적용해 양방향 인터넷 서비스 등이 가능한 차량)를 만들기 위해 노력하고 있다. 현대는 2018년 1월 라스베가스 국제전자제품박람회(CES)에서 커넥티드 카를 선보였다. 노키아는 향후 1~2년 안에 암 조기 진단이 가능한, 손목에 차는 웨어러블(착용형) 기기를 내놓을 계획이다. 최근에는 웨어러블 헬스케어 기기로 영역이 확장되고 있다. 올해 콜레스트롤과 혈당을 측정하는 웨어러블 기기의 상용화가 가능할 전망이다.

산업 부문에서는 공정을 분석하고 시설물을 모니터링하여 작업 효율과 안전성을 높이는데 활용되고 있다. 생산, 가공, 유통 부문에 사물인터넷 기술을 접목하여 생산성을 향상시키고 안전유통체계를 확보할 수 있으며, 주변 생활제품에도 사물인터넷을 도입하여 고부가 서비스 제품을 생산할 수 있다.

공공 부문에서는 CCTV, 노약자 GPS 등의 사물인터넷 정보를 사용해 재난이나 재해를 예방하며, 대기 상태, 쓰레기양 등의 정보를 제공받아 환경오염을 최소화할 수 있다. 또한 에너지 관련 정보를 통해 에너지 관리 효율성을 증대시킬 수도 있다. 미국, 중국, 유럽연합, 일본 등의 국가에서는 정보통신기술을 기반으로 교통, 공공행정 등의 다양한 도시 데이터를 개방하여 도시 전체의 공공기물들과 주민들이 효율적으로 상호작용하는 스마트시티 건설을 추진하고 있다.

이처럼 다양한 분야에 걸쳐 사물인터넷이 더욱 발전하게 된 이유는 무엇일까? 수많은 이유가 있겠지만, 그 중에 하나는 빅데이터 분석 기술의 발전을 꼽을 수 있다. 과거에는 각종 기기를 인터넷으로 연결해도 정보 분석에 너무 많은 시간이 소요되어 즉시 활용이 어려웠지만, 최근에는 기술의 발달로 실시간 분석이 가능해졌기 때문이다.

(4) 사물인터넷은 어떻게 발전될 것인가?

IBM의 'Global Technology Outlook'은 사물인터넷 산업이 발전하는 과정을 다음 3단계로 간단하고 명료하게 정리한 보고서다. 첫째는 IoT 1.0(기기연결) 단계이다. 이는 초기단계로, 각 사물을 인터넷에 연결하는 기술이 중심이 되는 시기이며, 이를 관리하는 모니터링 시스템이 중요하다. 이때 수집되는 데이터는 실시간 조회수준에 그친다. 둘째는 IoT 2.0(인프라 구축) 단계로 사물과 사물이 연결되어 상호 간의 데이터를 주고받는 단계를 말한다. 데이터를 단순하게 수집, 분석하는 수준을 넘어서 예측을 하거나 서비스에 필요한 다양한 미들웨어(middleware: 컴퓨터 제작회사가 사용자의 특정한 요구대로 만들어 제공하는 소프트웨어)가 등장한다. 셋째는 IoT 3.0(산업별 혁신 솔루션 개발) 단계로 다양한 분야에서 산업혁신을 위한 솔루션이 등장하여 개별 기업 또는 특정 산업을 넘어서 상호 연결성을 이용해 새로운 서비스가 탄생한다.

한편, 시스코는 IoT가 진화되어 가면 결국 IoE시대가 될 것이라고 예측한다. 이는 IoT 3.0 수준을 의미할 수 있다. 비즈니스에서 추진하는 가장 중요한 목표도 이노베이션의 가속, 고객경험과 고객만족의 향상 그리고 비즈니스 프로세스 자동화에 두고 있다. IoE 시대가 실현되면 새로운 가치 창조, 삶의 질 향상, 효율성 향상 등이 이루어져 우리 삶과 사회가 더 편리해질 수 있다고 본다.

(5) 사물인터넷의 미래

사물인터넷이 활용될 수 있는 분야는 매우 다양하다. 스마트 홈부터 차량을 인터넷에 연결하는 스마트 자동차, 전기 공급자와 소비자가 지속적인 통신을 통해 전력 최적화를 이루는 스마트 그리드(Smart Grid) 등 일상생활에서 활용될 수 있는 분야가 매우 많다. 즉, 사물들로부터 양질의 데이터를 수집하는 일과 수집된 양질의 데이터를 가공 및 분석해 예측하는 일이 앞으로 더욱 중요해질 것이다. 또한 데이터를 수집하는 과정에서 악의적인 해커에 의해 개인정보가 해킹되지 않도록 사물인터넷 보안에 대한 중요성도 커지고 있다. 안전하게 양질의 데이터가 수집되고, 수집된 데이터를 통해 정확도 높은 예측이 이루어질 때 사물인터넷의 대중화는 빠르게 진행될 것이다.

사물인터넷이 진화되어 만물인터넷으로 나아가면 '새로운 가치 창조, 삶의 질 향상, 효율성' 측면에서 비즈니스 임팩트와 다양한 분야에 걸쳐 구체적인 사물인터넷이 이루어지게 되어 이노베이션을 가져올 수 있다는 공감대가 형성되고 있다. 이에 '이노베이션을 일으키기 위한 행동을 추진할 시기가 바로 지금이다'라는 중요성을 인식했으면 하는 바람이다.

10.3 자율주행자동차

사람이 길을 걸을 때 눈으로 길을 살피고 안전한지 확인한 후 비로소 걸음을 떼는 것처럼 자율주행자동차 역시 전방을 센서로 스캔해 차선을 확인하고, 보행자나 선행차량은 없는지 또 신호는 어떻게 되는지 등을 판단한 다음에야 시동을 걸고 주행하기 시작한다. 물론 이 모든 과정의 주체는 바로 자동차이다. 이렇게 스스로 주행환경을 인지하고 판단해, 제어하는 세 가지 핵심 기술이 바로 자율주행을 완성하는 키 포인트이다.

그림 10-10 자율주행 기술

자율주행 기술은 운전자가 설정하는 기본 정보를 바탕으로 그것을 구현하는 수준에서부터 시작돼 현재는 보다 진보한 기술과 시스템을 통해 주행 중 일어날 수 있는 위험상황을 미리 감지해 사전 경고하는 수준까지 발전했다. 최근의 고도화된 센서, 정교해진 맵 등이 이 과정에서 제 구실을 톡톡히 하고 있다. 또한 여기에서 한 발 더 나아가 사고로 인한 피해를 최소화하기 위해 자동차 스스로 조향 및 제동 기술에 직접 관여하는 등 '안전'을 향한 주행을 멈추지 않고 있다. 이에 따라 현대자동차그룹도 2015년부터 기존의 운전 보조 기능을 확대하고, 어드밴스드 스마트 크루즈 컨트롤(ASCC, Advanced Smart Cruise Control)이나 차선 유지 지원 시스템(LKAS, Lane Keeping Assist System) 등과 같은 장치를 통해 고속도로 자동주행을 구현, 2020년부터는 고속도로에서 차선 변경도 가능한 자율주행을 완성한다는 계획이다. 더불어 2025년부터는 도심 자율주행까지 가능케 한다는 예정이어서 자율주행 대중화 시대를 열 전망이다.

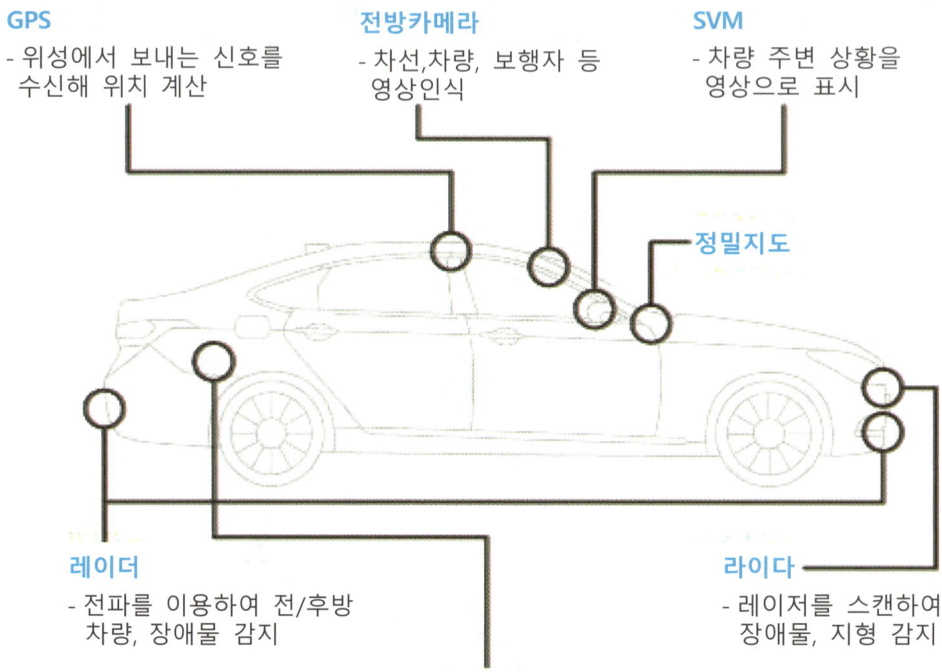

그림 10-11 자율주행차량 구성

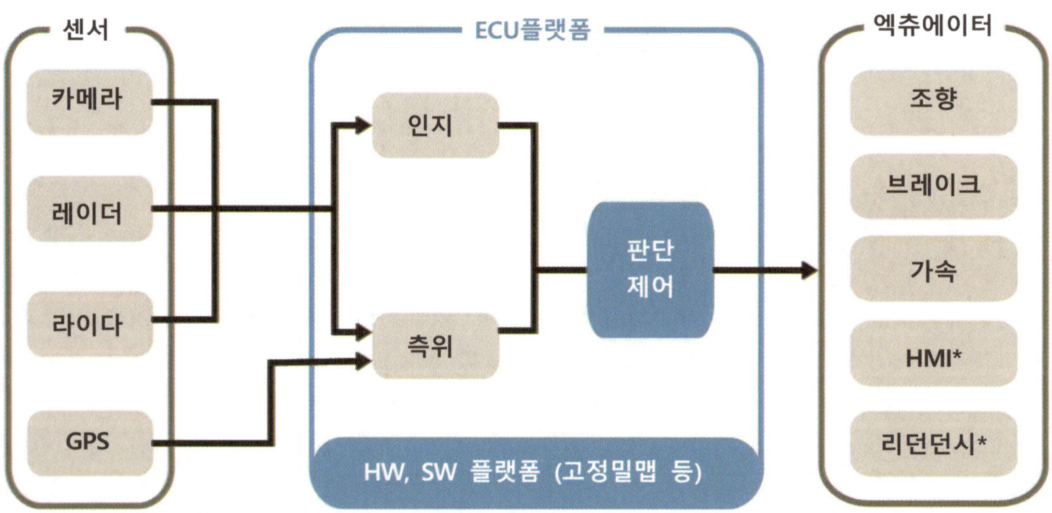

*HMI : 휴먼-머신 인터페이스, 리던던시 : 안전 시스템의 복수 구성

그림 10-12 자율주행차량 구동 프로세스

10.3.1 자율주행 5단계 : 인공지능 로봇이 운전하는 세상

누구나 한 번쯤은 인공지능 로봇이 운전하는 자동차를 꿈꿔봤을 것이다. 공상과학 영화에나 등장하던 로봇 자동차가 현실화 될 날이 머지않았다. 이런 자동차를 일반적으로 '자율주행자동차'(Autonomous Car)라고 부른다.

자율주행차 흐름은 이미 거스를 수 없는 대세다. 법적·윤리적인 이유로 시기가 늦춰질 수는 있어도 자율주행차의 상용화에 대해서는 의심의 여지가 없다. 엄청난 이익을 가져다 줄 뿐 아니라 파생되는 장점이 무궁무진하기 때문이다. 자율주행 기술을 4차 산업혁명의 핵심으로 꼽는 이유다. 세계 각국에서는 자율주행차 시대의 주도권을 잡기 위한 레이스를 시작했다. 우리나라 정부도 미래성장동력으로 5G 이동통신 서비스, 웨어러블 기기 등과 더불어 자율주행 기술을 지목했다. 자율주행 기술에 있어 가장 앞서있는 미국에서는 자율주행 기술을 다섯 단계로 나눠 구분한다.

[표 10-1 미국 자동차공학회(SAE)의 자율주행5단계]

단계		내용	관련 주요 첨단 사양 및 시스템	해당 주요 업체 (추정)
0단계	자동화 없음	운전자가 차량을 완전히 제어해야만 하는 단계	-	-
1단계	운전자 보조	조향, 가감속 등을 자동화해 운전자가 도움을 받는 수준	정속주행장치(ACC)	-
2단계	부분 자율주행	고속도로 주행 시 차량·차선 인식, 앞차와 간격유지 기능, 운전자가 주변상황 주시	스마트 크루즈 컨트롤(ASCC), 조행 조향보조 시스템(LKAS) 등을 결합한 상태	-
3단계	조건적 자율주행	일정구간 자율주행 가능, 운전자가 주변상황 주시해 돌발상황 대비	첨단운전자보조 시스템(ADAS)	-
4단계	고도화된 자율주행	특정 도로조건에서 모든 안전 제어 가능	라이다(Lidar) 시스템	-
5단계	완전 자율주행	운전자 개입없이 목적지까지 주차 등 모든 기능이 완전 자동화된 단계. 운전자 없어도 됨	커넥티드 시스템	-

이는 국제적으로도 통용된다. SAE(Society of Automotive Engineers, 자동차기술자협회)에 따르면 그 정의는 아래와 같다.

0단계 : 차체를 제어하는 자동주행 시스템이 전혀 들어가 있지 않은 단계. 운전자가 항상 주의를 기울이고 운전에 대한 모든 권한을 갖고 있어야 하는 단계.

1단계 : 자동주행 시스템이 차체를 일부 제어하지만, 운전자가 반드시 언제든 자동차를 통제할 수 있도록 준비하고 있어야 하는 단계. 현재 많은 차에 달린 어댑티브 크루즈 컨트롤(ACC)이나 차선이탈방지장치(LKAS) 등이 이에 해당.

2단계 : 자동주행 시스템이 가속·제동·조향까지 제어하지만, 운전자가 상황을 주시하고 있어야 하고 시스템 오작동 시 즉각 차를 제어해야만 하는 단계. 테슬라의 자동주행 기술인 '오토파일럿 (Autopilot)'이 이에 해당.

3단계 : 고속도로 같이 제한적인 상황에서만 자동차가 스스로 주행하고 운전자는 관심을 다른 데로 돌려도 되는 단계.

4단계 : 도로 환경에 관계없이 자동차가 완전히 스스로 주행하지만, 악천후 같은 특정 상황에서만 운전자가 안전을 위해 주의를 기울여야 하는 단계.

5단계 : 목적지만 알려주면 법적으로 자동차가 갈 수 있는 곳이라면 어디든, 어떤 상황에서든 사람이 전혀 신경 쓸 필요 없이 자동차가 스스로 주행할 수 있는 단계. 즉 완전 자율주행.

SAE는 자율주행의 필수 요소로 자동차가 '스스로 판단'해 차체를 제어할 것을 들고 있다. 운전자의 판단이 반드시 필요하다면 아직 자율주행에는 못 미치는 '자동주행' 수준이라 할 수 있다. 현재 도로를 달리는 대부분의 차에는 자율주행기술이 전혀 들어가있지 않다. 즉 0단계다.

일부 프리미엄 브랜드 자동차와 비교적 최근에 나온 모델이나 ACC나 LKAS 같은 자율주행 1단계 기술 수준이다. 테슬라 같은 극히 일부 브랜드에만 자율주행 2단계 기술이 들어간다. 자율주행 기술은 상용화 측면에서는 아직 초보 단계다. 사고가 났을 때 책임 문제 등이 대표적인 걸림돌이다. '오토파일럿'(테슬라의 2단계 자율주행 시스템)으로 자동주행 하던 테슬라 운전자가 사망하는 사고가 일어나며 불거진 법적인 문제가 대표다. 자율주행기술은 급속도로 발전하고 있다. 이미 인간 운전자의 수준에 다다랐다.

아우디의 무인차 잭은 2015년 CES 개막 전날 실리콘밸리를 출발해 900 km를 달려 라스베가스의 행사장에 도착했다. BMW는 드리프트 는 자율주행차를 선보이기도 했다. 4단계 이상의 자율주행차를 만들기 위한 기술 토대는 거의 갖춘 셈이다. 이제부터는 정보 인식을 위한 하드웨어보다는 판단을 위한 소프트웨어 기술과 인프라가 훨씬 더 중요하다. 자율주행차 상용화를 위해서는 사고 피해를 최소화하기 위해 택해야 할 판단 로직 등이 가장 중요한 부분이기 때문이다.

10.3.2 인식 : 각종 카메라 및 센서 기술

자율주행자동차가 어떻게 주행할 지 판단하기 위해서는 주변 환경을 파악해야 한다. 운전자는 눈이나 귀 같은 감각기관을 통해 주행 속도, 앞차와의 거리, 뒤에서 다가오는 차를 알아차린다. 인간의 감각기관 역할을 대신 하는 것이 자율주행차의 각종 센서다. 자동차에는 이미 무수히 많은 센서가 달려있다. 현재 판매 중인 대부분 차에는 주행속도나 바퀴의 미끄러짐 같은 정보뿐만 아니라 차체의 기울기나 회전 각도를 측정하는 센서까지 모두 달려있다.

자율주행을 위해서는 도로상황을 파악할 수 있도록 눈에 해당하는 센서 정도만 추가하면 된다. 전파를 이용해 장애물을 감지하는 레이더가 대표다. 물체에 부딪히고 돌아오는 전파로 장애물을 감지하고 시간차를 통해 거리도 파악한다. 풀레인지 레이더는 250 m 전방 물체를 감지할 수 있다. 100 m 이내 짧은 거리는 숏레인지를 쓴다. 사방을 감지할 수 있는 서라운드 레이더로 옆차와 뒷차도 모두 파악한다.

보다 정밀한 센싱을 위해 레이더와 함께 라이다(Lidar, Light Detection and Ranging)도 쓴다. 원리는 같지만 전파 대신 레이저로 거리를 측정한다. 3차원 고해상도 이미지로 주변 환경을 파악한다. 더불어 카메라도 활용한다. 사람의 눈과 마찬가지로 빛을 받아들이는 만큼 측정 거리는 100 m 정도다.

3차원 이미지를 얻기 위해서는 스테레오 카메라나 트라이포컬 카메라를 쓴다. 레이더가 감지하기 힘든 가까운 거리의 보행자나 자전거와 함께 차선이나 도로표지판 등도 인식한다. 그밖에 아주 짧은 거리를 측정하는 초음파 센서나 360도를 감지하는 서라운드 카메라 등도 함께 쓰인다. 사각지대나 뒤에서 따라오는 차를 감지하고 주차할 때도 필요하다. 측정 거리와 각도가 다른 여러 대의 레이더·라이더·카메라를 조합해 주변 360도 상황을 인식한다.

그림 10-13 우버 자율주행차 개요

고정밀 지도와 GPS 센서도 달린다. 레이더나 라이다가 감지할 수 없는 수 킬로미터 앞 도로 상황까지도 예상할 수 있다.도로를 달리는 다른 자동차와 커뮤니케이션하기 위한 V2V(Vehicle to Vehicle, 차대차) 통신 시스템도 필요하다. 다른 자동차가 어떻게 움직일 지에 대한 데이터를 공유해 사고를 미연에 방지한다.

각종 센서로 파악한 방대한 데이터를 처리하기 위해서는 강력한 컴퓨터와 인공지능 소프트웨어가 필요하다. 구글이나 애플 같은 IT 기업에서 자율주행차에 관심을 갖는 것은 당연하다. 소프트웨어 개발에 있어서는 IT기업이 자동차 회사를 월등히 앞선다. 5단계 자율주행차가 상용화되면 사고가 일어날 확률은 제로에 가깝다. 모든 차가 정해진 규칙에 따라 주행하게 된다. 높은 주행 성능과 안전을 위해 자동차 회사가 쌓아 올린 기계공학 노하우는 별로 필요 없게 된다. 자동차 산업에 불어 닥칠 패러다임 시프트를 앞두고 자동차 회사들은 바짝 긴장하고 있다.

실시간으로 들어오는 다양한 주변 환경 정보를 처리하기 위해 서버와의 통신도 필수다. 애플 아이폰에서 쓸 수 있는 인공지능 개인비서 시스템인 시리가 작동하는 방식을 생각하면 이해가 쉽다. 서버와 데이터를 주고 받는 시리는 네트워크가 연결되지 않은 상황에서는 쓸 수 없다.

자율주행차도 인공지능 서버와 통신을 할 수 있을 때 더 뛰어난 성능을 발휘한다. 센서를 통해 수집한 정보뿐 아니라 다른 차에서 전송된 빅데이터를 활용한다. 방대한 데이터의 원활한 전송을 위해 고속 이동통신 기술이 필요하다. 28 GHz 초고대역 주파수를 쓰는 5G 이동통신 기술이 안성맞춤이다. 4G(LTE)보다 데이터량이 1000배 많고 속도는 200배 빠르다.

주변 환경에 대한 인식을 끝낸 후 어떻게 주행할지 판단까지 마쳤다면 운전하는 일만 남았다. '자율주행차=전기차'라는 인식이 일반적이다. 반드시 자율주행차가 전기차일 필요는 없다. 내연기관 자동차로도 얼마든지 자율주행차를 만들 수 있다. 인식을 담당하는 센서부터 운전과 관련된 판단을 내리는 컴퓨터까지 모두 전기적 신호로 처리되기 때문에 '바이와이어'(By-Wire) 기술이 필요하다.

전선을 통해 연결돼있다는 의미의 '바이와이어'는 전자제어 시스템을 뜻한다. 현재 시장에 팔리는 모든 차에도 이미 드라이브 바이와이어 기술이 곳곳에 녹아있다. 환경규제를 맞추기 위해서라도 ECU 및 TCU가 달린 전자식 엔진 및 변속기 제어장치가 쓰인다. 일부 브랜드는 전자제어로 방향까지 바꾸는 스티어 바이와이어 기술을 쓰기도 한다.

이미 널리 쓰이는 바이와이어 기술 덕분에 내연기관 자동차라 하더라도 자율주행차로 만드는 일은 전혀 어렵지 않다. 그럼에도 자율주행 시대에는 전기차가 가장 적합하다. 전기차가 갖고 있는 장점은 극대화하고 단점은 완벽에 가깝게 보완하기 때문이다. 전기차는 주행 제어를 비롯한 모든 부분을 전자식으로 조절한다. 별다른 장치 없이 자율주행 기술을 손쉽게 녹여낸다. 구동계가 매우 단순하기 때문에 넓고 안락한 실내 공간을 갖추는 데도 훨씬 유리하다.

공해물질을 배출하지 않고 소음과 진동도 없다. 대기 환경 문제를 일으키지 않고 쾌적한 주행을 할 수 있다. 전기차의 가장 큰 단점은 제한된 주행거리로부터 오는 스트레스다. 자율주행 기술이 있다면 목적지에 도착한 후 스스로 충전소를 찾아가 충전한다. 장거리 여행을 할 때도 충전에 최적화된 경로를 짠 후 사람의 휴식시간에 맞춰 충전을 하면 된다. 충전 혹은 주행거리 스트레스로부터 완벽하게 해방된다. 단순한 구조로 만들기 쉽고 넓은 공간을 확보할 수 있으며 친환경적이고 쾌적한 주행을 보장하는 전기차는 자율주행 기술과 찰떡궁합이다.

많은 전문가들이 머지않아 전기차 시대가 온다고 장담하는 이유다.

지금, 스스로 속도를 조절하거나 방향을 바꿀 수 있는 반자율 주행 자동차는 더 이상 미래 이야기가 아니다. 여러 브랜드에서 각자 부르는 이름은 다르지만 공통적으로 지능형 크루즈 컨트롤로 불리는 레이더 기반 전면 거리 감지 장비와 차선을 인식하는 차선유지 보조장치 두 가지가 핵심 기술이다.

현재 메커니즘을 더욱 정교하게 발달시켜야 진정한 자율주행 기술이 완성된다. 자동차를 운전한다는 행위는 굉장히 복합적 사고 및 상황 판단을 요구하는 일이지만 기계 조작면에서 보면 크게 세 가지 요소로 나뉜다. 자동차의 속도를 높이거나 줄이는 가속·감속 동작, 그리고 방향을 바꾸는 선회 동작이다. 주행 속도를 변화시키는 요소는 스로틀 개폐량, 제동 답력, 기어 변속 등이다.

스로틀 제어는 전자 제어로 전환이 일반화 됐고, 제동 답력 역시 ABS 보급으로 손쉽게 제어가 가능해졌다. 기어 변속은 오토매틱 트랜스미션에 의존한다. 따라서 반자율 주행차는 수동기어 기반 차량에서는 구현이 어렵다. 반면 기어 변속 자체가 필요 없는 전기차에서는 속도 조절이 보다 자연스러워진다. 여기에 주변 통행 차나 전방 장애물을 인식하는 레이더를 추가하면 자동차는 언제 가속을 해야할지, 언제 속도를 줄여 위험을 회피해야 할지 판단이 가능해진다.

선회 동작을 위해서는 기본적으로 운전대를 조작할 수 있는 모터가 필요하다. 최근 차들은 연비 절감을 위해 전동식 파워스티어링 채택한다. 덕분에 운전대를 전동으로 제어하는 손쉬운 길이 열렸다. 필요 조향각이 작은 경우에는 스티어링 휠을 돌리는 대신 한쪽 바퀴에만 제동을 걸어 진행 방향을 수정하는 방법도 가능하다. 언제 얼마나 조향을 해야 하는지 결정하기 위해서는 먼저 자동차가 스스로 도로의 형태를 인식해야 한다.

이는 주행 차로 양쪽 차선을 인식하는 광학 카메라에 주로 의존하는데 차선이 제대로 그려져 있고 카메라에 잘 보여져야 한다. 보다 정확한 조향 기능을 위해 내비게이션의 도로 정보와 현재 위치를 연산해 차선 정보가 부족한 곳에서도 도로 추종을 가능하게 하는 보완책이 등장하고 있다.

10.4 지능로봇

인공지능을 갖는 로봇은 어디까지 발전 가능할까?

그림 10-14 인공지능 로봇

일본에서는 인공지능을 지닌 휴머노이드 로봇이 이미 간병 시설이나 매장에서 사람 못지 않은 활약을 펼치고 있다. 일본의 노양 시설에 큰 인기를 끌고 있는 40센티 지능형 로봇 '파르르'는 대상자에 맞춰 스스로 생각하고 행동하도록 프로그램 되어 있다. 혼자 있는 노인에게 스스럼없이 다가가 말도 걸고 운동도 권유하는 등 우울증 치료와 치매예방에 활약을 하고 있다. 서비스분야에 로봇의 활약이 늘어나면서 사람들의 일자리를 뺏는 것 아닌가 하는 우려가 나오고 있다.

(1) 나날이 발전하는 로봇

인공으로 만든 로봇 의족이 공학 기술의 발달로 인간의 움직임이 자연스럽게 다리를 따라가고 있다. 기계 골격 외에 배터리 센서 마이크로 프로세서가 신체에 있는 것을 구현한다. 자연스러운 동작을 복제할 수 있는 의족제작이 가능하다. 하체 절단 환자가 신체 나머지 부분에 대한 스트레스를 줄일 수 있을 것으로 보인다. 인공지능은 컴퓨터가 인간과 같은 사고방식을 가지고 인간의 행동방식과 사고를 인식하는 컴퓨팅 기술을 말한다. 인간의 학습능력을 추론과 능력 등을 컴퓨터에 적용해 단순히 데이터를 처리하는 수준이 아니라 단어의 맥락을 인식하는 기술이다. 인공지능 연구의 중심에는 머신러닝이 있다. 현재 인공지능이라 불리는 기술은 대부분 인공지능 분야중 하나인 머신러닝이다. 현실 세계에 있는 수많은 정보를 학습하고 이를 바탕으로 예측 모델을 만든다.

대표적인 사례가 인공신경망을 적용한 딥러닝 기계이다. 인공신경망이란 사람의 뇌를 형상화 한 기술로 뇌의 가장 작은 신경세포인 뉴런을 프로그램으로 구성하고 이를 네트워크에 연결한다. 이러한 프로그램이 수천억개가 모이면 인간의 뇌처럼 학습하고 학습결과에 따른 판단을 내릴 수 있다.

IBM의 인지 컴퓨팅 기술인 왓슨은 이러한 개념을 구축하고 있다. 왓슨은 특정한 답이 정해지지 않은 물음에도 대답 할 수 있다. 특히 왓슨은 인간의 일상언어인 자연어를 인식하는데 특화한 솔루션인 만큼 향후에는 아이언맨의 자스비처럼 말의 맥락을 인식하는 수준까지 발전할 수 있을 것이다.

그림 10-15 인간과 지능 로봇

(2) 인공지능 연구는 위험 할까?

실제로 우려해 인공지능 연구에 신중해야 한다는 의견도 있다. 대표적인 인물은 테슬러 모터스 엘론 머스크 CEO이다. 그는 인공지능 연구는 악마를 소환하는 것이나 마찬가지라며 규제 없는 연구는 위험을 초래 할 수 있다고 말한다. 마이크로 소프트 창업자인 빌 게이츠나 애플 컴퓨터 창업자 하나인 스티브 워즈니악 역시 인공지능 연구에 관한 우려를 표하기도 했다.

컴퓨터는 충분한 연산 능력과 인프라만 있으면 성능을 무한히 확장 할 수 있다. 딥러닝 등에 이러한 인프라를 적용하면 그들의 학습 능력은 무한대로 늘어난다. IT업계를 이끄는 인물들은 기술의 빠른 발전 때문에 이를 우려 하고 있다. 로봇이 사람 대신 글을 쓰고 한사람의 몫을 몇십배나 빠르게 처리하는 성과를 가져오고 앞으로 글을 쓰는 기자 직업이 없어질지 모른다고 한다.

그림 10-16 인공지능 로봇의 시대

(3) 인공지능 로봇의 시대 온다

인간계 최고수 이세돌 9단과의 바둑 대결에서 4 대 1로 승리를 거둔 인공지능(AI)·로봇이 내 일자리를 빼앗을 확률은 얼마나 될까? 그들에게 내 일자리를 빼앗기지 않으려면 어떤 준비를 해야 할까?

한국고용정보원은 인공지능과 로봇기술 등을 활용한 자동화에 따른 주요 직업군 400여개의 직무 대체 확률을 분석해 발표했다. 정보원 쪽은 미래 기술의 영향을 연구하는 영국 옥스퍼드대 칼 베네딕트 프레이와 마이클 오즈번 교수가 제안한 분석 모형을 활용했다.

이 분석 기준을 보면 크게 '지각 및 조작' '창의적 지능' '사회적 지능'이 필요한 직무는 인공지능·로봇이 대체하기 어려운 것으로 판단된다. 먼저 손이나 손가락을 이용해 복잡한 부품을 조립하거나 정교한 작업을 하는 경우, 비좁은 공간에 자주 노출돼 불편한 자세를 취해야 하는 경우 대체 가능성이 낮다고 봤다. 로봇이 유연성과 정교한 손놀림을 따라잡기까지는 아직 많은 시간이 걸릴 것으로 예상되기 때문이다. 또 주어진 주제나 상황에 대해 독특하고 기발한 아이디어를 내는 창의성이나, 음악·무용·미술 등 감성에 기반한 예술 직무를 인공지능과 로봇이 대체하기는 어렵다고 봤다. 다른 사람의 반응을 파악하고 왜 그렇게 행동하는지 이해하거나, 의견 차이를 좁혀 합의점을 찾아가는 협상 및 설득 과정, 다른 사람을 돕기 위해 노력하는 서비스 지향성이 높은 직무들도 대체가능성이 낮았다.

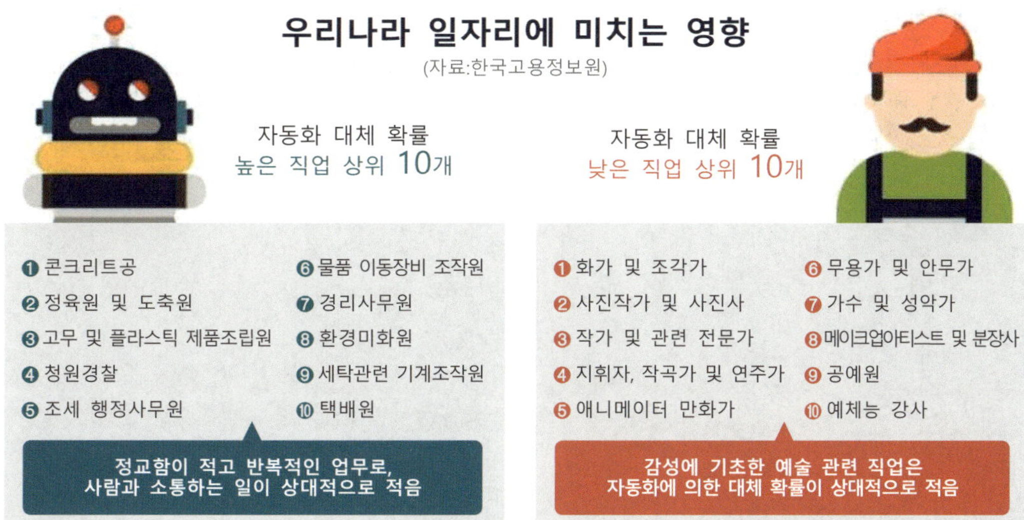

그림 10-17 자동화 대체 확률 상위 및 하위 직업

이 기준에 따라 화가 및 조각가, 사진작가 및 사진사, 작가 및 관련 전문가, 지휘자·작곡가 및 연주자, 애니메이터 및 만화가 순으로 예술 관련 직종들의 대체 확률이 낮은 것으로 드러났다. 음식서비스 종사원(18위), 대학교수(21위), 출판물기획전문가(23위), 초등학교 교사(26위), 귀금속 및 보석 세공원(32위) 등 직업들도 확률이 낮은 쪽이었다.

반면 콘크리트공, 정육원 및 도축원, 고무 및 플라스틱 제품 조립원, 청원경찰, 조세행정사무원 등은 인공지능과 로봇 등 자동화로 대체될 가능성이 가장 높은 직업군으로 분석됐다. 정보원 쪽은 이들 직무가 정교하지 않은 동작을 반복적으로 수행하거나, 사람들과 소통하는 일이 상대적으로 적은 특성을 가지고 있는 것으로 평가했다.

전문적인 지식과 인지능력이 요구되는 직업군도 인공지능의 영향권에서 자유롭지 못한 것으로 분석됐다. 흔히 전문직으로 생각되는 손해사정인(40위), 도선사(41위), 일반의사(55위), 관제사(79위) 등의 직무대체 확률이 높은 것으로 나타났기 때문이다.

한국고용정보원 연구위원은 "다보스포럼에 나온 '직업의 미래' 보고서에 따르면, 자동화 직무 대체는 2020년 전후에 시작될 것이라고 한다. 하지만 단순 반복적인 과업 중심으로 대체되는 것일 뿐 여전히 중요한 의사결정과 감성에 기초한 직무는 인간이 맡게 될 것이므로 막연히 일자리의 소멸을 불안해할 필요는 없다"면서도 "다만 인공지능과 로봇을 중심으로 한 제4차 산업혁명을 주도하려면 창의성과 감성 및 사회적 협력을 강조하는 방향으로 교육 패러다임을 전환할 필요가 있다"고 말했다.

4차 산업혁명은 쉽게 말해 사람과 사물, 데이터 등 모든 게 서로 긴밀히 이어진 '초연결사회'다. 따라서 객체가 뭐든 핵심 가치는 연결과 접속의 강도일 수밖에 없다. 객체가 인간이라면 가장 바람직한 관계의 기반은 '신뢰'일 것이며, 이에 따라 인간 친화적이면서 인간으로서의 근본에 충실한 비즈니스가 강점을 지닐 게 분명하다. 사물인터넷의 완성도 바로 이 지점에서 찾아야 한다.

[표 10-2 4차 산업혁명 참여기업별 주요전략]

기업명	전략	응용 분야
폭스콘	로봇 생산 체제 도입	스마트폰
닛산	무인자동차 개발	전지, 자율주행 차
아마존	신개념 쇼핑 체계(아마존고)구축, 인공지능 비서(에코) 프로그램 개발	쇼핑, 스마트홈
GE	디지털 트윈 활용 '비포서비스'구현	발전기, 엔진
스타벅스	020기술(사이렌오더), 고객 맞춤형 서비스 구축	비콘(Beacon), 커피
아디다스	로봇 생산 체제 도입, 공장 본국(독일)소환	신발, 웨어러블 기기
IBN	인공지능 컴퓨터 시스템(왓슨·Watson)개발	센서
우버	운송·물류 효율화, 스마트 시티 구축	자동차(자율주행)
츠타야	동네 친화적 놀이터, 마을 사랑방 구축	도서, 마일리지 체계
테슬라	무인 전기자동차 개발, 재생에너지 생산	전기차, 솔라시티

4차 산업혁명이라고 하면 사람들은 흔히 로봇이나 인공지능 같은 개념을 떠올린다. 동시에 막연하게 일자리에 대한 두려움을 느낀다. 실제로 역사를 통틀어 신기술 도입은 언제나 인간에게 두려움의 대상이었다. 그 과정에서 해당 기술에 정통한(혹은 정통하다고 주장하는) 몇몇을 통해 검증 안 된 사실이 강조되며 두려움이 증폭되는 일도 종종 생겨났다.

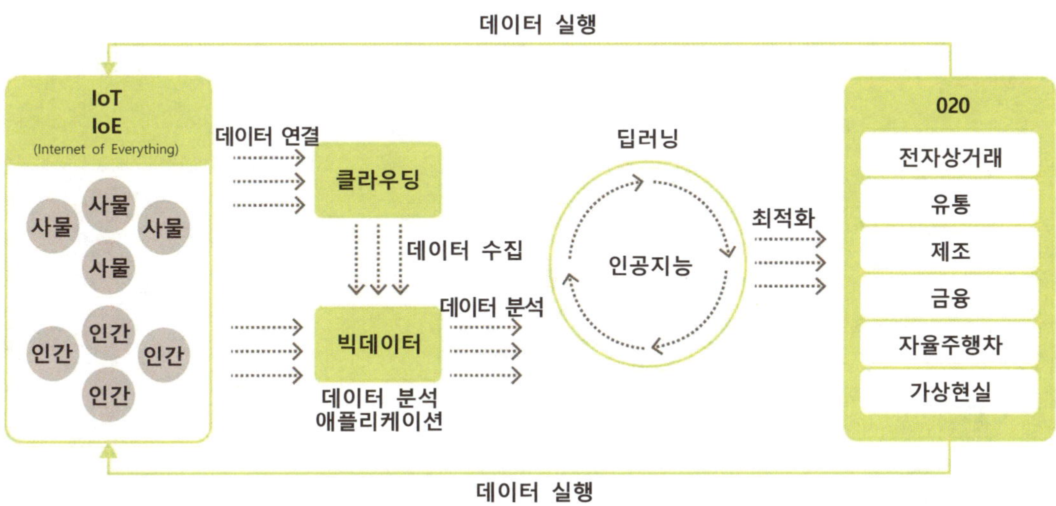

그림 10-18 4차 산업혁명의 작동원리

글로벌 시장조사 기관 IDC에 따르면 오는 2025년엔 전 세계 인구 40억 명이 서로 연결되고 기업은 4조 달러 규모의 새로운 기회를 얻게 된다. 또한 그 시점에 사람들이 생성하는 연간 데이터는 50조 기가바이트(GB)에 이를 전망이다. 이런 예측들은 사물인터넷의 데이터 생성과 이를 통한 인공지능 초기 애플리케이션의 폭발적 증가를 예고하는 내용으로 봐도 무방하다.

제4차 산업혁명의 시대에 접하고 있는 현재, 아직도 기술은 하루가 다르게 발전하고 있다. 우리가 어떻게 준비하고 대응하는가에 따라 산업 생태계가 소멸되느냐, 살아남느냐가 결정된다. 정보통신 강국이라는 우리의 강점을 바탕으로 전략을 잘 짠다면 우리에게 또 한 번의 기회가 올 것이다.

참 고 문 헌

1. 전기전자공학 개론 (6판), 스탠 기빌리스코, 사이먼 몽크 저/유태훈, 권기영, 조성재 역, 한빛아카데미, 2017.11.
2. 기초 전기전자공학 (제8판)Thomas L. Floyd, David M. Buchla 공저/손상희, 송홍복, 이규철, 이서영, 이순걸, 장주섭 공역, 시그마프레스, 2016.01.
3. 전기전자공학개론,THOMAS L. FLOYD 저/권갑현 역, ITC, 2005.02.
4. 기초전기전자공학, 장지근, 구창설, 장호정 공저, 성안당, 2016.02.
5. 전기전자공학 길라잡이, 신윤기 저, GS인터비전, 2014.02.
6. 전기전자공학 : 쉽게 배우는(2판), 정용욱, 정구섭 저, GS인터비전, 2018.09.
7. 전기전자공학 개론, 변인수, 이정헌 공저, 동일출판사, 2015.03.
8. 자동차 전기 및 배선계통 고장 정비사례 - 자동차 고장 정비사례 시리즈3/자동차 고장 정비사례 시리즈3, 이봉우, 최성우, 최상수, 강주원 공저, 경영사, 2012.04.
9. 전기장치의 고장진단 5, 김민복 저, 골든벨, 2010.03.
10. 자동차 전기장치 고장 진단, 이용주 저, 미전사이언스, 2009.03.
11. 자동차 전기장치 회로의 고장진단 : 회로도 분석 정비실무 백과, 김인옥 저, 카테크, 2013.03.
12. 처음 만나는 전자기학, 곽동주 저, 한빛아카데미, 2016.06.
13. 전기자기학 (5판), 임헌찬 저, 동일출판사, 2019.02.
14. 쉽게 배우는 전자기학 (2판), 박건 저, 북스힐, 2014.09.
15. Cheng의 전자기학 (2판), David K. Cheng 저/이택경 등역, 성진미디어, 2013.02.
16. 온도차 발전기, STEAM과학온도차발전기,RED129138, 2019.01.
17. 실험뚝딱 발전기의 원리 5인세트, 실험뚝딱, 전자기, 전자기유도, 전자기 유도, 전류, 5인, 5인용, 발전기, 발전, 에너지, 발전소, RED152703, 2016.12.
18. 자동차용 전기 모터, 편집부 편, A&D컨설턴트, 2011.01.
19. 모터의 테크놀로지, 김응채, 문학훈 등저, 한진, 2015.01.
20. EV(전기자동차)기초& HYBRID(하이브리드)재정의 : Motor Fan illustrated-모터팬 번역판 시리즈, 편집부, 골든벨, 2013.09.
21. 자동차모터의 현재와 미래, GB planning center 저, 골든벨, 2015.04.
22. 모터를 알고 싶다, 김준규 저, 한진, 2011.08.
23. 현대 반도체 소자 공학, 첸밍 후 저/권기영, 신형철, 이종호 공역, 한빛아카데미, 2013.08.

24. 반도체란 무엇인가, 유영준 저, (재)파이터치연구원, 2017.08.
25. 반도체 공학 : 그림으로 보여주는 반도체의 핵심 원리 (개정판), 김동명 저, 한빛아카데미, 2017.02.
26. 반도체 제대로 이해하기 : 교양으로 읽는 반도체 이야기, 강구창 저, 지성사, 2005.10.
27. 알기 쉬운 반도체, 이충훈 저, 북스힐, 2016.05.
28. 반도체 공학, 황호정 저, 생능출판사, 2014.07.
29. 센서공학 입문, 민남기 저, 동일출판사, 2013.02.
30. 최신 센서기술과 활용, 김종오, 지일구 공저, 복두출판사, 2016.09.
31. 처음 시작하는 센서, 키모 카르비넨, 테로 카르비넨 공저/임지순 역, 한빛미디어, 2015.03.
32. 자동화를 위한 센서 공학, 김준식, 김원회 저, 성안당, 2019.01.
33. 센서·액츄에이터 공학, 정용욱, 정구섭 공저, GS인터비전, 2013.07.
34. 자동차 전기 전자센서, 전석환 역, 미전사이언스, 2019.02.
35. CCD/CMOS 이미지 센서, 박상식 저, 두양사, 2009.08.
36. 리튬이차전지의 원리 및 응용, 박정기 저, 홍릉과학출판사, 2010.08.
37. ESS 에너지저장 및 수요관리 산업현황과 수소에너지/연료전지 이차전지 산업현황 및 기술개발 동향, TF 정보분석실 편저, 트렌드포커스, 2017.11.
38. 리튬이차전지 제조 및 평가 실험 실습, 변승우, 이용민, 유명현, 이호원 공저, 문운당, 2018.07.
39. 클라우스 슈밥의 제4차 산업혁명, 클라우스 슈밥 저/송경진 역, 새로운 현재, 2016.04.
40. 제4차 산업혁명 시대의 개인정보, 이대희 저, 세창출판사, 2018.12.
41. 제4차 산업혁명, 하원규, 최남희 공저, 콘텐츠하다, 2015.12.
42. 제4차 산업혁명, 한일IT경영협회 저/요시카와 료조 편저, kmac, 2016.06.
43. 인간vs알파고 '세기의 바둑대결' 이세돌 3연패… 인공지능에 무너진 4000.바둑, 한국일보. 2016.03.12
44. 어렵기만 한 4차 산업혁명…바로 "모든 게 연결된 세상" 데일리굿뉴스 2018.12.13.
45. 토픽브리핑, IoT의 성장과 분화된 시장, 그리고 보안 ITWorld 2019.03.15.
46. 현재 가장 활발하게 진행되고 있는 멀티미디어 기술 중 사물인터넷(IoT) http://www.happycampus.com
47. 당신에게 전화가 오기까지! 휴대폰 작동원리의 비밀, http://m.post.naver.com
48. 피처폰 - 나무위키
49. 세대별 이동통신의 차이(1G, 2G, 3G, 4G), blog.naver.com/blogeyagi
50. 전기 에 관한 재미있는 상식들!, http://club.koreadaily.com
51. 정전기가 생기는 이유, https://blog.naver.com/thddudghk0/

52. [손현덕의 구석구석 산업탐구] 알쏭달쏭 전기 매일경제 2013.01.21.
53. 우리생활속의 에너지, 에너지교실, http://www.kemco.or.kr
54. 장마철 물기·습기로 인한 감전사고 위험 높아 - 환경일보
55. [이정모 칼럼] 미래에서 온 편지 - 한국일보 : 세상을 보는 균형
56. 전자기 유도현상이란? - 한국전력 블로그 굿모닝 KEPCO!, https://blog. kepco.co.kr
57. 스피커의 이해 좋은 스피커를 고르자, blog.naver.com/ckoc777
58. 스피커와 자석은 어떤 관련이 있을까? - 글이 작품이 되는 공간, https:// brunch.co.kr/
59. 마이크의 원리, https://blog.naver.com/iotsensor/
60. 인공지능 음성 스피커 성장의 핵심 기술 'MEMS 마이크로폰' - 산업기술전, https://www.hellot.net
61. 전자기 유도현상이란? - 한국전력 블로그 굿모닝 KEPCO!, https:// blog.kepco.co.kr
62. [이정모 칼럼] 미래에서 온 편지 - 한국일보 : 세상을 보는 균형, https://www. hankookilbo.com
63. 자전거 발전, 자전거 충전, https://wenzelcmm.blog.me
64. [알아봅시다] 4차 산업혁명 시대에 더 주목받는 배터리 디지털타임스 18면 TOP 2018.01.03.
65. 생활 속 모터 - CCTV, https://blog.naver.com/ina_om
66. 생활 가전 제품의 심장, 모터, http://m.post.naver.com/viewer
67. 열일하는 생활가전 '모터'의 모든 것, http://social.lge.co.kr, 2017.08.17.
68. 삼성반도체이야기 :: [반도체와 함께한 민식이의 하루] 생활 속 숨어있는, https://www.samsungsemiconstory.com
69. [삼성반도체40년③]이젠 없어선 안 될 존재, 아시아경제, 2014.12.09
70. 시스템반도체 경쟁의 핵심 "脫 하드웨어 전략, 비즈니스 모델 확장", http:// www.hellot.net
71. 한국센서연구소, http://www.ksensor.co.kr
72. LED [light emitting diode], https://hssn2710.blog.me/
73. 삼성-애플 뛰어든 마이크로LED, 4년간 급성장, https://blog.naver.com/ tigerkimtiger
74. IoT 시대를 이끄는 힘, 시스템 반도체 테크M 2017.01.02
75. [최기성의 허브車]'알쏭달쏭' 알파벳 용어, 모르면 돈 낭비 매일경제 2018.05.31.
76. 사물인터넷이란 ?, https://blog.naver.com/mage7th
77. 가전 스스로 진단하고 제안하는 홈케어 매니저!, https://blog.naver.com/ samsung_shop/ 2018.02.26.
78. 알고 싶다] 1G는 언제 개발되었지?, - 이동통신 기술의 발전 과정, https://blog.naver.com /qualcommkr/ 2019.03.07.
79. 세탁기의 원리, https://blog.naver.com/abk3737
80. 로봇 청소기의 작동 원리, https://blog.naver.com/hani206

81. 뽀송하게 습기 쏙~! LG 트롬 건조기 개발자 인터뷰, Social LG전자, https://social.lge.co.kr
82. [정보] 20세기 100대 과학사건, blog.naver.com/gripis24, 2004.07.26.
83. 공기청정기의 원리에 대해 알아볼까요?, https://blog.naver.com/pcnawa7
84. [Top-Notch]㊿ 더 빨리 더 강하게 전기배터리 전쟁 한창 조선비즈 2017.12.03.
85. 이세돌 3연패 인공지능에 무너진 4000.바둑 한국일보 2016.03.12.
86. 4차 산업혁명, 인공지능이란? 시민의소리 2018.01.29.
87. 현재의 인공지능 적용과 발전 전망은? 플래텀 2016.06.10.
88. [니편 내편, 고용절벽 허물기]일자리 도둑?…인류 미래 책임질 똑똑한 아이(A... 아시아경제 2016.04.29
89. [국제]日 인공지능 로봇 시대 '활짝'...간병에서 홍보까지 - YTN, https://www.ytn.co.kr
90. 영화 속 인공지능, 실현 가능할까? IT동아 2016.02.02.
91. 인공지능 시대에도 살아남을 직업은?, 한겨레, 2016.03.24.
92. 4차 산업혁명, 사물인터넷이란? 시민의소리 2018.02.19.

찾 아 보 기

ㅂ

ㅅ

ㅇ

ㅈ

ㅊ

4차 산업혁명시대의

생활과 전기전자

2019년 8월 25일 초판 인쇄

2019년 9월 1일 인쇄 발행

저 자 정용욱, 최용성, 차인수

발 행 인 송기수

발 행 처 도서출판 GS인터비전

편 집 처 도서출판 GS인터비전

인 쇄 처 더블비

등 록 번 호 제 25100-2016-000050호

I S B N 979-11-5576-275-2(93560)

주 소 서울 은평구 증산로 15길 69, 2층

전 화 02-976-7898, 02-3272-7898

팩 스 02-6468-7898

홈 페 이 지 gsintervision.co.kr

E-Mail gsinter7@gmail.com

정 가 30,000원